河流沉积体系

[加] 安德鲁·迈阿尔 著
王 波 宋 兵 刘 春 张惠良 陈希光 张先龙 等译

石油工业出版社

内容摘要

本书涵盖河流沉积体系近20年来的研究进展、新方法新技术和新应用。通过全球大量露头和盆地的研究实例、数值模拟、实验数据，补充完善了河流沉积砂体类型、构型要素、地质数据库，系统介绍了探地雷达、三维地震等新技术，深入研究河流改道机制以及构造和气候对沉积的控制作用，探讨解剖河流层序模型、层序边界，最后落脚于大型河流沉积体系并展望其应用前景。将今论古的研究方法、多学科交叉融合，对科研人员精细研究、系统编图以及勘探开发部署具有很好的指导作用。

本书可供石油、地质行业从事碎屑岩研究的科研人员和相关院校师生参考。

图书在版编目（CIP）数据

河流沉积体系 /（加）安德鲁 · 迈阿尔（Andrew Miall）著；王波等译 .—北京：石油工业出版社，2024.1

书名原文：Fluvial Depositional Systems

ISBN 978-7-5183-5408-5

Ⅰ.①河… Ⅱ.①安… ②王… Ⅲ.①河流沉积作用－沉积体系 Ⅳ.①P512.31

中国版本图书馆 CIP 数据核字（2022）第 093553 号

First published in English under the title
Fluvial Depositional Systems
by Andrew Miall

出版发行：石油工业出版社
（北京安定门外安华里 2 区 1 号　100011）
网　址：www.petropub.com
编辑部：（010）64253017　图书营销中心：（010）64523633
经　销：全国新华书店
印　刷：北京中石油彩色印刷有限责任公司

2024 年 1 月第 1 版　2024 年 1 月第 1 次印刷
787 × 1092 毫米　开本：1/16　印张：16.5
字数：420 千字

定价：200.00 元
（如出现印装质量问题，我社图书营销中心负责调换）

前言 /PREFACE

笔者在 1996 年的著作《河流沉积地质学》中，详细阐述了河流沉积相和沉积物结构的现代分析方法，并通过大量从露头到整个盆地的案例研究来说明河流沉积体系及其结构。同时分章节探讨了构造、气候对河流沉积的控制作用，并尝试根据河流储集体的地层和沉积结构对非海相油气田进行分类。

在随后的几年中，许多新的研究案例加深了我们对外在因素的理解，并大大提高了我们将层序地层学方法应用于河流体系的能力。在笔者看来，随着石油勘探和开发技术变得更加复杂，油藏开发过程中利用三维地震反射等技术和对开发数据（如压力—深度关系）的精细分析而开展的建模工作，虽然有助于对实际情况进行精细编图，但是这些基于统计的建模工作的需求正在逐步减少。

“将今论古”是沉积学研究的主要方法之一，通过现代沉积过程和较近地质历史时期沉积环境下的产物，可以对比分析古代沉积记录。但是，随着准确测量地层年代的能力不断发展，就提出了一个关于模拟方法是否有效的重要问题，该方法构成了地质学基本原理之一——均势论。随着残留地层的碎片化信息日益明显，通过后冰期地层学的研究与古代沉积记录进行对比时，必须考虑前者能否保存下来，比如与现代海洋接壤的大型三角洲和大陆边缘沉积体，能否保存的问题必须得到重视。层序地层学领域尤其如此，因为它关系到对河流沉积物的分析和解释，本书对该领域进行了深入研究。

本书的目的是讨论河流沉积体系研究的新方法和新认识，特别强调那些对地下研究最有用的技术和成果。

致谢 /ACKONWLEDGEMENT

这本书的写作背景是通过向卡尔加里及其他地区的石油地质学者介绍河流沉积体系而形成的。我反复问自己一个问题，这些专业人士需要从我这里听到什么？我特别感谢加拿大石油地质学家协会，让我有机会问自己这个问题，并期待我能够做出相应的回答。

我特别感谢Robin Bailey和David Smith邀请我在2012年9月伦敦地质学会“地质与时间”座谈会上发言。这次准备工作使我探索了一个长期困扰我的领域，即沉积速率和地层完整性。本书中有关层序地层一章中所包含的思想，很大程度上归功于我在这次会议期间的思考。

多年来与许多同事的交流帮助我形成并阐明我的想法，现在即使是在最偏远的度假小屋也能通过互联网访问研究文献，这也意味着在某种程度上思考从未停止。最近几年，我发现Phil Allen、Robin Bailey、Janok Bhattacharya、Nick Eyles、Chris Fielding、Martin Gibling、John Holbrook、Colin North、Chris Paola、Guy Plint和Pete Sadler的工作对我特别具有启发性。Paul Heller认真地阅读了本书大部分手稿，并提供了许多宝贵意见。

正如我所有的工作一样，不管在野外还是在办公室，与研究生们的交谈极大地增加了我对地质问题的认识和解释地质现象的能力。关于河流沉积过程和沉积体系，我必须特别提及（按字母顺序）Tosin Akinpelu、Mike Bromley、Gerald Bryant、Octavian Catuneanu、Jun Cowan、David Eberth、Carolyn Eyles、Phil Fralick、Greg Nadon、Tobi Payenberg、Mark Stephens、Andrew Willis 和Shuji Yoshida.

最后，我必须再次感谢我的妻子Charlene对这本书的支持。多年来，河流体系这本书很大程度上要归功于Charlene的现场协助、陪伴、专业建议、支持和热爱。同时我们在地层学的历史和方法上所做的共同工作很大程度上要归功于她教我的科学方法和科学世界的本质。

目录 /CONTENTS

1　本书的目的和意义

1.1　关于 1996 年《河流沉积地质学》的回顾

本书不是《河流沉积地质学》（Miall，1996）的修订版，而是完全不同的作品。

1996 年版《河流沉积地质学》中的许多内容都是在沉积相和构型单元分析方法日趋成熟并被沉积学界广泛接受的情况下编写的。笔者在 1977 年首次提出的岩相分类和在 1985 年、1988 年发表的论文中提出的构型单元分析方法已在 1996 年版的书（见第 5～7 章）中有详细记录，此后便几乎没有再进行修订或更新。Miall（2010a）对该方法进行了最新总结。不出所料，实际上正如所建议的那样，研究人员采用了该基本思想并将其应用于研究项目的特殊需求。现在，野外工作中虽然使用激光雷达采集露头图像替代光学照片，但是露头砂体构型分析的方法（见第 4 章）保持不变。石油工业中已经开发出用于反映地下的新方法和技术，这些内容将在下面简要介绍，并在本书第 4 章中进行更详细的讨论。三维地震反射数据解释正日益成为石油地质学家的基本手段，地震地貌学作为沉积学解释的一个强大的工具，需要在对沉积学有深入了解的基础上才能发挥最大的作用。

1996 年版《河流沉积地质学》第 8 章的沉积相模式，经受住了时间的考验。自那时以来，仅正式提出了一种新的沉积相模式，即在炎热、季节性、半干旱和半湿润环境中的河流沉积模式（Fielding 等，2009，2011）。大量的研究（Long，2011）证明了原始沉积模式在岩石地层记录中的适用性。

1996 年版《河流沉积地质学》第 11 章对构造控制河流体系进行了详细的描述，以及有关河流体系中的油气田章节（见第 14 和 15 章）几乎不需要修改。

对于涵盖所有上述内容的教科书，读者仍可以参考 1996 年的《河流沉积地质学》。

1.2　新进展

毫无疑问，似乎需要大量修订和更新的领域是有关层序地层学的内容（1996 年版《河流沉积地质学》中的第 13 章）。自从该书出版以来，层序地层学方面的研究已经发生了很多变化，确实需要一些新的方法来形成了新的思维方式。其中之一是由 Chris Paola 在明尼苏达大学进行的富有想象力和革命性的实验工作而形成的。这项研究在大型水箱中对河流和三角洲过程进行了模拟，建造标准可模拟基础水位变化和差异沉降。该实验建立了理论观点并能与现代河流—三角洲体系进行比较，实验的结果可以扩大到自然界的水平，从而填补了现代研究和历史过程之间的重要观测空白，称为“中尺度”。现代文献对岩石记录的地质观测基本上涵盖了近百年内，最大的时间尺度是地磁地层学的时间尺度，在

10^4 年范围内。Paola 和其团队的研究工作所得出的结论已被纳入本书多处讨论中。

在过去的 20 年中，另一个重要的发展是与沉积和地层充填过程有关的定量数据的稳定积累。现在我们对沉积速率以及越来越多的被动过程的成因和沉积速率的了解比 20 世纪 90 年代要深入得多。Paul Heller、Doug Burbank、David Mohrig 和 Elizabeth Hajek 等的工作旨在通过对精心选择的野外剖面研究，根据古代河流记录的观测结果对实验和理论工作进行测试。本书中讨论了其中的一些结果，主要集中在大型河流体系以及地质学家关心的地下特征（河道、河道带和沉积系统）和展布上。

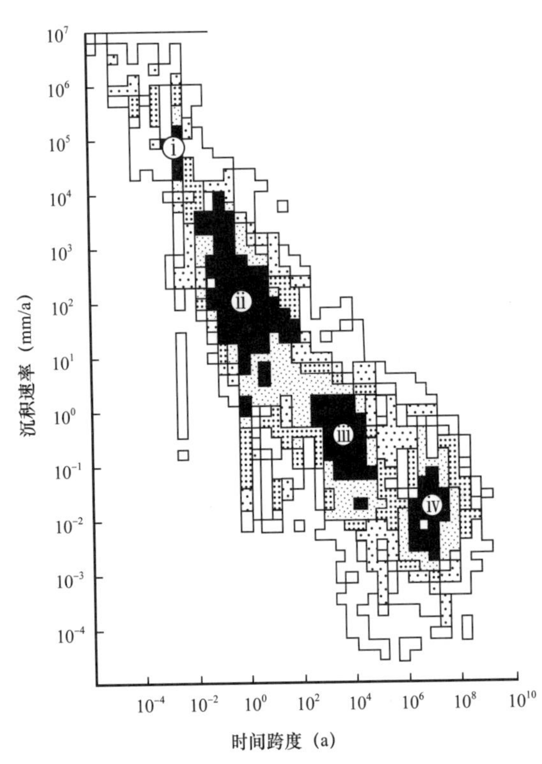

图 1.1　地层记录中沉积速率与流逝时间之间的关系（据 Sadler，1981）

然而，从另一个角度看，这种对沉积过程的日益详细和定量了解导致了研究现代沉积和后冰期记录的研究者与那些研究更古老地层的人之间的认识出现了严重且迄今仍未被广泛认可的脱节。现在可用于研究沉积速率和时间尺度的数据量越来越多，并表明在现代沉积和更新世—全新世环境中测得的沉积速率和过程速率要比在新近纪前的记录要快 1～3 个数量级，后者是通过详细地层学研究得出的结果。这部分反映了晚新生代冰川周期发生的高频率和巨大变化，同时也反映了我所说的“地质保护机器”的本质，即随着时间的流逝，高频、高速率事件会从岩石记录中被系统地删除。这不是一个新发现，这是 Sadler（1981）工作的主要结论，他发表了截至目前有关沉积速率的经典论文（图 1.1）。如第 2 章所述，同时在其他地方有更详细的报道，现在可以参照分形的概念来理解整个地质时间范围内的地层充填过程。

Ager（1973）广泛引用的一句话，“地层记录比真实记录更多的是空白”，其含义实际上已被忽略。正如 Miall 所主张的那样，我们现在必须考虑这样一个事实，即实际上存在着空白之中的空白，而且在各种规模上都有记录。保留下来的地层构成了一组零碎的残余物，这些残余物被称为“冻结事件”（Bailey 和 Smith，2010）。这些可以告诉我们很多，但前提是我们必须在适当的时间范围内工作。本书的大部分内容都包括对“河流体系及其沉积记录”这些概念含义的研究，这构成了所谓的“更新的统一主义”的一部分。

因为上面提到的现代记录和古代记录之间的脱节，所以我们需要一种新的统一方法。可以说，基于现代沉积学的模拟方法用来研究长期地质过程不再令人满意。之前基于悠久、传统的 Hutton-Lyell 格言“现在是过去的钥匙”，而现在相反的说法是“过去是现在的钥匙”。如果地质保护机器在使之成为地质记录之前系统地删除了许多当代记录，那么我们就需要不断地意识到这种潜在的偏见可能影响会我们的解释。

在石油地质研究的现实世界中，从勘探到生产，涉及从地质研究者到油藏工程师的交接，后者开展的储层地质建模则是开发设计的基础。由于地质预测所固有的不确定性水平，交接过程中会存在紧张关系（Martin，1993）。在谈到高风险、高成本的勘探项目时，Laruue 和 Hovadik（2008）说，“项目评估和开发可能基于很少或没有三维地震数据的井，但涉及的资金成本高达数亿美元至数十亿美元”。

这些定性的模型可能无法满足工程师的定量要求，现在可以通过数值模拟来解决，通常采用概率方法来提供可能值的范围以用于工程目的。诸如储集体的大小、间距等基本信息，可以根据地质学家建立的沉积和层序模型得出估计值的区间。许多商业计算机模拟软件可以实现生产过程中的定量模拟，下一段主要目的是帮助地质学家了解如何从计算机中输入河流体系，除此之外，本书中不再讨论它们。

计算机仿真领域发展很快，可以解决以下问题：虽然与沉积物非均质性相关的典型数据很少，但算机模拟的分辨率要比地震和井间间距尺度更精细，并且需要进行不确定性分析以评估风险，因此需要通过模拟几种不同的等概率构型，开发和模拟储层随机建模的方法。基于构型模拟的随机储层建模旨在模拟沉积体系，而不考虑沉积和侵蚀过程。

这段引自 Colombera 等（2012）的叙述介绍了一个描述详细的新数据库系统，从中可以提取与沉积体系、结构单元和岩相有关的输入参数，以便于构建用于开发目的储层模型。截至目前，这种方法似乎是该类模型构建中最复杂的方法。其目的不是为了模拟河流动力，而是根据从沉积相、河流类型、构造和气候环境等初步勘探和解释中获得的有限输入数据，来构建一个以储层规划为目的的真实结构模型。然而正如本书中所讨论的那样，河流体系是很难预测的。具有不同规模的干流和多种河流类型的支流（见图 2.11），这个简单的实例可能会严重破坏深思熟虑后得到的开发结构模型。希望本书能够有助于理解和限定这类模型中需要使用的输入参数，或者如第 4 章中所讨论的那样，通过使用各种新型制图工具，尽可能避免使用统计方法。

1.3 本书内容简介

第 2 章：20 世纪 50 年代末至 60 年代初，点沙坝模式和粒度旋回向上变细概念的提出开启了现代河流沉积学（Miall，1996）。过程—响应模型在随后的几十年里飞速发展，为我们提供了有关现代河流和古代沉积物的大量信息，其中大部分归因于相模式。第 2 章简要概述了有关河流相研究的现况，得出的结论是相模式法早就达到了实用极限。其中第一个难点是现代河流过程的选择性保存。例如，使用探地雷达（GPR）对现代河流浅层沉积物的研究表明，其表面形态通常不会显示在内部结构上，而是叠加在较新的局部侵蚀面之上的早期河道和沙坝沉积物上，这是先前提出的有关保存性问题中的一部分。另一个重要的难点是数据库越大可预测水平越低，后者可以从岩石记录的地质研究中推断出来。在第 2 章中研究了 Gibling（2006）对河流相单元尺寸的调查数据，引用了他的一些记录诸如宽度与深度之比关系的数据。长期以来，这类关系一直被用作研究地下的预测工具，但实际上并不是非常有效。从有限的垂直剖面（包括岩心、地震）来预测地下砂体展布是充满风险的。

与传统的垂直剖面方法相比，地层描述和记录的构型方法更为强大，因为它们指导观察者寻找三维信息，且没有河流类型的假设。然而在井数据有限的情况下，除非是必须，否则很难使用这些方法，例如在地下勘探项目的早期阶段。此外，许多最有意义的构型单元，如叠置河道和下切河谷，通常在数百米到几千米的范围内。但是因为这些构型单元太大，无法在露头上完全看到，也无法通过探井可靠取样，也因其太小无法在地震反射数据中被正确观测。将在第 6 章进一步讨论这个问题。

第 3 章：地质学家主要关心的问题是如何定义和描述地下各种沉积相的结构，特别是由砂岩或砾岩组成的多孔地层单元，它们是潜在或真正意义上的含油气储层。这些单元的规模、产状和连通性对井网的有效和高效设计来说至关重要，特别是对提高采收率而言。它们在很大程度上取决于河道在泛滥平原上的迁移方式，通过逐渐迁移还是突变迁移（这一过程称为决口），也是本章的重点。有关这一问题需要开展的地质工作包括广泛研究现代河流的决口历史，在岩石记录中了解古代河流决口的信息，以及河流决口的数值模拟和实验模拟。河流决口的物理过程很复杂，并且仍未被完全了解。其中有几个决口过程的数值模拟，并没有尝试模拟该物理过程，本质上是动态几何的演示。实验室人员对主要来自 Chris Paola 地层的实验模拟结果有助于弄清这一问题，尽管在该领域进行了几十年的研究，但是仍然不能彻底解决决口成因问题以及更普通的受内因控制的冲积构型问题。

砂体富集对储层开发来说具重要的实际意义，连通性是储层描述的关键。本章我们将讨论它的主控因素，可以明确的是河流类型不是决定储层性能的关键因素。

第 4 章：继续研究河流体系的大规模特征（外因过程占主导地位），需要绘制河流体系的详细地图和剖面图。现代制图方法（表 1.1）包括一系列利用开发数据的动态工具，比基于沉积相模式和垂直剖面的传统方法更有效。因为它们是以实验为依据的，系统揭示实际存在的东西，而不是根据可能缺乏事实依据的假设来进行预测。其中一些方法利用了油田开发过程中可能收集到的动态生产数据。

第 5 章：在过去的几十年里，大量研究实例的积累显著提升了对河流沉积的构造和气候控制因素的认识。改变对前陆盆地高频构造作用的认识，广泛了解古土壤的发育，包括它们对气候作用的响应，这两项研究进展极大拓宽了我们解释古代河流记录所使用方法的范围。同时，实验和理论研究为沉积速率和沉积规模提供了基本的见解，特别是在关于冲积体系对外在因素的响应时间等问题上。

第 6 章：20 世纪 90 年代河流沉积的两个重要层序模型具有很大的影响，但在第 6 章中，笔者认为它们通常被误用于岩石记录。大量的实例被用来说明这一观点，因为这些模型主要基于对现代河流的观测和后冰期的沉积记录，由于上面提到的沉积速率和保存问题，它们不能直接应用于古代记录。

表 1.1 地下复杂河流体系绘图方法（基于相模型概念的传统方法）

“随机砂岩交会的统计地质学”	描述章节
垂直剖面（及其局限性）	2.2.1—2.2.2
宽深比和其他地形关系	2.2.3
构型单元	2.3
理想化沙坝模式	3.6
净孔隙和砂体连通性	3.6
储层模型及其局限性	3.6
较新的以实验为依据的方法	描述章节
探地雷达	4.1.2
三维地震勘探	4.2.1
地层倾角测井仪和地层微扫描仪	Miall（1966 的 9.5.8）
动态方法：用定向钻井“摸查地层”	描述章节
压力测试	4.2.2
地球化学生物标志物对比、示踪剂测试等	4.2.2
四维地震勘探	4.2.2
历史拟合	4.2.2

在过去的几年里，河流层序界面一直是人们关注的焦点，尤其是侵蚀边界在长期负可容纳空间下的发展方式。其表面形态和这一过程后残留下来的碎屑沉积物展示了该演化过程中持续消失的陆表的图解，提出了基于“时间轴线”的现代数据的例证。John Playfair 首次在 Siccar Point 发现 Hutton 志留系—泥盆系角度不整合面时确切地描述了“时间轴线”这一点。与河流作用的其他方面一样，Paola 团队地层实验室的实验提供了许多有用的见解。

最后，第 7 章讨论了在岩石记录中识别大型河流及其相关沉积体系的问题。最近出版了大量关于大型河流（Gupta，2007；Ashworth 和 Lewin，2012）、大型沉积体系（Weissmann 等，2010，2011；Fielding 等，2012），以及古代河谷（Gibling 等，2011；Blum 等，2013）的文献。这些研究大多集中于现代和后冰期时代的河流和峡谷，但这些数据在重建古代沉积体系的应用范围有限。现代和近代的沉积体系可以用同沉积期的构造作用和气候来解释，但是当研究古代记录时，问题是相反的：通常从非常零碎和不完整的证据中获得最大数量的信息，而这些证据通常是相当模糊的。特别是由 Gibling 等（2011）提出的最突出的问题之一，古河谷和大型河道体系的鉴别问题。

1.4 结论

本书的主要目的是帮助从事岩石记录工作的研究人员将他们从研究中获得的信息最大化。构型方法在露头尺度上对解释过去的河流体系做出了重大贡献。在地下由于缺乏关键数据而导致解释具有局限性，许多相同的问题（如试图绘制和解释潜在的储集单元或对开发单元进行更完整的描述）仍然存在数十年之久。但是，在可行的情况下，诸如三维地震反射法之类的新勘探工具以及一些利用开发数据的制图方法会大大增加解释的深度和可靠性。

所有这些的场景都是在我们对“地质保存机器”理解下形成的。后者是外因和内因过程在很大时间尺度范围内运行并创建保存下来的岩石记录的手段，伴随所有可识别的，诸如水道系统和沉积序列之类的特征，同时也在记录中插入了细微而不是太细微的空白，这使地质学家的工作不断面临挑战。

2 河流系统的相与构型

2.1 引言

为什么石油地质学家重视河流类型，并给出了该问题的答案：这是因为长期以来一直认为储层构型是油藏动态分析的关键。本章讨论了从古岩石记录重建河流样式和相结构的一些困难。然而，需要注意的是，储层结构本身可能并不是通常认为的储层性能的关键因素。Larue 和 Hovadik（2008）通过一系列数值模拟表明，沿流动路径的相变化及其对渗透率的控制具有重要的实际意义。储层性能最重要的控制因素是砂体连通性（“砂道”），砂体连通性可能只与储层结构有一定的关系。水道密度和堆积样式，无论水道的类型如何，都是连通性的关键控制因素。砂体连通性将在第 3.7 节中进行讨论。

2.2 沉积尺度

地球科学最显著的特征之一是我们必须涉及广泛的尺度（图 2.1）。时间深度的概念是地球科学家，也是理论物理学家和天文学家关注的问题。地球上 45 亿年的时间尺度上，我们以不同的方式讨论多个不同数量级的时间尺度：

（1）大陆的形成，盆地以及盆地充填序列等数百万年至十亿年的尺度。

（2）构造作用和气候变化对 10^4—10^7a 时间尺度的影响。

（3）沉积系统的演化，是指在数万年至数十万年的时间尺度上的地貌过程。

（4）每日和季节性变化以及动态事件（如百年一遇洪水）形成的砂体和局部加积旋回。这些过程在现今的沉积体系中是可以观察到的，但为了理解古代沉积记录，需要意识到我们观察到的大部分沉积体系在地质历史上是短暂的。

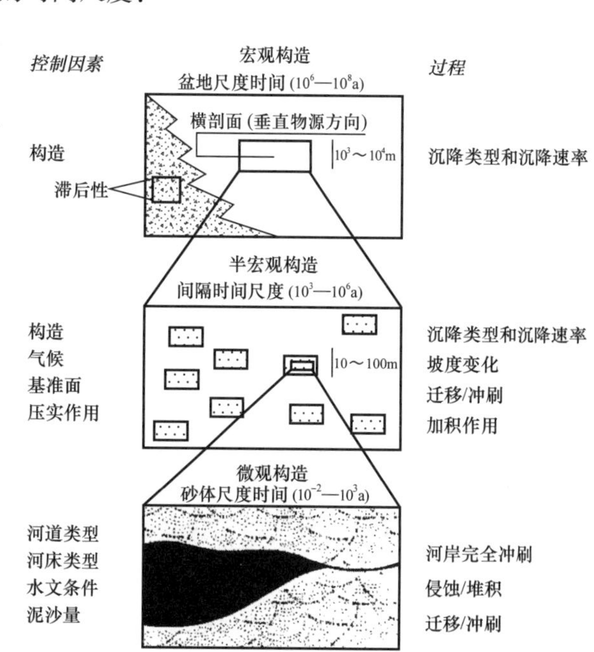

图 2.1 河流沉积中的构型尺度和时间等级（据 Leeder，1993）

许多沉积单元的堆积是由于在沉积很少或没有沉积的情况下，由长期旋回中短期快速沉积而形成的（Ager，

1981，1993）。现在人们也普遍认识到，在现代沉积环境或古代记录中测量的沉积速率与它们沉积的时间尺度成正比。Sadler（1981）详细记录了这一点，并表明测量的沉积速率变化了 11 个数量级，范围为 10^{-4}～10^{7}m/ka（见图 1.1）。这种巨大的变化反映了随着测量地层长度的增加，测量中考虑的非沉积或侵蚀层段的数量和长度也不断增加。记录中的沉积间断包括小到进积的河床（几秒到几分钟）在退潮时（几小时）干涸导致的不沉积，大到造山作用（数百万年）产生主要区域不整合的非沉积或剥蚀事件。

沉积速率的变化也反映了持续堆积的实际速率变化（总共 15 个数量级），从交错层理前积纹层的砂质推移或颗粒沉降堆积（时间以 s，或 10^{-6}a）和来自浊流粒序层的卸载作用（测量的时间以小时到天为单位），到海洋深海平原缓慢的深海充填（在某些地方已经几百年、几千年甚至更久的时间没有受到干扰），到形成一个主要的构造地层单元（这可能代表了数亿年）。很明显，这些沉积过程形成于各种时间尺度（图 2.1—图 2.3）。

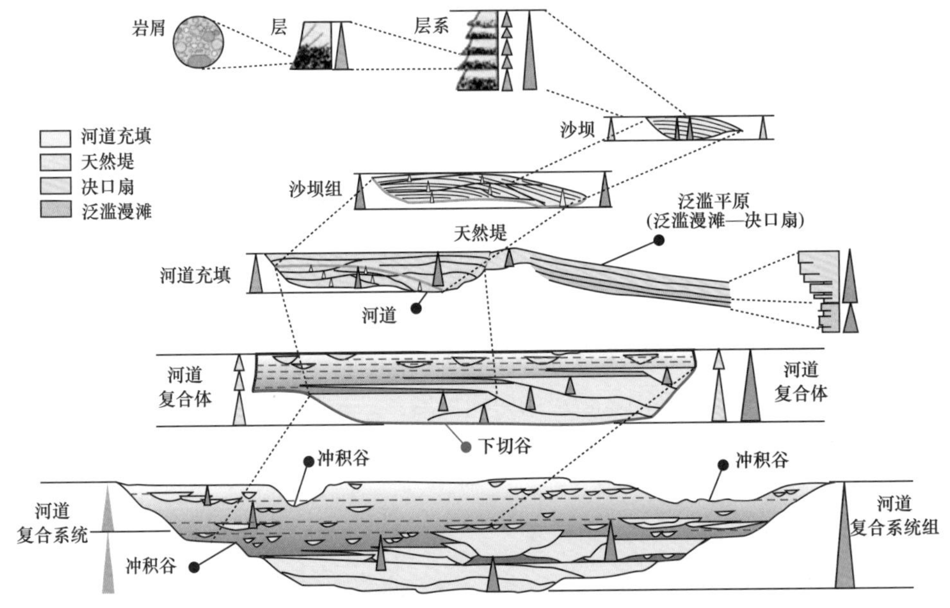

图 2.2　河流复合体沉积单元的结构（据 Kendall，2008；sepmstrata.org）

该图主要用于解释层序地层术语和概念

此外，还有一个物理尺度的构型，同样的两个例子说明，一个极端是仅形成交错层系，另一个极端是盆地级的充填（图 2.1）。从最小规模的几平方厘米的波纹前积，到一个数万平方千米的主要沉积盆地，这至少有 15 个数量级。单砂体的物理尺度（砂体规模）是一致的，因为它们反映了沉积作用恒定的物理过程。然而，在不同级次的沉积结构中，砂体规模可能表现出较大的差异，例如河道砂体的规模（图 2.4）。

地球科学家研究沉积过程及其沉积产物的方法主要根据兴趣（表 2.1）。砂体在水槽试验过程中最多持续几天。通过地表过程的研究，以及对分流河道和浅海岩心沉积物取样，对现代环境下的非海相和海相边缘沉积物及其过程进行了大量的分析。使用旧地图和航拍照片可以追溯到大约 100a 前的沉积记录。

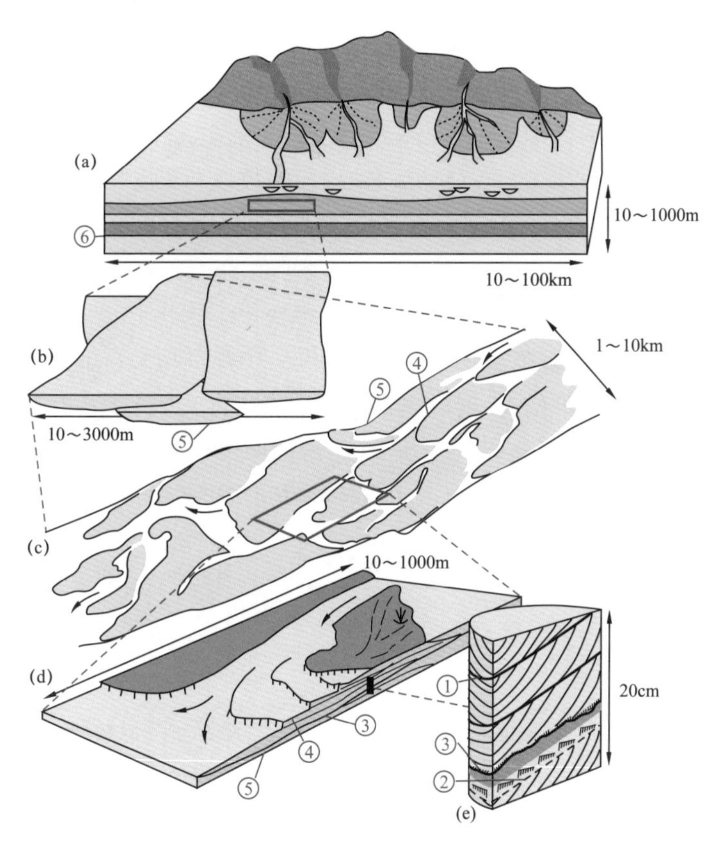

图 2.3　河流体系沉积单元的结构

圈出的数字表示界面的等级，使用 Miall（1996）分类

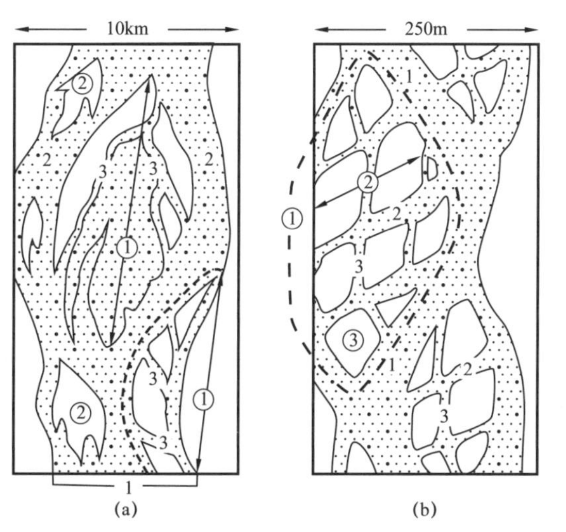

图 2.4　布拉马普特拉河[1]（a）和 Donjek 河（b）的河道结构

（据 Williams 和 Rust，1969；Bristow，1987）

圈码数字表示坝体，其他数字表示河道级别；一级河道包括整条河流，其中包括多条二级河道；沙坝发育在河道中间；在布拉马普特拉河，三阶河道改造了高阶沙坝，其内仍发育沙坝，但这在该尺度上无法显示

---

❶ 发源于中国西藏西南部喜马拉雅山北麓的杰马央宗冰川，在中国境内称为雅鲁藏布江；流经印度改称布拉马普特拉河；进入孟加拉国以后称为贾木纳河，在其境内与恒河相汇，最后注入印度洋的孟加拉湾。

表 2.1 河流沉积物中构型单元的层次结构

沉积速率级别（SRS）	时间尺度（a）	沉积速率（m/ka）	过程例子	沉积单元	过程类型	解释意义	研究技术
1	10^{-6}	10^{6}	短期冲刷循环	纹层	自发的	微弱	薄片、手标本
2	10^{-6}～10^{4}	10^{5}	间歇流体事件	层系（微观）	自发的	地表水体涨落	手标本、岩心
3	10^{-3}	10^{5}	日增沙量，再作用面	层系组	自发的	每日变化，小型露头	岩心
4	10^{-2}～10^{1}	10^{4}	暴风雨（中等）	沙丘	自发的	动力事件	岩心，小型露头
5	10^{0}～10^{1}	10^{2}～10^{3}	季节性到十年一遇洪水	宏观增生体	自发的	主要动力事件	大型露头，现代河流探地雷达
6	10^{2}～10^{3}	10^{2}～10^{3}	百年一遇决堤	巨型，如点沙坝	自发的	主要动力事件	大型露头，现代河流探地雷达
7	10^{3}～10^{4}	10^{0}～10^{1}	决口事件	河道	自发的	河流体系行为	大型露头、三维地震剖面
8	10^{4}～10^{5}	10^{-1}	5 级旋回（米兰科维奇旋回）	河道带	自发的或外因的	区域变化的地貌响应	区域露头网络、三维地震剖面
9	10^{5}～10^{6}	10^{-2}～10^{-1}	4 级旋回（米兰科维奇旋回）	沉积体系，冲积扇，主要三角洲	外因的	构造运动，气候变化，基准面变化	区域二维地震或井网
10	10^{6}～10^{7}	10^{-1}～10^{0}	2～3 级旋回	盆地充填复合体	外因的	快速构造运动	区域二维地震或井网
11	10^{6}～10^{7}	10^{-2}～10^{-1}	2～3 级旋回	盆地充填复合体	外因的	构造运动	区域二维地震或井网
12	10^{6}～10^{7}	10^{-3}～10^{-2}	2～3 级旋回	盆地充填复合体	外因的	缓慢克拉通沉降	区域二维地震或井网

注：改编自 Miall（1996），结合了 Brierley（1996）的观点。

激发测年（OSL）可以提供距今 300—100000a 的时间跨度的年龄信息。^{14}C 放射性定年可以标定过去几万年的地层记录。许多沉积学研究利用地形和现代沉积物研究地貌工作。然而，这样的工作被特殊的、可能无法概括规律的现代地质事件所阻碍，例如全新世冰川消退、气候变化和全球海平面的快速上升。地层研究通常涉及的地质时间更长，例如盆地填充物的沉积可能需要几十万年到几百万年才能积累起来。以大型河道和沙坝、三角洲朵叶体、叠合沙丘（沙山）、滨岸障壁沙坝和陆棚沙脊等主要沉积单元为代表的中尺度沉积，可能代表了数千年至数万年的沉积。它们在古代记录中较难保存，在现代环境中也难以分析。有关沉积过程的时间尺度也难以确定，沉积物的物理尺度介于常见的大型露头规模和地下井网或地球物理分辨率之间。然而，正是这种沉积规模引起了地质经济学家的特别兴趣，因为它代表了许多地层中油气藏的规模及其内部的非均质性（表 2.2）。

表 2.2　按大小和形状的河道和填充物分类（据 Gibling，2006）

宽度（m）	厚度（m）	宽厚比	面积（km^2）
非常宽（>10000）	非常厚（>50）	巨大片状（>1000）	非常大（>10000）
宽（>1000）	厚（>15）	宽片状（>100）	大（>1000）
中等（>100）	厚（>15）	窄片状（>15）	中等（>100）
窄（>10）	薄（>1）	宽带状（>5）	小（>10）
非常窄（<10）	非常薄（<1）	窄带状（<5）	非常小（<10）

图 2.2 和图 2.3 以两种不同的方式说明了地层堆积的结构。地质学家所面临的大多数问题即试图释如这些图表所示的中等尺度野外砂体构型的非均质性。如图 2.2 所示的河道充填和复合砂体，以及图 2.3（b）至（d）所示的构型单元。在下一节讨论油藏问题时，我们将讨论这些尺度问题。

地貌学家非常重视时间尺度问题及其对后期分析和预测的影响（Cullingford 等，1980；Hickin，1983；Schumm，1985a）。正如 Hickin（1983）所说，“时间尺度的选择在很大程度上决定了我们可以提出的问题。”Schumm（1985a）表明，地质事件的重要性随着时间尺度的增加而减小。因此，一次单独的火山喷发，在其发生时是一件壮观的地质事件（用 Schumm 的术语来说，是一个“大事件”）。随着几千年后其他喷发事件的发生，其在地质历史上的重要性逐渐降低，直到最终（也许在几百万年之后），由于喷发形成的岩石和地貌被侵蚀或埋藏，导致喷发的所有证据丢失了（它变成了“非事件”）。短期内看似随机的事件（如浊流事件）如果在足够长的时间尺度上进行研究，可能会呈现规律性的变化，甚至是周期性，具有可定义的重复周期。许多事件只有在某些临界值被越过时才会发生，例如斜坡上的沉积物由于重力不稳定而遭到破坏。Schumm（1977，1979，1985a，1988）、Schumm 和 Brakenridge（1987）讨论了“地貌阈值”的概念及其对沉积过程的影响。这些阈值反映了自生和外因过程，并具有广泛的时间尺度（图 2.5）和周期尺度（图 2.6）。

沉积速率相关理论的积累及其基于分形理论的解释导致了两个重要的发展：（1）认识到地层记录远比迄今所了解的零碎得多（Miall，1996）；（2）认识到许多过程是与规模无关的。这已经从层序地层学的角度得到了论证（Posamentier 等，1992；Catuneanu，2006）。基于实验和理论条件的基础有人认为，小规模的实验［例如在明尼苏达大学的地貌实验室（XES）中进行的实验］可以用来了解在重大地质时期发生的完整沉积过程（Paola 等，2009）。

Miall（1996）提出了一套沉积速率表的定义，涵盖了现在可以从地层记录的研究中识别的时间尺度和过程（表 2.1，图 2.7）。将地层单位匹配到适当的时间范围内，有助于引发一种潜在形式丰富的新争论，在这种争论中，构造和地貌背景、沉积过程和保存机制可以相互评估，使人们对地质保存机制有了更全面的定量认识，也使人们对“地层完整性”的处理方法比以前更扎实。

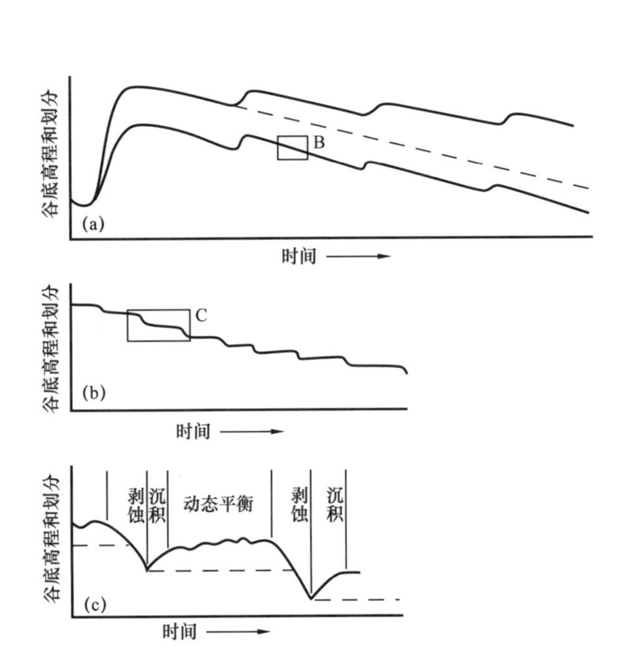

图 2.5　地貌演化过程的各种时间尺度

（据 Schumm，1977）

（a）侵蚀循环，如 Davis 在 19 世纪所设想的；下面的线表示谷底高程，上面的线表示水面高程；在顶部剥蚀作用下，初始隆升之后高程逐级降低，以及间歇性隆升；主要流域盆地的总耗时为 10^7～10^8a，小型隆升事件发生的尺度为 10^6～10^7a［与 Blair 和 Bilodeau（1988）的构造旋回相对应］。标有 B 的方框在（b）中放大。谷底在较小的时间尺度上（在 10^2～10^3a 的范围内）清晰地显示出一种幕式现象，这是由于沙坝和漫滩沉积物的周期性保存和冲刷形成的，比如决口事件。标记为 C 的方框在图（c）中放大，更详细地展示了（b）的幕式特征

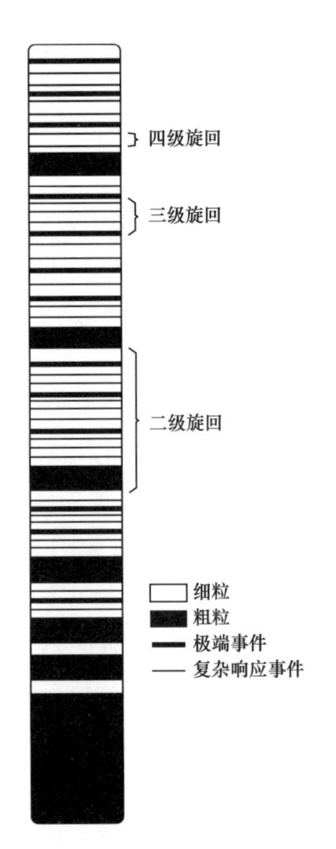

图 2.6　沉积旋回的结构：基于河流系统对自生和外来因素的复杂和周期性响应的地貌概念

（据 Schumm，1977）

Schumm 的旋回术语与层序地层学中出现的术语不一致（Vail 等，1977），这里参照表 2.1 的沉积速率表来解释。一级地貌旋回包括整个沉积序列，反映初次抬升后的沉积等级逐渐减小（对应图 2.5a 的“侵蚀旋回”曲线；表 2.1 的 SRS 10）。二级地貌旋回反映了均衡调整（构造旋回）或主要气候变化（图 2.5a 曲线中的膝折；对应于表 2.1 的 SRS 8—SRS 10）。三级地貌旋回是指与超过地貌阈值有关的旋回，导致“亚稳定平衡”期和快速变化期和调整期（图 2.5b）。这些过程发生在不同的时间尺度上（SRS 6—SRS 8）。四级旋回与幕式侵蚀有关，与河流系统对上述任何变化的复杂响应有关（SRS 5—SRS 8）。五级旋回与季节性和其他主要水文事件有关，如“百年一遇的洪水”（SRS 5、SRS 6）

将结构尺度概念纳入河流研究需要一种构型方法。河流沉积物体系构型研究的早期方法，特别是 Allen 和 Ramos 及其同事的工作，在其他地方有描述（Miall，1996）。本书使用的主要方法的分类在第 2.3 节中简要描述。目前人们对层序地层学的兴趣激增，说明了人们对大规模地层结构的兴趣日益增加。但是地层结构取决于构造活动和海平面变化等外在因素，这些主题构成了本书的主要焦点之一（见第 6 章）。

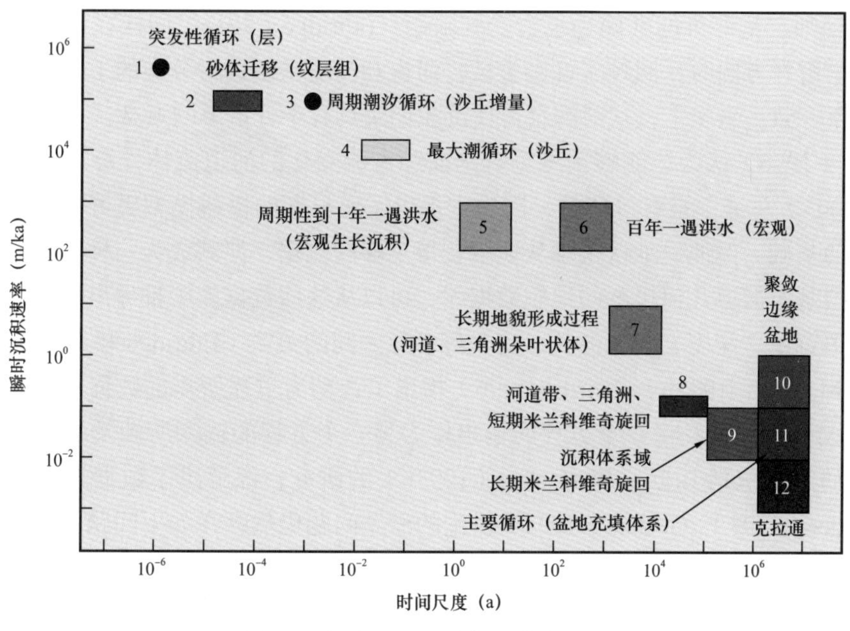

图 2.7　沉积过程的速率和持续时间

数值参照沉积速率表（另见表 2.1）

2.3　河流类型

2.3.1　问题综述

人们花了大量的精力来研究河流类型，即河流系统的河谷中河道形状和排列方式。因为长期以来，人们认为河流类型是储层构型的关键。直到三维地震的出现，以及将地震地貌学作为地层圈闭勘探和开发的实用工具后，地质学家才能利用少量数据和非常不可靠的工具来重建地下的储层几何结构。

开发地质学家和油藏工程师利用模型来表征地下储层。这些模型有多种形式，包括储层沉积体系的现代沉积类比物、假设在类似条件下形成的地层单元的露头类似物、沉积体系的物理模型，以及通过数学途径进行储层数值模拟，模拟储层形成的物理过程。许多已发表的研究证明了这种模型的实用性，尽管随着开发的进行，预测结果和储层实际性能之间总是存在差异（“历史拟合”问题），但是至少提供了储层特征的初步近似值。近年来出现了一些关于建模过程的综合性研究，这些研究完整介绍了各种方法的优点和局限性（Alexander，1993；Bryant 和 Flint，1993；Geehan，1993；North，1996）。

North（1996）全面地回顾了对地下河流相储层模拟和预测的工作，强调了河流序列的复杂性和多变性以及预测地下河流结构的困难。他讨论的各种概念方法，包括基于垂直剖面的沉积相模拟、构型单元分析和层序地层学方法，使我们对河流系统的理解更加系统化。他指出了各种自生作用和外来控制因素以及所引起的问题。他认为，即使在成熟盆地内，由于垂直地震分辨率和井网密度的限制，地质学家精确定义和预测河流结构的能力以及开发工程师定量评价的准确性也会受到限制。Ethridge（2011）同样在评估古代河流体系的沉积学解释方法时，回顾了许多尝试将河道和河道系统进行分类的工作，指出了术语和分类的不一致。事实上，这对解释古代沉积记录具有十分重要的意义。

North（1996）认为，能够预测垂直剖面和古流变化的河道流体计算机模拟［最近由Bridge（2003）总结］是有价值的，因为它提供了比早期的描述模型更可靠的重建河道形态和样式的基础。但他也承认很难从地下获得足够的数据，使其成为一种实用的工具。这些数值模拟基于河道几何尺度的地貌数据库，可以从这些数据库中推导出了一系列方程来描述了河道宽度、深度、曲流波长、流量等参数之间的关系（Ethridge和Schumm，1978；Bridge和Mackey，1993b）。North（1996）指出了古动力重建所需的数据不足，标准方程中存在巨大误差，以及将一个方程的输出作为另一个方程的输入所涉及的程序误差等问题。许多研究，包括Bridge和Mackey（1993b）的研究，都解决了数据缺乏的问题，但是Alexander（1993）、Geehan（1993）讨论的概念问题仍然存在如下问题：如何知道我们使用了正确的模拟？

Weissmann等（2011）对依赖于现代河流沉积学研究的数据库提出了更为彻底的批判：他们认为大多数现代河流系统（其描述特征已用于构建现代沉积相模型）处于剥蚀环境中。他们断言这些研究对解释古代沉积序列的意义有限，因为现存的古代沉积序列本身就表明了加积环境的长期存在。他们指出："我们认为在剥蚀环境中对河流系统的研究，对于沙坝、复合砂体和河道带尺度上的河道迁移过程、沉积物充填是有效的。然而，它们并没有告诉我们复合砂体是如何叠加到整个三维盆地结构中的。"

第7.3.2节将讨论这一论点。North（1996）所讨论的主题和涵盖该论文的那本书的结语（Carling和Dawson，1996）之一，是缺乏关于现代河流的信息，Bridge也多次表达过这一观点。例如，Mackey和Bridge（1995）总结道，"迫切需要来自现代河流系统的更全面的构型数据，尤其是与控制数千年河漫滩几何形状和河道类型的过程有关的数据。"他们建议考虑河流、沉积物搬运、河道几何形状以及构造作用和基准面变化的影响以建立更全面的物理模型。但是，由于下面讨论的原因，这些模型的用处仍然值得怀疑。North（1996）指出：重点地质需求往往取决于项目的经济效益和工程参数。例如，在油气藏分析中，地质学家可能会关注古河流的弯度，而工程师可能更关心的是成岩作用变化对河道砂体孔隙度和渗透率的影响。

Tye（2004）认为，地表地貌观察结果（不需要进行地下分析）可以为储层研究提供珍贵的输入数据。方法是要对储层构成单元（如河道和坝体）之间的规模、产状和相互关系进行限制，只要选择了合适的现代类比对象即可从中得出所需的建模输入数据。他举例说明了自己的论点，通过将筛选的现代河流和三角洲的测量结果，输入作为研究对象的三维储层模拟中。然而，他承认，他的"地貌学"方法没能考虑连续河道带单元之间的侵蚀关系。这是地下构型必须要添加的内容。

探地雷达的发展在很大程度上解决了现代河流体系中河流构型的数字化问题。这种地球物理技术较适合于浅埋地层，所提供的高分辨率构型数据与地表河道和沙坝的形态具有精确的相关关系，例如，Best等（2003）提供了完美的案例研究。Lunt和Bridge（2004）

及 Lunt 等（2004）对阿拉斯加 Sagavanirktok 砾质辫状河的详细研究充分说明了利用探地雷达进行现代构型研究的价值和局限性。

这些研究包含河道和坝体结构的详细记录，来自大量探地雷达剖面。从探地雷达数据中，提取了一组“涵盖复合沙坝沉积物和河道充填物不同部分的典型序列的垂直测井曲线”（Lunt 等，2004）。他们还将“钻孔获取的地层厚度”与“不同规模地层单元的宽度”联系起来（Lunt 等，2004），认为这种“定量三维沉积模式……将允许预测不同规模层理的时空展布……”然而，“仅从最近的航空照片或岩心重建复合沙坝的成因和演化是不可能的，也不可能通过岩心确定复合沙坝是点沙坝还是辫状坝”。他们还收集了一些现代辫状河和曲流河河道带沉积物的宽—深关系的数据，并得出结论，这一比值变化范围很大，然而对目前正在沉积的河道带而言，两种河流类型的差异可能很小。

用现代类比的方法解释古代沉积记录有两个主要问题：一是现代河流的照片（地表地图、航空照片）不一定揭示地下的沙坝和河道沉积物的内部结构。例如，辫状河流中一个非常简单的点沙坝，通过解剖或探地雷达测量，揭示出其内部结构是由不同类型的沙坝残余物或具有不同方向的早期点沙坝残余物组成，之上现代坝体已被相邻的活动曲流带的最新沉积地层所叠加。Best 等（2003）记录了孟加拉国贾木纳（Jamuna）河［布拉马普特拉（Brahmaputra）河］中一个大型辫状沙坝的演变。这条沙坝向下游方向延伸 1.5km，在一年多的时间里向下游迁移了一段与自身长度相等的距离，长度增加了一倍。这种短暂特征的详细记录，除了说明短期的坝体形成过程外，对古代沉积记录的研究有多重要？这个沙坝有多大可能会被保留下来？

在最简单的条件下，辫状河道的演变可视为从中央坝体（河道中间）向两侧迁移形成低弯曲度河道的过程（Bridge,1993）。Ashworth 等（2000）的工作通过他们所研究的沙坝，以及与 Bridge 等（1998）分析的内布拉斯加州 Calamus 河小型沙坝的比较，明确否定了上述这种演化模式，他们认为沙坝是从上游核部向侧向和下游方向加积的模式增长的。如 Bridge（1993）提出的观点，如果沙坝的迁移是对称的，河道冲刷作用预计会形成一个宽度近似于两条河道加上中间沙坝的侵蚀河道。假设有两条二级（Bristow，1987）布拉马普特拉河水道，每条宽 2km，河道中间有一条同样宽 2km 的沙坝，如果两条河道在废弃前都被填满，理论上可以形成一个二级砂体，边界为一个五级界面［编号见 Miall（1988，1996，2010a）的河道规模的界面分类］，宽度约为 6km。这种砂体的平均深度为 12m，其宽深比为 500。然而，这种情况值得怀疑。许多研究人员已经证明了布拉马普特拉河 / 贾木纳河中支流的迁移模式、沙坝的生长和侵蚀（Thorne 等，1993；Ashworth 等，2000），表明这种理论上假设的砂体可能永远不会发育。以五级界面为界的砂体，其宽度可能远小于 6km。Ashworth 等（2000）描述的最终保存下来的砂体结构取决于：（1）在分支迁移条件下坝体的侧向堆积；（2）分支转换事件引起的侵蚀下切作用之间的平衡，或河道带内另一位置支流的迁移和侧向侵蚀。最终保存的砂体宽度大概介于假设的最大 6km 和单个沙坝宽度之间（最小 1km）。误差如此之大，那么估算还有多大用处？第 7.4 节回答了这个问题，其中讨论了布拉马普特拉河 / 贾木纳河，它可以作为类比来解释澳大利亚霍克斯伯里（Hawkesbury）砂岩。

第二个主要问题是，反映内部结构的钻井数据（包括岩心测井）可能与地表露头一样，作为油藏砂体评价的工具，不能提供较好的指导。Lunt 等（2004）再次证实了多年前争论的观点（Miall，1980；Collinson，1986），垂直剖面并不能准确地判断河流类型，更不用说已知类型河流中的沙坝特征。即使有详细的岩心记录，也很难确定一个特定的垂直剖面是与单一河道充填记录有关，还是与多条河道和沙坝沉积物的叠加碎片有关，如 Best 等（2003）所记录的那样。因此，从岩心得出的解释应该包括为进一步测试开发几个备选方案。

河道厚度和宽度之间的统计关系的论证可能对描述个别河流的特征有用，但在研究古代沉积记录时应非常谨慎地使用这种关系。问题是，对于现代河流系统，即使是详细的探地雷达资料，也只与目前的沉积瞬像有关。短期（几十年到几百年）内，该构型反映了现在河道模式下残存的沙坝以及河道的形成、改道和剥蚀。但是现代沉积还没有一个进入地质记录（这在一定程度上与 Weissmann 等的所述不符）。更长期来看（从数千年到地质时间尺度），保存模式受到沉降速率和气候变化的影响。在河道迁移和决口的短期时间内，除河道和沙坝碎片化外，在更晚的一段时间内，河道系统可能会造成侵蚀性切口。可能部分或完全冲蚀早期沉积，也可能由于长期外在控制因素的改变而表现出不同的样式。考虑到缓慢的沉降速率，可以想象，一个给定的地层单元可能包含相隔几万年到几十万年不同类型河流的叠置、相互切割的混合沉积物，并可能形成内部特征明显不同的河道和沙坝沉积以及厚度—深度关系（Blum 和 Tórnqvist，2000；Ethridge 和 Schumm，2007；Sheets 等，2008）。在第 6 章中，我们讨论冲积结构和可容纳空间生成之间的关系问题。

Shanley（2004）认为，虽然从现代河流的研究中可以获得许多地貌信息，“沉降、基准面、沉积物供给量的相互作用，对河流（河道）沉积物被混合或分割的控制作用要远远大于现代类比研究中常见的许多短期过程。”Gibling（2006）首次详细记录了现代和古代记录中河道体尺寸的巨大范围，沉积控制因素的可变性，以及根据有限的数据来解释和模拟河流系统所固有的困难。正如 Ethridge 和 Schumm（2007）所指出的：“由于不同控制因素可以产生相同的效果（收敛），而同一控制因素可能产生不同的效果（发散），因此（对古代沉积记录）不可能有明确的解释。”

考虑到地质过程的可变性，对于勘探开发来说，结构复杂性和可变性不容假设。由于这些原因，储集体规模的统计关系，以及以此为基础开展的数值模拟（Bridge 和 Mackey，1993a，b；Mackey 和 Bridge，1995），建议只是作为初步指导，来开发用于油藏解释和油气开发的几个备选方案。Shanley（2004）用一组不同的方程论证了这种方法，这些方程用于从测井和岩心导出的厚度数据估计砂体宽度。

现代沉积学解释始于 20 世纪 50 年代，当时人们认识到垂直剖面作为沉积环境判断的意义，这一发展主要归功于埃索石油公司和壳牌开发地质学家的工作，他们认识到电测曲线中某些剖面的重复性（Nanz，1954），并将这些剖面与筛选的现代环境典型剖面进行了比较，包括河流点沙坝（Bernard 等，1962）。大约在同一时间，Allen（1963，1964，1965a，b）主要开展盎格鲁—威尔士边界地区的泥盆系 Old Red 砂岩的工作，开始建立曲流河迁移、点沙坝形成与岩石记录中保存的宽度、深度等河道属性之间的联系。Leeder

（1973）注意到，点沙坝沉积的几何形状与曲流河道的大小存在着一定的关系。Schumm 等（1997）从他们对现代河流系统的研究以及已开发的几代数值模拟的研究中，提供了许多思考的依据。最近，他们（Bridge 和 Mackey，1993a，b；Mackey 和 Bridge，1995）基于所有这些早期工作来模拟冲积结构，基于对现代河流样式的观察，输入特定的参数和方程组。这段历史（直到 20 世纪 90 年代中期）在"河流沉积地质学"的历史一章（Miall，1996，第 2 章）中有详细叙述。

在建模所需的基础工作中，有人试图根据他们对河流的解释，对河流沉积物进行记录、分类。这一过程中的主要里程碑成果是 Fielding 和 Crane（1987）、Robinson 和 McCabe（1997）的论文（图 2.8），并以 Gibling（2006）的权威编译而结束，这是根据收集自古代沉积记录中保存的各类砂岩和砾岩体大小和形状的经验数据最终决定的。人们希望从所有这些归纳中可以得出一些模式，使油藏地质学家能够从地下勘探中获得一些信息，例如作为砂体厚度和侧向展布（基于地层对比存在的问题），并以此开发出储层模型，这些模型可以作为最终产品简单地移交给开发工程师。

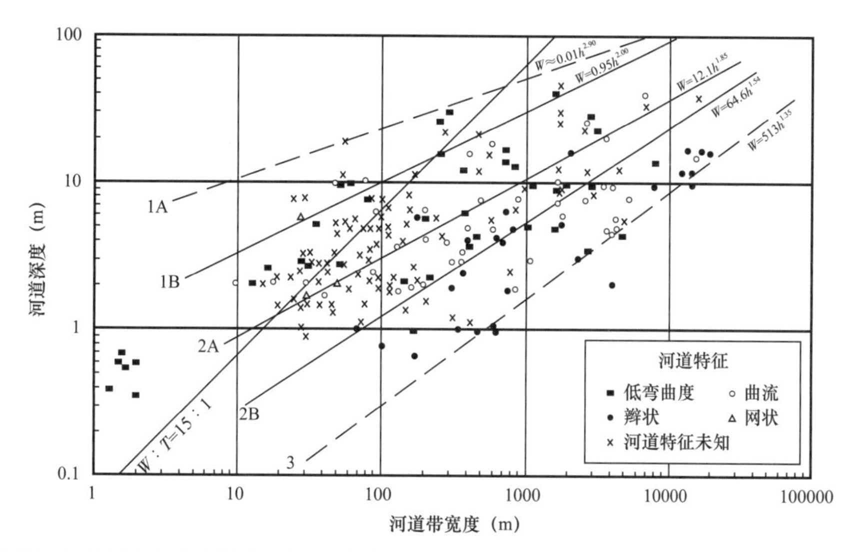

图 2.8 各类河流的河道宽度与深度之间的关系（据 Robinson 和 McCabe，1997；Fielding 和 Crane，1987）

1A—所有数据的上限：描述切割的、顺直的、未迁移的河道（一个极端案例）；1B—曲流河沉积的上限；2A—所有数据最佳拟合曲线（所有数据类型的几何平均）；2B—现代全面的曲流河经验公式（Collinson,1978）；3—所有数据的下限：侧向不受约束（辫状？）河流系统。W 为河道带宽度，m；h 为河道深度，m；$W:T$ 为宽厚比

目前已经进行了半个多世纪的河流沉积相模式的记录和分类工作仍然没有完成。Miall（1985）总结了 12 种不同类型的构型，后来（Miall，1996）扩展到 16 种。Long（2011）成功地在前寒武纪和早古生代岩石记录中识别了其中大多数的构型实例。尽管如此，一些人认为，仍有必要增加相模型。Fielding 等（2009，2011）定义了以季节性、半干旱到半湿润条件为特征的热带河流的新模型，并将该模型应用于加拿大大西洋上古生界沉积记录的解释（Allen 等，2011）。例如"发育复杂而横向突变的砂岩和成岩改造的泥质砂体"或"缺乏侧积或下游加积砂体"等被认为是这种条件下高流量河流的特征。然而，如第 5.2.2 节所述，本次研究对气候的解释在很大程度上依赖于古植物和古土壤证据。大多数岩相和

构造特征（被认为是在这种气候环境下形成的砂岩特征），在很多环境下沉积的砂岩中都很普遍。因此，河流沉积物的气候背景似乎不太可能仅仅根据纵向序列的岩相组合或碎屑组分结构而得到明确的解释。

另一方面，North 和 Davidson（2012）指出，在使用与不受限制的河流及其沉积物有关的术语时存在一些误解。他们认为像“片流”和“沙坪”这样的术语定义不清，并且在许多沉积学文献中被错误地使用。这对地表的解释有重要的意义。例如，以片状层理为主的河流沉积［岩相 Sh，Miall（1985）的结构要素 LS］在许多情况下被描述为漫滩的产物。其含义意味着，在水体之下会形成片状层理，其几何形状可能会被描述为片状（缺乏砂体）。但解释通常包括以下含义，即此类水动力条件是大多数高流量事件的特征，即越过河岸以河流“席”展布在泛滥平原上。泛滥平原高流量沉积的条件用“不受限制的流动”一词很好地描述，但这并不一定意味着片状层流态条件。事实上，不受限制的流动可能包括广泛的沉积物，相反，片状层的条件可能在河流动中形成，并在最近作为季节性热带河流的特征之一被引用（Allen 等，2011）。鉴于“片流”一词对几何形态有明确的含义，对储层地质学家来说这是一个重要的标准，因此在术语上的这种区别不仅仅具有学术意义。正如 North 和 Davidson（2012）所指出的，“沙坪”一词的定义更为模糊。

随着对河流沉积环境多样性认识的深入，人们对一些早期的沉积相解释进行了重新评估。就连英国 Old Red 砂岩中著名的“向上变细的旋回”成为这种现象的受害者。这些旋回沿着南威尔士的海岸悬崖暴露，最先被解释为点沙坝沉积（Allen，1963b）。我们对旱地环境（特别是澳大利亚内陆 Eyre 盆地）认识的增加，导致了对南威尔士 Pembrokeshire 郡这些暴露岩石的重新解释，认为它们是短暂河流系统的沉积物，其中点沙坝横向迁移仅仅占非常小的一部分（Marriott 等，2005）。

2.3.2 相模式与地下特征

沉积相分析工作是否已经完成了它的使命，以帮助地下地质学家绘制和评估河流砂岩和砾岩体的成藏潜力？经过半个世纪的研究，答案是不一定。

图 2.9 为开发油藏模拟建立了三个基本模型。千层饼状模型预计将通过海底扇环境中的席状浊积岩等沉积体系得以证实。拼合板状模型和迷宫模型是许多沉积体系的特征，很难绘图，也很难据此做出有效预测。可能的例外是沉积物完全由层状砂岩席组成［构型单元 LS；Miall（1996）第 8.2.17 节中“瞬间的、短暂的、片流、底形河”］。大多数河流系统可能具有一个或多个拼合板状或迷宫模型的特征，构成类型复杂的储集体。在过去的 50 年里，对河流系统的沉积学研究，人们一直致力于想办法评价油藏中复杂类型储集体的大小、形状、相互关系和产状特征。

图 2.9（a）中的千层饼状模型：地层界面清晰，连续性明显，厚度变化不大；地层代表同一沉积环境下沉积的砂体；测井上可以很好地对比，显示厚度和性质逐渐发生横向变化。

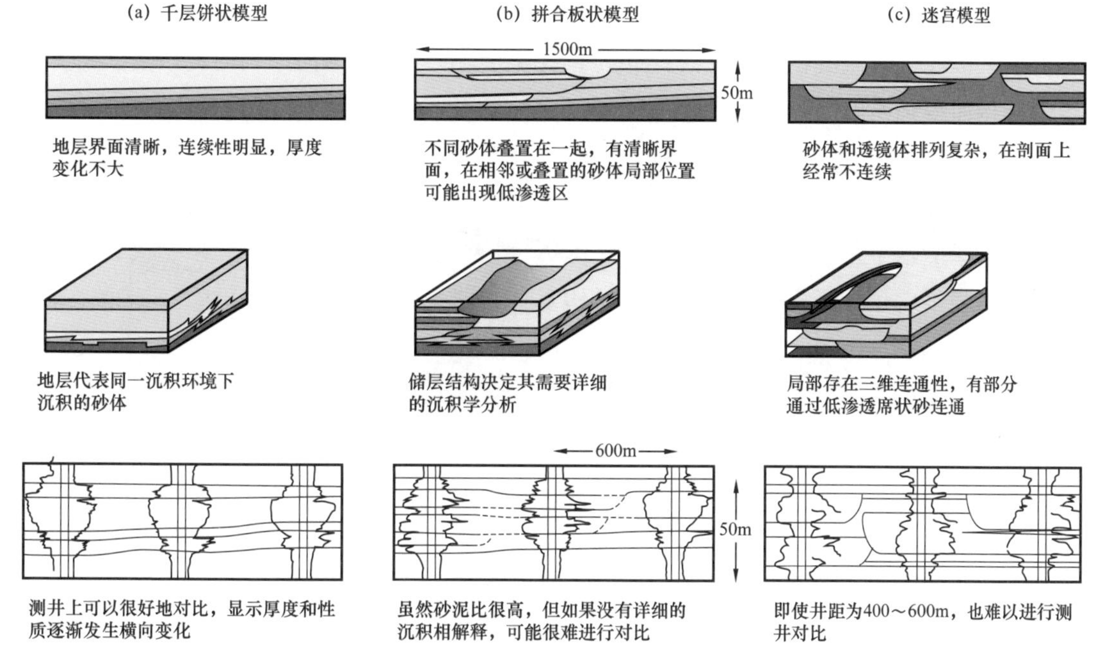

图 2.9　三种储层几何模型［在 Weber 和 van Geuns（1990）之后］

图 2.9（b）中的拼合板状模型：不同砂体叠置在一起，有清晰界面，在相邻或叠置的砂体局部位置可能出现低渗透区；储层结构决定其需要详细的沉积学分析；虽然砂泥比很高，但如果没有详细的沉积相解释，测井上可能很难进行对比。

图 2.9（c）中的迷宫模型：砂体和透镜体排列复杂，在剖面上经常不连续；局部存在三维连通性，有部分通过低渗透席状砂连通；即使井距为 400～600m，也难以进行测井对比。

图 2.10 说明了如何在至少四种不同的尺度上考虑储层复杂性。在这些尺度上编图和预测的技术各不相同，其中最大尺度和最小尺度最简单。最大尺度是在油田开发阶段，宏观非均质性的规模可能超过井距的规模；最小尺度是从钻井取心和由岩心制成的薄片直接获取的规模。微观和宏观非均质性本质上是沉积学层次的问题，在河流体系的案例中，反映了河道系统的结构和规模，以及构型单元。Tyler 和 Finley（1991）认为，了解这些中等尺度非均质性可以显著提高生产效率，在提高采收率过程中为加密井或水平井的精确部署提供指导。然而，他们指出，“在高度河道化的储层中，流动油的二次开发是低效的。”许多中等尺度非均质性情况可能无法得知。正因为如此，如上所述，在基于统计学的河流构型数值模型开发方面投入了大量的精力。在实践中，先进的沉积学研究现在更多的是为了完善用于建模的数据库，而不是记录单个储层的实际细节。

很大一部分问题是河流体系的自身矛盾。下游河道形态的变化是对河谷坡度、携沙量、堤岸成分、气候或构造状态变化的响应（Schumm，1977），同样的控制因素在特定河段可能随时间发生变化。因此，假设河流样式在某个地层单位中保持不变是不正确的。这一点与最大河流体系的情况一致，在第 7 章中做了进一步探讨。

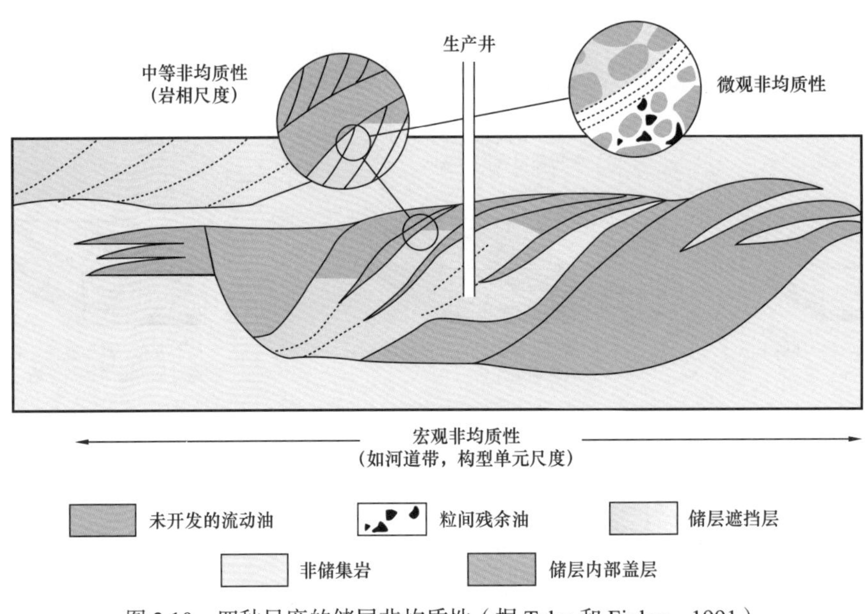

图 2.10　四种尺度的储层非均质性（据 Tyler 和 Finley，1991）

图 2.11 展示了一个大型现代河流的典型例子，它是刚果河的一部分及其支流。从图 2.11 中可以看到的四条主要河流至少展示了三种不同的风格，每一条都反映了上游河流大小、流量变化、携沙量、堤岸组分和植被覆盖及其对河流的局部控制作用，每条河流在沿线都表现出中等程度的变化。自然界充满了这种类型的例子，其中盆地中心及其接壤的各个分水岭具有不同的源区地质和微观气候特征，导致流域内河流类型的巨大差性。在这样一个由复杂的河流形成的大盆地里，想象一下有一个古老的河流沉积。如果事先知道每条河流的位置，尝试对每条河流进行地质统计学描述，可能会取得一定成功，但这当然回避了这个问题。根据几十口探井（最有可能是在最初发现阶段）获得的数据对整个盆地进行概括肯定是不准确的。Martin（1993）说明了这个问题（图 2.12），其价值在于它们把一个基本的地质问题放在可辨认的人为背景下。通常很难对一个未知的盆地和实际沉积体系进行一定的规模比较。

一些河流体系和它们的沉积物，很有可能在性质上被描述成“片状”的。这是 Miall（1996）提出的一个术语，用于描述一类由“陡坡、推移体系，如辫状河，其河道在广阔的河谷内梳状分布。”Prudhoe 湾油田（Sadlerochit 组）的大部分储层单元已经用这个术语描述过。例如，Martin（1993）将 Prudhoe 湾油田作为片状储层的实例，具有较高的净毛比、孔隙度和渗透率，采收率一般可达 50% 以上。储层为内压连通，各油层正常接触。新西兰南岛现代 Canterbury 平原的砾石辫状河（图 2.13）可视为现代的类似河流。然而，到 1989 年，Prudhoe 湾油田已经出现了内部非均质性的迹象，Anchorage 的生产团队对河流构型工作（Miall，1988）很感兴趣。一旦衰竭开始，储层压力下降，较小的内部流动障碍和挡板变得更加明显，产量特征变得更加不可预测（图 2.14）。

图 2.11　刚果河体系的一部分：这张图片从东到西大约 40km

（图片来自谷歌地球；Terra Metrics，2009）

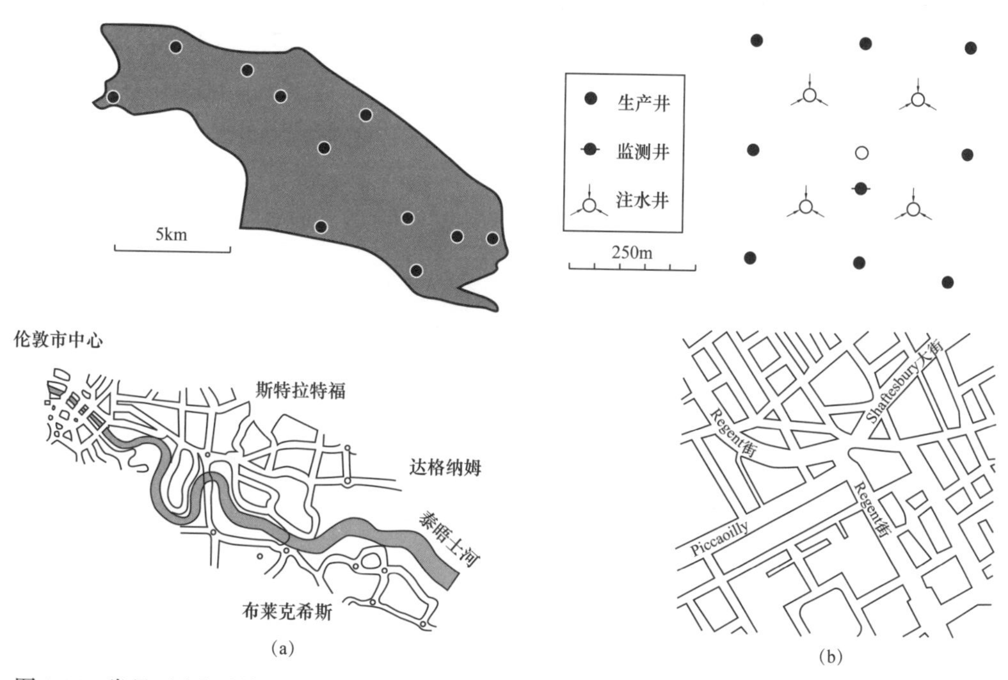

图 2.12　常见开发问题与人为参与尺度的比较——这是对井距和沉积体系真实尺度进行适当判断所需的必要步骤

（a）挪威近海 Snore 油田评价井位置和间距，与伦敦东部主要道路和泰晤士河相比（Martin，1993）；

（b）加强开采试验项目的井位置，其下为伦敦 Piccadilly 广场详细街道平面图（Martin，1993）

图 2.13　新西兰南岛 Canterbury 平原砾石层辫状河

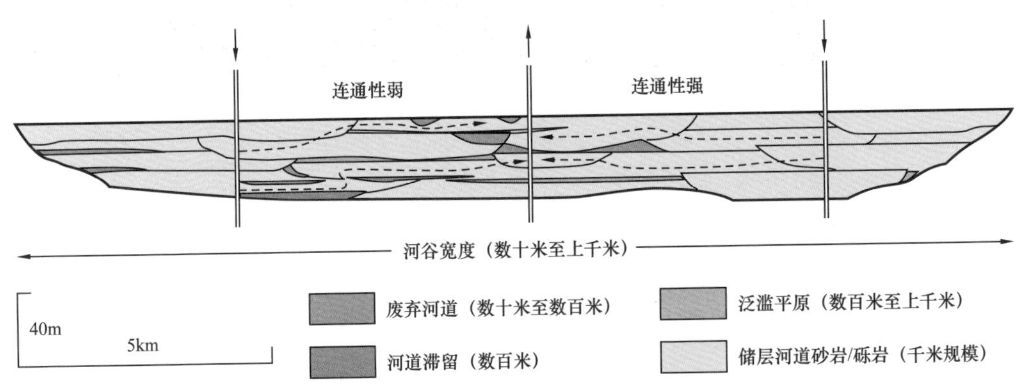

图 2.14　河道带组成和结构的微弱变化如何影响储集性能

右边是 Weber 和 van Geuns（1990）的拼合板模型；左边是更复杂的迷宫模型（见图 2.1）

Hardage（2010）描述了储层非均质性的一种极端情况，如图 2.15 所示。假设 175 井储层 A 与邻井砂体连通。然而，多次地层压力测试表明情况并非如此。在 202 井注入材料隔离砂体 B 后，压力在 175 井中有响应，但在 202 井中压力没有任何变化。注入材料分离砂体 C 时，也得到了同样的结果。"即使在 60m 的距离内也不能假定流体流动，这一结论在这个特殊的案例中令人费解，并提醒人们不要依赖于简单的地层和构型重建。"

图 2.16 揭示了一个普遍的问题，该问题在较早的一篇论文（Miall，2006a）中简要讨论过。相模式在解释储集体沉积背景方面的作用有限（Bridge 和 Tye，2000），因为它们不完整或具有误导性。实际上，该类模式原本只用于一般指导，用 Walker（1976）术语来说就是"规范"和"预测模板"。Bridge（2003）正确地指出，不能仅从垂直剖面数据中推导河道沉积模式，从而证实了其他人的早期观察，他们也处理过垂直剖面中有歧义的数据（Miall，1980，1985，1996；Collinson，1986；Shanley，2004）。

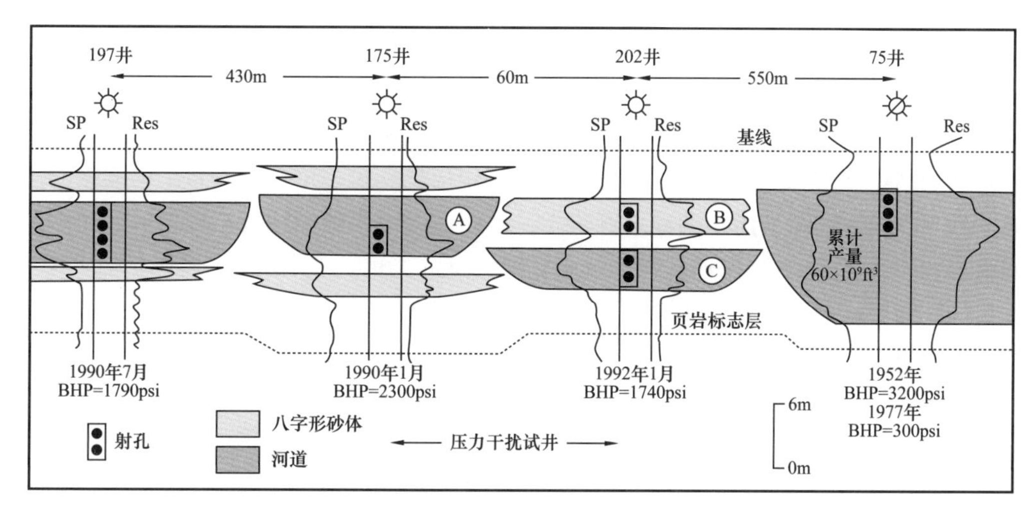

图 2.15　储层对比单元划分的极端示例（据 Hardage，2010）

BHP 为井底流体压力

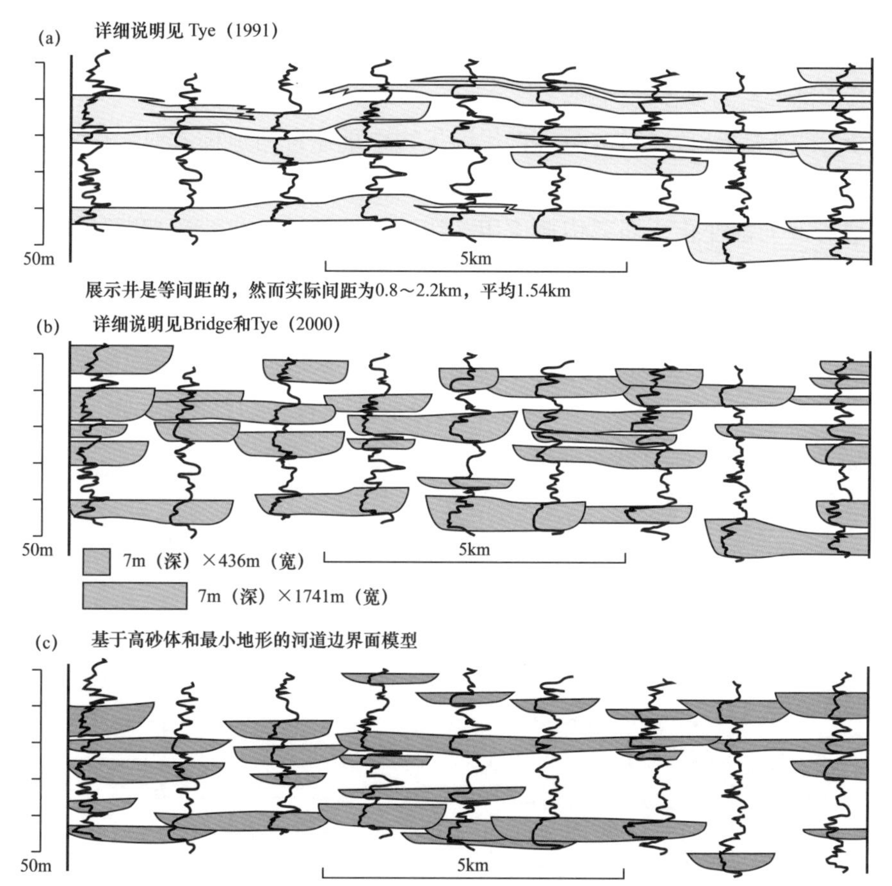

图 2.16　Travis Peak 组，区带 1（下白垩统，得克萨斯东部）辫状河沉积的三种解释

（a）Tye（1991）基于精细的岩心和等厚图研究的初步解释；此图和后图中都使用的是任意相等的井距。（b）Bridge 和 Tye（2000）基于窄河道带假设对该区带重新进行了解释；图例显示的是根据 Bridge 和 Mackey（1993b）中的公式通过估计的河岸深度而预测的河道带大小的范围；如图所示，他们自己的模型没有使用这个范围。（c）Miall（2006a）根据解释岩石物理测井曲线的两个基本准则提出了另一种模型：（a）河道通常为“底平”特征；（b）主砂体表现为块状和伽马低值的特征

虽然注意到垂直剖面数据的不足，但所建议的解决办法实际上是同一方法的变体。因此，Leclair 和 Bridge（2001）探索了交错层厚度与砂体高度之间的关系，从而利用已知的砂体高度对流动深度的依赖关系来估算河道深度。要利用这一关系进行地下分析取决于能否从垂向剖面数据中获得有关交错层理厚度的有用信息。另一个依赖垂直剖面数据的例子是 Bridge 和 Tye（2000）提出的地下方法学，他们在图中明确标注为“理想的岩相垂向序列和电测响应”，作为解释河道几何形状和宽度的改进工具。

Bridge 和 Tye（2000）提供了一种定量评价地下河流结构的新方法（图 2.16）。这一方法有四个组成部分，其内容如下：

（1）关于“河道沉积物岩相和岩石物理测井响应的三维变化新模型”，这些模型是对沙坝（宏观形势）增长和迁移的描述。它们基于长期存在的观点，即它们独立于河面（Allen，1983；Miall，1985），越来越多的人相信这些过程规模上是独立的（Sambrook-Smith 等，2005）。从这层意义上讲，这些模型并不算是新东西。它们吸收了许多现代河流和古代类似物研究中的新数据，但它们没有对众所周知的河流形成过程进行研究，如决口的形成以及在河道汇合处发生的冲刷，两者都能产生独特的相结构。这些模型也没有考虑到河道及其内部要素的保存性问题。

Bridge（2003）指出，“当试图从古代沉积物中重建古河道模式时，应该认识到：在河道的特定河段中，河流的模式可能在空间和时间上发生显著变化。例如，这可能是由于受到河岸成分的局部变化、局部构造作用、特别严重的洪水或河床切断的影响”。因此，理论模型的作用价值是有争议的。

（2）“区分单一和叠加的沙坝、河道和河道带”。曾有人断言，可以区分它们，但是没有确切的证明。事实上，正如人们早就知道的那样，这三种类型在岩心上是很难区分的，因为这些沉积物缺乏唯一的标志性特征（其特征都具有相似性）（Miall，1980，1988）。图 2.17 显示了河流沉积物中可能观察到的四种尺度的粒度向上变细旋回。根据有限的钻井数据来区分它们可能相当困难。

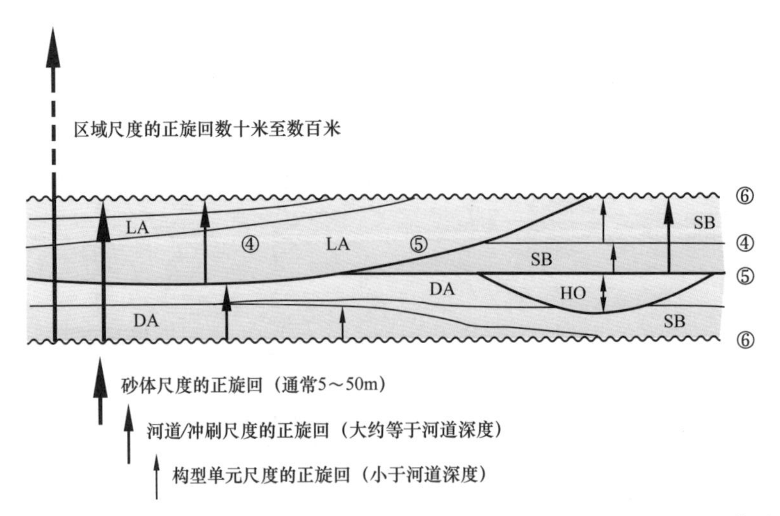

图 2.17　在古河流沉积物中常见的四个尺度的正旋回（据 Godin，1991，修改）

LA 为侧向加积；DA 为顺流加积；SB 为砂质河道；HO 为冲刷沟槽；④～⑥为构型界面的级别

除了个别交错层系的规模（厚度）可能不同之外，在岩心中可以观察到垂直剖面的所有特征，包括垂向序列和界面特征，都不可能有独特的解释。本章提出的“新模型”的应用面临着河流体系中普遍存在的问题——保存下来的是残留的河道。Lunt 等（2004）特别承认了这一问题，他们提出了一个砾石—辫状河模型。

（3）“对最大古河道深度的解析，是从河道沙坝的厚度和沙丘形成的交错层的厚度而得到”。对沙坝沉积物的解释受到前述因素的影响。由交错层厚度所做出的估计可能更可靠，但其代表性问题尚待解决。例如，深度冲刷后形成的沉积物可能比“正常”条件下形成的沉积物更具有保存性，而且可能比一般情况下规模更大更厚，但它们的代表性如何，暂时不得而知。

（4）“单一河道或多条河道连通形成的河道带，其砂砾岩体宽度估算方法评价”。事实上，这里并没有提出任何新思路。读者可以参考厚度和宽度的相关关系，这些相关性据称是“更普遍有效，因为与以前的相关性比，采用了更广泛的数据库基础或理论原理”。但是，没有任何一个数据库可以解释自然河流系统的沉降速率、沉积物供应和流量的同时变化。Bridge 和 Tye（2000）的研究利用 Bridge 和 Mackey（1993b）的经验公式来估算河道带宽度。这些关系式基于未指定的数据库，该数据库可能包含许多不同类型的河流，但是考虑到河流样式的变化和控制河流样式的地质过程的变化，我们无法提供客观的理由来偏爱其中某一个关系式而不是另一个。Gibling（2006）充分地记录了形式和规模上发生巨大自然变化的例子。

Bridge 和 Tye（2000）提出了一个解释砂体构型单元的新方案，此前 Tye（1991）曾对其进行过描述［图 2.16（a）］。

事实上，图 2.16（b）［重绘自 Bridge 和 Tye（2000），图 2.9（c）］所示的重新解释的河道带模型并不符合从他们的新关系式中所计算出来的尺寸。Bridge 和 Tye（2000）提道：“如果 Travis Peak 地层（从岩心估算）的最大满流深度为 6～10m，平均满流深度为 3～5m，根据 Bridge 和 Mackey（1993b）的经验公式，预测河道带宽度的范围为 436～1741m”。图 2.16（b）所示为两个按比例缩小的矩形，如果根据这个比例，就不会是图示的那样，大多数砂体宽度不超过两口井的距离，而且砂体的连通性会很差。除非砂体之间有很多类似的窄砂体，并且没有井打到。图 2.16（c）所示的第三个模型没有附加特定的值，作者主要依靠测井曲线绘制，并指出剖面中心附近可能存在连通良好的砂体带，顶部有一个砂岩较少的隔夹层。正如本书的观点，真实的河流系统，相对于数值模拟的模型，高度可能有变化。只有通过监测方法（地震时间切片、四维地震、压力测试）才能确定这些模型的相对“真实性”。

基于地质数据的河流相储层的描述和预测大多使用的是露头模拟数据。Bridge 和 Tye（2000）认为，由于缺乏完整的三维数据以及无法确定在某个具体案例中使用的模拟物是否适当，因此露头古代记录类似物很少用于地下比较。在一些项目中，可能会参考一个或多个特定的露头案例；在其他情况下，则利用现有的统计关系对河流系统的各种尺度参数进行约束。可以参考各种统计方法和技术，或者尝试系统的数值建模。但是，无论统计方法和数值模型多么复杂，这些项目最终都必须依靠某种方法，从真实世界的河流系统中确定适当的数据进行输入。

这类研究中最详细的一项来自 Martinius（1996）[参见 Martinius（2000）]，他从西班牙古近系—新近系单元两个露头研究中获得了砂体、岩石学和岩石物理学的定量数据。Tye 等（1999）详细介绍了沉积学研究在成熟盆地的应用，他们在 Prudhoe 湾油田 Ivishak 组的研究表明，生产监测数据可用于完善现行的沉积学模型、优化采收率设计，以及改进后续的历史匹配记录。Willis 和 White（2000）对怀俄明州一个受潮汐影响的三角洲沉积进行了非常详细的露头研究，从该研究中得出了五种不同相类型的概率分布尺度，然后开展了流动模拟实验。Karssenberg 等（2001）将模型根据来自 5 口合成井的数据进行“调整”以生成更加真实的模拟进而来验证 Mackey 和 Bridge（1995）三维数值模型的实用性。Yu 等（2002）研究了中国侏罗系河流系统的一个大型露头，并在此基础上总结出河流结构和岩石物理的一些规律，为解释中国东部的产油储层提供了一个可类比的例子。Svanes 等（2004）从垂向序列定义了沉积单元的成因类型，并结合三维地震数据，建立了油田开发的流体驱动模型。他们指出了根据井数据或监测数据调整随机油藏模型的困难（“条件问题”）。

砂体结构是河流样式和堆积过程的产物。换句话说，这一切都与地表河流系统的性质有关，包括河道的大小、形状、方向和它们的组成结构要素（包括沙坝和决口扇）。在下一节中，我们将研究河流类型。在第 3 章中，我们讨论了河流系统随时间的变化，特别决口的过程。有了这些信息，我们就可以关注砂体结构的问题。第 3.7 节回顾了在该领域进行的建模工作，以理解砂体连通性这个能最大限度地提高河流储层产能的关键问题。

2.3.3 河流类型的控制因素

河流类型研究的主要问题之一是用于描述河流类型的术语相互不排斥。事实上，它们完全描述了不同的条件和不同的过程。“曲流河”一词最初源于土耳其的 Buruk Menderes 河的名字，指的是许多河流特有的蜿蜒曲折的河流形态，特别是指（但不限于）那些携带相对细粒滚动组分或悬浮组分沉积物的河流（由于大规模的引水灌溉，Buruk Menderes 河现在实际上已经水量不足。典型的曲流河道和点沙坝，其地表特征代表了现代河流结构，在洪泛平原（现在已经完全被开发用于混合作物种植）的航拍图像（通过 Google Earth 中可以清晰看到结构模式）。“辫状河”一词指的是由沙坝和临时岛屿分开的多河道的模式。多年来，“网状河”一词被认为是“辫状河”一词的同义词，但现在建议将“网状河”一词限于具有低至高曲折度的稳定河道网络的河流（Miall，1996）。Nanson 和 Knighton（1996）及 Knighton（1998）使用“分汊河”这个术语用于表示一系列类似的河道类型的总称，其中最著名的是 Smith（1980）的网状河模式。与辫状河不同的是，网状河的典型特征是发育植被茂盛的河漫滩。辫状河和曲流河可以同时在一条河流中发育，因此一些河流可以同时用这两个术语来进行描述。这就是为什么地貌学家和地质学家对河流类型的分类和解释分歧不断的原因。

这些术语是如何发展的？它们告诉了我们什么？作为结果，河流类型的确定如何帮助解决地下勘探、测绘的问题？

早期对河流类型认识的发展，包括 Davis 和 Chamberlin 等的工作，已经在其他地方总结过（Miall,1996）。Schumm 等的各种分类系统也在 Miall(1996）专著的第 2 章中讨论过。在接下来的讨论中，作者试图指出许多现代分析中仍然存在的困惑，目的是得出一些对地质学家有用的概念和思想。

Friedkin（1945）可能是第一个系统研究河流类型问题的学者。他开展了一系列被后人广泛引用的大型实验，模拟大型水槽中的曲流河和辫状河。他把河道弯曲的原因归结为河岸侵蚀，但没有解释为什么会发生这种情况，以及它为什么具有规律性。他同意用“过补偿河”这个术语来表示辫状河（Friedkin，1945），认为辫状河的形成是由河岸侵蚀和侵蚀物沉积共同作用造成的。

Leopold 和 Wolman（1957）证明，至少有九个变量相互作用，决定了河道的性质。它们包括流量（量和可变性）、携沙量（量和颗粒大小）、宽度、深度、流速、坡度和河床粗糙程度。Schumm（1968a）后来指出，植被生长的数量和类型也会影响河流类型，因此，气候和地质因素也必须加以考虑。尽管如此，仍然不可能根据某些范围值确定特定类型河流，但变量之间的某些相互关系现在已经被认识到，可以进行一些概括。Leopold 和 Wolman（1957）指出：每一种河道类型（曲流河、辫状河和顺直河），在自然界中可能的范围内都会出现。世界上一些最大的河流都是辫状河，例如恒河下游和亚马孙河流域。更多的河流是曲流河，其中密西西比河下游是最著名的例子。曲流河常见于非常小的河流中而辫状河常见于较短的河流中。已经观察到一个给定的河道在短距离内可以从辫状河变成曲流河。同时辫状河的分岔河道可以变得蜿蜒曲折，而一条具有曲流河样式的支流河道可能会汇入辫状河的主河道。某一特定河道或并列的不同河道的这种变化可以归因于局部特定因素的变化。

在已出版多年的河流地貌标准教科书中，Leopold 等（1964）对河流样式做了如下一般的说明：河流样式代表了河道调节附加机制，这种机制与河道坡度和横截面有关。这种模式本身会影响流体阻力，一种或另一种模式的存在与对应沉积物的数量和特征以及排放的数量和变化密切相关。对不同模式进行区分显得有些武断。

Leopold 和 Wolman（1957）、Leopold 等（1964）报道了迄今为止最著名的模拟河道中辫状沙坝形成的实验［Miall（1977）总结的过程］。Leopold 和 Wolman（1957）认为：“辫状河是流体选择性搬运形成的，个别组分因其尺寸太大超过了流体的搬运能力……即使流体能够搬运所有的组分，如果各组分总量超过其搬运极限，那么可以在没有辫状河的情况下进行加积。”

Leopold 等（1964）这样讨论辫状河：辫状河道或网状河道往往与砂质或脆性（易侵蚀）堤岸有关，但并非总是如此。此外，植被也有类似的效果，从无辫状到辫状的变化，有时与河道两岸有无植被或植被的浓密、稀疏程度有关。通常不能确定这些巧合的变化是否有成因关系，尽管这种巧合常使人产生联想。

请注意，截至目前，在这段引语中已经放弃使用“网状河”术语。

Leopold 等（1964）非常清楚沉积物负载与河流类型之间的关系：虽然河道在低水位时可能会变成曲流河，但在漫滩流（河岸过水）时，辫状河往往几乎是沿着河谷顺流而下。当两条具有相同流量的河流相比较时，辫状河道相比曲流河出现在更陡峭的斜坡上。陡坡有利于沉积物搬运和河岸侵蚀，常与粗糙的非均质物质密切相关，所有这些都有助于辫状河的形成。

在有粗粒物质的地方，辫状河可能是由于粗粒物质的选择性沉积而形成心滩，从而使水流改道，加强了对河岸的侵蚀。对怀俄明州砂质河道的研究以及由 Fahnestock 等（1963）描述的辫状河中都观察到了这种现象。然而，即使在细粒物质中，不规则的沙坝沉积和河岸侵蚀也可能产生辫状河。在低流量时，河道迁移可能比较缓慢，但在洪水期，主河道的位置都会发生重大变化。由于沉积作用是形成辫状河的必要条件，很明显沉积物搬运对辫状河的形成至关重要。然而，同样明显的是，如果河岸不容易被侵蚀，而且河道宽度受到限制，那么则沉积物搬运能力将会增加，从而降低沉积的可能性。此外，因为不会发生河岸侵蚀，任何形成的沙坝都会随着水流的增加而被破坏。因此，为了使沙坝变得稳定并使水流转向，河岸必须具有足够的可侵蚀性，以便当水流转向到沙坝周围时，是河岸而不是沙坝被侵蚀。沉积物的搬运和较低的河岸侵蚀阈值提供了辫状河形成的基本条件。不同阶段快速的变化加剧了搬运的动态不稳定性和河岸的侵蚀，因此，它们也为辫状河沉积体系的形成做出了贡献，但并非主要因素。同样的方式，河床的非均匀性造成了沉积物搬运的不规则性，因此也可能有助于辫状河的形成。

Schumm（1977）同样强调了在辫状河发展过程中的沉积物负荷和流量变化的问题：虽然记录很短，但它们表明，最大流量与平均流量之比在高的河流与低的河流形态上是不同的，一般来说，这是可以证实的，牙买加的两条河流可以很好地证实这一点。在这种情况下，能够解释具有辫状河特征的 Yallahs 河与更窄、更弯曲的 Buff Bay 河之间的差异的唯一因素是 Yallahs 河流域具有明显的季节性降水。两条河的流域内年降水量相似，但 Yallahs 河的辫状河道存在较大的洪水。目前还没有系统的研究最大流量或最大流量与平均流量之比对河道形态的影响，但这是一个值得进一步关注的领域。

除了沉积物搬运的颗粒大小外，滚动组分和悬浮组分的相对量对砂质河床的形态也有重要影响。例如，沿着堪萨斯州的 Smoky Hill–Kansas 河流水系，流量沿下游方向增加，但在堪萨斯州中部，河道宽度从大约 300ft[1] 下降到不到 100ft。再往东，河道的宽度明显增加。这些变化和其他变化归因于主要支流带来的沉积物载荷类型的变化（Schumm，1968b）。支流在宽度减小的地方注入大量的悬浮组分，在宽度增加的地方大量增加滚动组分或砂质载荷。

Schumm（1977）指出了河道两岸植被对稳定河道的重要性。粗粒滚动组分的沉积作用引发了河道中沙坝的形成。在快速变化的河流中，流量也会有类似的变化，在很长一段时间内，河流中至少滚动组分中最粗糙部分将无法搬运。因此，形成沙坝、分流和新河道（辫状）的概率将会很高。高流量河流中水动力较强，常见“河岸侵蚀强烈，并形成宽阔的辫状河道”（Schumm，1977）。大量粗糙、非黏性的滚动组分、流量波动较大和陡坡不是任何特定构造或气候条件下的典型特征。

[1] 1ft=0.3048m。

Parker（1976）对曲流河、辫状河和网状河的条件进行了理论检验。他指出：传统上认为，辫状河是由于沉积物载荷太高，河水无法搬运全部物质，导致在河床上形成内部沙坝和常见的河道沉积。另一方面，造成曲流河的机理通常被认为是与河道曲率有关的二次流。如果曲流河和辫状河的形成机理如此不同，就不可能有统一的方法。事实上，这两种理论显然都是不正确的。第一种理论认为，辫状河道永远不可能处于平衡或渐变状态，即上游接受供给的物质与下游搬运出的物质相平衡。那么，假定直到获得一个更高的平衡斜坡加积作用才会发生，辫状河会停止发育。然而，坡度的增加实际上是加剧了而不是抑制辫状河的形成。此外，许多辫状河并不发生加积作用。至于曲流河，这里已经证明，诱导二次流所需的河道曲率是顺直河道有着初始弯曲趋势的结果，而不是原因，这一事实已在实验中得到证实。

Parker（1976）继续指出，“大多数河流有营建沙坝的趋势，即使它们处于渐变状态。如果形成分流时的坡度和宽深比足够低，则有利于形成曲流河”；此外，“通过增加坡度和迫使河道冲出堤岸，这种加积作用可以导致曲流河向辫状河过渡，或者可以增加向辫状河方向改变的趋势。”

Friend 和 Sinha（1993）对印度三条河流的弯曲度和辫状指数进行了仔细的测量。他们在 10km 以上的河段对这些指数取了平均值，共测量了 3 个河段的 28 个数据。数据显示这两个参数相差较大，并与所搬运的沉积物的可变性有关，这些变化反映了对支流和堤岸物质的局部控制。这些结果与 Carson（1984）的早期结论相一致，Carson（1984）证明了搬运物质的颗粒大小影响曲流河—辫状河转变，较粗的搬运物质导致在较高的坡度和河流动力处发生转变。正如 Schumm（1981）所指出的，搬运物质的微小变化可以反映出支流或堤岸条件的变化，可能导致当地河流类型在短时间内或在下游发生辫状河向曲流河的改变。在模拟实验中，Stølum（1996）表明，曲流河道的曲度在 2.5～4 之间变化，这是由于个别河道的曲度不断变化以及截弯取直的作用导致局部的曲度暂时降低。

Coleman 和 Wright（1975）编制的冲积数据库显示，在全球范围内，在北极、温带、热带干旱和热带湿润地区，辫状河与曲流河一样常见。有两个主要原因：

（1）河流的沉积物负载和流量特征可以部分地反映几百千米以外源区的气候和地形，例如恒河、布拉马普特拉河和湄公河等热带河流的源头都位于喜马拉雅山脉。

（2）高负载和流量波动的原因是多种多样的。以下是一些主要的原因：

① 高山源区由于强大的构造起伏和物理风化作用（化学风化作用相对较弱），从而形成粗碎屑。在春季冰雪融化期间，水流量明显达到峰值。冰雪冲刷流几乎总是呈现辫状河特征，它们形成的沉积物被称为冰雪沉积平原［几项关于辫状河沉积作用的优秀研究的主题见 Miall（1977）］。

② 北极、干旱和季风气候区也存在明显的流量波动。

③ 流域内植被的缺乏意味着缺乏水和沉积物储层能力，以及对山洪暴发的快速反应能力。一个地区的植被覆盖程度主要受气候的控制，但是砍伐森林或火灾导致的植被消失可能会产生干旱地区特有的灾难性洪水效应（Chawner，1935）。

④ 在大多数地质历史时期，直到泥盆纪早期或中期，陆地植被的分布非常有限

（Seward，1959；Davies 和 Gibling，2010a，b）。因此，沉积物搬运特征可能与现代干旱地区相似——沉积物负载主导的河流，其流量波动较大（Schumm，1968a）。Yalin（1992）采用了工程理论方法对河流形态进行讨论，继 Leopold 和 Langbein（1966）之后，他描述曲流河状况为“河流在转弯时作用最小的一种形态”。“实验和现场观察表明，河道的弯曲是由水平湍流爆发性冲刷引发的河岸侵蚀造成的，而水平湍流爆发性冲刷的发生间隔取决于河道的规模和流量。这些爆发性冲刷与局部侵蚀和沉积物搬运所形成的交替沙洲可能存在关联（也可能没有）。人们普遍观察到，即使是笔直的河道，也通常有弯曲的底部沟槽，并且其中可见交替的沙坝，但是 Yalin（1992）指出，交替的沙坝并不总是存在于有弯曲的河流中。因此，湍流的爆发是产生曲流河的关键因素。Yalin（1992）将交替沙坝描述为“加速弯曲的催化剂”。辫状体是通过侵蚀两岸而形成的，在两岸中间留下一个凸起的区域，包裹住沉积物，形成一个辫状体，这是 Yalin（1992）所描述的基本过程。这一描述与 Leopold 等（1964）基于他们的辫状河形成过程的水槽模型得出的结论非常相似。根据 Yalin（1992）的研究，这一过程是由河谷斜坡变陡或沉积物搬运量增加引起的（或促进的）。

Knighton（1998）指出，“至今还没有完全令人满意的解释来解释曲流河是如何形成或如何发展的。”作者对 Yalin（1992）的“动荡湍急的流体与爆发性冲击过程理论”进行了总结，但认为该理论缺乏现场验证。Knighton（1998）又返回到了水流和河道边界之间不稳定的观点，这种不稳定导致了交替沙坝的形成，然后集中侵蚀，导致弯曲的形成。辫状河的形成条件被描述为过量的沉积物负载、可侵蚀的堤岸、高度可变的流量和陡峭的山谷斜坡（Knighton，1998）。研究表明要使辫状河发展，必须满足上述大部分或全部条件。在低梯度、小流量、黏性沉积物河岸和净加积地区发育有网状河。Knighton（1998）引用了 Smith 和 Smith（1980）以及 Smith（1983）的观点，将这些河流描述为“黏性沉积物分支河流”。

自 20 世纪 80 年代以来，我们对网状河的理解也发生了一些变化。根据 Makaske（2001），Schumm（1968）可能是第一个指出“网状河”这个词不应该用作辫状河的同义词：“在美国，‘辫状’和‘网状’这两个术语都已经被用作辫状河道的同义词，但在其他地方，尤其是在澳大利亚，网状河是一种常见的用于描述冲积平原的多河道系统的术语。这些河道输送洪水的过程中，由于沉积物负载量很小，发生淤积是一个缓慢的过程。因此，这些低坡度悬移颗粒非常稳定”（Schumm，1968a）。Schumm（1968a）描述的澳大利亚河流地貌和气候与 Smith 和 Smith（1980）描述的河流完全不同。

现在很明显，至少有两种截然不同的河流类型需要考虑，那就是潮湿环境下的河流（例如，英国哥伦比亚省的哥伦比亚和亚历山大河，萨斯喀彻温省的 Cumberland 湿地，Magdalena 河）和干旱环境下的河流（如澳大利亚的 Cooper Creek 河）。在潮湿系统中，形成了一套狭窄的交叉的带状砂体，这些砂体包裹在大量的河岸沉积物中，包括决口扇、泛滥平原的泥岩，可能还有煤。这是典型的 Cumberland 湿地相组合（见图 3.3、图 3.5）。正如 North 等（2007）所描述的那样，干旱系统产生了完全不同的相组合。河道定义模糊，通常认为不会发生河流的突然变迁。相反，整个冲积平原可能会被罕见的洪水吞没，沉积物和水在山谷的宽度上蔓延。尽管现代地层信息稀少，古代记录资料缺失，但人们认为干旱环境下的河道与泛滥平原之间沉积相的区别要比湿润系统小得多。

有研究表明，网状河模式是暂时的。多河道频繁改道的情况是对沉积物载荷增加或反复构造扰动的响应，如沉降事件或海平面上升，增加了可容纳空间，导致加积速率增加。在明显的河道演变发生之前，网状河道的显著稳定性（例如，缺乏侧向加积的证据）可能只是影响河流改道速率的一个因素。在稳定的条件下，可以看出网状河有向曲流河演变的趋势，这似乎是 Rhine–Meuse 系统冰期后的历史（Törnqvist，1993）。Makaske（2001）认为，"目前，可能最合适的描述是将长期存在的网状河概括为一种动态平衡状态，其中的河道改道维持着多通道系统，而较老的河道则逐渐被废弃。"

Makaske（2001）认为，并非所有解释为稳定河道沉积的带状砂岩都是网状河环境的产物。North 等（2007）进一步延伸了这一观点，指出了通过岩石记录很难证明同期河道作用。他们重新研究了新墨西哥的 Cutler 群，该组沉积岩被 Eberth 和 Miall（1991）解释为干旱的网状河系统的产物，并认为网状河证据几乎是不存在的。带状砂岩在地图上彼此相交的事实并不能证明它们是同时期的。根据 North 等（2007）的记录，可以明显对比的河道和漫滩沉积的 Cutler 群的相组合，带有明确的河道"翼部"和河堤，与 North 等（2007）提出的 Cooper Creek 河干旱系统河流的细节不一致。带状砂岩是 Cutler 群中河道砂岩的主要表现形式，但这些可能是单河道系统的产物，例如在一些大型砂质冲积扇环境中。

Bridge（2003）关于河流呈弯曲和辫状的原因以及对河流类型控制的许多思想（包括这里讨论的）都受到了质疑。

Bridge（2003）正确地指出了"河道制约流量"在确定河流类型中的重要性，这类事件可能与满流量或季节性最大流量相对应，也可能与一些更罕见、更大规模的事件相对应，这取决于河流系统。Bridge（2003）认为，"辫状程度和河道的宽深比增加是由于一定的坡度和颗粒大小下水流量增加，或者是在一定的水流量和颗粒大小内坡度增加而引起的"，这是包含了早期地貌学家结论的陈述（Leopold 和 Wolman，1957；Leopold 等，1964）。然而，Bridge（2003）接着将一些长期以来关于河流类型的结论归结为谬论：一个普遍的误区是，辫状河的流量变化比单河道的河流更大。这个谬论可能源自对北美山区冰川前端辫状河流的早期研究，在冰雪融化期间，这些河流的流量变化很大。相比之下，在温带低洼地区研究了许多单河道河流，其水量变化受到地下水供应的影响。但是，非常清楚的是，流量变化不会对不同河道模式的存在产生重大影响，因为这些河道都可以在恒定流量的实验室中模拟出来，并且许多具有给定流量状况的河流，其形态沿流向会发生变化（Bridge，2003）。

这一说法过分简化了对辫状河成因的早期研究。如前所述，流量的变化只是形成辫状河的几个关键变量之一，另外河床和堤岸物质的性质、支流合并的影响、河谷斜坡基岩等也是影响因素。所以，河道类型可能会随着河流的变化而变化，例如，河岸的稳定性会随着沉积物组分的变化而变化。

再进一步，Bridge（2003）声称"沉积物载荷和河岸稳定性之间的相关性通常没有数据支持，Schumm（1981，1985）在他最近的河道模式分类中含蓄地承认了这一点。然而，Schumm 的分类（图 2.18）在 Knighton 的书中被很好地描述为涵盖了自然变化的大部分范围，这非常清楚地表明稳定性、载荷量和沉积物颗粒大小都是河流类型的重要影响因素。它们是控制河道样式的变量组合，而不是任何孤立的参数。这就是为什么很难对岩石记录中的河道类型进行解释原因之一。

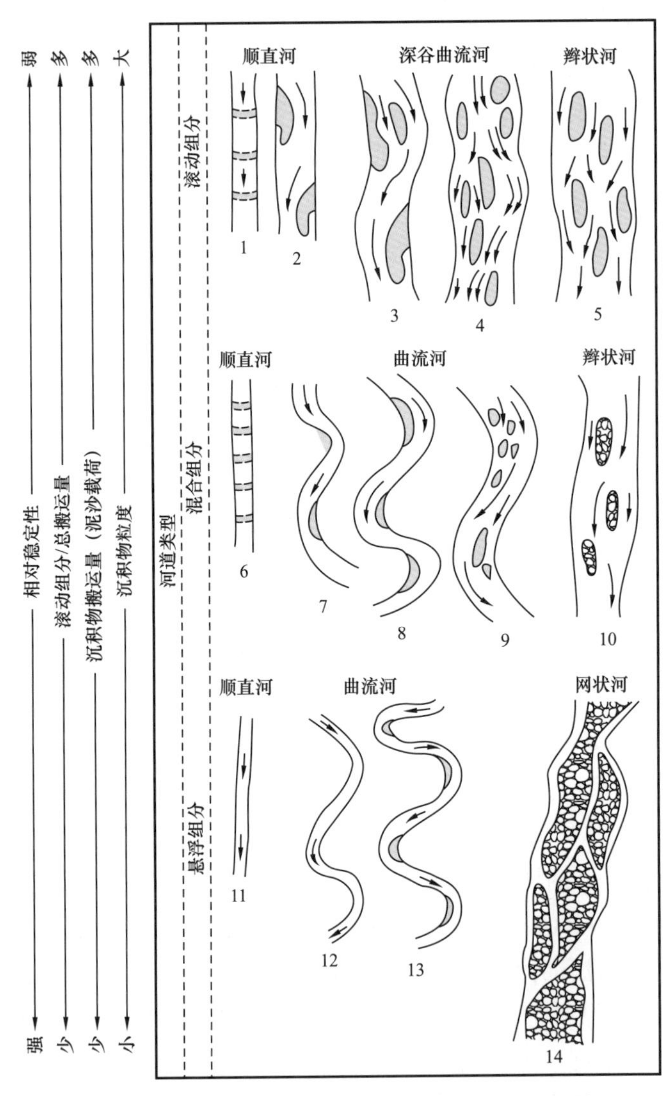

图 2.18　河道模式分类（据 Schumm，1981，1985，修改）

Jerolmack 和 Mohrig（2007）利用两种关系在主要河流类型之间创造了一种明显区别河流类型的方法（图 2.19）。他们转向 Parker（1976）的稳定性指数来评估河流是辫状的还是曲流的（具有多条高流速的河道，或具有由直至弯的单河道）。这一公式为

$$\varepsilon = S\sqrt{(ghB^4)/Q}$$

其中，S 为水坡长度；g 为重力加速度；h 为河道深度；B 为河道宽度；Q 为流量。

迁移指数 M 定义为决口与侧向迁移时间之比 $M=T_A/T_C$（T_A 为冲刷时间；T_C 为侧向迁

移时间）。由单一河道组成的河流穿过泛滥平原时，通过侧向侵蚀和沉积对泛滥平原进行改造，此时 $M \gg 1$。在这些情况下，决口并不常见。在河流沉积活跃、决口频繁的地方，可以同时有多条河道活动，这时 $M \ll 1$。

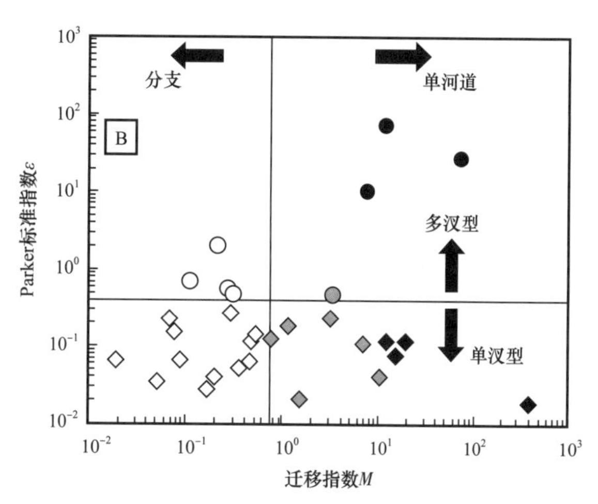

图 2.19　Parker（1976）稳定性指数与 Jerolmack 和 Mohrig（2007）识别的 30 个现代净沉积河流系统的迁移指数交会图

河流样式：方块为弯曲的单汊型；圆圈为辫状河；白色圆圈为单河道，黑色圆圈为分汊型，灰色圆圈为过渡型

这里总结了关于河流类型控制因素的各种讨论，但并没有为地质学家提供多少有用的思路。地貌控制，如山谷和河道的坡度、流量和沉积物负载量，并不能很好满足沉积记录的地质勘探工作需求。因此，对于储层地质学家来说，解决曲流河形成过程中紊流猝发结构的影响并没有多大用处（这种说法可能让纯粹沉积学主义者不满意，但是这里是写给那些从事石油地质工作的人，他们想获得有用的工具）。我们要注意到，也许整个研究的方向都是错误的。尽管我们受到 Hutton–Playfair–Lyell 传统的影响，将“将今论古”作为口头禅，但需要注意的是：过去是对现在的选择性记录，这种选择性是由目前无法直接观察到的地质因素决定的，因为它们涉及地质时间和可保存性问题等其他因素。

真正需要做的是看一看到底什么东西被保存了下来，看看是否能理解它的意义。在这里，我们进入了由实用的沉积学家撰写的丰富文献，这些著作着眼于长期的实际古代记录。毕竟，对油藏地质学家来说，重要的是记录下来的东西，而不是当代的临时记录。Geehan（1993）是一位石油地质学家，他说：“很明显，露头是地质模拟数据的唯一来源，这些数据无可争议地显示了地质记录中保存的东西，其形式充分反映了大到露头尺度的所有非均匀性尺度。”因此，露头数据必须继续为油藏非均质性建模提供最可靠的依据，而不是直接在地下测量。

2.3.4　基于古代记录的构型分类

基于经验描述和二维或三维信息的河流沉积物分类都需要出露良好的露头，因此毫不奇怪，这种分类的首次尝试来自对西班牙北部的比利牛斯山脉翼部新生代前陆盆地沉积物研究。那里气候相对干旱，植被覆盖有限，造就了大型露头。西班牙、荷兰和英国的地质学家对此进行了大量研究。

作为分类和解释的基础，这些尝试中最早的一项是 Friend 等（1979）对古代河流沉积物的经验记录的研究。他们指出了“辫状体”“曲流体”等与类型有关的术语的不足，并提出了三种对古河流沉积物进行评价和分类的方法，其中河流类型是第一种。第二类描述是指保存下来的砂岩或砾岩体的形状，这些可能是窄的水道化的单元，通常是带状的，

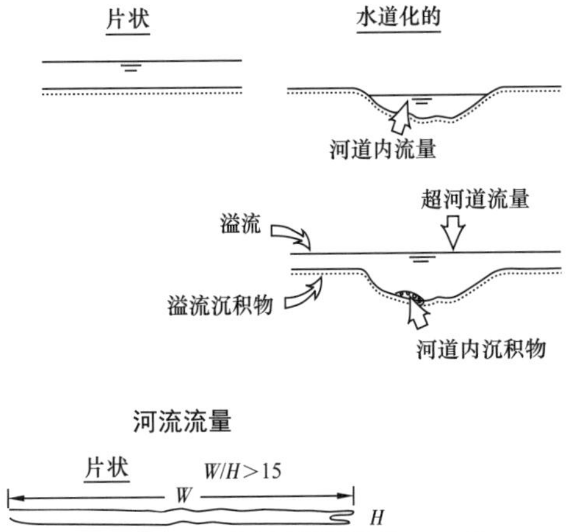

图 2.20　Friend 等（1979）提出的描述西班牙 Ebro 盆地中新生代砂体的分类术语

或者更宽的席状单元（图 2.20）。Friend 等（1979）建议以宽度和厚度比为 15 为界，对片状与带状进行区分。他们的第三类描述与砂岩或砾岩体的内部结构有关，记录了该单元是由单个叠置的序列组成，还是由多个单独的序列组成，还是由内部边界面包围的“构型层”组成（图 2.20）。最后一类描述涉及从 Allen（1983）的工作中发展而来的构型单元分类方法，下一节将对此进行讨论。

Friend（1983）对这一初步分类方法进行了阐述，他建议使用非成因术语“凹地”而不是“水道”（图 2.21），并将“移动带”添加到术语“带状”和“片状”中，用于砂岩体的外部几何结构。带状体被认为代表固定的河道，而移动的河道带暗示了河道（或多个河道）的侧向移动，从而导致河道填充单元的横向合并。他认为，移动河道带可能通过稳定的侧向迁移或河道的迁移、转化形

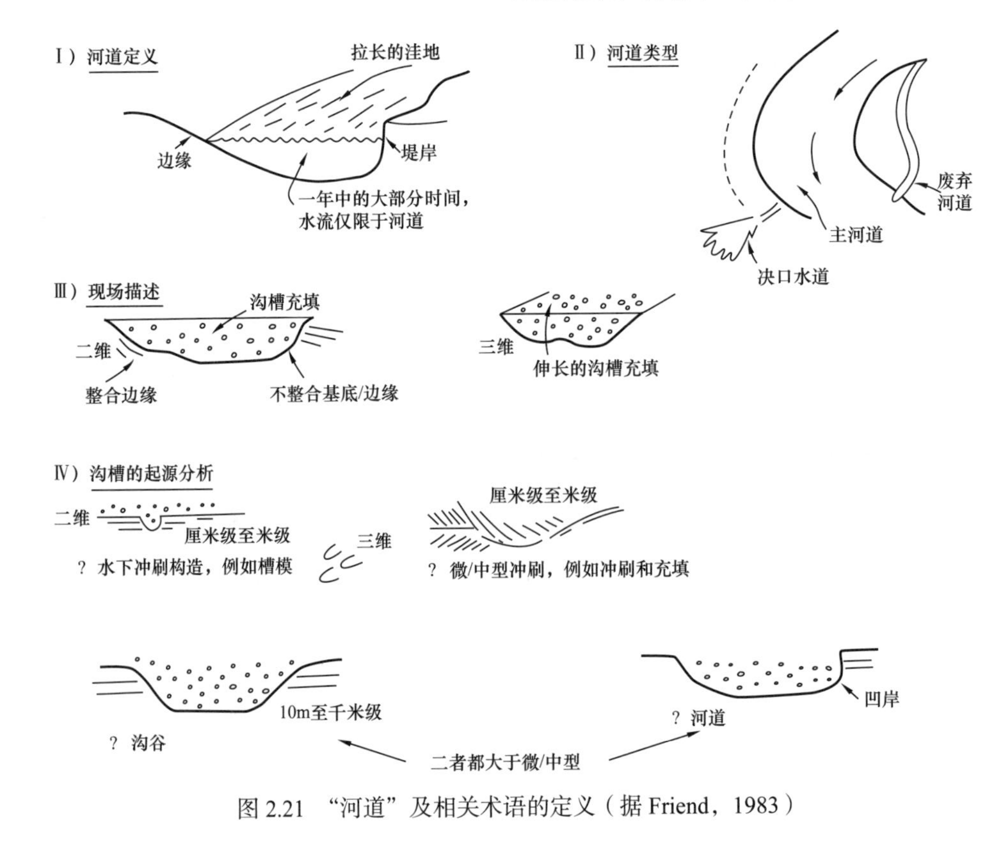

图 2.21　“河道”及相关术语的定义（据 Friend，1983）

成（图 2.22）。正如现在所认识到的，这在很大程度上也取决于盆地的沉降速度。沉降速率快可能导致洪泛平原沉积的发育和保存，它与河道迁移同时发生，导致河道单元分离成独立的主体。而缓慢的沉降可能会导致河道通过其自身的沉积物反复梳理并形成宽阔的片状单元。

Friend（1983）的最终分类方案（图 2.23）使用了诸如辫状河和曲流河之类的术语，但仅用于描述河道行为，而不作为描述冲积构造的术语。他同意 Schumm（1963，1968）的观点，认为沉积物负载的性质和河岸物质的特性是控制最终构型的重要因素。

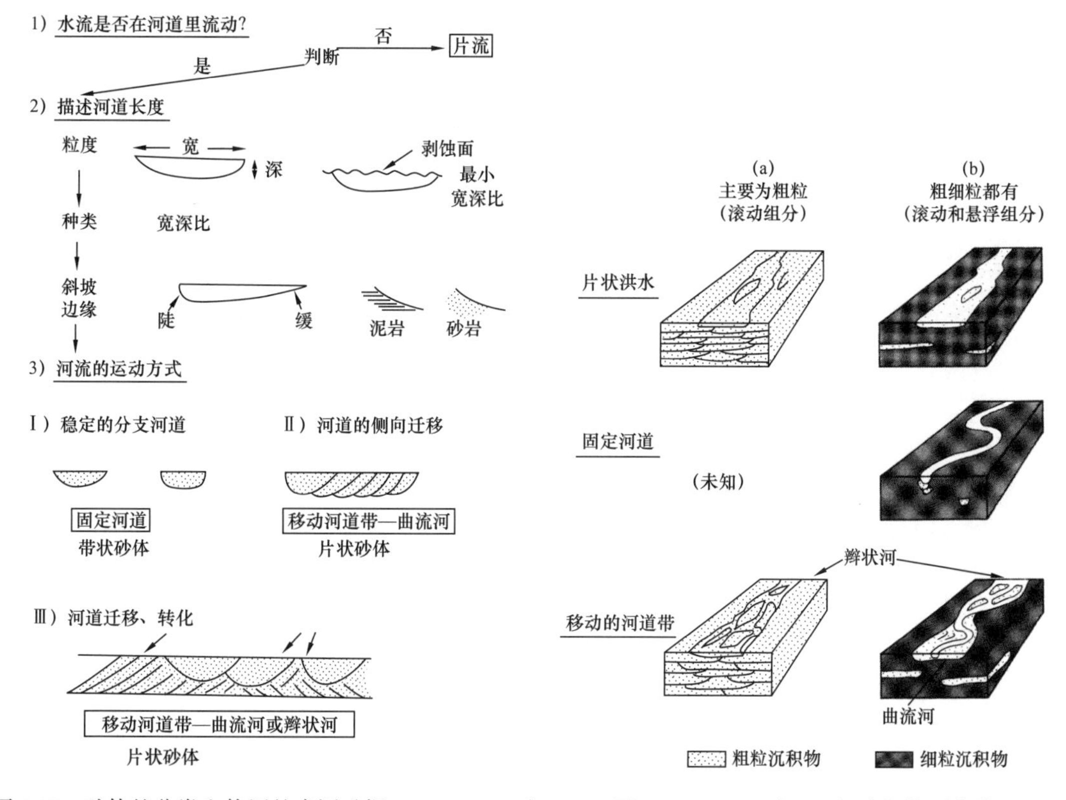

图 2.22　砂体的分类和使用的术语（据 Friend，1983）　　图 2.23　Friend（1983）冲积构型分类

Friend（1983）的方法在 Pyrenean 露头的应用引出了 Hirst（1991）的砂岩分类，如图 2.24 所示。请注意“翼部”一词的介绍，它是指从河道边缘向外延伸的楔形薄砂岩单元，这些被解释为堤坝沉积物。Hirst（1991）在研究西班牙北部新生代河流系统非常广泛的横向露头时使用了这种分类方法。

Galloway（1981）根据他对墨西哥湾沿岸新生代沉积序列的研究，发展了他自己的冲积构型分类方法。这些研究主要是在地下进行的，正如 Galloway（1981）所述：

对于复杂河流序列的综合研究和描述，根据类型模型（如辫状、分选较好的曲流带等）进行分类的作用有限。首先，所遇到的各种河道充填沉积物通常包括许多类型，它们与描述良好的现代沉积类似物几乎没有相似之处。其次，在一定的区域内，在同一层位上，往往会出现一系列河流过渡序列。最后，模型的使用需要详细描述垂直或侧向的结构和沉积序列，这些信息在地下或暴露较差的地区是无法获得的。

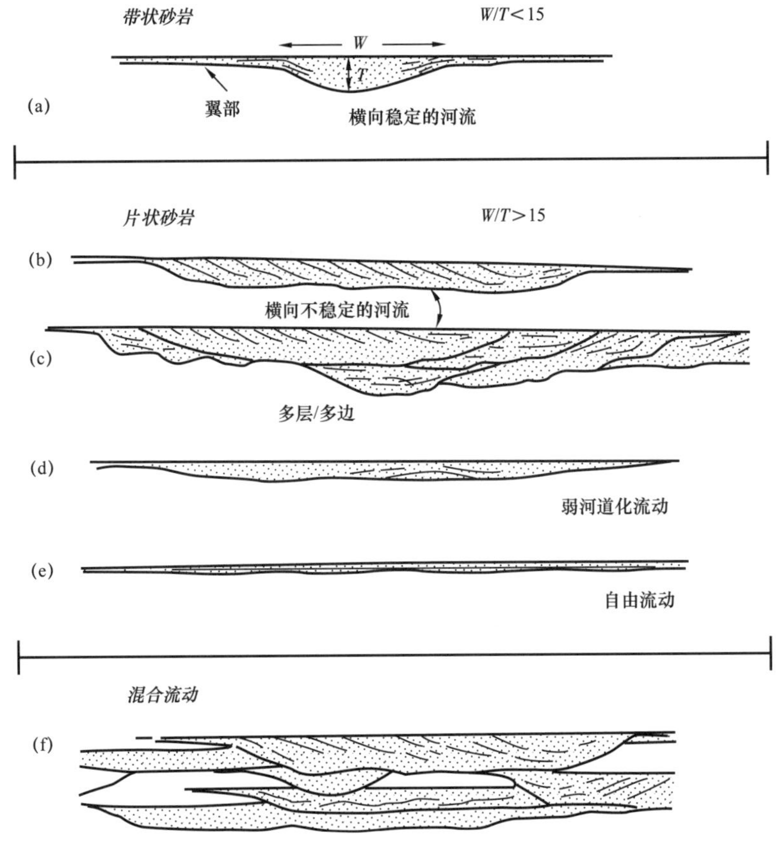

图 2.24　西班牙 Ebro 盆地 Huesca 河流体系（渐新统—中新统）砂体几何形状范围（据 Hirst，1991）

Galloway（1981）的方法是基于 Schumm（1977，1981）的分类方案，该方案强调了河流所搬运的沉积物类型的重要性。该系统着重于各种保存类型的地下特征，特别是砂体的孤立形态，垂向序列和横向预测关系（图 2.25）。类似于 Friend 等（1979）提出的带状、多层叠置和片状类别的构型在此分类中很明显。

Alexander（1993）基于英国约克郡和北海盆地侏罗纪地层单元的露头和地下研究，提出了另一种实用的冲积构型分类方法（图 2.26）。同样，分类是基于 Friend 等（1979）和 Friend（1983）的分类。她写道：没有一个自然系统是（或曾经是）稳定的状态，河流流量的波动、温度变化、潮汐变化和风暴潮是导致相带在不同时间尺度上发生重大变化的一些主要因素。这些变化更为极端，它们叠加在由海平面升降、构造或其他长期相对海平面变化引起的渐变之上。

正如 Alexander（1993）所指出的："从有限二维情况来推断河道平面组成是不明智的"。"这种分类是严格根据经验得出的，非常适用于有条理的分析方法以及无教条的构型分析的制作，然后可用于指导生产。"

Gibling（2006）认为，尽管有很多关于河道沉积物内部的研究，"相比之下，只有少数学者……全面地研究了河道沉积物和河谷填充物的尺寸和三维形态（或外部几何特征）"。他指出了该主题对层序地层学研究者的重要性，以及资源行业勘探者的传统需求。

河道类型	河道充填物的组成	河道几何形态			内部结构		横向关系
		横截面	平面图	砂体	沉积物分布	垂向序列	
滚动组分型河道	砂岩占优势	高宽深比 砂岩冲刷低至泥岩基底	直至稍微弯曲	宽连续砂体带	以河床淤积为主的沉积物充填	SP 岩性 无规律，粒度向上变细的正粒序不发育	多河道充填物通常大大超过漫滩沉积物
混合组分型河道	混合砂、淤泥和泥	中等宽深比 基底冲刷面上的高起伏	弯曲	复杂的典型串珠状砂体	河岸和河床堆积物都保存在沉积物充填物中	SP 岩性 发育各类粒度向上变细的正粒序	多河道充填物与漫滩沉积物量相当
悬浮组分型河道	主要是淤泥和泥	低至非常低宽深比 陡岸高地冲刷面上有多条深谷线的部分地段	高度弯曲至网状	鞋垫状或豆荚状砂体带	河岸沉积（对称或不对称）主导沉积充填	SP 岩性 层序以细粒沉积物为主，因此垂向序列趋势不明显	多河道充填物被大量漫滩沉积物的泥岩和黏土包裹

图 2.25　Galloway（1981）基于 Schumm（1977，1981）搬运组分类型的砂体分类方案

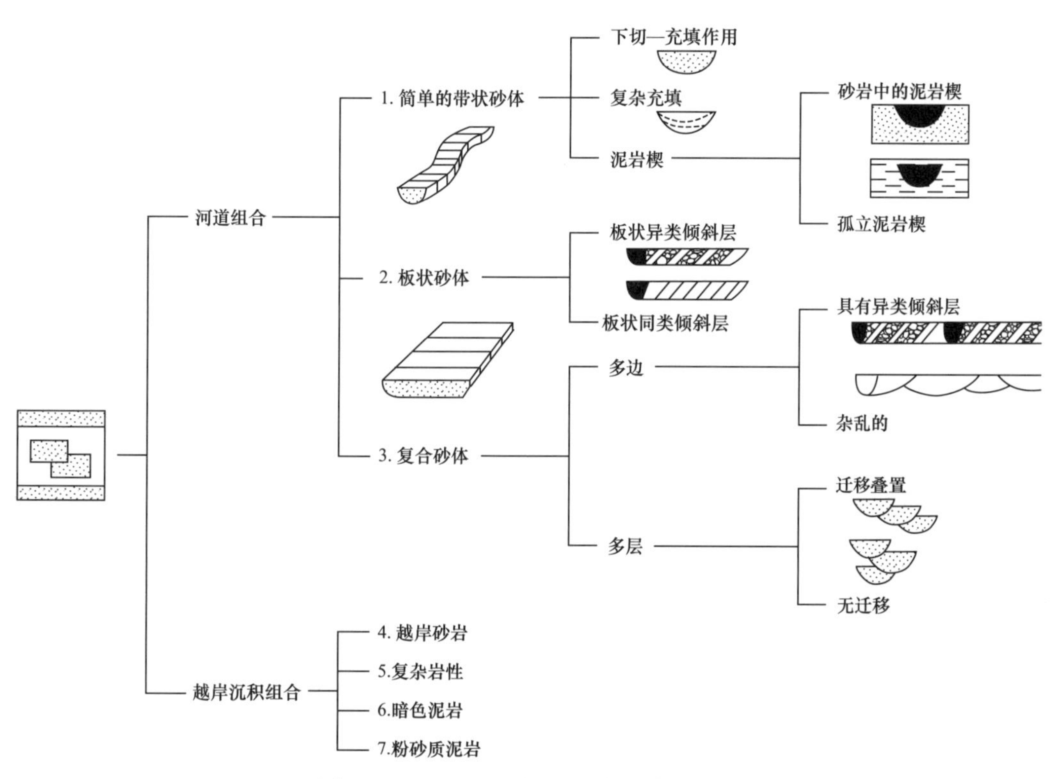

图 2.26　Alexander（1992）相组合分类图

河道相关构型与大小无关；相组合是一系列可能性中的末端成员；同类倾斜层和异类倾斜层遵循 Thomas 等（1987）的观点

Gibling（2006）收集了1500多个河道充填沉积物的样本，这些样本的年代范围从前寒武纪到第四纪。这些数据构成了一个变化范围很大的数据集，包括河道带单元和河谷充填单元——它们存储在一个低和高可容纳空间的范围内。他利用Potter（1967）的术语“多层”和“多边”（图2.27）来分别表示垂向叠加和横向迁移形成的单元。

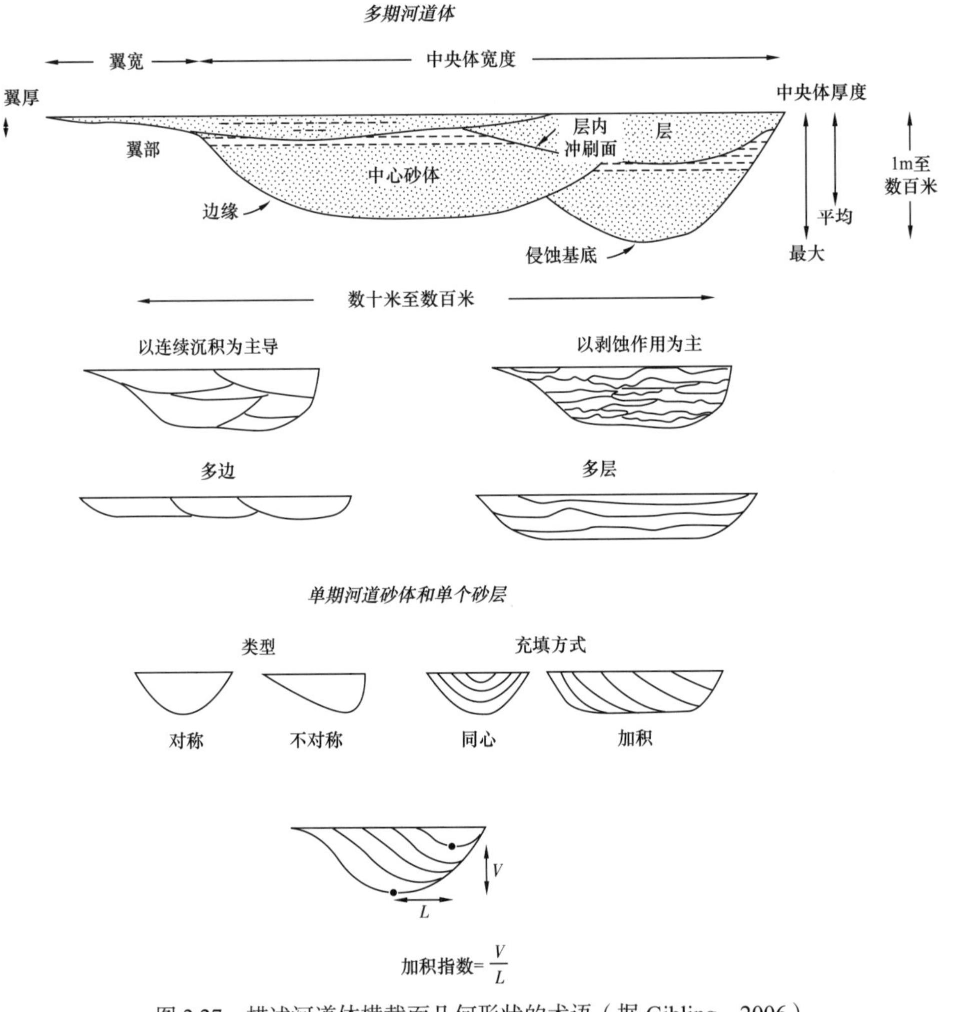

图2.27　描述河道体横截面几何形状的术语（据Gibling，2006）

以连续沉积和侵蚀为主的术语也用于多层单元，这些单元强调保存相对完整的河道充填体与侵蚀边界面分隔的多个或多个残余沉积体之间的区别（图2.27）。河道构型的细节可能包含许多难以从古代记录中识别的地理形态要素，其中最重要和最不受重视的是冲刷面。正如Best和Ashworth（1997）所指出的，在河道汇合处和弯道处的冲刷深度可能比平均河道深度大5倍。遵循Cowan（1991）的研究成果，冲刷填充物被认为是一种独特的构型要素——冲刷凹地（Miall，1996，2010a中的HO构型单元）。当河道进入弯道、遇到支流或遇到阻力大的河岸物质时，在很短的距离内，河道的宽度和厚度可能会发生很大的变化，宽深比可能会因此受到影响。完整的分类如图2.28所示。

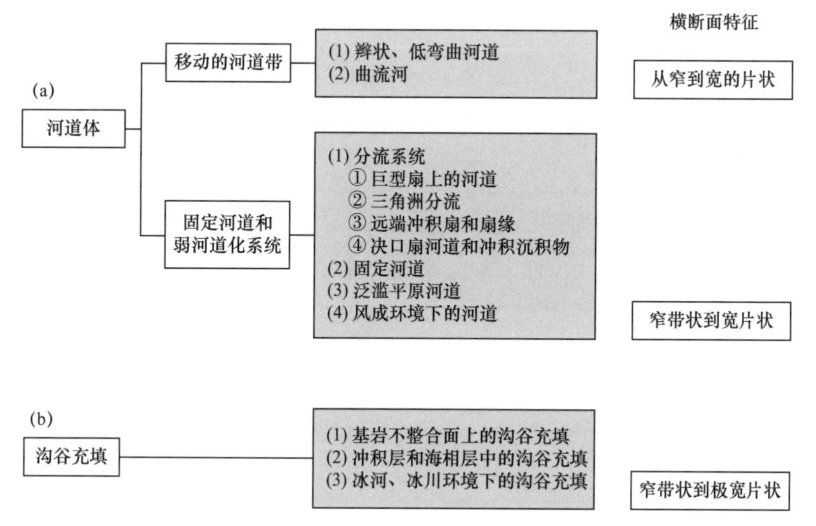

图 2.28　基于二维、地貌背景和构型的河流河道体和河谷填充物分类（据 Gibling，2006）

Gibling（2006）的数据表明，辫状河体系和其他低弯曲河流体系以及曲流河体系的宽度和厚度范围在宽厚比包络线的下部有明显的重叠（图 2.29）。除了一些更宽、更厚的辫状河，这些河流的宽度从 30m 到 10000m，厚度从 2m 到几十米。曲流河体系的平均宽厚比在 1∶100 范围内，而辫状河体系则是这个规模的两倍。正如 Gibling（2006）所指出的，“大型河道主体主要是那些曲流河和辫状河，它们往往会产生宽阔的河床。”Gibling（2006）指出，有趣的是，“曲流河似乎不会产生厚层的或广泛的沉积物，尽管它们在现代沉积中很常见，但它们的沉积物可能只占河道记录中相对较小的部分。”鉴于许多沉积学教材中常见的曲流河道及其点沙坝组合，这点值得注意。曲流河及其点沙坝组合已被加拿大地质协会用于“相模型”的封面插图，该书自从 1979 年首次出版以来，出现了不同的版本。在这方面，值得注意的是 Blum 等（2013）得出相反的结论：实验表明，辫状河被认为是非黏性沉积物自发组合在一起的一种模式，而自我维持的单河道曲流河模式需要沿岸稳定的泥质和 / 或植被，以减少堤岸的侵蚀……然而，在全球范围内，辫状河道相对少见（Paola 等，2009），现代沉降盆地的大部分河道呈曲流状或支流状，支流形态主导着大型低梯度的河系。

这些不同的观点可能反映了两位学者不同的研究经历。Blum（2013）主要研究的是现代和后冰期的河流体系，而 Gibling（2013）的经验则涵盖了现代和古代的各种河流体系。他们都注意到，在现代沉积中，曲流河的模式是常见和熟悉的，但 Blum（2013）似乎认为，这种显著性会反映在岩石记录中。Gibling 在 2006 年研究了许多古老的辫状河体系后，提出了不同的观点。

Gibling（2006）的研究可以很好地识别河谷填充物，这对地下地层学家提出了特殊挑战。就像任何河道填充单位一样，它们被侵蚀面所束缚，很难识别山谷填充物的特定来源。Gibling（2006）提出了山谷填充物的三个判断标准：（1）广泛的基底侵蚀面的存在；（2）河谷充填体的规模比任何组分或其他相关的河道沉积大一个数量级；（3）基底侵蚀规模是典型河道充填的数倍。正如 Posamentier（2001）和 Miall（2002）所证明的那样，下

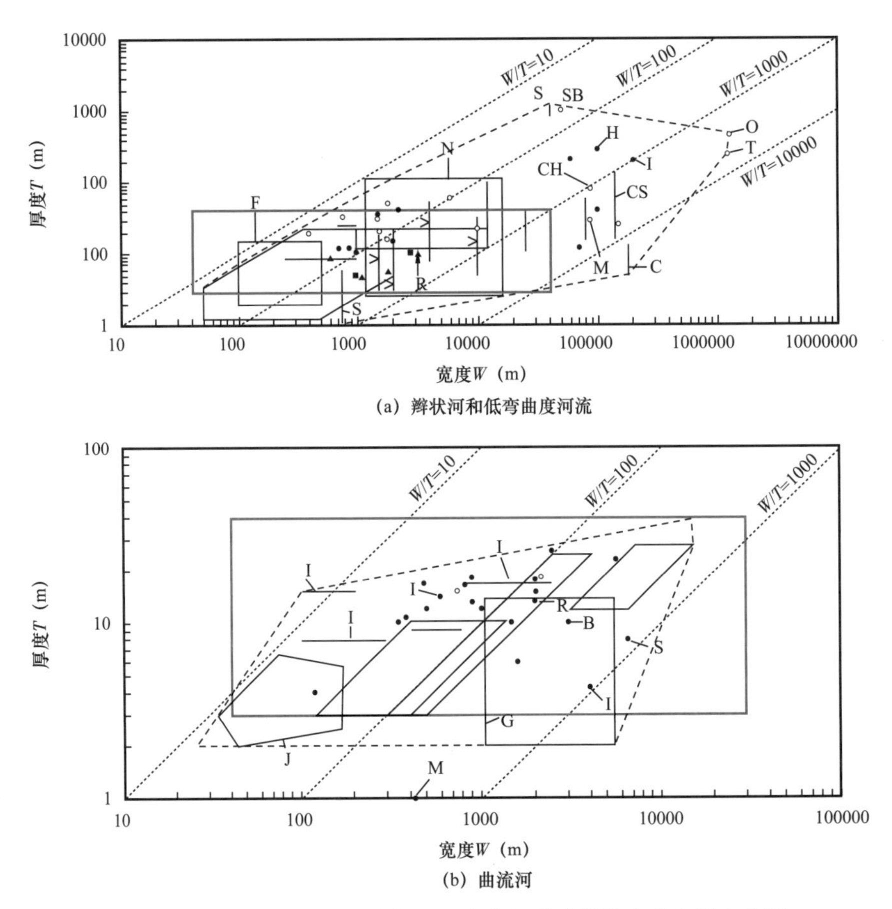

图 2.29 Gibling（2006）编制的两大类河道砂体的宽度和深度范围

红色矩形大小范围一致：厚度范围为 3～40m，宽度范围为 40～30km；*W/T* 为河道宽厚比；SB 为砂质河道；CH 为河道；CS 为决口扇

切河谷两侧可能有下切的支流和沟壑（见图 4.41）。充填层的发育可能是基准面变化或气候变化的结果，因此对它们的分析成为层序地层学研究的组成部分（见第 6 章）。

Gibling（2006）指出，总体而言，沉积结构的外在控制因素非常重要。例如，“对于具有给定初始宽深比的单期河道，河岸迁移率和河道堆积率之间的平衡决定了河道几何形状”。“加积速率取决于基准面的变化和沉积物的供给，它也是沉积作用的主要控制因素，因此也决定了新河道形成的速率”。根据这项研究和模拟实验的结果（Paola，2000），Gibling（2006）得出的结论是，这些观察结果“倾向于表明地质记录中的河道砂体代表了地貌变化，而沉积盆地充填的地层在很大程度上受这些因素的控制，而不受河道形态的控制。”这个结论的重要性不能过分强调。自从沉积学家第一次开始依赖过程—响应模型以来，大部分人就一直着重于沉积体系的表面形态，特别是从上面看到的熟悉的现代河流的形态和结构。在笔者的第一篇关于构型要素分析的论文（Miall，1985）中，注意到“形成我们所熟悉的河流样式的宏观要素的平面图，通常是通过现代河流的低空航拍照片得来的。”“然而，现在已经证明，这些地貌特征是次要的，必须通过运用层序地层学概念，加以补充外在因素作用的过程，以全面理解冲积结构。”

2.4 构型要素分析

标准相模型的难点开始于辫状河体系，就本质而言，它比曲流河模型中标准的向上变细的点状沙坝更复杂，更难以预测。Allen（1983）指出："如果每一种河流都能够产生各种各样的沉积特征，那么实际上是永远无法从垂向序列中明确地预测河流的行为和类型。"他认为，越来越多的人开始关注河道单元的形状和内部结构。在对英格兰—威尔士边界地区泥盆系 Brownstones 组的砂质辫状河沉积的研究中，他指出，复杂的、互层的、透镜状的单元明显代表了各种类型的河道和次要河道的沉积，这导致了对"8 种沉积特性"或"内部构型要素"的认识（图 2.30）。

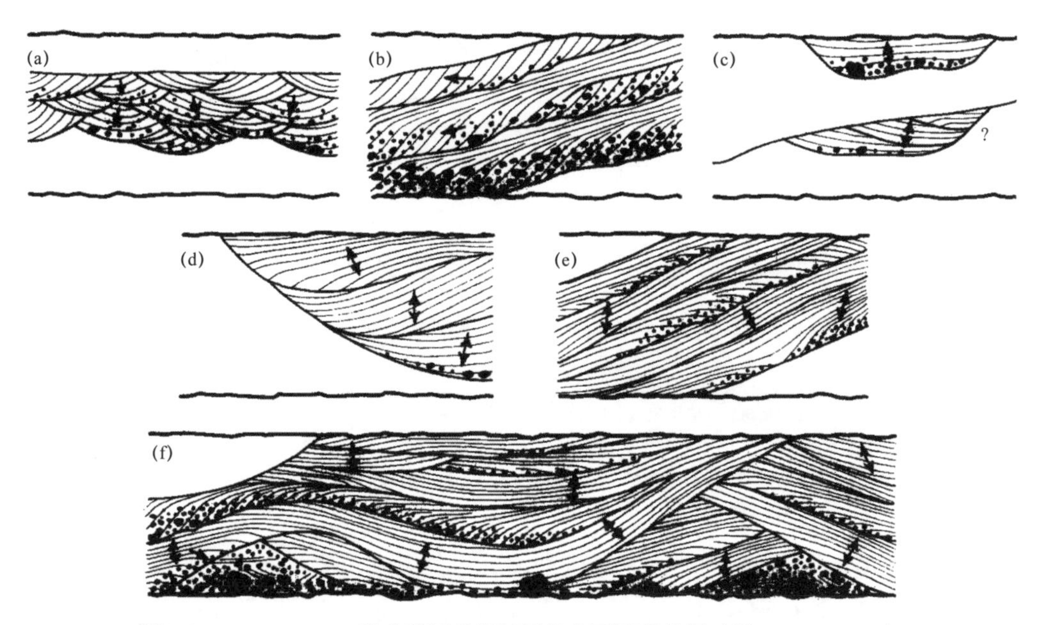

图 2.30　Brownstones 组中薄层砂岩记录的主要沉积特征（据 Allen，1983）

（a）丘状交错层理（槽状交错层理）砂岩层；（b）下攀（前积）沙坝；（c）次级河道的形成和充填；（d）主河道的形成和充填；（e）侧向加积的沙坝；（f）具有滞留沉积的侧向加积沙坝复合体（沙滩）

通过对可以横向追踪层理单元的大型露头进行的类似详细研究，Ramos 和 Sopeña（1983）、Ramos 等（1986）在西班牙一个二叠纪—三叠纪地层中，定义了 11 种砾石和 11 种砂体（图 2.31、图 2.32）。

与此同时，地貌学家 Brierley 和 Hickin 采用了一种完全不同的河流相研究方法，对加拿大不列颠哥伦比亚省温哥华市北部的现代 Squamish 河的沉积物进行了研究（Brierley，1989，1991a，b；Brierley 和 Hickin，1991）。这条河沿着它的流向在辫状河、游荡性河和曲流河之间变化。他们研究的目的是在一个特定的油田背景下，对现代河流中河流平面形态和河流沉积学之间的假定关系进行密集测试并汇报结果。他们解释了现代沉积物的野外探槽作业过程，"识别了 4 种形态地层单元：坝、下切河道、沙脊和残余泛滥平原。在对裸露的河道和河岸进行分析时，这些保留的泛滥平原沉积单元被称为要素。残留的泛滥平

相	层理与沉积结构	示意图	构造纹理	厚度
席状大型砾岩	块状，砾石叠瓦状分布	(a) 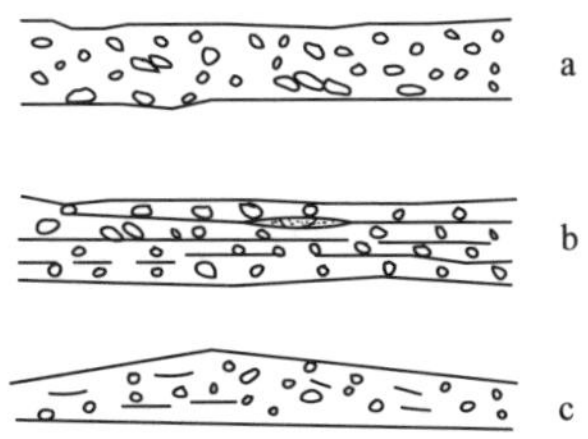 a	粒径：5～30cm，圆—次圆状，砂质含量比例低	0.5～1.5m
	层状，砾石叠瓦状分布	b		
	底平顶凸，砾石叠瓦状分布	c		
扁平的交错层理砾岩单元	扁平的交错层理	(b) 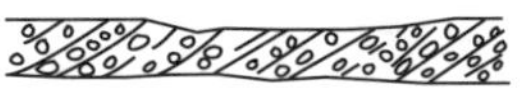		0.8～1.0m
侧积的砾岩单元	侧积式砂岩、砾石叠瓦状分布	(c) 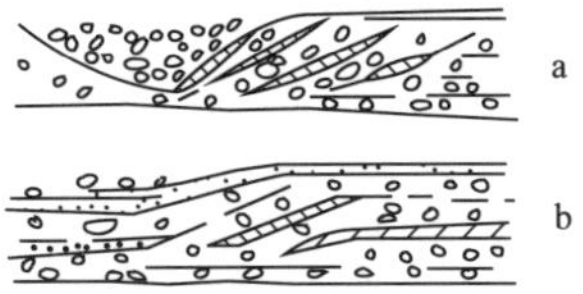 a	粒径：3～20cm，中等分选，砂质基质	0.6～1.8m
	侧向和垂向加积	b		
河道充填砾岩	巨型的	(d) 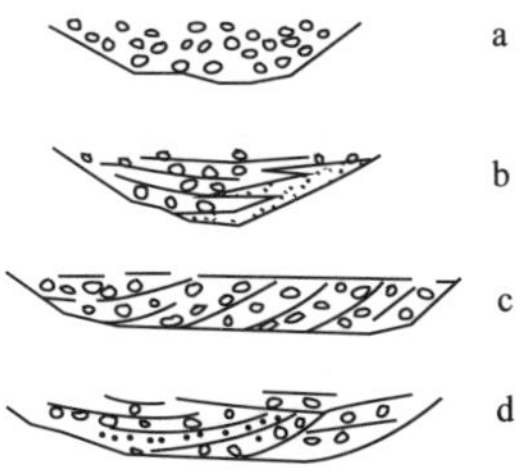 a	粒径：3cm，圆—次圆状，分选好，砂质含量比例高	1.0～1.8m
	层状充填复合体	b		
	侧向充填交错层理	c		
	多期充填槽状交错层理	d		
粗—中砂岩单元	平行或低角度交错层理 罕见的槽状交错层理	(e) 	粗—中粒	0.5m

图 2.31　西班牙中部的三叠系 Bundsandstein 组砾石为主沉积物的主要类型（据 Ramos 等，1986）

原单元，由沙坝 / 小岛表面的非限制流带来的沉积物组成，被区分为三种顶层要素，即近端、远端和沙楔”（Brierley 和 Hickin，1991）。他们发现，沉积相研究本身不足以描述河流的平面形态，反过来，平面形态也不能预测沉积相。Squamish 河不同位置河漫滩的要素组成，具体与沉积物的改造特征和程度有关，而不一定与河道平面形态有关。在他们的结论中发现一个有趣的现象（Brierley 和 Hickin，1991）：给定情况下，也许更适合更改上面提出的问题。与其将注意力集中在平面形态类型上，不如将注意力集中在冲积平原的发展机制上，研究那些使沉积物在冲积平原中得以保存的过程的暴露程度。换句话说，重点是沉积物，而不是河流类型。他们开始研究他们所称的“结构”框架，该框架将河流沉积物视为要素单元的特殊组合，而可能与已有模型无关（Brierley 和 Hickin，1991）。

这些研究基本上包含了一种新的构型方法，Miall（1985）认为这种方法可以应用于所有河流沉积物。构型要素分析关注“宏形式”，这是 Jackson（1975）的术语。这些是河道和泛滥平原的组成单元，由各种河道化和非河道化的砂岩和砾岩以及洪泛平原复合体组成。它们反映了许多动态事件在数千年至数万年期间的累积效应。它们包括主河道和次级河道，以及更大的复合沙坝体，如点沙坝、侧积坝、沙坪和河中岛，加上诸如决口河道、天然堤和决口扇等泛滥平原要素。

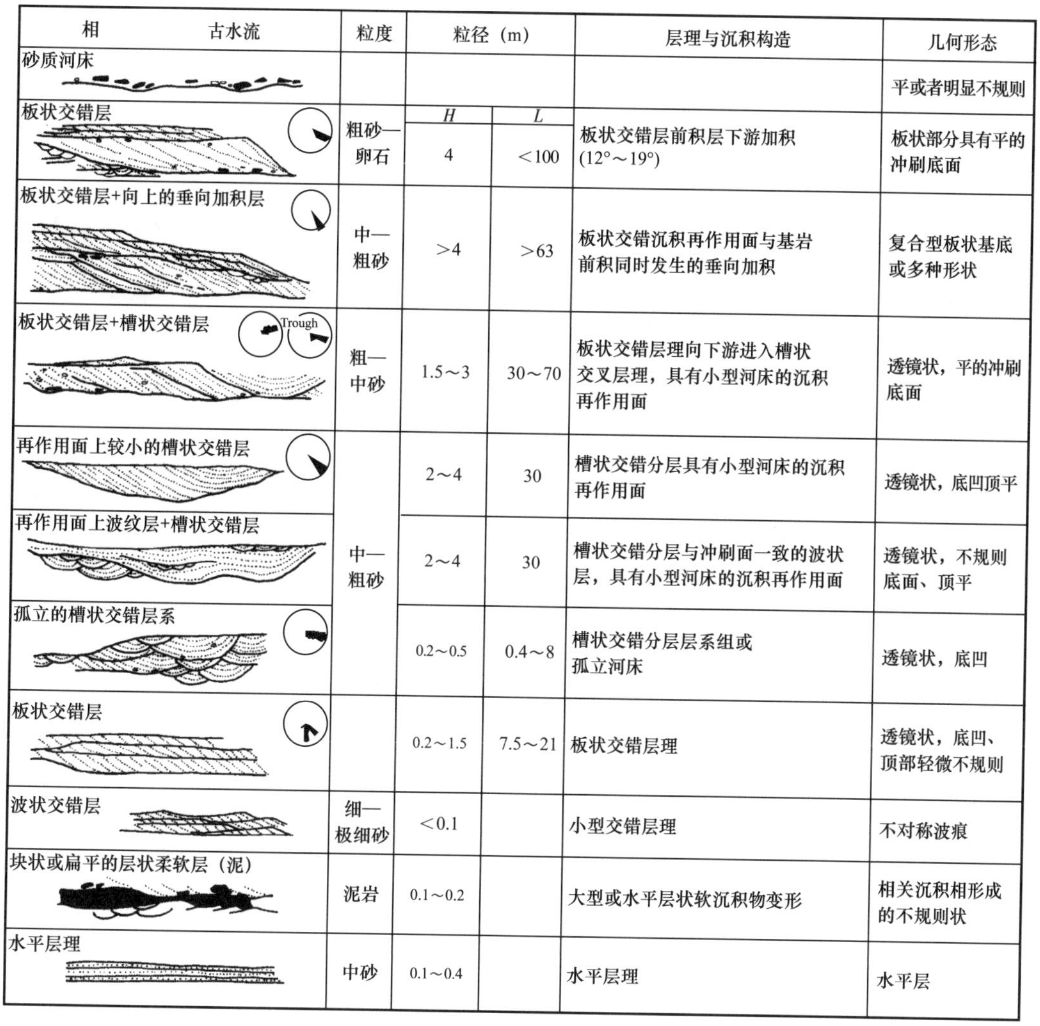

相　古水流	粒度	粒径（m）		层理与沉积构造	几何形态
		H	L		
砂质河床					平或者明显不规则
板状交错层	粗砂—卵石	4	<100	板状交错层前积层下游加积（12°～19°）	板状部分具有平的冲刷底面
板状交错层+向上的垂向加积层	中—粗砂	>4	>63	板状交错沉积再作用面与基岩前积同时发生的垂向加积	复合型板状基底或多种形状
板状交错层+槽状交错层　Trough	粗—中砂	1.5～3	30～70	板状交错层理向下游进入槽状交叉层理，具有小型河床的沉积再作用面	透镜状，平的冲刷底面
再作用面上较小的槽状交错层	中—粗砂	2～4	30	槽状交错分层具有小型河床的沉积再作用面	透镜状，底凹顶平
再作用面上波纹层+槽状交错层		2～4	30	槽状交错分层与冲刷面一致的波状层，具有小型河床的沉积再作用面	透镜状，不规则底面、顶平
孤立的槽状交错层系		0.2～0.5	0.4～8	槽状交错分层层系组或孤立河床	透镜状，底凹
板状交错层		0.2～1.5	7.5～21	板状交错层理	透镜状，底凹、顶部轻微不规则
波状交错层	细—极细砂	<0.1		小型交错层理	不对称波痕
块状或扁平的层状柔软层（泥）	泥岩	0.1～0.2		大型或水平层状软沉积物变形	相关沉积相形成的不规则状
水平层理	中砂	0.1～0.4		水平层理	水平层

图 2.32　西班牙中部三叠系 Bundsandstein 组的砂质沉积的主要类型（据 Ramos 等，1986）

Brierley（1996）的专著中有关于平行构型方法的描述（Brierely，1996）。他指出：鉴于个别河道平面形态的样式缺乏地貌独特性，因此，平面形态与对应沉积物的相关关系的不明确也就不足为奇了。类似河道规模的沉积相组合可以独立于平面形态进行观察，而且单一河道平面样式似乎没有特有的沉积构造（Bridge，1985；Brierley，1989）。对于不同的平面样式，沉积单元以类似的方式叠加。在由砾石河床河流的连续辫状段、游荡段和曲流段组成的洪泛平原的要素组合（Brierley 和 Hickin，1991）中，该收敛原理也得到证明。

Brierley（1996）引用 Collinson（1978）的观点认为，描述和解释不应该作为与现有模型进行比较的主要目标，而应该基于观察到的要素组合来建立解释模型，他认为这是一种必要的方法（图 2.33）。该图表明大多数观察到的要素类型出现在一个以上的平面背景中，因此，在理解单个沉积的结构时，各个要素的结构及其整体组合是至关重要的。

Walker（1990）说，构型—要素分析“没有为整个沉积体系提供整体参考（规范）。构型要素的每一个组合（每一个单独的例子）都被看作是唯一的，并且在缺乏规范的情况下，没有办法知道个例是否与其他的实例相似，或有多大相差。这是沉积学的混乱状态。”事实上，这是沉积学的现实，因为越来越多的河流沉积物研究已经表明了这一点。这种不断扩展的研究导致Miall（1996）定义了16个相模型，并指出任何两个模型之间可能存在渐变和中间形态。

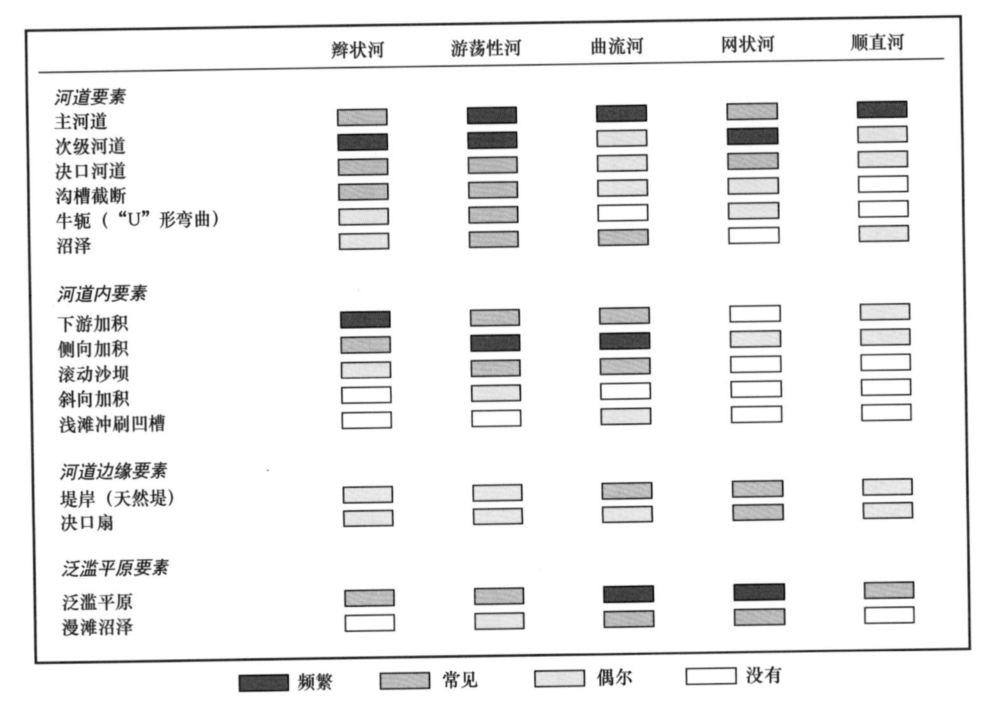

图2.33　主要河流样式的组成要素（据Brierley，1996）

Miall（1996）的第3章和第4章对构型要素分析方法进行了详细的讨论，该书的第6章和第7章提供了关于主要类型的构型要素的详细信息。Miall（1988，1996）提出河流沉积物中有8个基本的架构要素，随后在此基础上加入凹地要素（图2.34）。Miall（1985，1996）（图2.35）和后来的工作（Miall，1996）提供了侧向加积单元的更多细节，扩展了泛滥平原细粒组分单元，以涵盖泛滥平原组合中遇到的实际变化（图2.36）。较早的书（Miall，1996）中提供了关于河道内和河岸外的构型要素的完整资料。从那时起，这些方法得到了广泛的应用。一些研究者采用了Miall（1996）书中提出的构型分类，但是大多数已经发展了不同的分类，以适合其特定油田项目中观察到的特征，而且许多人都使用了Miall（1996）出版的书中所描述的界面分类。接下来是该领域近期研究的重点。

首先，这里展示了一些用于沉积学、地层学的一般构型的分类。图2.37说明了构型分析技术在德国的一个三叠系的含水层特征的实例。这些构型单元的一些关键特征如图2.38所示。

图2.39展示了一种构型分类，可作为沉降速率和构造机制研究的基础。López-Gómez等（2010）在西班牙一个二叠系—三叠系伸展盆地中，试图将相结构的差异与沉降速率和地壳拉伸因子的差异联系起来。剖面显示了多种构型的几何形状，包括带状和叠置形式，与最大的拉伸因子有关，反映了较大拉伸和沉降的构造活动阶段。河流几何形态多变的构

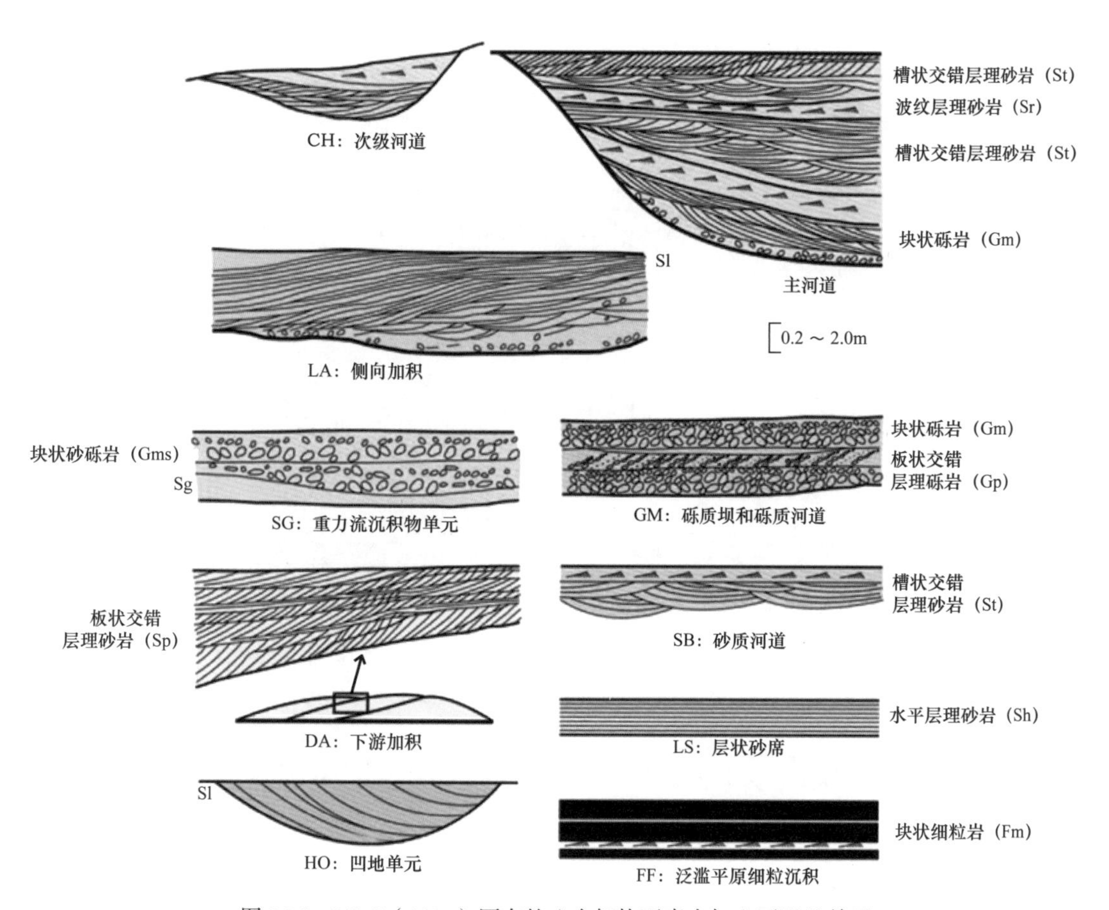

图 2.34　Miall（1985）原有的八个架构要素中加入了凹地单元

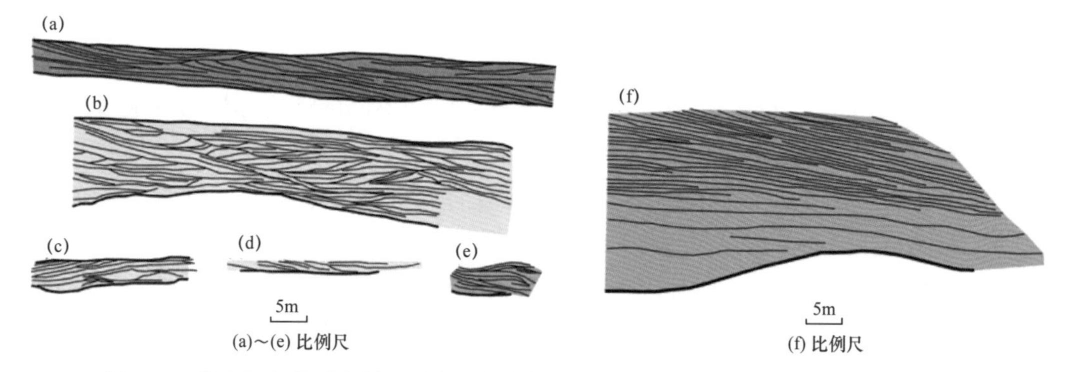

图 2.35　侧向加积单元实例，垂向没有放大，指出了 Miall（1985）的水河道模型编号

（a）砾质点沙坝（岩相 Gm），伴有下切河道（岩相 Gt），模型 4（Ori，1979）；（b）由中粒砂岩组成的要素单元，内部具有丰富的板状交错层理（岩相 Sp），模型 6（Beutner 等，1967）；（c）细粒至极粗粒砂岩和具有滞留砾石的卵石质砂岩，内部发育丰富的交错层理（岩相 Sp、St、Sh 和 Sl），模型 5（Allen 1983）；（d）小型砂质点沙坝，具有丰富的沙丘和波纹交错层（岩相 St、岩相 Sr），模型 6（Puigdefabregas，1973）；（e）点沙坝主要由细砂岩和粉砂岩（岩相 Sl）组成，底部为少量中粗粒互层砂岩（岩相 St），模型 7（Nanson，1980）；（f）大型沙坝，底部有厚、细粒的槽状交错层状砂岩（岩相 St），向上变为一套细砂岩和泥质粉砂岩互层沉积，显示出潮汐改造的特征（岩相 Se），模型 7（Mossop 和 Flach，1983）

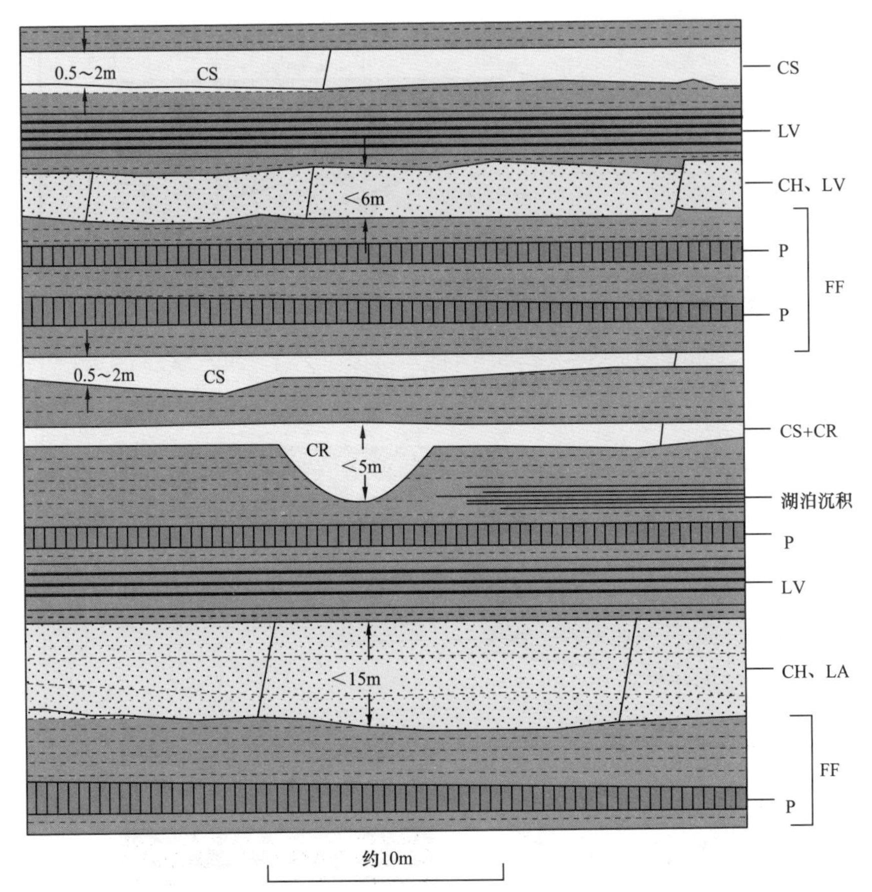

图 2.36 基于瑞士 Lower Freshwater Molasse 剖面（Platt 和 Keller，1992）的洪泛沉积序列构型图，显示了洪泛条件下预期要素的范围（Miall，1996）

要素符号：CH—河道；CR—决口河道；CS—决口扇；FF—漫滩细粒沉积；LA—侧向加积单元；LV—堤岸；P—成土单元（古土壤）

造阶段说明伸展因子差异较大，表明盆地的发育阶段与不同的地壳和岩石圈地幔活动有关。野外和实验室数据表明，虽然普遍沉降在某种程度上控制了 Iberian 山脉二叠系和三叠系河流沉积物的最终几何形状，但两者之间没有简单的直接关系。发现的唯一相关性是地壳和岩石圈地幔活动（由它们的拉伸因子反映）与河流几何学之间的关系。看起来，除了沉降因素之外，还需要考虑其他因素的组合，如决口速率、气候或沉积物的供给，以预测盆地的沉积结构（López-Gómez 等，2010）。这项研究将在第 6 章做进一步说明。

Yuanquang 等（2005）提出了一种用于露头储层研究的河道分类（图 2.40）。他们进行了详细的孔隙度和渗透率测量，并研究了孔渗与河道体系的相、界面及其组成要素之间的关系。

Allen 和 Fielding（2007）阐述了澳大利亚二叠纪地层中构型要素的范围（图 2.41）。

North 和 Taylor（1996）在一项对古季节性河流体系的研究中，提出了粗粒单元分类方案（许多没有被河道化）（图 2.42），并在地层学动画中说明了这些单元如何构成河流—风成沉积序列的一部分（图 2.43）。这些研究人员选择建立自己的术语，这可能有利于使研究人员能够描述独特的功能，而无须假设或暗示其与先前发表的分类相似。

符号	要素	特征	几何形态	岩性组合 沉积物粒度 泥 粉砂 细砂 中砂 粗砂
CH(b)	河道 (滚动组分)	粗粒砂质河床，多边和多层河道复合体，沉积物粒度具有微弱的向上变细趋势	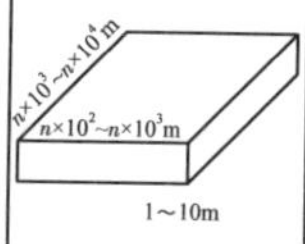 $n\times10^3\sim n\times10^4$m $n\times10^2\sim n\times10^3$m 1～10m	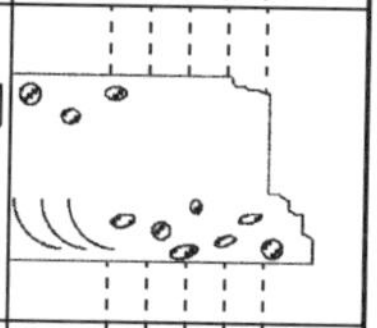
CH(m)	河道 (混合组分)	通常是大型砂体，交替的粉砂质层，细—粗粒砂质河床，具有明显的向上变细的趋势	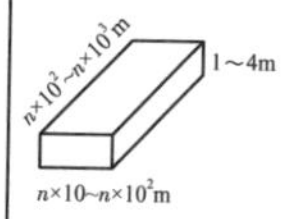 $n\times10^2\sim n\times10^3$m 1～4m $n\times10\sim n\times10^2$m	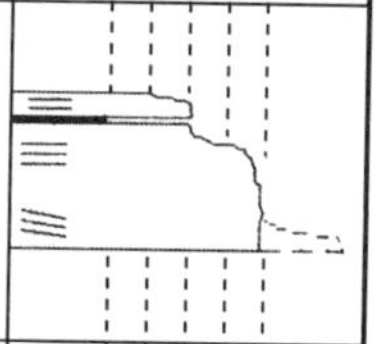
CH(s)	河道 (悬浮组分)	主要由粉砂和黏土组成，层状细粒砂岩少见，不具有明显的向上变细趋势	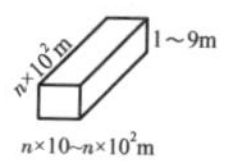 $n\times10^2$m 1～9m $n\times10\sim n\times10^2$m	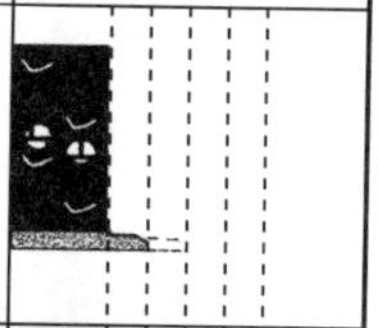
LA	侧向加积	倾斜的，细—粗粒砂岩与黏土互层，常见不规则的层面接触方式，整体具有清晰的向上变细的趋势	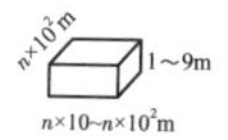 $n\times10^2$m 1～9m $n\times10\sim n\times10^2$m	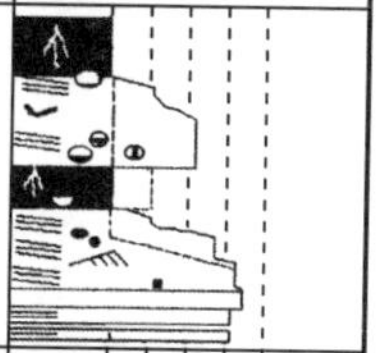
AC	废弃河道	主要由粉砂和黏土组成，很少有层状细砂岩,可以重新变为河道	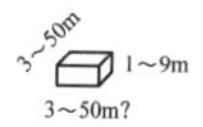 3～50m 1～9m 3～50m?	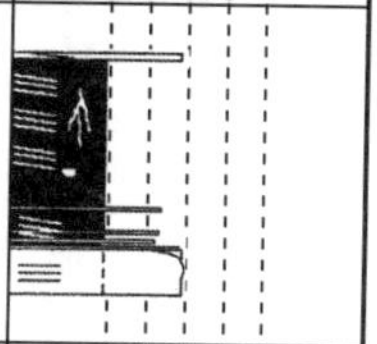
LV	堤岸	倾斜的砂层，粉砂岩—细砂岩交替，粒度常呈现整体向上变粗的趋势	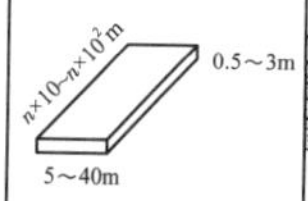 $n\times10\sim n\times10^2$m 0.5～3m 5～40m	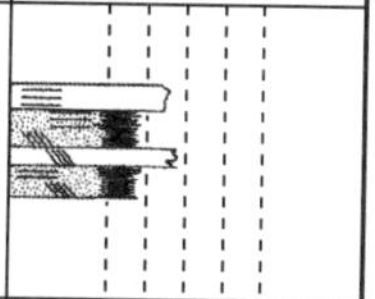
CS	决口扇 + 片状洪水	细—巨砂岩，可以合并为更厚的组合，波纹层或低角度交错纹层，河床大多缺失非常明显的向上变细的趋势	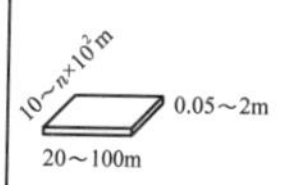 $10\sim n\times10^2$m 0.05～2m 20～100m	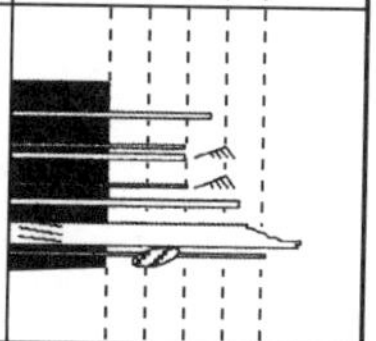
FF	泛滥平原、古土壤、河漫滩	水平层状黏土和粉砂，含有和发育古土壤，干裂	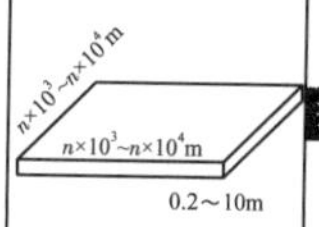 $n\times10^3\sim n\times10^4$m $n\times10^3\sim n\times10^4$m 0.2～10m	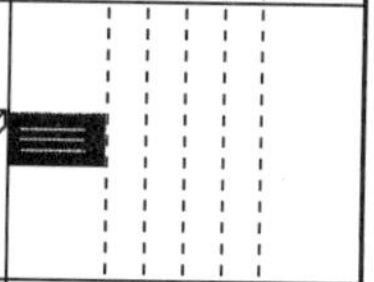
LC	湖泊沉积	白云质灰岩、暗色黏土/粉砂层，交替的、多层的、多边的	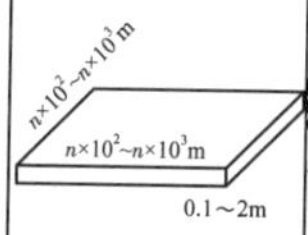 $n\times10^2\sim n\times10^3$m $n\times10^2\sim n\times10^3$m 0.1～2m	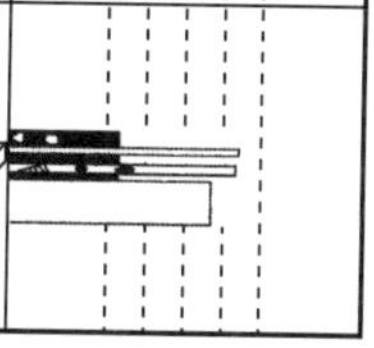

图 2.37 构型分析在德国三叠系含水层的野外研究中的应用实例（据 Hornung 和 Aigner，1999）

岩性组合道中：c 为泥；s 为粉砂；ts 为细砂；ms 为中砂；cs 为粗砂

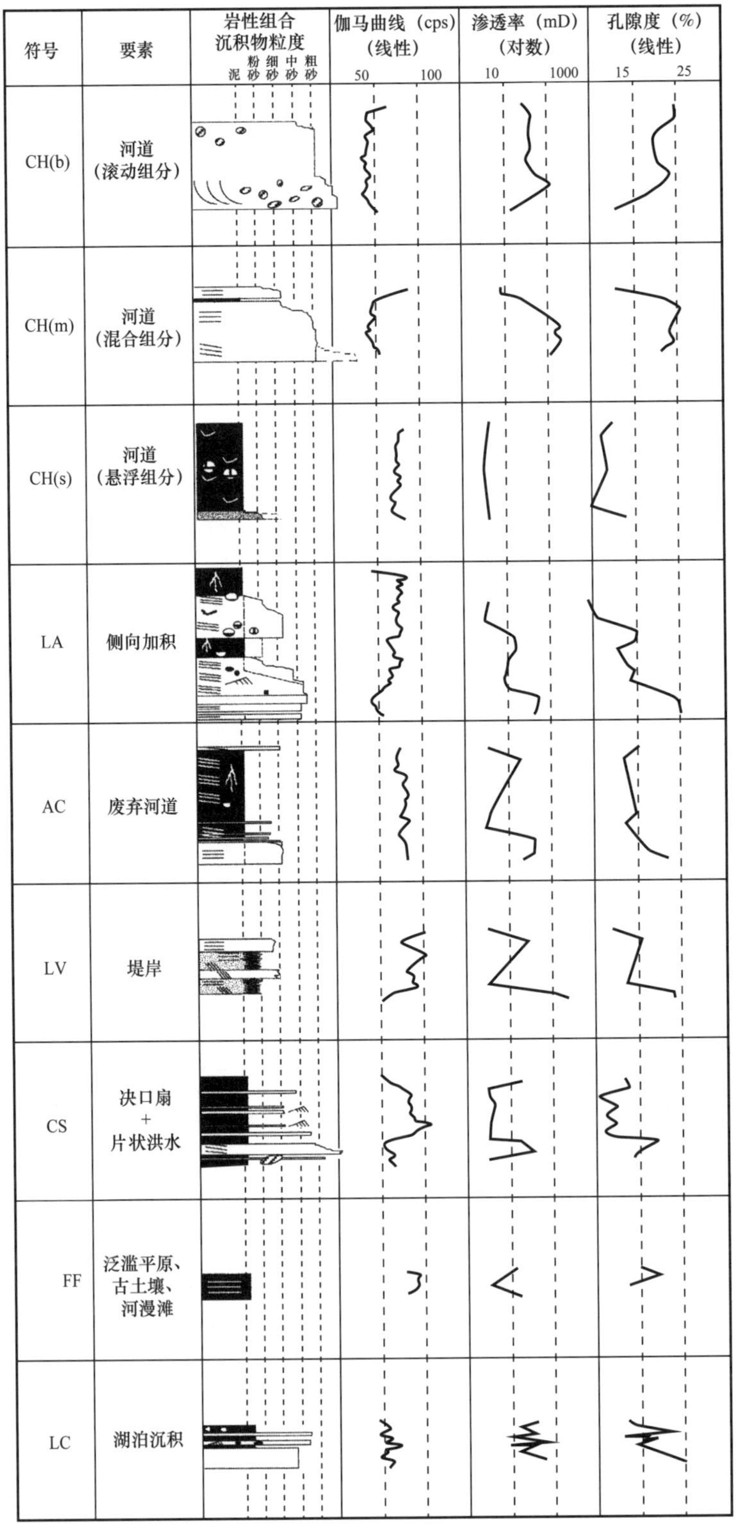

符号	要素	岩性组合 沉积物粒度 泥 粉砂 细砂 中砂 粗砂	伽马曲线（cps） （线性） 50 100	渗透率（mD） （对数） 10 1000	孔隙度（%） （线性） 15 25
CH(b)	河道 （滚动组分）				
CH(m)	河道 （混合组分）				
CH(s)	河道 （悬浮组分）				
LA	侧向加积				
AC	废弃河道				
LV	堤岸				
CS	决口扇 + 片状洪水				
FF	泛滥平原、 古土壤、 河漫滩				
LC	湖泊沉积				

图 2.38　Hornung 和 Aigner（1999）研究的三叠系含水层结构的岩性、电性和孔渗特征

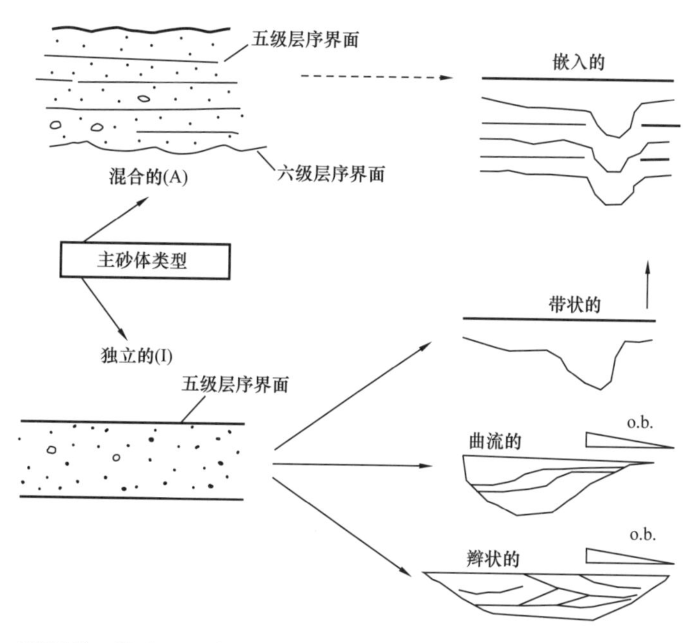

图 2.39　西班牙二叠系—三叠系盆地砂体的构型分类（据 López-Gómez 等，2010）

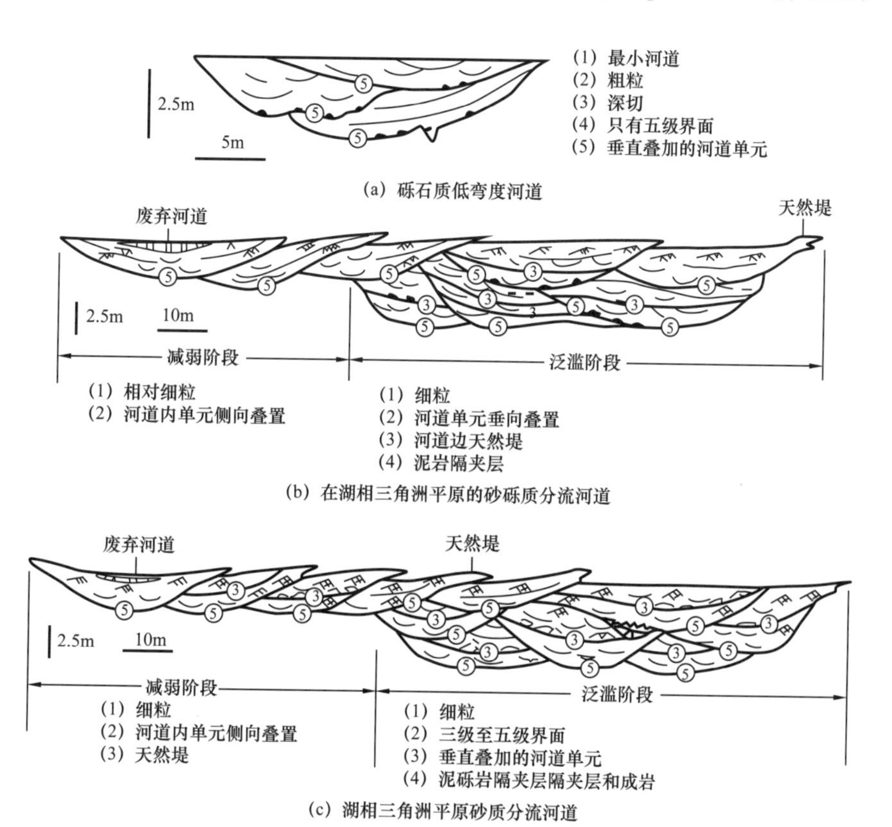

图 2.40　中国西部三叠系储层露头剖面河道体系分类（据 Yanquang 等，2005）

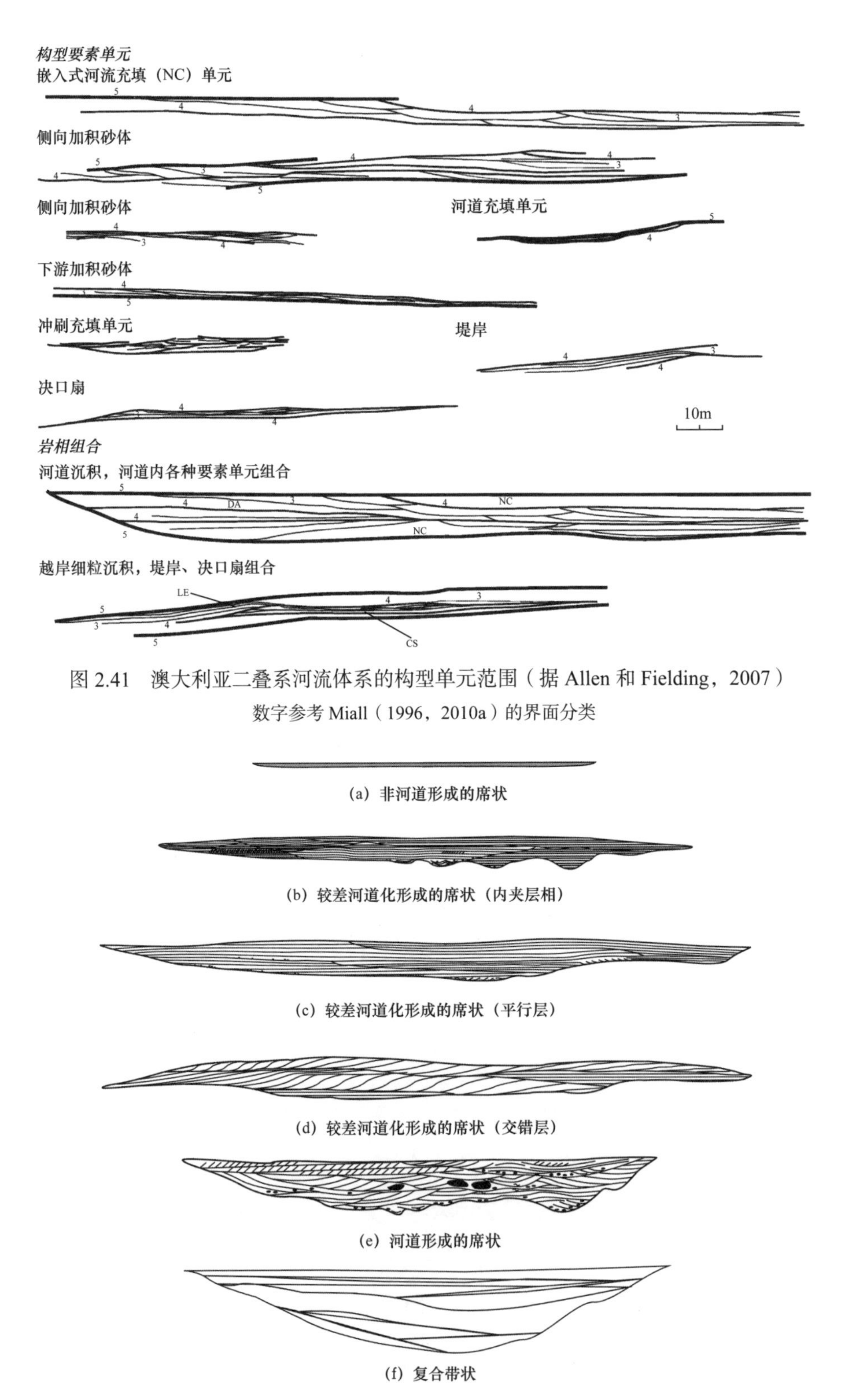

图 2.41　澳大利亚二叠系河流体系的构型单元范围（据 Allen 和 Fielding，2007）

数字参考 Miall（1996，2010a）的界面分类

(a) 非河道形成的席状

(b) 较差河道化形成的席状（内夹层相）

(c) 较差河道化形成的席状（平行层）

(d) 较差河道化形成的席状（交错层）

(e) 河道形成的席状

(f) 复合带状

图 2.42　犹他州和亚利桑那州的一个季节性河流体系侏罗系 Kayenta 组的沉积单元（“相组合”）（据 North 和 Taylor，1996）

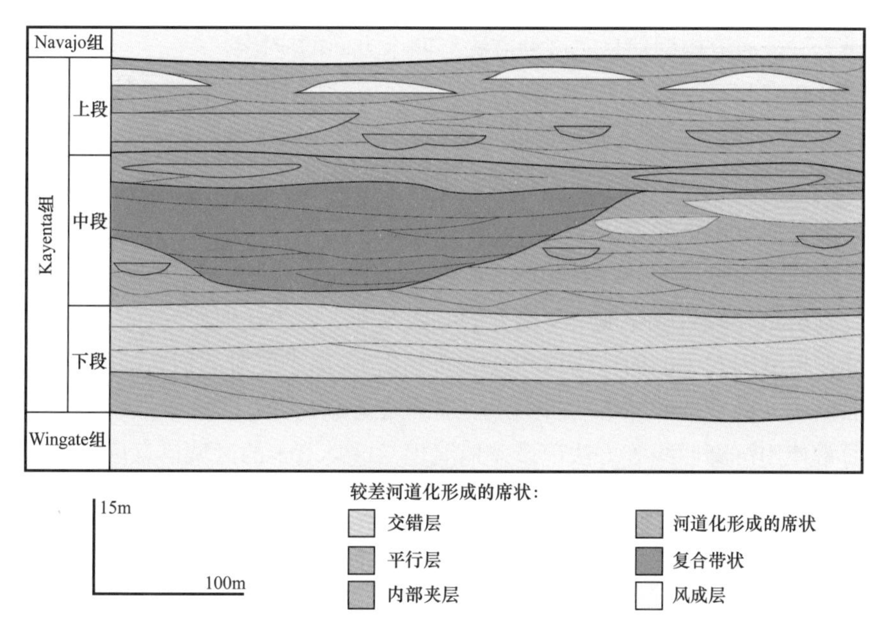

图 2.43　Kayenta 组内各组成要素的地层关系以及该组与上覆、下伏风成沉积单元的关系（据 North 和 Taylor，1996）

Long（2006）报道了对古元古代砂岩地层的详细研究。该地层单元沉积于前植被时代，主要由层状的砂岩席和席状砂岩层构成［Miall（1996）分类中的 LS 和 SB 元素］。图 2.44 说明了这项研究中的一个剖面。

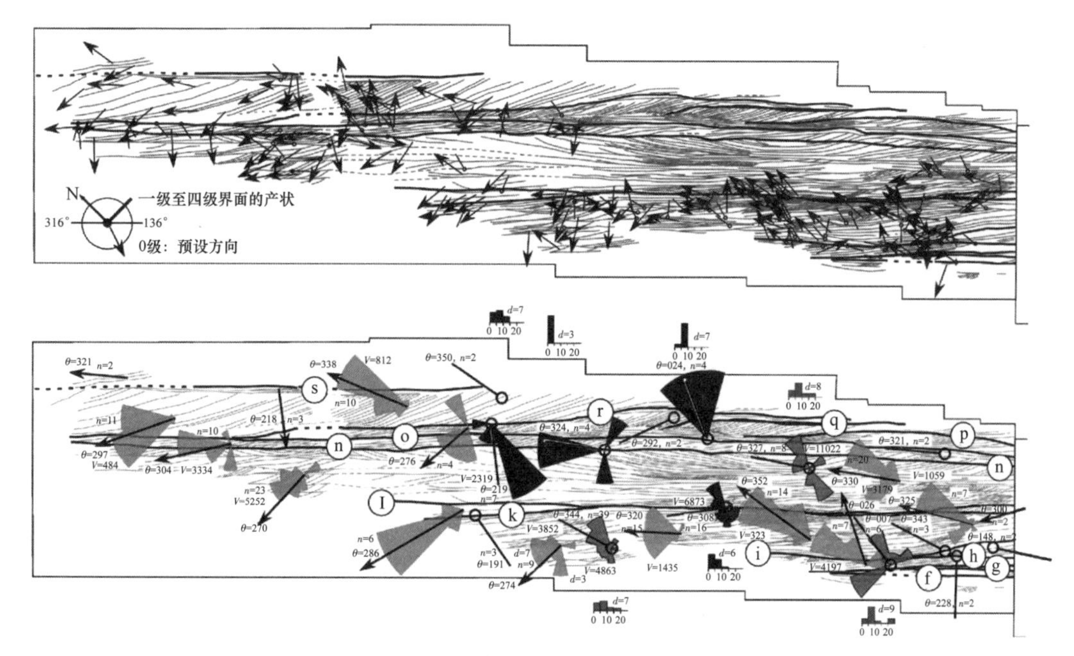

图 2.44　Saskatchewan 古元古界 Athabasca 组剖面（据 Long，2006）

V 为玫瑰花图中每个产状倾角之和，该值越大，表明构造越复杂；θ 为倾向，(°)；n 为测量次数；d 为中值倾角，(°)；f～s 为纹层界面

还有许多其他的构型资料和分类的例子可供参考和引用。目前在沉积学和石油地质学界已经出现了三维河流构型信息，这种方法有四个方面的应用：

（1）通过二维和三维的露头构型资料，重建令人信服的沉积环境的能力得到提高。

（2）该方法为了解储集体重孔隙度—渗透率结构与原生沉积构造之间的关系提供了基础。在更大的范围内，相同的方法有助于评估零散和复杂储层的性质。任何先进的储层模拟研究，都必须应用这种方法，因为这种方法具有将保存下来的地质记录作为类比的优点，而不是现代河流中通常可以观察到的短暂特征。

（3）该方法是碎屑岩层序地层学研究的必要基础，因为任何研究都需要探索河流结构所依赖的外在控制因素（如构造作用和基准面变化），都需要对沉积结构进行系统的分析。如河道叠加模式等构型特征与基准面变化率或源区隆起有明显的关系。

（4）通常使用沉降曲线等方法记录盆地演化，这类基本的区域信息可以通过构型研究得到有效补充，这些研究有助于揭示沉积体系如何响应盆地隆升、构造沉降或倾斜等不同模式（同时必须考虑可容纳空间形成的时间与河流过程的时间；请参见第 6 章）。

3　自生过程：河流改道和沉积结构

3.1　漫滩过程

河流由河道和漫滩构成。第 2 章中着重讨论了河道的形成和分类。本章将讨论漫滩的形成以及河道与漫滩之间的关系。根据 Nanson 和 Croke（1992）的研究，漫滩的形成有六个过程：点沙坝侧向加积、漫滩垂向加积、辫状河道加积、斜向加积、逆向加积和废弃河道加积。在每一个河流系统中这些过程并不是都发生，例如，如前所述，尽管点沙坝侧向加积和辫状河道加积两个过程并非完全相互排斥，但这两个过程往往出现在截然不同的河流类型中，即曲流河和辫状河。

Nanson 和 Croke（1992）主要基于河道分类，对漫滩进行了讨论和分类，分为如下三大类，分类的字母来自他们的论文：

A. 高能非黏性漫滩：主要在高山地区的限制性山谷中形成，特征是突然地切割和填充，通常是灾难性的。以粗砂和砾石为主的片状沉积物主要是在洪水期间形成的。单个漫滩沉积横向范围有限，保存潜力低。

B. 中等能量非黏性漫滩：传统的辫状、游荡、曲流河流系统，以发育良好的河道—洪泛平原或宽阔的辫状河道系统为特征。

C. 低能黏性漫滩：单一河道和网状河道系统，以带状河道体和宽阔的泛滥平原为代表，相组合反映了干旱或潮湿的气候条件。

在 Nanson 和 Croke（1992）列出的六个“漫滩”形成的过程中，只有“漫滩垂向加积”被认为是典型的漫滩过程，与形成河道系统的过程不同，该过程通常在地貌组合中被称为“冲积脊”。事实上，由于所形成的独特的相组合和河流体系结构，沉积学家们感兴趣的是将漫滩垂向加积分解为几个过程。Brierley（1996）列出了这些要素，用他的术语来说，构成了以下四个“地貌单元”（见图 2.33）：天然堤、决口扇、河漫滩和漫滩沼泽。图 2.36 显示了说明这些单元的结构图。图 3.1 显示了密西西比河的部分典型大型河流的漫滩单元。

漫滩沉积过程包括在一定的时间尺度内重复各种自生和外因沉积过程。个别洪水事件、沙坝沉积和迁移以及侧向加积是主要的自生过程，在长达数年的时间构成离散的沉积单元。Kraus 和 Wells（1999）将这些称为微尺度（厚度<1m，持续数天到月）到中尺度（厚度>1m，持续时间为 1—10^2a）事件。它们形成米级旋回，Atchley 等（2004）将其称为河流沉积旋回（FAC）。更长的周期称为大尺度（厚度>10m，持续时间为 10^3—10^4a）和超大尺度（厚度>100m，持续时间为 10^5—10^7a），形成叠置旋回，术语称为河流沉积旋回组（Atchley 等，2004），是外因沉积的产物。

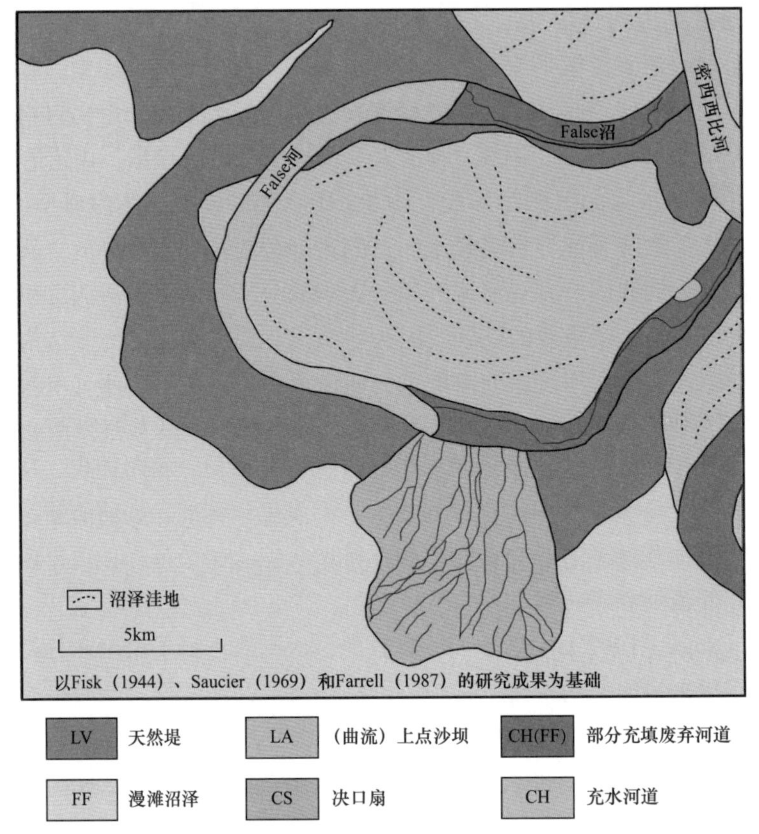

图 3.1　密西西比河的部分地貌单元和泛滥平原的沉积物（据 Farrell，1987，修改）

漫滩过程最重要的过程是改道冲积，即河道在泛滥平原上向新的位置移动，这通常是用“一个突然的过程”来描述和讨论。这个词起源于医学术语，维基百科对这个词的定义是，“撕脱”是“截肢的一种形式，指的是四肢被拉断，而不是被切断。”在线免费词典将撕脱定义为“通过创伤或手术强行撕裂身体的一部分。”Mohrig 等（2000）指出：“河流改道是河流相对迅速地从既定的河道带部分转移到泛滥平原区新的水流路径。”在发生冲积的河流系统中，这一过程通常控制着沉积物和水体在冲积面上的长期扩散（图 3.2）。因此，了解和描述改道冲积的控制因素对地貌学家研究地貌演变、沉积学家重建古代河流演化历史以及土木工程师控制河道位置都很重要。

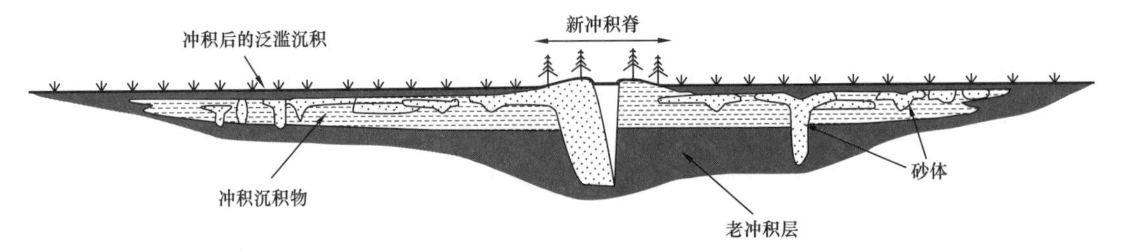

图 3.2　一个理想化的冲积模型：有一个活跃的河道，两侧是堤岸和冲积沉积物（据 Makaske，2001）
后者主要由粉砂和黏土组成，砂体沉积于决口扇的小河道中，基于 Smith 等（1989）在萨斯喀彻温省 Cumberland 沼泽的研究

改道冲积通常是由河道堤岸的局部侵蚀引起的，形成一个决口河道，将一些来自主河道的流量和泥沙分流到泛滥平原上。决口侵蚀的开始取决于许多因素，具体将在下面讨论。决口河道内的持续侵蚀将使其加深且变宽，并可能导致形成一个决口扇，一种从河堤延伸到泛滥平原的小型三角洲。图 3.1 所示为一个大型复合决口扇，由沿着密西西比河河岸发育的许多小决口水道的沉积物形成，图 3.2 所示为冲积复合体内典型的决口扇沉积。在某些情况下，决口最终可能导致流经主河道的大部分或全部流量分流，从而使主河道改道。对这种现象发生的原因及其对河流沉积的影响的分析，消耗了河流沉积学家的大量精力。为什么它被认为是一个重要的问题？因为它似乎是理解大规模河流结构如何构建的关键。从最简单的形式来看，河流序列由堆积的河道沉积物组成，这些沉积物被泛滥平原细粒隔开。河道体的叠置和相互联系的性质是理解地下流体流动的关键，因此对水文地质学家和储层地质学家来说是至关重要的。

一个对解释和模型产生重大影响的假设是，给定恒定的改道冲积频率，河道砂体的密度和连通性应与沉积速率成反比（Bridge 和 Leeder，1979）。改道冲积频率通常是恒定的吗？什么控制改道冲积事件？

正如 Mohrig 等（2000）所指出的：近年来，模拟河流沉积物沉积结构（河道叠置模式）的数值模型强调了改道对古河道时空分布的控制作用（Allen，1978；Leeder，1978；Bridge 和 Leeder，1979；Mackey 和 Bridge，1995；Heller 和 Paola，1996）。这些模型的关键假设涉及：（1）河道何时会改道；（2）改道后新河道带的位置。在第一个假设中，有必要知道河道系统中是否存在某种主要的、可预见的有利于改道的条件。如果是这样，这个参数可以作为河流体系之间的标准，以便可以比较不同大小的河流。第二个假设是评估已有地形是否对新河流的形成位置有影响。一些学者认为，以前的河道位置会在漫滩上形成冲积脊，不会形成新河道（Allen，1978；Bridge 和 Leeder，1979；Mackey 和 Bridge，1995）。与此相反，对现代河流改道的研究表明，新改道的河流被先前存在的河道强烈吸引，因为先前的河道的河床本身被保存在泛滥平原上低洼处（Aslan 和 Blum，2000；Morozova 和 Smith，2000）。这种吸引力的地层证据来自 Maizels（1990）。

Mohrig 等（2000）指出，河流改道过程可被视为有两个基本要求："一是积累，河流在成千上万年的时间内不断加积并随时可能会改道；二是触发，是一种导致河道缓慢或突然废弃的短期事件（通常是洪水）"（Mosley，1975；Brizg 和 Finlayson，1990；Slingerland 和 Smith，1998）。一般认为，河流改道是河道附近沉积速率大于邻近泛滥平原沉积速率的结果。沉积物在河床和河道边缘两侧堤岸上的耦合沉积导致河道逐渐变得高于邻近泛滥平原，同时又能保持最适合水和沉积物通过的横断面形状（Mohrig 等，2000）。

根据 Jones 和 Schumm（1999）的研究，有四种主要的过程会触发改道（表 3.1）。前两组研究的重点是主河道和潜在的改道河道的相对坡度因沉积作用而发生的变化。正如他们所指出的（Jones 和 Schumm，1999），"某条河流的最大洪水并不总是触发改道"，因为可能需要较长时间的沉积作用才能使坡度差异达到临界阈值。在长期（从地貌上讲）情况下，在主要活动河道的两侧冲积脊的建造是一种不稳定的状态，最终可能导致改道。构造活动，例如河谷基底倾斜，或者跨越洪泛平原的断层运动，也可能触发改道。第一个过程最著名的例子是 Leeder 和 Alexander（1987）对蒙大拿州 South Fork Madison 河的研究。

表 3.1　改道冲积的原因（据 Jones 和 Schumm，1999）

产生不稳定并达到改道阈值或引发触发机制的过程和事件		可否触发	河道搬运沉积物和流体的能力
第一组，S_a/S_e 增大导致改道，增大的原因是 S_e 减小	（1）弯曲度增加（曲流）	否	减小
	（2）三角洲增长（河道延长）	否	减小
	（3）基准面下降（坡度减小）	否	减小
	（4）构造抬升（导致坡度降低）	可	减小
第二组，S_a/S_e 增大导致改道，增大的原因是 S_a 增大	（1）天然堤 / 冲积脊发育	否	无变化
	（2）冲积扇和三角洲增长（凸状）	否	无变化
	（3）构造作用（导致侧向倾斜）	可	无变化
第三组，S_a/S_e 不变的情况下改道	（1）洪峰流量的水文变化	可	
	（2）来自支流的沉积物涌入，沉积物负荷增加，大规模破坏，风成过程	可	减小
	（3）植被堵塞	否	减小
	（4）堵塞	可	减小
	（5）冰堵塞	可	减小
第四组，其他情况下改道	（1）动物活动	否	无变化
	（2）截流（分流至邻近排水系统）	—	无变化

注：S_a 为潜在改道过程的坡度，S_e 为现有河道的坡度；当上游的坡度大于湖底或陆架的坡度时，基准面的下降可能导致河流流经一个坡度较小的区域。

如下所述，从地层走向剖面来看，改道通常导致河道群的形成。了解导致河道成群的过程以及河道群在地层时间上的叠置或迁移，是了解河道体结构和连通性的必要条件。

毫无疑问，对现代河流环境中的改道进行的最详细的研究是对莱茵河—默兹河体系的研究。一个规模非常大的钻孔数据库和 ^{14}C 的数据，使得我们能够非常详细地重建自上一次冰期结束以来的河流和三角洲体系的历史，河流过程开始于距今约 8000a，这在下面将提到。Stouthamer 等（2011）声明：局部 / 区域沉积速率比与河道沉积比例（CDP）呈正相关关系。局部沉积速率和区域沉积速率之间的平衡决定了跨河谷梯度，这通常被认为是改道的一个重要先决条件。在这种观点下，局部沉积速率与区域沉积速率之比是改道概率的一个指标。

他们证实了所谓的“泛滥平原上河道或河道带相对于下游河道“超高”或跨河谷的坡度相对顺流坡度有所增加”（Stouthamer 等，2011）。

历史上有四种方法来研究改道问题：

（1）现存现代河流系统的改道的历史文献（决口沉积物的地图、^{14}C 数据等）；

（2）基于漫滩过程几何模拟的改道作用数值模型；

（3）实验室水槽内河流演变的模拟；

（4）为了了解具体的局部作用过程，对近代和古代改道冲积序列的岩相和结构进行了详细的研究。

3.2 现代河流中改道的历史记录

一段时间以来，河流地貌学家一直在研究现代河流的改道过程。很少有关于实际改道事件的案例研究（Bryant 等，1995），但是历史记录提供了很多信息，包括从过去的地图上重建改道历史。对于现代密西西比河（Saucier，1974，1994）、黄河（Hillel，1991；Li 和 Finlayson，1993）、波河（Nelson，1970）、莱茵河—默兹河（Tórnqvist，1994；Stouthamer，2001a，b；Berendsen 和 Stouthamer，2001；Hesselink 等，2003；Stouthamer 等，2011），以及印度的科西河（Wells 和 Dorr，1987；Singh 等，1993），在过去的几百年或几千年里，改道的历史已经有了很好的记录（图 3.3）。这些河流在不同时期被不同的作者用作实例，作为漫滩冲积过程的地质模型的基础，用于揭示古代记录中冲积结构的起源（Mackey 和 Bridge，1995）。这些历史记录的实用性价值可能有限，因为它们是基于近期的过程，只有非常短的地层演化记录，其中一个特点是后冰期以来海平面上升，导致沿海地区可容纳空间迅速增加。

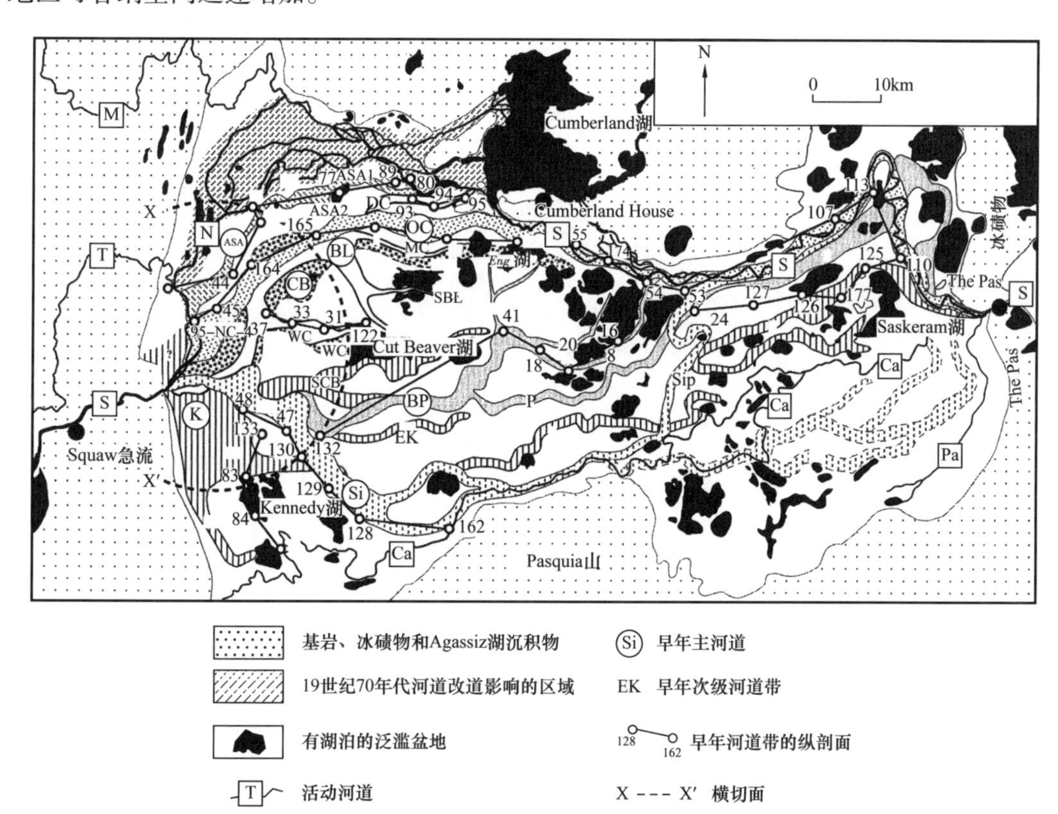

图 3.3 Cumberland 沼泽的主要地貌单元（据 Morozova 和 Smith，1999）

密西西比河和莱茵河—默兹河河流体系利用许多钻孔进行了大量勘探，河流演变的地层记录尤其以这些主要的河流体系而闻名。然而，关于地球历史上冰川期可能的独特性的警告仍然存在。Törnqvist（1994）用 ^{14}C 法测量了荷兰莱茵—默兹三角洲整体改道频率的变化。他发现，在距今 8500—4300a 的间隔期内，三角洲系统的改道率高于从距今 4300a 至今。高频区间相当于一个海平面上升速度加快的时期，因此 Törnqvist（1994）推断这个时期代表了一个河流加积的时期。Stouthamer 等（2011）根据大量补充数据更新了这些观测结果（图 3.4）。他们记录了从距今 8500—7300a 的改道高频率，随后频率下降，直到距今 3200a，这可能与"海平面上升速率下降，可容纳空间生长速率稳步下降有关"（Stouthamer 等，2011）。距今 3200a 后改道频率的增加与河流系统细粒沉积物的增加有关，尽管在此期间海平面上升的速度较慢，与之相关的产生可容纳空间的速度要慢得多，但仍会发生。下面我们讨论这些河流系统。

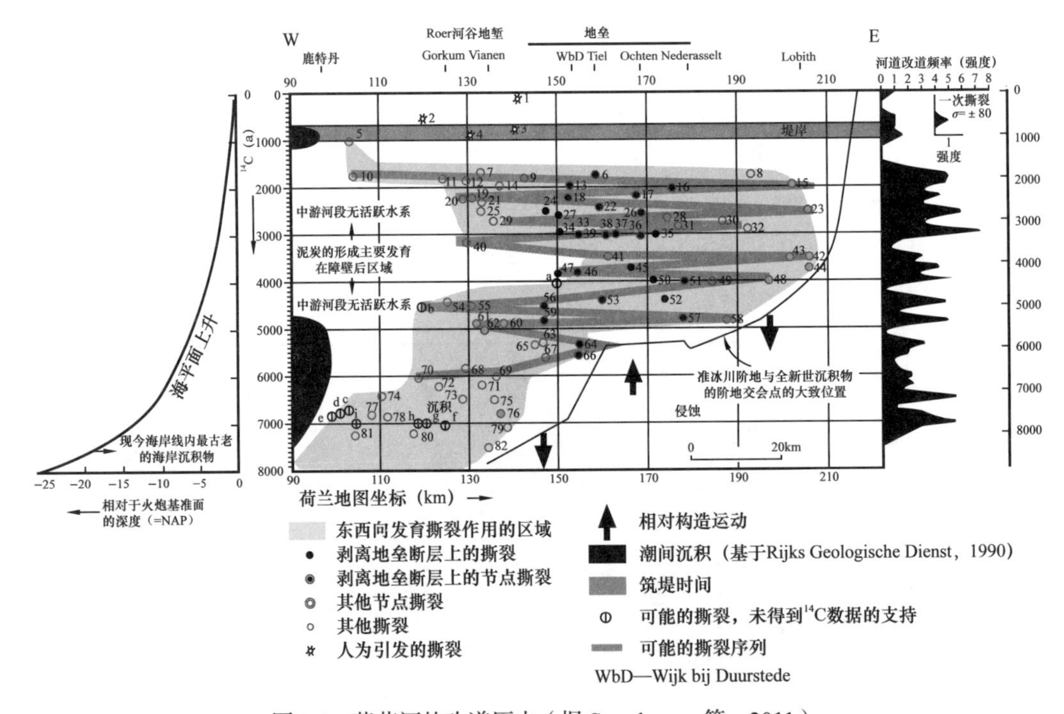

图 3.4　莱茵河的改道历史（据 Stouthamer 等，2011）

在对巴西现代 Paraná 河的一项研究中，Stevaux 和 Souza（2004）指出："虽然平均融合过程与沉积物快速沉积、植被（Smith 和 Smith，1980）、河岸沉积物黏结性和弱水动力有关，而且这个河流体系可能发生在各种气候环境下（Nanson 和 Croke，1992），但在目前的情况下，气候变化和微妙的构造影响被认为是有关系的。"他们指出，在气候变化期间，河流体系经历了一个不稳定时期，相应的侵蚀间隔较短。他们以巴西中南部和阿根廷东部晚全新世（距今 3.6—1.5ka）一段短暂的半干旱时期沉积为例，在此期间可以识别出一个冲积扇构造时期，河谷基线被切割，并发育了风成侵蚀和沙丘沉积。他们认为，该起确定的改道事件源于河流水文条件的变化。

印度 Baghmati 河在当地展示了一种改道的模式，这种模式可以为构型演化过程提供一些线索。Sinha 等（2005）将这条河描述为“超级改道”。在过去的250a里，有八个主要的和几个次要的改道被记录下来，这表明了改道频率是十年一次。几种不同类型的改道发生，包括河道断流、洪水遗弃和节点改道。大多数改道是局部的，许多河道可能是同时活动。在洪水事件期间，新河道的形成或旧河道的重新占用似乎是主要的过程，年度季风期间高流量事件的定期发生也可能是该系统演变的一个主要因素。

Jones 和 Hajek（2007）注意到，对现代河流体系的研究表明河流体系和伴有决口扇沉积的河流改道冲积有所不同。

Aslan 和 Autin（1999）认为，在全新世密西西比河下游的活动性改道期间，漫滩淤积以决口扇沉积为主。Kraus 和 Wells（1999）将 Willwood 组中多达 50% 的漫滩淤积归因于与改道有关的非越岸沉积。这与全新世密西西比河下游决口扇沉积的百分比相似。这样的环境可能产生地层过渡性的改道地层。相比之下，其他现代河流系统就不那么容易张开了。在几个现代河流系统的研究，如 Narew 河（波兰东北部）、Okavango 河（博茨瓦纳）、Fitzroy 河（澳大利亚）和 Copper 溪（澳大利亚），记录了不符合 Smith 等（1989）河流改道冲积模型的河流改道事件（Rust 和 Legun，1983；McCarthy 等，1992；Taylor 等，1999；Knighton 和 Nanson，2000；Aslan 等，2003；Gradzinski 等，2003；Fagan 和 Nanson，2004）。

以上列出的河流因决口点缺失或水漫溢在泛滥平原上出现新河道而改道。澳大利亚西北部现代 Fitzroy 河（Taylor，1999）表明，河道改道与该体系中的决口扇沉积无关（Jones 和 Hajek，2007）。相反，河道会迁移到漫滩上的洼地，这些洼地是漫滩水流冲刷产生的。Taylor（1999）认为，在 Fitzroy 的地层记录中，决口扇相应该是罕见甚至不存在的，部分原因是地形起伏度非常低（宽 800m，高小于 1m）的堤岸、高强度洪水事件和高黏性漫滩物质。这样一个系统可能主要产生突变河道。相比之下，Ferris 组河道缺乏发育良好的堤坝沉积物，且有泥质的泛滥平原，这可能意味着相对地势较低的堤坝和相对高黏性的堤岸（Jones 和 Hajek，2007）。

Sambrook-Smith 等（2010）证明，在加拿大 Saskatchewan 辫状河 40 年一遇洪水期间形成的冲刷深度、河道和沙坝特征与在正常的、每年一次的洪泛影响的河流形态特征并无明显区别，这使得很难区分这类河流流量变化的影响。他们注意到，在其他几个大型河流体系中也得出了类似的结论。这些观测结果也与地貌阈值的概念有关，因为地貌阈值适用于触发河流系统的重大变化（包括河流改道）。

3.3 近期地质记录中的河流改道

对最近的河流改道记录的第一次详细研究是在密西西比河流体系中进行的（Saucier，1974，1994；Autin 等，1991；Asland 和 Autin，1999；Aslan 等，2005），萨斯喀彻温省 Cumberland 沼泽（Smith 等，1989）和莱茵—默兹河系统（Törnqvist，1993，1994）。这些研究表明，漫滩席状洪泛不是漫滩沉积的主要机制。大多数洪泛区都是由决口水道的发展而形成的，这些决口水道将水和沉积物引入决口扇，而决口扇又将沉积物和水分散到泛滥平原的低洼地带，特别是先前存在的废弃河道。废弃河道重新被沉积物占用已经成为泛滥平原发育中一个非常重要的过程，这意味着，河道砂体在许多情况下是代表几个沉积阶段的复合地层单元。

在萨斯喀彻温省 Cumberland 沼泽地，1873 年的一次冰塞引发了一次大的改道。萨斯喀彻温河流系统在这一地区分支成许多河道，Smith 等（1989）研究了这一事件仅代表了 8500a 前河流沉积开始充填后冰期的 Agassiz 湖以来，构成漫滩地层的一系列改道中的最新一次。对地下浅层的详细调查为改道和地层演化的常见模型提供了基础（Smith 等，1989）。最初的改道为逐渐变大且变得更复杂的决口扇沉积提供了补给，伴随一个相互连接的河流体系，网状河道占据了泛滥盆地越来越大的面积。最终，由于小的局部坡度优势，单一河道成为主河道，它开始切割早期的扇形沉积物，也开始发育曲流河。然后，沿着这条主河道，河道加积和结合点沙坝的发育，形成一个新的冲积脊，为再次达到临界条件时的下一次改道事件的形成奠定了基础。

在后来的一项研究中，Morozova 和 Smith（1999，2000）研究了保存在 Cumberland 沼泽地层记录中的早期改道事件。他们记录了在过去 5400a 中发生的 9 起主要改道事件，平均每 600a 发生一次（见图 3.3）。改道复合体的存在时间相互重叠，表明新的改道伴随着早期河道的逐渐废弃。大部分的改道是节点改道，也就是说，它们发生在 Cumberland 沼泽入口附近，那里的河流坡度突然下降。一些改道导致早期河道的重新占用，另一些则通过扇复合体的侧向进积作用填满了洪泛区。穿过盆地的横截面显示了一个部分叠置的决口扇网络，由覆盖在决口扇体上的狭窄河道和堤坝组成，这些扇体在大多数情况下都有几千米宽（图 3.5）。

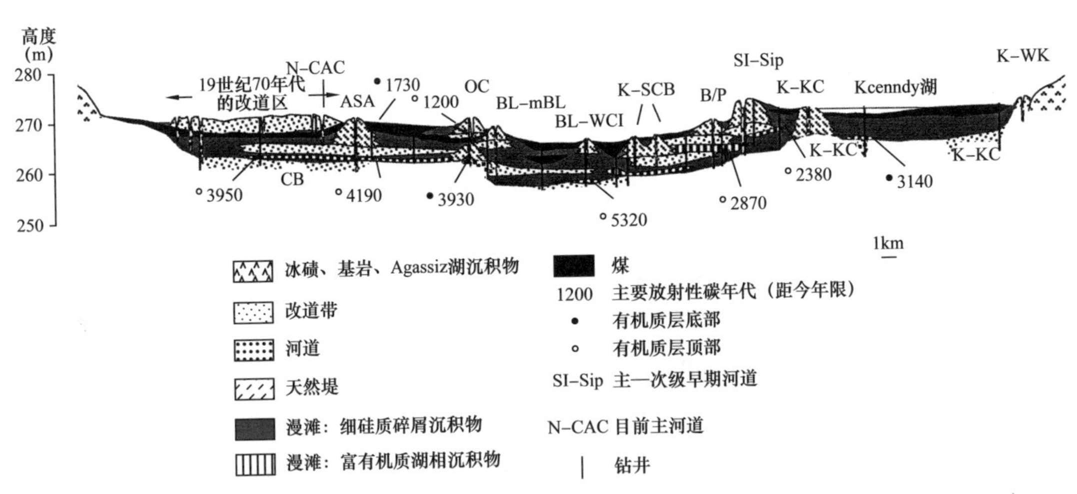

图 3.5　穿过 Cumberland 沼泽的横截面，沿着图 3.3 的 X—X′ 线（据 Morozova 和 Smith，2000）

在莱茵—默兹河流体系中，在过去 8000a 中，改道事件的周期从距今 8000a 前的 500a 一个周期增加到距今 2800a 前的 1500a 一个周期，然后在距今 1500a 前减小到 1000a 一个周期（Stouthamer 等，2011；图 3.4）。在冰期后不久海平面迅速上升的时期频率更高。在此期间，河流呈网状特征；4300 年后海平面上升率和决口率均下降，河流逐渐向曲流河转化。Tórnqvist（1994）指出：莱茵—默兹三角洲活跃的莱茵河支流数量从大约 4 条（^{14}C

校正后距今 8000a）增加到最多 10 条（^{14}C 校正后距今 5500a），然后逐渐减少到大约 5 条，直到中世纪晚期的堤岸数量减少到 3 条。分流数量最多的时期（^{14}C 校正后显示距今 6000—3500a）与网状河样式的优势时期（Tornqvist，1993a）吻合得很好。

密西西比河系统之所以特别有趣，是因为主河道开始改道为 Atchafalaya 河河道，这一过程在 20 世纪 50 年代初就已经开始，就因为美国陆军工程兵团要保护河道流经重要港口城市新奥尔良而得到控制。

Aslan 等（2005）记录了密西西比河下游的改道历史。在全新世晚期，密西西比河发生了三次改道，密西西比河—Atchafalaya 河改道代表了第四次改道（图 3.6 至图 3.8）。直到大约 500a 前，密西西比河一直流淌在山谷的西侧，终止于 Teche 三角洲（Saucier，1994）。在 Old 河附近发生的一次决口事件，使河道向河谷东侧移动（图 3.6 中的改道①）。到距今 1500a 前，Lafourche 三角洲开始活跃，并在废弃的 Teche 三角洲上进积。密西西比州 Vicksburg 附近的上游改道（改道②，图 3.6 所示区域的北部）完成了密西西比河的东移。靠近 Lafourche 改道位置（图 3.6 中的改道③）附近的海岸线导致了现代 Balize 三角洲的发育。到了 18 世纪中叶，向 Atchafalaya 河的改道已经开始。

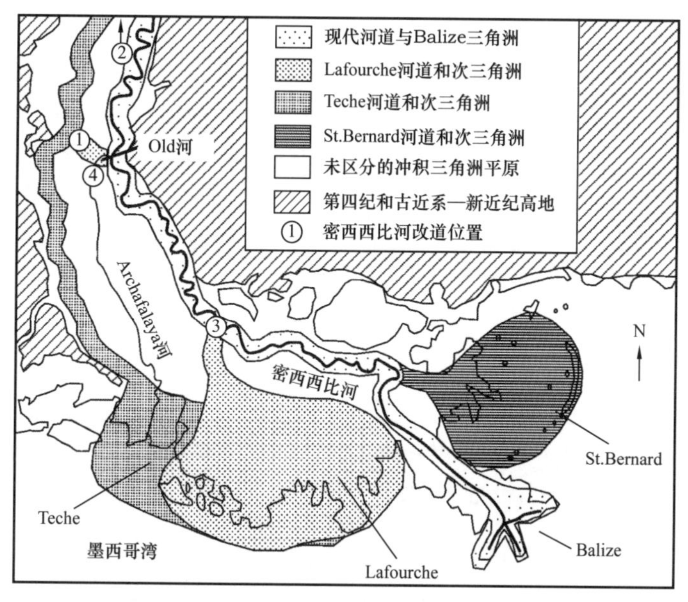

图 3.6 晚全新世密西西比河河道、三角洲和改道位置（①至④表示改道①至改道④）（据 Aslan 等，2005）

Fisk（1952）提出了 Atchafalaya 河演变的 4 个阶段（图 3.7）。如 Aslan 等（2005）所述：最初，密西西比河和 Red 河沿着不同的河道向南流，并在 Old 河下游汇合［图 3.7（a）］。密西西比河的一条向西迁移的曲流化河，Turnbull 弯，占据了 Red 河［图 3.7（b）］。沿着曲流西部边缘的决口在 18 世纪（Fisk，1952）引发了 Atchafalaya 河的发育，到 1765 年，Atchafalaya 河已经形成了［图 3.7（b）］。1831 年，一条穿越 Turnbull 弯的人工截流线（Shreve 截流）使密西西比河和 Atchafalaya 河之间的流量最小化［图 3.7（c）］。在 19 世纪 30 年代到 80 年代之间，对 Old 河下游的疏浚工作维持了这两条主要水道之间的流量。在这段时间里，Red 河上游充满了泥沙，导致 Atchafalaya 河占据了 Old 河并继续扩大［图 3.7（d）］。到 1950 年，Atchafalaya 河运输了密西西比河 25% 的流量，Atchafalaya 河的增长及其比密西西比河下游的坡度优势清楚地表明，占据河道迫在眉睫（Fisk，1952）。美国陆军工程兵团随后修建了 Old 河控制结构，至少暂时阻止了这次改道。

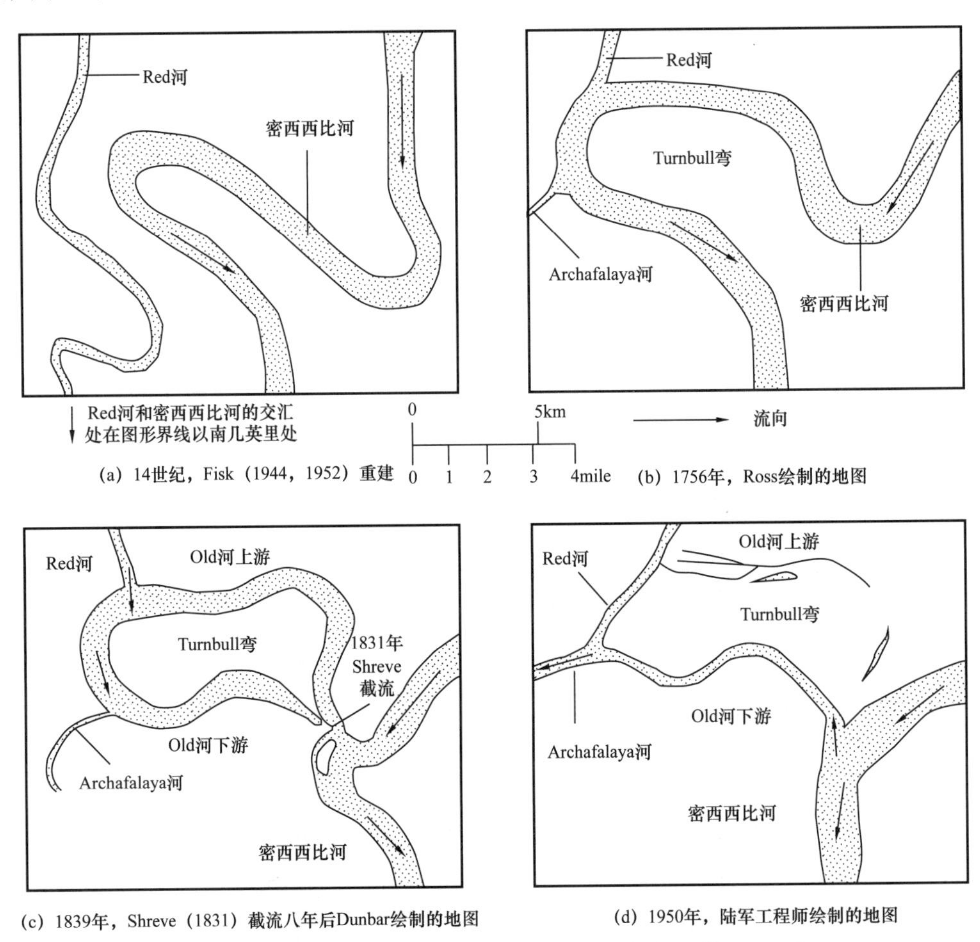

图 3.7　Atchafalaya 河的发育（据 Fisk，1952；Aslan 等，2005）

Guccione 等（1999）研究了密西西比河上游河谷中一条废弃的河道。由于河道内坡度的优势，发生了一次改道事件，但是当河流所在的河曲被切断并被废弃时，河流的改道节点被切断了，改道事件就没有发生。

孟加拉国的贾木纳河（布拉马普特拉河）是目前世界上最大的活跃辫状河系统，人们对其进行了大量的研究，认为它可能与古代的砂质辫状河系相似（Coleman，1969；Miall 和 Jones，2003）。自 18 世纪晚期以来，这条位于 Dacca 以北的河流的主河道向西移动了大约 100km。Dewanganj 镇以前位于河流西岸，现在位于东岸。早期研究表明，例如 Morgan 和 McKintire（1959）认为，地壳构造倾斜或河流被占据可能是这一重大转变的原因；但 Bristow（1999）提出了一个令人信服的案例，即现有的地图和其他历史证据不支持上述观点，而且这种转变在起源上完全是自生的。图 3.9 显示了布拉马普特拉河及其支流在孟加拉国北部 Dewanganj 地区的演变，几条老的河道从这个城镇附近和下游位置的主

续表

设 定 项	类型	说 明	默 认 值	备 注
secretkey_path	必选	私钥存储路径	/data	—
log_rotate_count	必选	日志备份轮转最大次数	50	如果将该设定项设定为 0，则表示不进行日志备份
log_rotate_size	必选	日志备份轮转大小	200MB	日志大小达到此值后开始进行备份轮转（rotate），该值可以与 KB、MB、GB 结合进行设定，比如 10KB、10MB、10GB
email_server	可选	邮件通知设定：SMTP 服务器	smtp.mydomain.com	—
email_server_port	可选	邮件通知设定：SMTP 服务端口	25	—
email_identity	可选	邮件通知设定：identity 检查	—	详细内容可参看 RFC2595 文档
email_username	可选	邮件通知设定：发送邮件信息	sample_admin@mydomain.com	—
email_password	可选	邮件通知设定：密码	abc	—
email_from	可选	邮件通知设定：邮件发送者的显示信息	admin <sample_admin@mydomain.com>	—
email_ssl	可选	邮件通知设定：SSL 设定	FALSE	
email_insecure	可选	邮件通知设定：非信任证书	FALSE	默认值是 FALSE，当需要使用自签名或非信任证书时将其设定为 TRUE
harbor_admin_password	可选	管理员账户初始密码	Harbor12345	默认的管理员账户密码为 admin，登录后可以通过 UI 修改密码
auth_mode	可选	认证模式：db_auth/ldap_auth/uaa_auth	db_auth	默认方式下 uaa_auth 会将密码信息保存在数据库中。升级时需要保证认证模式不会发生变化，否则可能无法直接登录
ldap_url	可选	LDAP 设定：连接用 URL	ldaps://ldap.mydomain.com	LDAP 相关设定，仅在认证模式 ldap_auth 下使用
ldap_searchdn	可选	LDAP 设定：DN	uid=admin,ou=people,dc=mydomain,dc=com	—
ldap_search_pwd	可选	LDAP 设定：密码	password	ldap_searchdn 会用到的密码信息

续表

资源及端口	需　　求	说　　明
网络端口	443	HTTPS 方式下的 UI 和 API 访问
网络端口	4443	使用 Notary 方式时需要此依赖项

而安装本身则非常简单，使用如表 20-5 所示的简单步骤即可完成安装。

表 20-5　Harbor 安装步骤

步　　骤	详 细 说 明
1	解压二进制安装包，命令为 tar xvpf harbor-offline-installer-v1.5.2.tgz
2	设定 harbor.cfg，命令为 cd harbor; vi harbor.cfg
3	安装并启动 Harbor，命令为 sh install.sh

在步骤 2 中可以进行 Harbor 的安装设定，最简单的设定方式是设定 hostname。harbor.cfg 是用户可以直接接触到的唯一接口，Harbor 开放的设定项均可在此设定。Harbor 自定义设定项如表 20-6 所示。

表 20-6　Harbor 自定义设定项

设 定 项	类型	说　　明	默 认 值	备　　注
hostname	必选	IP 或者可以转化为 IP 的 FQDN	reg.mydomain.com	必须设定，安装时会判断使用者是否修改了 reg.mydomain.com
ui_url_protocol	必选	可设定为 HTTP 或 HTTPS 方式	HTTP	安装时若使用 Notary 方式，则此处必须设定为 HTTPS 方式
db_password	必选	Harbor 使用 MySQL（MariaDB）进行数据存储，此设定项为 root 用户的密码，在使用 db_auth 时也会使用它	root123	生产环境下建议修改此设定项
max_job_workers	必选	最大可并行的 worker 数目	3	建议根据 CPU 等资源的能力进行设定
customize_crt	必选	用于设定 token	on	在将该设定项设定为 on 时，Python 的 prepare 脚本在安装 Harbon 时会创建 root 的证书作为镜像私库的 token。如果需要使用外部提供的 token，则可将其设定为 off
ssl_cert	必选	SSL 证书路径	/data/cert/server.crt	仅在 HTTPS 方式下有效
ssl_cert_key	必选	SSL 私钥路径	/data/cert/server.key	仅在 HTTPS 方式下有效

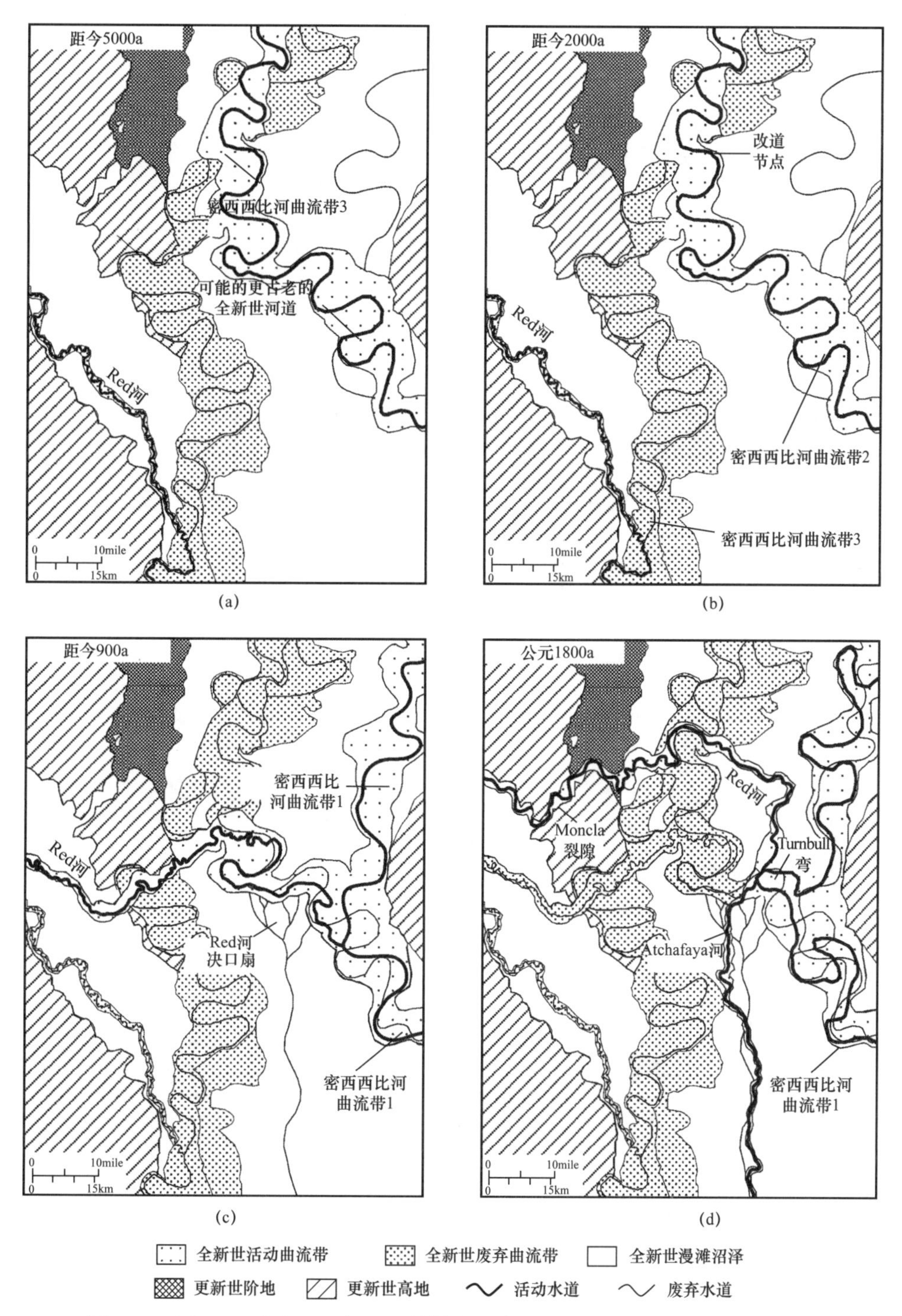

图 3.8　过去 5000 年间 Old 河地区的漫滩的演化和改道历史（Aslan 等，2005）

河道分流。看来主要的分流很可能仅仅开始于“水流沿河道中部沙坝周缘分流，其中一条河道流向西岸，造成了河岸侵蚀，这导致水流转向现有的漫滩河道，并被布拉马普特拉河利用并扩大形成了贾木纳河”（Bristow，1999）。这种简单的自生河道和沙坝的发展最终导致了河道的急剧变化，并且构成了自生过程如何对河流系统的地理产生实质性影响的一个很好的例子。密西西比河、波河和黄河三角洲的移动是另外的例子，这些过程对盆地充填过程的影响比较明显。

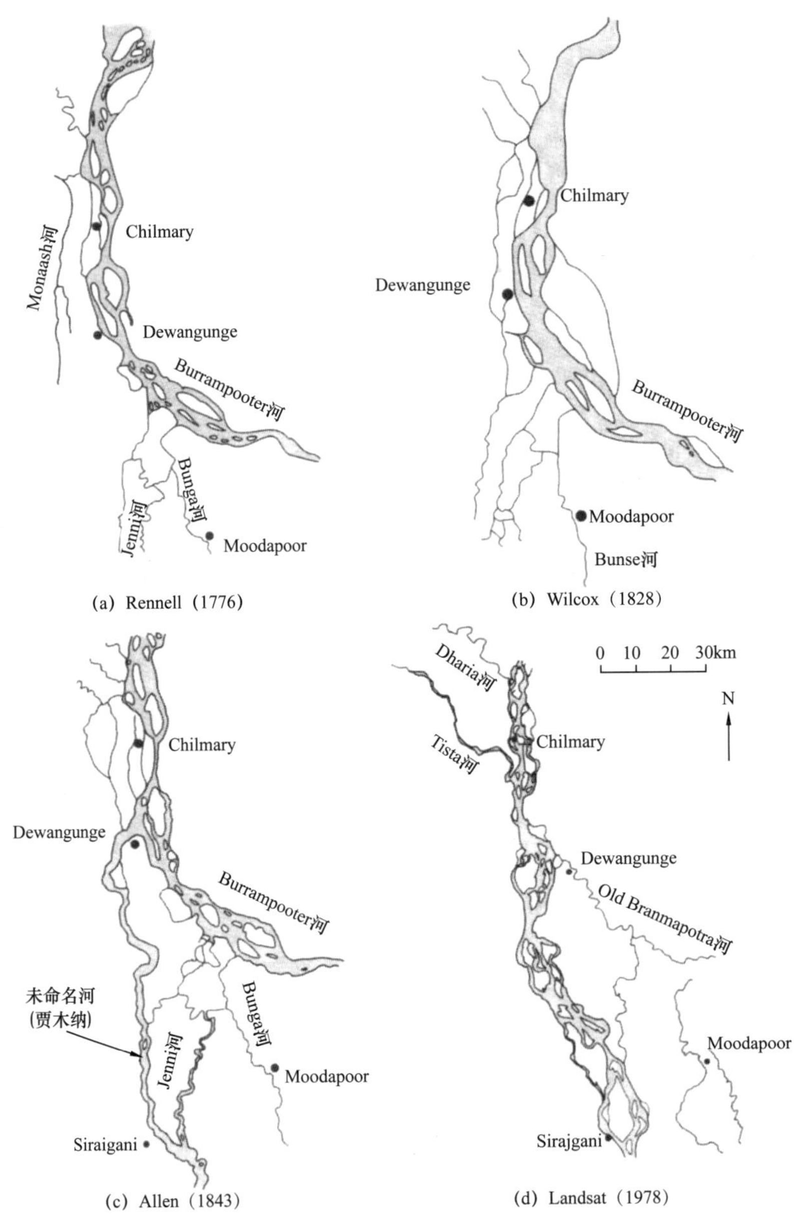

图 3.9　孟加拉国北部贾木纳河（布拉马普特拉河）河流系统的演变

该图由 Bristow（1999）根据原始资料重新绘制

3.4　古代地质记录中的河流改道

研究改道的另一个方法是研究保存下来的地质记录。通过研究一个较长期的地层记录的细节，这可能会提供一个更长期的改道记录，但对时间和沉积速率记录的准确性欠佳。这是几组研究人员采用的方法。我们在这里讨论几种这样的研究的结果。

Kraus 和 Wells（1999）回顾了古代记录中识别改道冲积沉积的标准。他们称为“漫滩改道沉积物”，通常构成主河道的底。漫滩改道沉积物侧向分布广泛，是经过成土改造的细粒沉积。其中出现狭窄的带状砂岩（宽度、深度小于 10m）和薄片状砂岩，古水流与主干河道平行或近平行。漫滩改道沉积物也可能与煤或发育中等—良好的古土壤互层。正如 Jones 和 Hajek（2007）指出的那样，这些观察结果与现代改道记录的沉积层序相吻合，特别是 Saskatchewan 河（Smith 等，1989）。由于古代沉积和现代沉积之间的这种令人信服的联系，Kraus 和 Wells（1999）模型已经成为解释古代冲积层使用广泛的一种方法。

Mohrig 等（2000）调查了在西班牙北部的 Ebro 盆地（Guadalope—Matarranya 河流体系）一部分渐新统和西部科罗拉多州始新统 Wasatch 组的大量的露头记录。Guadalope—Matarranya 河流体系中的许多河道填充物显示出多层叠置的特征，表明它们代表着早期存在的河道被再次改道（图 3.10）。Mohrig 等（2000）说：“Guadalope—Matarranya 河流体系中多层砂体中叠置的河道带清楚地表明，一条固定河道被一系列河道重新占据。叠置的河道带的相对频率表明，至少在部分时间里，废弃河道在泛滥平原上保持相对较低的位置，并且对重新改道的河道起到了吸引作用。

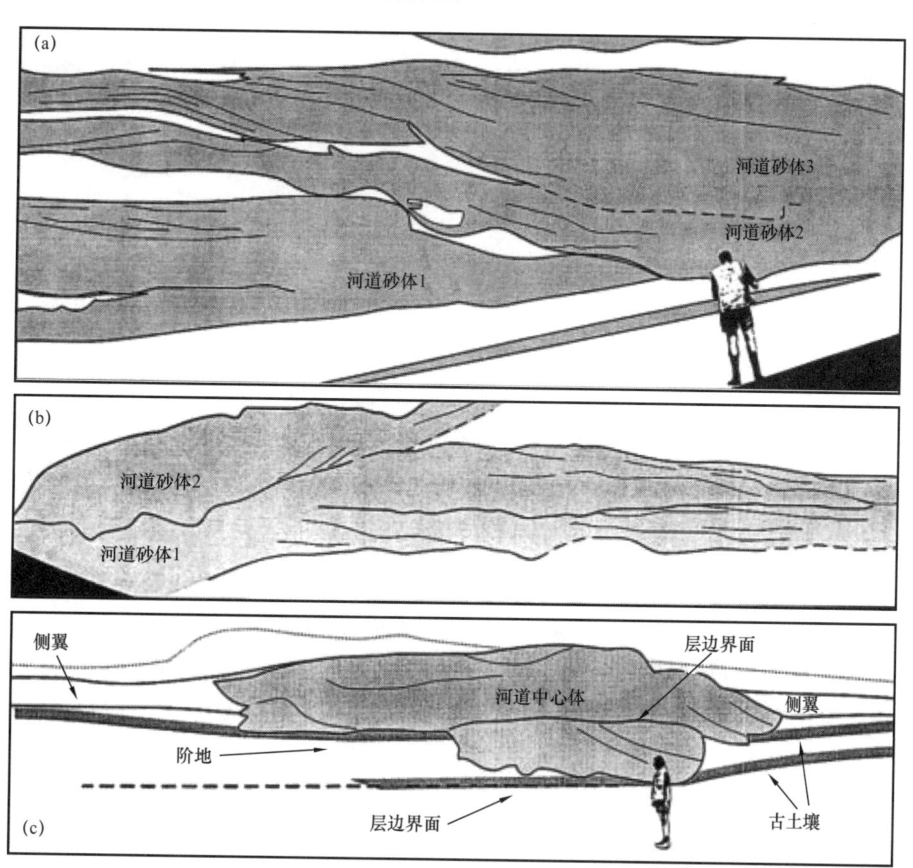

图 3.10 Ebro 盆地填充的 Guadalope—Matarranya 河流体系叠置河道的实例（据 Mohrig 等，2000，修改）
这显示了一个共同的过程，由于改道事件的结果，先存的河道被重新占据

Mohrig 等（2000）指出，“重新占据最近期的废弃河道或次级漫滩河道是许多现代河流改道的共同特征。这些例子包括连接密西西比河和 Atchafalaya 河的 Old 河下游（Fisk，

1952)、密西西比河泛滥平原河道(Kesel 等，1974)，Rainbow 溪(Brizga 和 Finlayson，1990)、Assiniboine 河泛滥平原河道(Rainne，1990)，以及印度的 Rapti 河(Richards 等，1993)。”先存河道为水流提供现成的低地和通道，未固结的砂质河道填充物可能比周围的洪泛平原物质更容易被冲刷出来(Smith 等，1998)。在地层记录中，低洼地形再次被河道占领会产生叠置的河道砂体。

人们普遍认为，由冲积平原上的连续河道—堤岸沉积形成的冲积脊不太可能被改道后的沉积体“重新占据”，因为它们位置相对高于泛滥平原。这是早期改道冲积结构模型(Allen，1978；Bridge 和 Leeder，1979；Mackey 和 Bridge，1995)的一个特点。然而，正如其多层性所表明的那样，河道的重新占领似乎是 Guadalope—Matarranya 河流体系的特点。如何解释这个悖论？然而，可能是那些没有完全被充填的废弃河道作为一条半连续的通道，为改道提供了优势路径。因此，泛滥平原中的河道位置可能不像结构模型中通常假设的那样随机(Mohrig 等，2000)。

他们的研究促使 Mohrig 等(2000)为改道建立了两个模型：(1)下切改道，通过坡度陡降点侵蚀回到被重新占据的废弃河道；(2)加积改道，越过河岸形成初始决口河道和扇体。他们建议：“……泛滥平原的排水特征在下切和加积的改道模式之间起主要控制作用。排水不畅的泛滥平原可以支持水体，这将减缓洪水，迫使沉积。相反，排水通畅的泛滥平原通过各种机制促进了河道系统的流动和相关的早期侵蚀。”

Jones 和 Hajek(2007)说：古代改道地层学特征的混乱在于对改道的定义。Kraus 和 Wells(1999)通过识别地层序列中的异源漫滩沉积物来定义古代的改道。该识别标准假定，所有的改道都是由连续的沉积物和水流从主河道通过广泛的决口扇进积到邻近的漫滩而发生的。然而，河流改道通常被定义为一条已确定的河道，在漫滩上重新定位迁移到一个新的位置(Mohrig 等，2000；Slingerland 和 Smith，2004)，不考虑河道迁移期间泥沙和水体分流的具体过程。我们认为这一基本定义是解释古地层学的一个恰当的起点。

Jones 和 Hajek(2007)观察到了两种不同的改道地层的表现。地层渐变型河道的前面直接发育有决口扇、决口河道、分流河道、分流河口坝等非越岸沉积。河道砂岩下的沉积可能包含 Kraus 和 Wells(1999)定义的一套“异源漫滩沉积体”。相比之下，直接位于漫滩 / 越岸沉积物之上的河道被划分为地层突变型。在 Jones 和 Hajek(2007)观察到的地层突变序列中，没有证据表明在河道附近存在异源剥蚀沉积或其他非越岸沉积。

位于西班牙中东部的渐新世—中新世 Loranca 盆地出露良好，已经有了一些对冲积结构有用的研究。本章首先是大型相结构的区域研究(Martinius，2000)，以及随着时间的推移，在下游和垂直方向上，构型变化的特征和起源。其次，Díaz Molina 和 Muñoz García(2010)详细考察了该河流系统内曲流河砂体的内部结构，以期重新构建砂体连通性并估算储集空间。

Loranca 河流系统起源于一个活动的褶皱冲断带，向西至西北方向延伸约 60km。图 3.11 是重建的该扇形沉积的河流类型分布图。图 3.12 和图 3.13 是重建的结构模型预测图，分别说明了扇中和扇缘的沉积结构。这些模型在河流体系中的位置如图 3.11 所示，中扇位置靠近 Villarejo Seco 村，远端位置靠近 Huete。

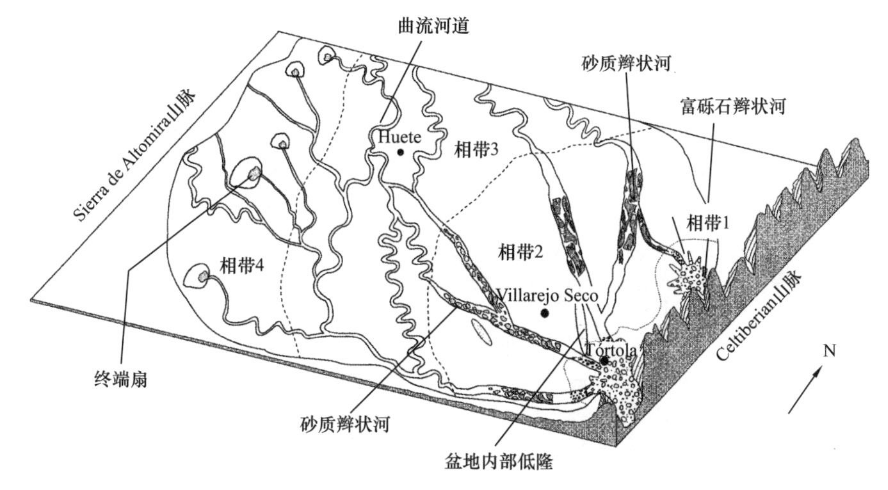

图 3.11　西班牙 Loranca 河流系统的河流古地理解释（据 Martinius，2000）

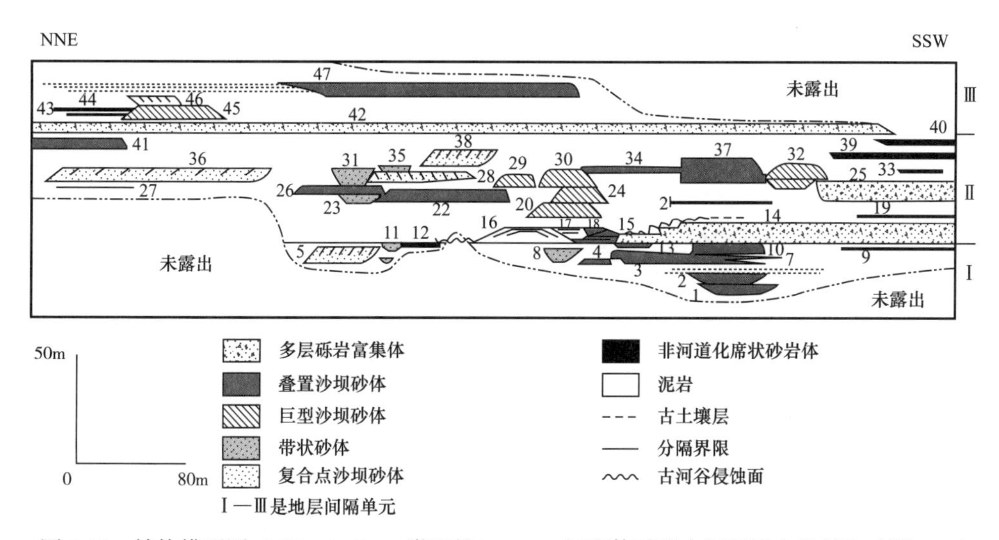

图 3.12　结构模型图：Villarejo Seco 附近的 Loranca 河流体系的中间环境中的露头（图 3.11）（据 Martinius，2000）

总体环境解释基于岩相和构型分析。砾岩仅在东南部（相带 1），是该体系的重要组成部分。将“叠置沙坝”和“巨型沙坝”与现代 Platte 河（相带 2）的舌状沙坝的宏观形态进行了对比。宽深比在 3～25 之间的带状砂岩可与 Smith 等（1989）描述的网状河道相吻合。复合点沙坝砂岩是混合负荷曲流河道系统（相带 3）的沉积。非河道化的叶状砂体被解释为末期扇体沉积或决口扇体（相带 4）。图 3.14 总结了这四种河流类型之间的变化。这种变化在成因上被解释为外源沉积，因为每个相带的沉积物都延伸到露头带的整个宽度，表明河流样式的变化在一定程度上是盆地范围内的。沉积序列的年代地层数据表明，每个相旋回（如图 3.14 所示，相带 1 至相带 2 或相带 3 至相带 4 的变化）需要 600～800ka。尽管有微妙的气候变化迹象，但没有一个能与该系统内的沉积学变化明确相关，Martinius（2000）得出结论，无论是构造作用还是气候变化都可能是河流样式变化的原因。

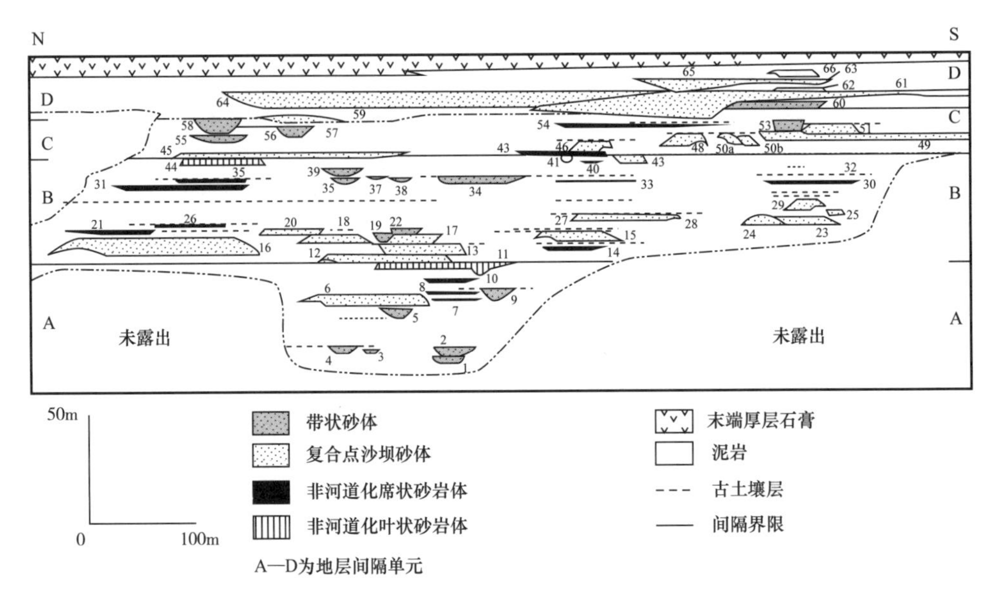

图 3.13　结构模型图：Huete 附近的 Loranca 河流系统的远端环境中的露头（图 3.11）

（据 Martinius，2000）

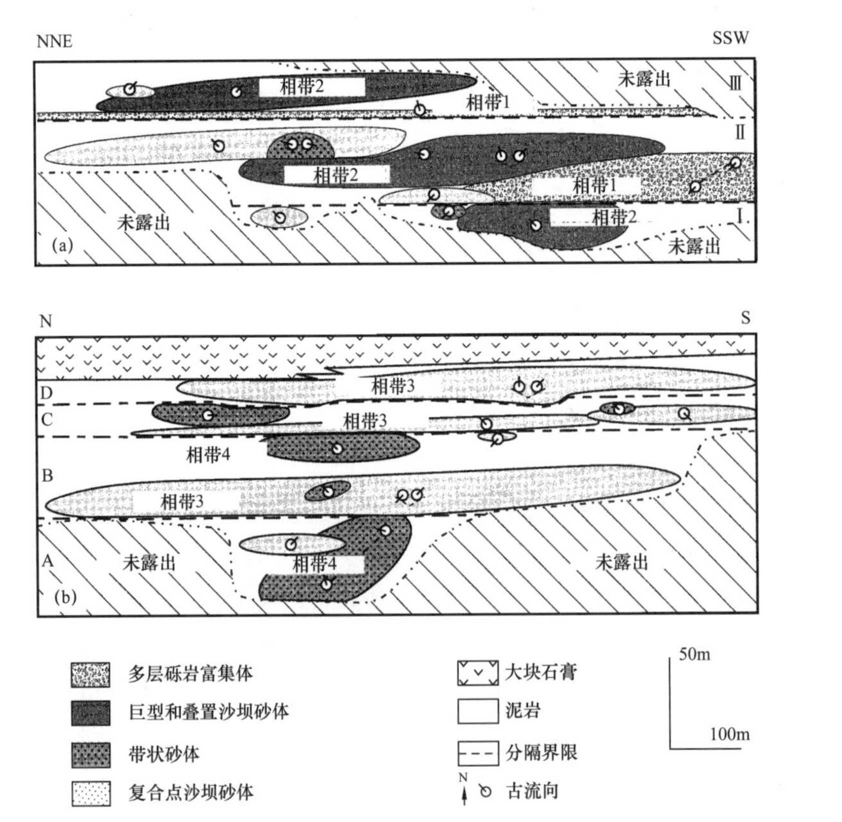

图 3.14　Loranca 河流系统中部（a）和远端（b）横截面示意图（分别为图 3.12 和图 3.13）

（据 Martinius，2000）

根据砂体在沉积模式的某一个相带中的位置对砂体进行分组；

该图说明了不同相带标志性沉积的地层位置和出现顺序

Díaz-Molina 和 Muñoz-García（2010）重点研究了 Huete 附近曲流河段砂体的相结构（图 3.11 中的位置），并将其作为类似储层沉积进行研究。图 3.15（a）显示了一个重建的曲流河段砂体，根据已知或最有可能的单个曲流河结构，将露头观测的结构外推到近地下。大部分点沙坝沉积的上部为细粒泥岩，呈侧向加积。然后，根据剖面内砂体接触关系的解释，确定了连通砂岩的体积，但计算中不包括点沙坝上部的细粒沉积物［图 3.15（b）］。当应用于整个曲流河段序列时，这些估算表明砂岩占总岩石体积的 38%～46%。据估计，大约 92% 的曲流河环形复合砂体是垂向或横向相互连接的。这些结构重建还可以计算任何给定井中钻遇砂岩的概率（图 3.16）。在两个试验区内，遇到至少一个河环形复合砂岩的概率为 36%～98%，而遇到两个河环形复合砂体砂岩的概率为 35%～70%。

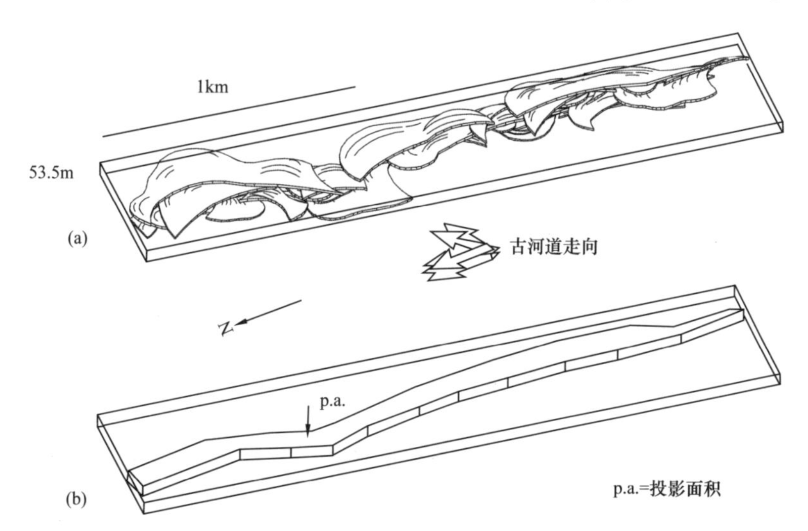

图 3.15　由 Loranca 河流体系 Garcinarro 曲流河段的几何数据和古河道走向整理得到的 7 个曲流段沉积的三维结构（a）和为了计算而定义的储层体积（b）（据 Díaz-Molina 和 Muñoz-García，2010）

西班牙东北部 Ebro 盆地的 Huesca 河流系统（中新世）显示了类似的从砾岩到辫状河砂岩再到曲流河砂岩的河流样式的顺序变化（Hirst，1991；Donselaar 和 Overeem，2008）。Donselaar 和 Overeem（2008）对该系统的一个曲流河段进行了详细研究（图 3.17），其中砂体结构和连通性与 Loranca 曲流河段相当。他们提出了两种储层结构模型（图 3.18），一种点沙坝砂岩的相互隔离，另一种由沉积在河道底部的磨圆度较差的孔隙砂岩相互连接。后者他们称为串珠模型。这是 Huesca 沉积模型的首选或预期模型。河流系统的总厚度中砂岩含量（或砂地比）估计约为 40%，模拟研究表明，如下一节所述，砂体连通性为 90%（Larue 和 Hovadik，2006）。

完全不同的地质环境是 Ryesth 等（1998）研究的重点。本章介绍了作为北海盆地挪威区 Osberg 油田开发计划的基础工作而进行的详细地下绘图的结果。该油田产自 Ness 组，该组是非常高产的 Brent 群（中侏罗统）的一个单元。详细的岩心研究，结合电测井对比和生物地层控制，为层序地层沉积模式提供了基本框架。该单元由河道、漫滩、决口扇及相关相组合而成，代表了一套复杂的曲流河体系（图 3.19）。

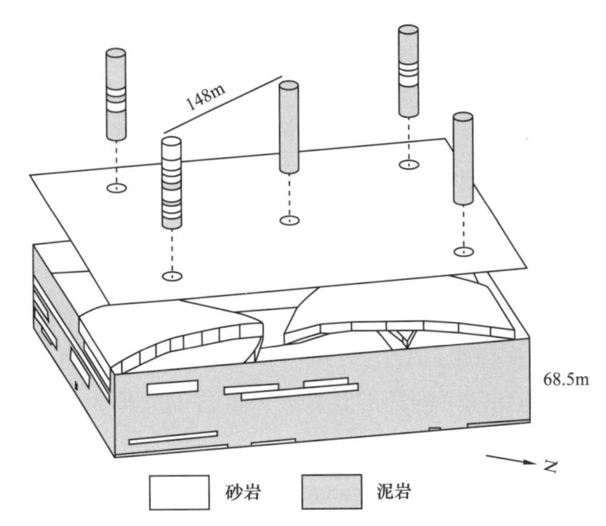

图 3.16　通过如图 3.15 所示曲流河体系的假想钻孔位置图，显示了短距离井距内砂岩含量的变化（据 Díaz Molina 和 Muñoz-García，2010）

注意，一些井将完全遇不到砂岩

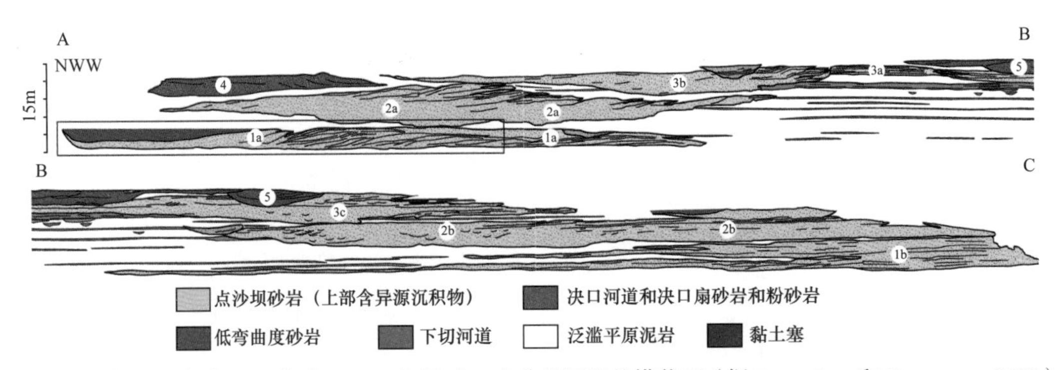

图 3.17　穿过西班牙 Ebro 盆地 Huesca 河流扇一个曲流河段的横截面（据 Donselaar 和 Overeem，2008）

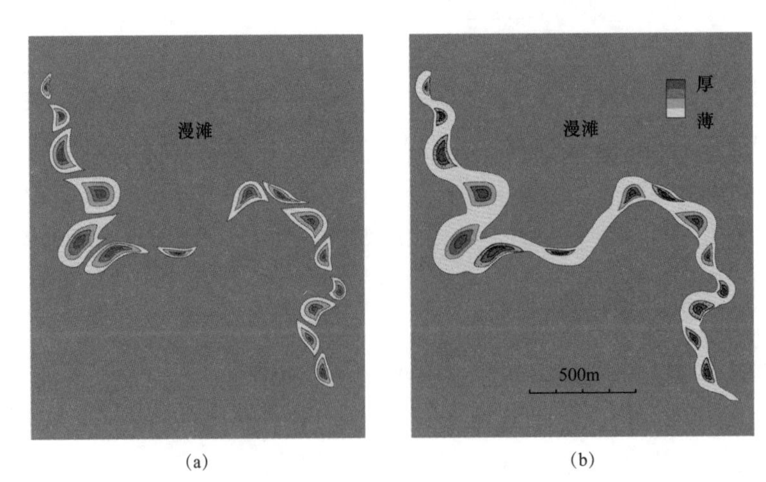

图 3.18　基于 Huesca 河流露头的曲流河段砂岩结构的两个概念模型（图 3.17）（据 Donselaar 和 Overeem，2008）

（a）孤立的点沙坝沉积，储层连通性差；（b）其他情况下，点沙坝由底部沉积物（磨圆较差的孔隙砂岩组成）连接，砂体结构的串珠模型

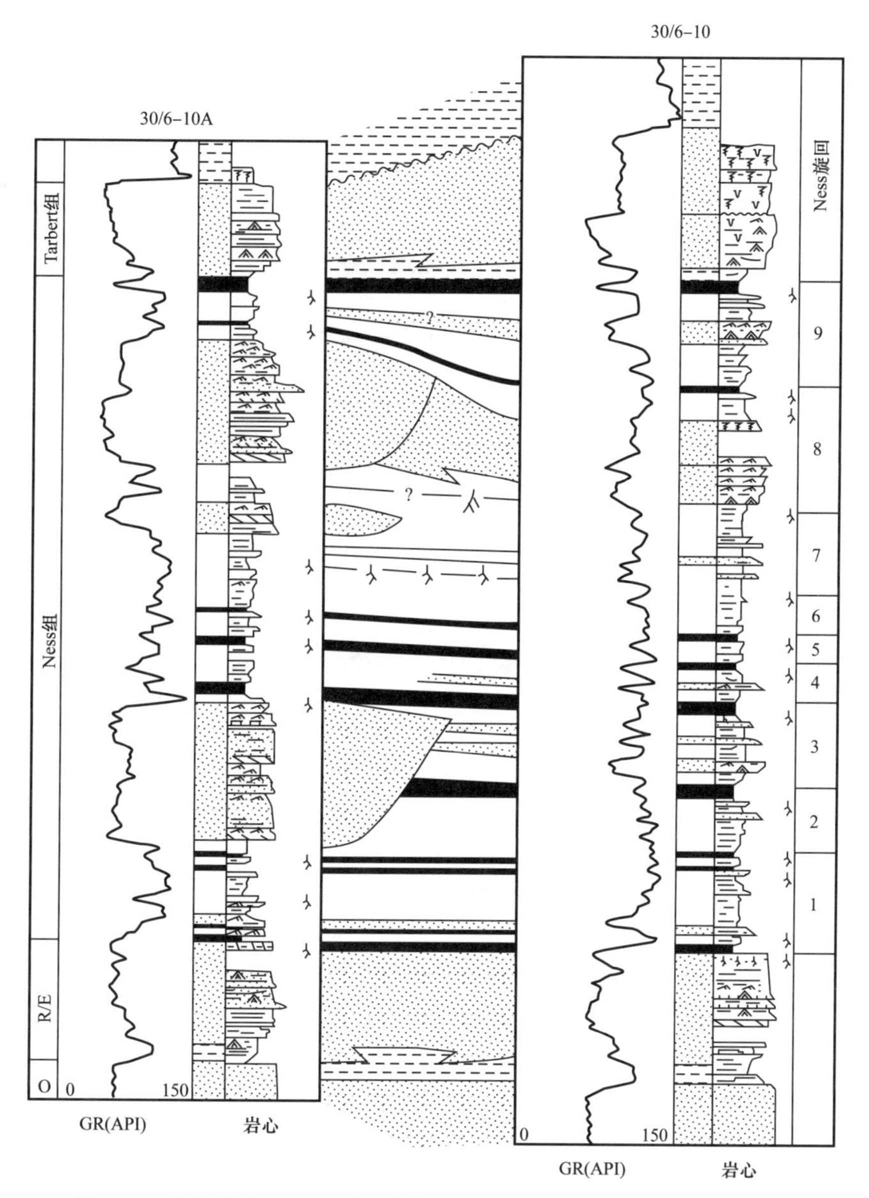

图 3.19 北海盆地 Osberg 油田中相距 250m 的两口井之间的详细对比，显示了过整个油田绘制的盆地级旋回（据 Ryseth 等，1998）

地震数据被用于绘制富含砂体的可能位置，斜井尽可能多地穿过的这些地带。我们在这里集中讨论这些沉积体的相结构，并在后面的章节中讨论绘图方法和层序模型。

图 3.19 展示了 Osberg 油田相距 250m 井距之间的详细地层对比。这种垂直剖面的详细对比表明，一些地层，特别是越岸沉积单元（主要是煤）可能在井之间存在关联，这种方法导致作者将 Ness 组划分为 9 个“区带”，据称，这些可以在区域上追踪。相关模型，如图 3.20 所示，没有显示任何系统的结构模式，河道是局部聚集的，但与切断沉积的断层位置没有任何明显的关系，并且根据整个区域厚度变化，断层在沉积期是活跃的。Ryseth 等（1998）将河道分布解释为自生成因，这一模型似乎不符合区域范围内的旋回性

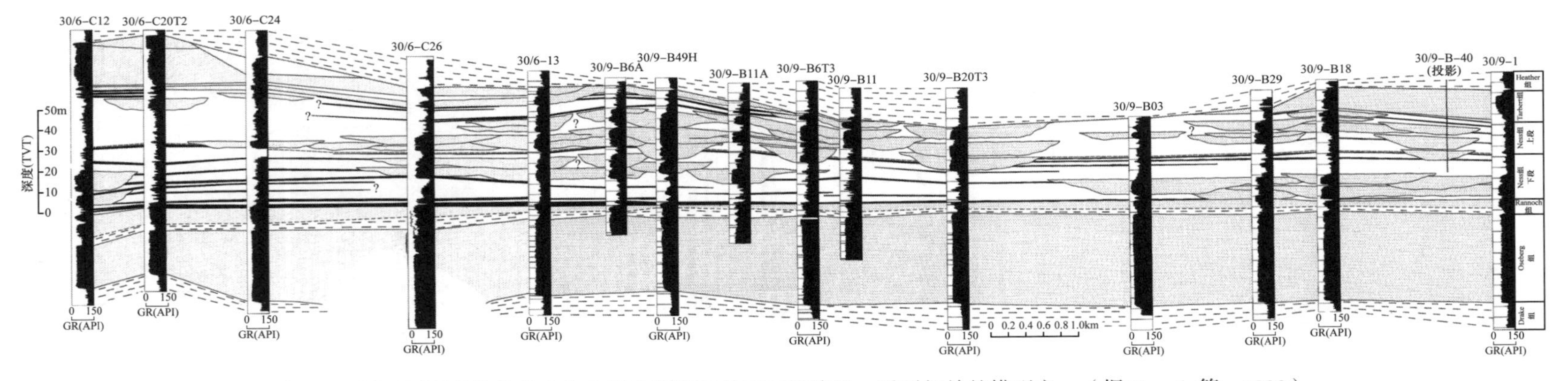

图 3.20　展示河道砂体的分布和它们之间相互关系而构建的一系列相关的模型之一（据 Ryseth 等，1998）

模型，而这个模型将为沉积作用的外因控制提供论据。对于这一沉积序列，作者没有提出层序解释，除了 Ness 组底部存在一个侵蚀面外。Ness 组被解释为低可容纳空间条件的一个下切谷沉积。

图 3.21 和图 3.22 说明了尝试用沉积学制图标准来说明古地理主要特征的困难。Ness 组上段河道沉积比例（CDP）图表明，河道集中在东北方向，并穿过油田区域的北部和中

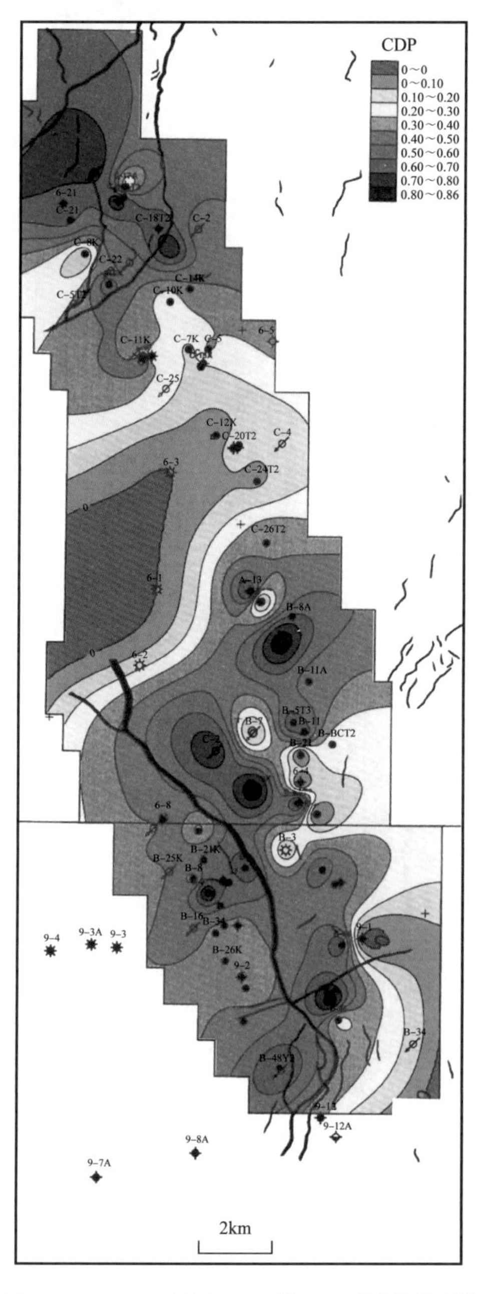

图 3.21 Osberg 油田 Ness 组 UN1 区河道沉积比例（CDP）等值线图（据 Ryseth 等，1998）

这个区域代表了除 Ness 组上段（位于上部，大部分是细粒沉积）以外的所有地层

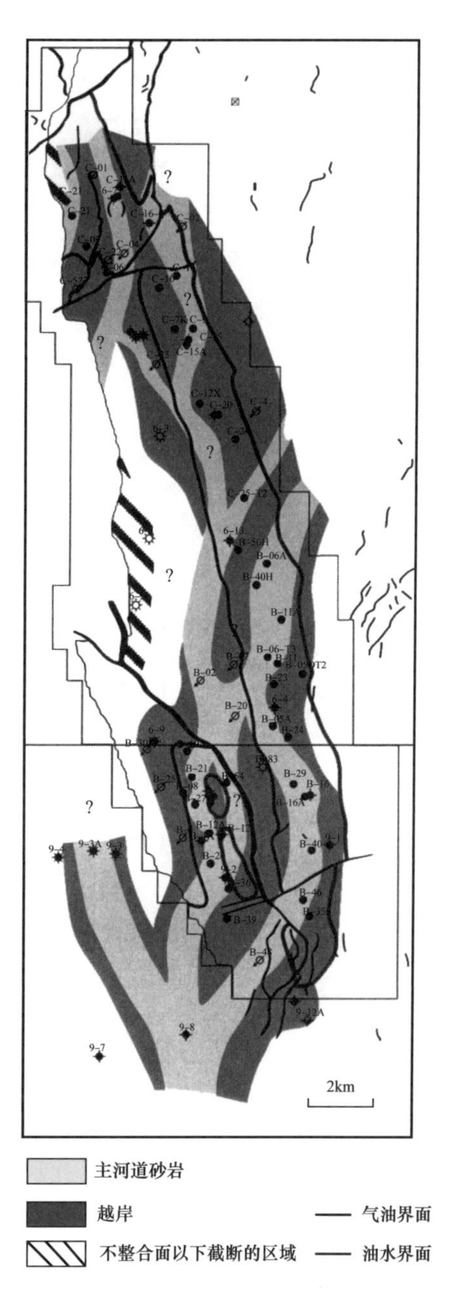

图 3.22 Ness 组 UN1b 区河道和越岸砂岩带的重建：该区是 Ness 组上段的四个区域之一（据 Ryseth 等，1998）

南部；但对 Ness 组一个区域的相关性进行更精细的研究后，绘制了图 3.22，这表明完全不同的冲积模式——主要河道大致呈南北走向。根据地层和沉积数据绘制的等厚图、砂体厚度图和其他等值线图可能会产生很大的误导，除非它们与严格限定的短期内的沉积体系单元密切相关。我们将在第 4 章阐述这项研究，来说明地下数据在规划设计 Osberg 油田开发井网的斜井时的用途。

Prochnow 等（2006）和 Cleveland 等（2007）描述了不同类型的漫滩地层，他们探讨了科罗拉多高原地区三叠系 Chinle 组河流沉积旋回特征，该地层为辫状河沉积。Cleveland 等（2007）指出，“在本次研究的上三叠统中，存在一个三层结构，包括米级河流加积旋回（FAC），该旋回叠加成 10m 级河流加积旋回组（FACSET），该旋回组反过来又叠加成河流层序（图 3.23）。”FAC 和 FACSET 术语基于 Atchley 等（2004）的研究。Prochnow 等（2006）将西部内陆上三叠统的 FAC、FACSET 和河流层序的三级层序分别归因于河道改道和漫滩淤积、连续的河道改道和构造变化。FACSET 被解释为在冲积河谷中，当河道偏离或向某一特定位置迁移时，由连续的改道事件产生的（Kraus，1987；Kraus 和 Aslan，1999；Atchley 等，2004）。

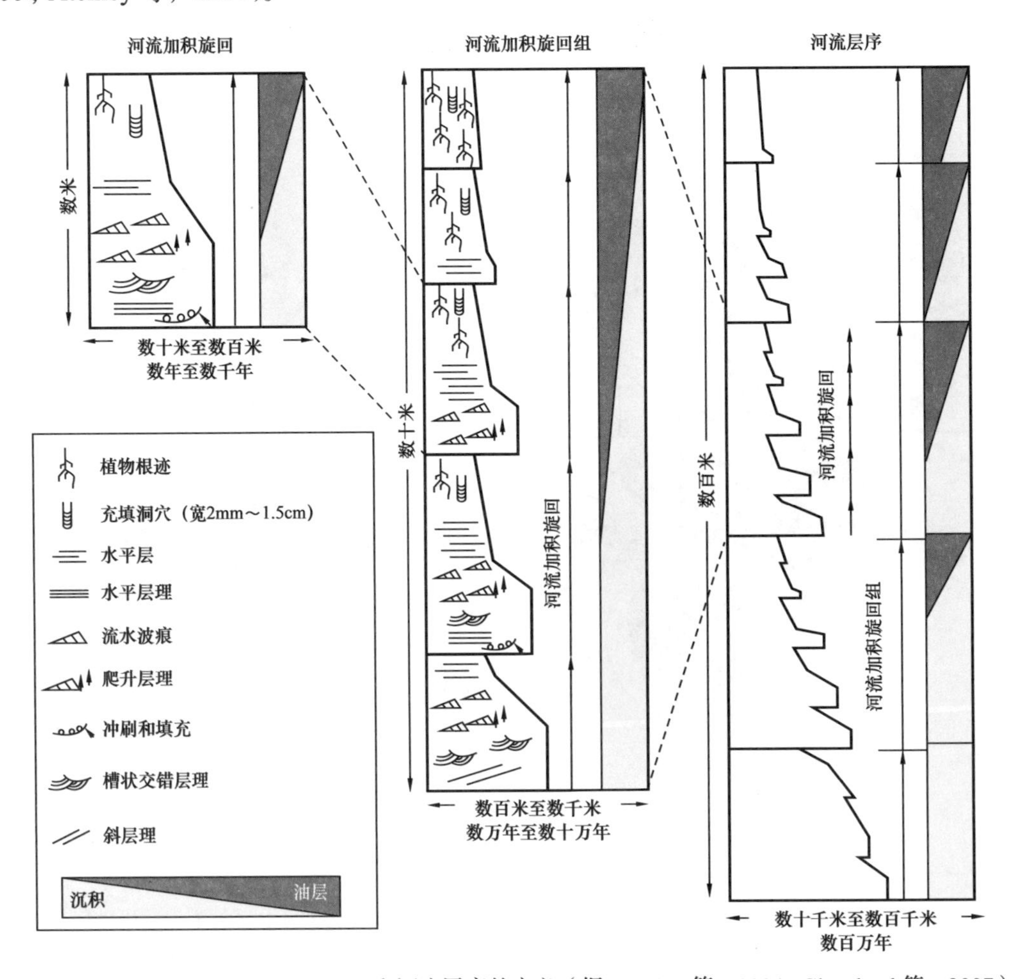

图 3.23　Chinle 组 FAC、FAC-SET 和河流层序的定义（据 Atchley 等，2004；Cleveland 等，2007）

犹他州 Moab 西南部 Chinle 组的重建地层剖面如图 3.24 所示。FAC 通常是向上变细的旋回，由古土壤或冲刷面覆盖。各个循环之间不相关，它们各自代表了辫状河体系中的单个自生沉积事件。如图 3.23 所示，循环集可以更广泛地相互关联。这些由叠置的 FAC 组成，表现出整体向上变细和古土壤成熟度的增加，表明通过每个 FACET 的加积降低了沉降速率和暴露时间。Prochnow 等（2006）将 FACSET 序列的发展归因于下伏古生界剖面中由于盐层滑脱而引起的周期性地层沉降，我们将在第 5 章中讨论这个话题。

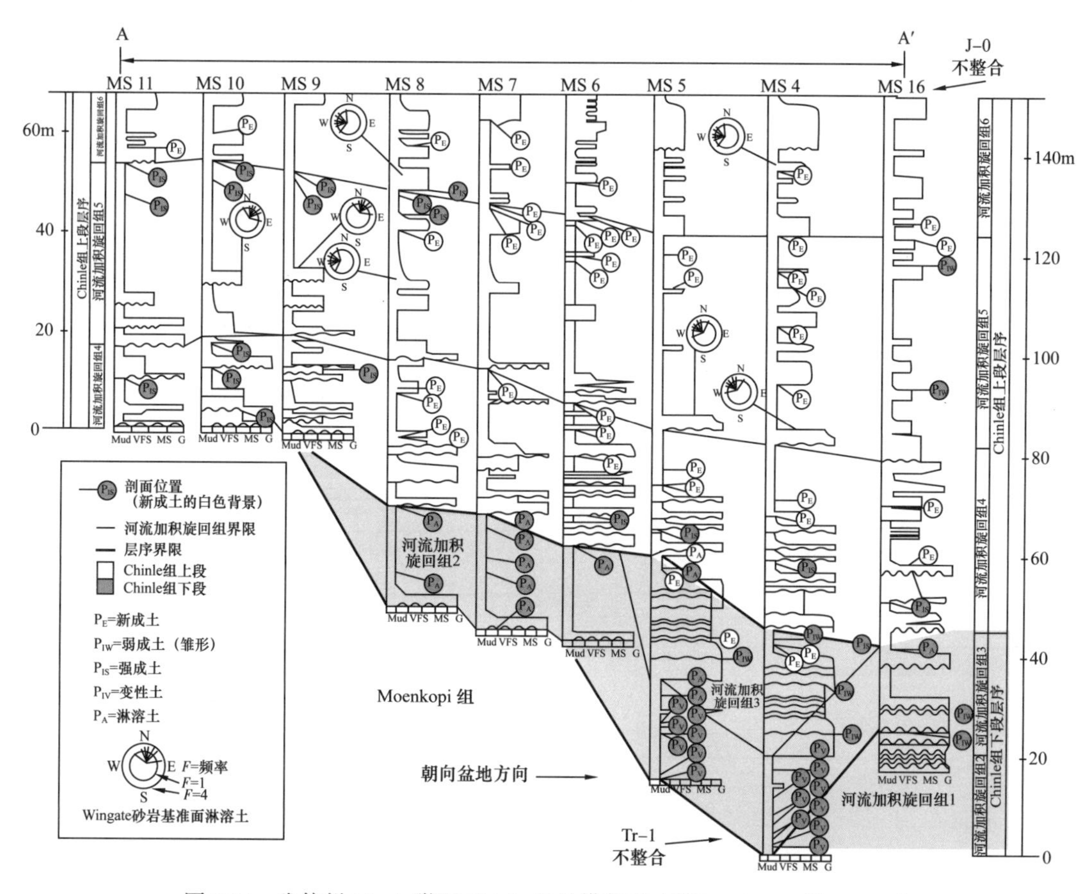

图 3.24 犹他州 Moab 附近 Chinle 组的横截面（据 Prochnow 等，2006）

该剖面长约 12km，显示了该地层中 FAC 和 FACSET 的沉积序列

在盆地尺度上，河道系统可形成河道群，如果从剖面上看，这些河道群的位置对大规模（外源的）沉积控制因素可以提供证据。Hajek 等（2010）和 Hofmann 等（2011）给出了这方面较好的实例。正如后者在仔细地地下研究中所记录的那样，这些河道群有规律分布，并随着时间的推移发生迁移（图 3.25）。Hajek 等（2010）用统计学方法否定了河道随机叠加的假设。这些模式表明，河道群可能优先填充可用的可容纳空间，导致侧向迁移，就像在三角洲和水下扇这些沉积体系的前缘发生迁移一样，这一过程称为补偿叠置，我们将在后面的章节中简要讨论这一过程。

Williams Fork 组（Hofmann 等，2011）河道群的形成过程是本节讨论的自生过程。Hofmann 等（2011）认为，河道群的位置是由冲积“通道”的位置决定的，冲积“通道”

可能代表了河流体系中的个别主要（干流）河流。在许多河道群中观察到，平均而言，每个河道群中的河道砂体向上变厚，表明河道合并的趋势越来越强。大多数河道群都被广泛分布的煤炭所覆盖。

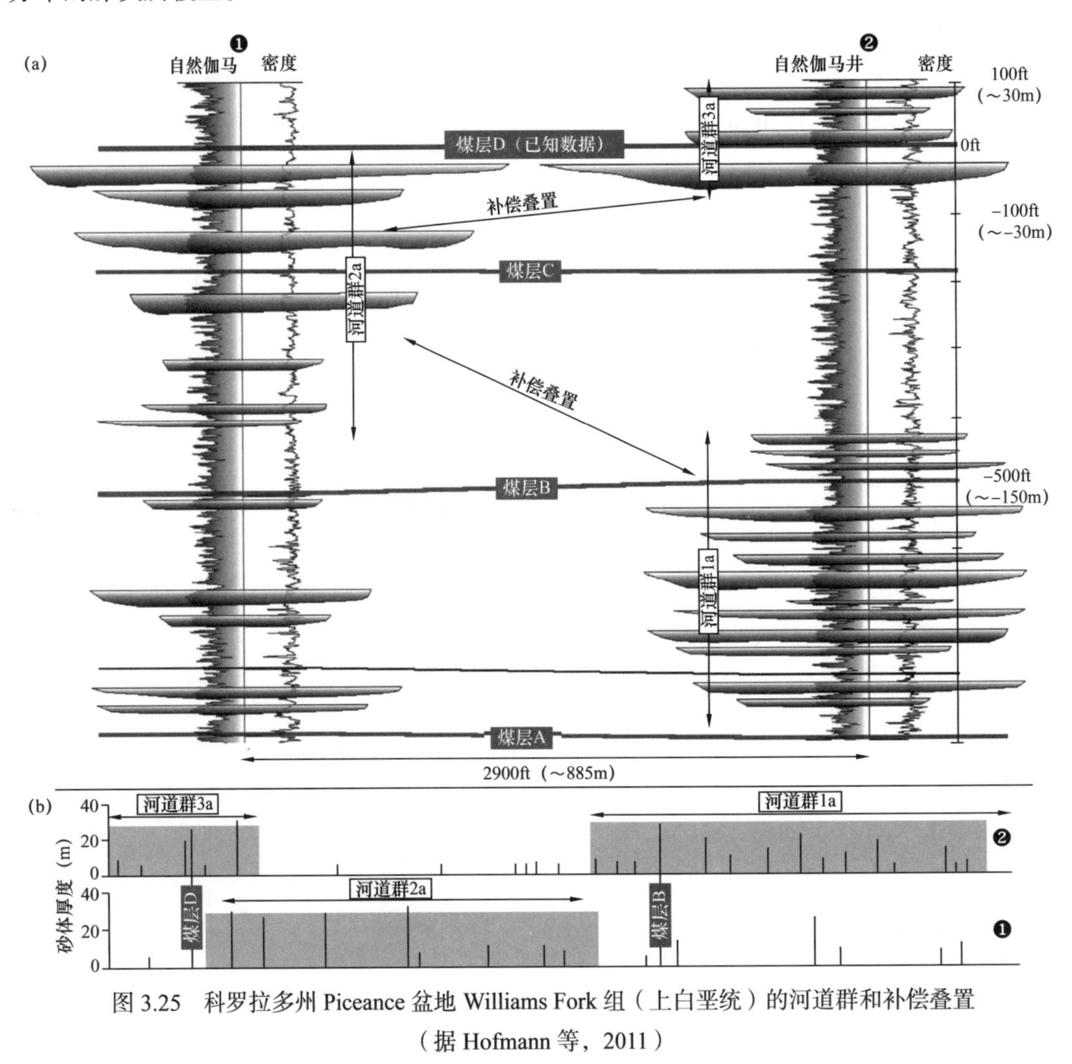

图 3.25　科罗拉多州 Piceance 盆地 Williams Fork 组（上白垩统）的河道群和补偿叠置（据 Hofmann 等，2011）

Hofmann 等（2011）将河道砂体向上叠置增加的河道群的形成解释为对可容纳空间下降的响应（见 6.2 节）。补偿叠置可能代表外源控制的结果，在超过 400ka 周期内，造成了可容纳空间的长期变化。

3.5　改道的数值模拟和尺度模拟

对冲积结构发育过程的现代理解的尝试始于 Allen（1965a）对主要河流类型（包括辫状河、曲流河和平直河）理想的地层推测。Allen（1974）后来对威尔士边境地区泥盆系 Old Red 砂岩的精细研究已经成为理解河流结构控制因素的一个重要里程碑。这个单元包含大量的成壤（岩）碳酸盐岩层，Allen 认为这些层位代表了冲积平原上的主要沉积停顿面，可以作为时间标记与保存的河道系统联系起来。Old Red 砂岩中河道和漫滩关系的各种模式导致 Allen 推测沉积过程中可能的自生和外源的控制作用。自生过程包括在印度 Kosi 扇（Gole 和 Chitale，1966）观察到的横跨扇状分流平原的河道“梳理”和改道转换。外源过程包括气候变化和基准面变化。图 3.26 展示了 Allen 的冲积地层模型。他的另一个模型是第一个真实的基准面控制的冲积结构模型，实际上是第一个河流体系的沉积序列模型。我们将在第 6 章中对此进行说明。

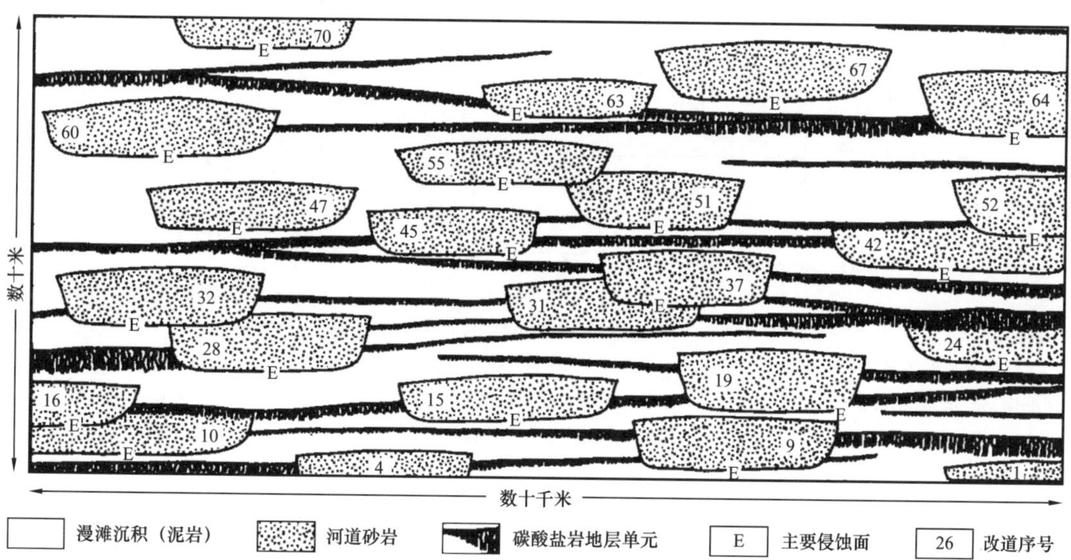

图 3.26　Allen（1974）模型之一：模型 3，说明在稳定沉降条件下，由周期性河流改道形成冲积单元的预测性地层模型

现在已被广泛用于模拟河流演变过程，目的是使人们加深对古记录的研究，特别是可以更好地理解和预测地层记录，石油地质勘探家和生产工程师对此可能有相当大的兴趣（见图 2.8 和图 2.9）。所有这些模型都起源于 Allen（1974）的推测，随后进行了一些简单的模拟实验（Allen，1978，1979），其中 Allen 探讨了砂体连通性问题。在该问题研究中，Allen（1978）设想了一个简单、线性、沉降的大陆边缘，很像墨西哥湾新生代边缘（图 3.27）。在这个模型中（Allen，1978）：差异沉降发生的结果是滨海平原和与海岸线平行的假想转折线缓慢向海移动。在沿着平行海岸线和海陆界面向海方向的任意空间剖面 AB 上，在短期内有统一和恒定的沉降率 R。该模型将显示当 AB 下方的平原沉降时，冲积层序列是如何形成的，该模型运行的结果是垂直于河流流向的二维地层剖面。我们最终假定整个区域在地质组成和构造以及在形貌和气候方面都是一致的。具有相同特征的河流可被视为以恒定的纵向间距穿过平原，每条河流在平原上都有一个宽度为 W 的影响区，在该影响区内河道砂体的堆积是由河流本身造成的。

Allen（1978）得出的结论是，“冲积序列的特征可以用砂体的数量密度和面积密度来描述，后者在统计上是各向同性的，相当于一维垂直剖面（钻孔、常规测井）提供的平均砂泥比”。在谈到石油地质学家特别感兴趣的一个性质时，他还强调说：“砂体的连通性可以通过协调性（平均每个砂体接触面积）、区域大小（限定河道群中的平均砂体数量）和

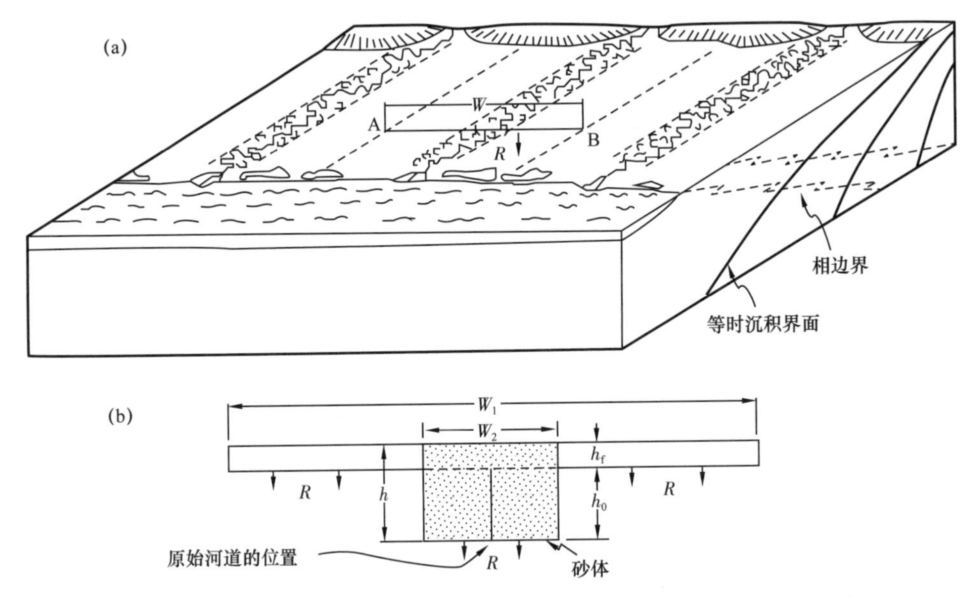

图 3.27 滨海平原沉降阶段河流形成冲积体的模式图（据 Allen，1978）

（a）滨海平原和河流影响区的一般特征；（b）在两次改道（细粒漫滩沉积物显示为空白）之间形成的沉积物增加量的详细信息。W_1 为河道影响范围宽度；W_2 为河道内砂体的堆积宽度；R 为漫滩宽度；h_0 和 h_f 分别为改道前砂体厚度和改道期砂体厚度；h 为砂体总厚度

平均接触面积（与邻近砂体接触面积的比例）来描述”。对于砂地比小于 50% 的砂体，其连通性程度很弱，而砂地比大于 50% 时，连通程度快速增加。

冲积层序的自生模式中，最重要的控制因素是改道速率和冲积样式。如本章前面所述，对大多数河流的详细改道历史知之甚少，因此必须做出一些概括性假设。Leeder（1978）、Bridge 和 Leeder（1979）在他们的模型中，假设改道不依赖于模型中河道的现有位置，而是发生在距离模型中河道位置足够远的上游，河道可以自由移动到当前的漫滩上的最低位置。改道频率是根据地层和历史资料的有限信息来确定的，并且假定出现间隔遵循与地震相似的分布函数，随着时间的推移，地震在构造应力的任何位置都更有可能发生。Bridge 和 Leeder（1979）使用的平均改道时间间隔为 111～1780a。

发生改道事件时，河道将移动到漫滩的最低点，并以预设的 5～40m/ka 的沉积速率沉积河道砂体。漫滩加积是通过一个简单的方程来完成的，该方程式使加积速率与模型横截面宽度上的河道带的距离成比例地减少。这反映了一个事实，即漫滩沉积物主要来源于漫滩洪水。利用预先设定的压实系数，逐层完成加积沉积物的压实。这一过程在漫滩表面产生了缓解，因为漫滩细粒组分（对下部地层）的压实作用小于河道砂，因此在河道砂垂直加积的地方，压实程度最弱。因此，该模型建立在一个反馈效应的基础上，即下一个河道将占用最低的位置，这位置将取决于之前的沉积—压实历史的结果。这里举例说明 Bridge 和 Leeder（1979）模型（图 3.28）。在这个模型中，在最初的十次改道事件之后，砂体的分布似乎是相对随机的。Bridge 和 Leeder（1979）模型已经被广泛地应用，特别是石油地质学家，因为它深入研究了河道的叠加模式和相互关系，这对理解储层可预测性和流体运移行为具有相当重要的意义。然而，正如在第 6.1 节和第 6.2 节中所讨论的那样，在将这些模型应用于岩石记录时，必须考虑到可容纳空间生成速率和沉积速率的问题。

这类模型试验研究已有相当长的历史，其复杂性反映了对河流演化过程的理解越来越复杂，所依据的相关信息的数据库越来越多，计算机能力不断增强，促进了从二维模型到三维模型的改进，以及使用越来越复杂的图形显示结果。然而有趣的是，请注意 Larue 和 Hovadik（2006）的陈述："令人欣慰的是，Allen（1978，1979）提出的大多数关于二维连通性的结论，使用的最简单的建模技术，至今仍被接受。"

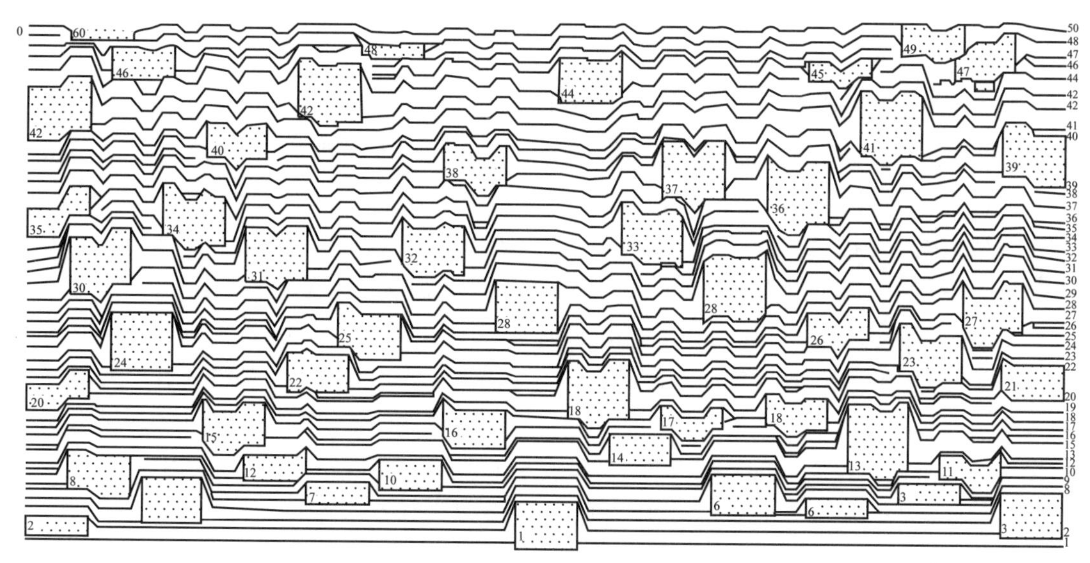

图 3.28　利用 Bridge 和 Leeder（1979）数值模型建立的冲积地层模拟剖面的例子

横截面宽 10km，河道带沉积速率为 20m/ka，河道宽 600m，深 3m

Bryant 等（1995）将 Leeder、Allen 和 Bridge 创建的模型称为"LAB 模型"（Allen，1978，1979；Leeder，1978；Bridge 和 Leeder，1979）。Bryant 等（1995）指出，LAB 模型的主题是，在沉积的河流系统中，由于河道带的改道（突然转换路径），它们在垂直剖面上产生了河道带砂的分布（"冲积结构"），这取决于沉积的几何形状、速率以及冲积动力特征。LAB 模型的一个简单而广泛使用的结果是，如果改道的频率恒定，那么地下河道带的横截面密度应该与沉积速率成反比：当改道事件之间发育大量漫滩细粒沉积时，广泛分布孤立的"带状"河道带砂体代表着高沉积速率；更密集叠置的复合砂体代表了沉积速率较低的时期，这时越岸细粒物质很少，河道系统对泛滥平原进行修复，将细砂重新沉积在下游。在 LAB 模型中，其他可能影响冲积层结构的因素包括沉积物压实、构造倾斜和河道带宽度的变化（Bridge 和 Mackey，1993a，c）。

从 Bridge 和 Leeder（1979）到 Mackey 和 Bridge（1995），几乎所有模型都是几何模型。他们没有尝试模拟沉积物搬运的实际物理过程，水流的紊乱、河道边界的侵蚀、水和沉积物冲出一个决口并向外延伸到决口扇上、加积沉积物的压实，以及所有这些过程的后续迭代。当然，地面物理过程的实际数值模拟将是一项艰巨的任务，需要大量的计算机资源，因此，与地球科学中使用的所有数值模型一样，模拟过程利用实际物理过程的数字捷径。

这甚至不是通常所理解的“参数化”。这个术语是指在计算机中输入某些物理过程的一组特定范围值。河流改道和演化结构的数值模型仅仅利用了实际物理的几何近似。例如，在冲积结构的演化中，压实是一个重要的过程，因为它控制着在连续的改道过程中，河道砂体和漫滩沉积物加积在冲积面上时形成的可容纳空间。压实作用的物理学涉及黏土、粉砂和其他物质的局部混合的重要性，在不断增加的静水压力作用下孔隙水的排出，由沉积体孔隙度和渗透率控制的水逸出能力（流动方程），以及表面张力的考虑，黏土和其他颗粒的渐变方向等，以上这些在冲积结构模型（或盆地沉降模型）的压实计算中都没有得到应用。取而代之的是一个经验指数方程，是根据所选取的已知岩性的地层剖面中孔—深关系的最佳拟合曲线得来的。

在冲积结构模型中，一个主要的控制因素是相对于泛滥平原，满水河流的高度。图 3.2 展示了冲积脊及其天然堤的典型结构。图 3.29 展示极限高度的定义。Leeder、Allen 和 Bridge 的主流模型，及其后继模型，都非常关注模拟漫滩上的这些高程差异，因为它们在模型中决定了改道的触发因素和改道发生时的水流方向。然而，这一切都是基于几何学，诚然是基于“水往地处流”的实际趋势，但是却忽略了弯道处流体流动的物理特性，在各种条件下河流产生决口的能力，湍流模式对侵蚀和水流分流的局部控制等。改道的实际瞬间是模型内随机过程模拟的事件，这取决于输入沉积速率后所模拟的河谷、河道坡度以及河道和漫滩的高程等几何结构。使用了蒙特卡罗方法的随机设备，从一系列显示预定概率分布的潜在输入值中重复随机抽样。当然，自然界不是随机的，但是通常情况下，这些过程如此复杂以至于它们看起来是随机的，这就是为什么尽管蒙特卡罗方法是物理方法却得到广泛的应用。

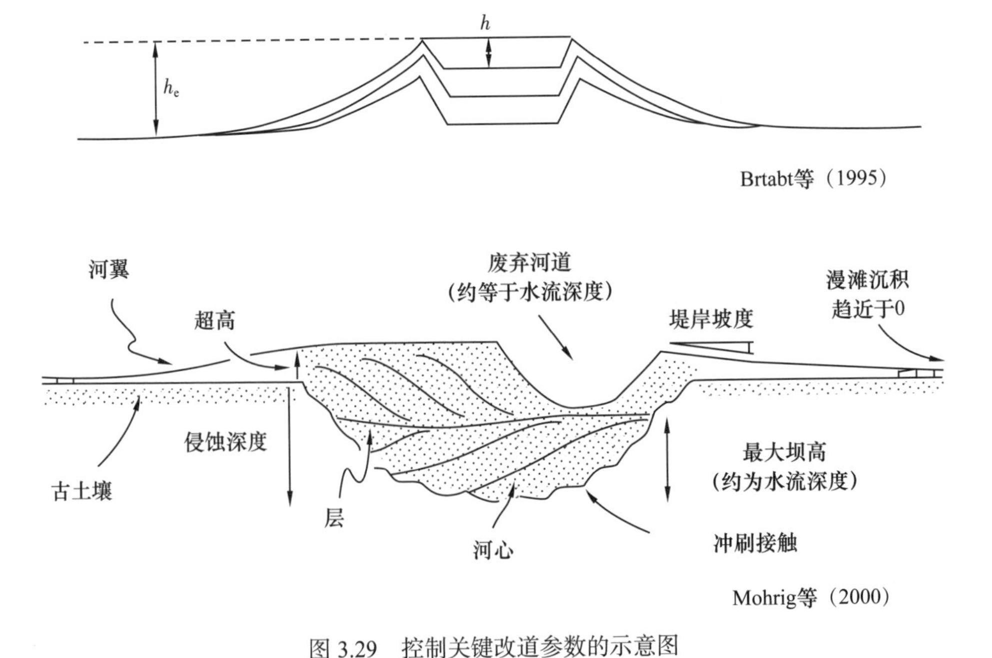

图 3.29　控制关键改道参数的示意图

h_e 为泛滥平原上方河道的极限高度；“河道翼部”是保存下来的堤坝沉积物，即沉积在河道两侧的楔形沉积物

Mackey 和 Bridge（1995）在早期研究的基础上，能够对印度 Kosi 河主要分流河道的横向渐变迁移等独特的演化过程进行一些粗略的模拟。然而，模拟还远远不够完美，虽然模型看起来很合理，但是问题出现了，这对我们今后勘探和生产所需的解释和预测有何帮助？关于构造运动的作用，沿着漫滩形成冲积脊等，出现了一些笼统的说法，但这些都不足为奇。同样重要的是，要注意第 6 章讨论的可容纳空间和沉积速率的问题。

Bryant 等（1995）报道了一项关于改道的模型研究，他说："改道和河道的极限高度之间的联系是由于河道轴线附近的优先沉积造成的，这表明如果河道和泛滥平原之间的差异沉积按总沉积速率来算，改道频率可能与沉积速率有关。"他们在一系列小尺度的河流扇模型中测量了改道频率和沉积物输送率的关系，实验证明了改道频率和沉降速率之间有很强的关系。目前还不清楚这种关系随着时间的推移会发生怎样的变化。

Slingerland 和 Smith（1998）研究了改道的标准模型——产生一个高于漫滩的冲积脊。他们利用沉积物搬运的物理方程来探索一旦最初的决口被漫滩洪水侵蚀后可能发生的情况，从而解决这个问题。他们指出："一个任意初始几何形状的决口是否会引发改道，取决于沉积物的粒度、决口的初始深度以及决口与主要河道坡度的比率。"如下面所讨论的，一种常见的情况是，重新占据一个已经存在的河道，将会提供更深的决口。

Ashworth 等（1999，2004，2007）研究了砾质辫状河的改道特征，并将模型数据与新西兰南岛 Canterbury 平原现代砾质辫状河沉积物的野外数据进行了比较。总的来说，结果正如预期的那样，改道频率与沉积物供给呈正相关，在自然环境中，受到构造或气候因素的影响。

Oreskes 等（1994）对地球科学中使用的数值模型提出了有见地的意见。数值模型被广泛应用（在此举三个例子）于预测地下水流、储层产能、气候变化。这种数值模拟被用于研究冲积结构，因为这种模型的假设值有助于预测储层结构，从而制订未来的钻井计划。然而，Oreskes 等（1994）中的论述引发了思考：如果数值模型中相关数据的预测分布与现场或实验室的观测数据相匹配，那么建模者可能会声称模型已经得到了验证。这样做会犯逻辑谬误，也就是所谓的"肯定结果"的谬误。即使一个模型的结果与现在和过去的观测数据一致，也不能保证该模型在预测未来时能达到同样的水平。首先，输入数据可能存在一些小的误差，这些误差不会影响模型在有历史数据的时间框架下的适应性，但是，如果在更大的时间框架上进行外推，确实会产生重大偏差。其次，模型结果和当前观测结果之间的匹配并不能保证未来的条件是相似的，因为自然系统是动态的，并且可能以非预期的方式发生变化。

结论似乎是，如果数值模型的结果在辨析概念方面是有用的，或在储层模拟的情况下提供有用的初步结果，则可以继续使用这些结果，但应谨慎在超出时间或空间的初始条件下外推太多。正如第 2 章所述，在沉积盆地中，河流样式在平行或垂直于构造方向上很少是恒定的，因此数值模拟具有明显的局限性。

另一个不同但相关的问题是：小型实验室实验的结果有多少现实意义？它们真的可以"按比例放大"以提供对实际河流演变的参考吗？Paola 等（2009）通过大量调研认为，许多自然地貌的形成过程在很大程度上是独立的，因此有理由使用小规模实验来模拟自然过程。许多自然系统组成要素的分形特征的发现为这种断言提供了强有力的支持。Sheets 等（2002）认为，尺度模拟非常适合于研究他们称为中尺度动力学的内容［即在可观测的人类时间尺度上河道和沙坝形成的时间尺度（10^1—10^4a）］和长时间尺度“自旋回变化积累导致产生大尺度地层模型中的宏观特性”，以及自然系统的尺度［开始接近高分辨率地层定年技术的精度（10^5—10^6a）］。在一系列的实验中，他们探索了 LAB（实验室）改道模型的预测性，实验本质上是模拟辫状河的过程。目前还没有发现可以成功模拟曲流河的模型。在这种情况下，改道有着不同的含义。在曲流和网状的河流系统中，改道代表大部分或全部的流量从一个主要的河道流向漫滩内完全不同的环境；在辫状河中，改道指的是在一个宽阔的辫状平原中，单个河道在一系列大小河道中的转移。

Sheets 等（2002）观察到两种截然不同的改道事件。在某些情况下，洪水漫过堤岸导致了早期河道被重新占用，导致一部分辫状河道被分流到一个新的（早期）位置。在其他情况下，如果没有预先存在的河道可以被重新占用，则会沉积一个宽阔的决口扇。河道的变换主要是通过改道而不是迁移来完成的。人们发现，短期的改道在填充地形方面最有效，因此可以形成一套具有保存潜力的地层，而“成功的”改道则是改变沉积物的搬运通道，没有净沉积。研究还发现，河道占用时间与净沉积量之间存在负相关关系。长期存在的河道被用作沉积物搬运通道，只有很少的净沉积，而被遗弃的河道则在废弃过程中积累了大量沉积充填物。

在短期（中尺度）的基础上，改道和沉积模式并没有表现出对沉降或倾斜模式的响应。换言之，这些尺度上的外源过程似乎不会影响自生过程。然而，经过足够的时间，出现了一些一致性。Sheets 等（2002）证明，在他们的模型中，在相当于 5～10 个水道深度的沉积层沉积之后，需要相当数量的“成功的”改道事件发生，才能使形成的地层厚度演变成相对一致，这种厚度的区域变化可能与沉降模式有关。这些观测结果提供了一种将沉降速率与改道频率联系起来的方法，并且它们一起为地层记录的形成提供了重要的见解。

Jerolmack 和 Mohrig（2007）利用野外和实验室的数据，探索了改道频率 f_A 的简单关系：$f_A=v_A N/h_m$，其中 v_A 为靠近河道的加积速率，N 为活跃河道数量，h_m 为河道深度。该方程被证明是一个有用的河流常见行为的描述，并且与特定的触发事件如洪水或冰塞没有直接关系。他们认为，个别河流的合并和三角洲分流的发展可能是同一过程的结果，主要区别在于河流往往局限于河谷之间，而三角洲通常是不受限的沿海体系。

Straub 等（2009）重点研究了补偿叠置的形成机制。补偿叠置是一种三角洲朵叶体和水下扇朵叶体彼此横向偏移而形成的结构，这一过程长期以来被解释为斜坡优势下沉积体系中的流量和沉积物转移到低洼地区的结果（图 3.30）。只要有足够的时间，这些沉积朵叶体可能会返回到地图中的相同位置，导致随着时间的推移偏移叠加。类似的结构可能发生在河流系统中，正如 Hofmann 等（2011）所记录的那样（图 3.25）。Straub 等（2009）进行了一系列实验，并对密西西比三角洲的地震数据集进行了仔细研究，以探索补偿叠置的主控因素。他们设计了一个衡量标准：κ 为补偿指数。对于纯补偿叠置，也就是说，当沉积总是填充地形低点时，$\kappa=1.0$。如果叠置是随机的，不受任何先存地形的影响，$\kappa=0.5$。反补偿，由于立刻沉积叠置，低地区变得更低，$\kappa=0$。他们的实验和观察表明，

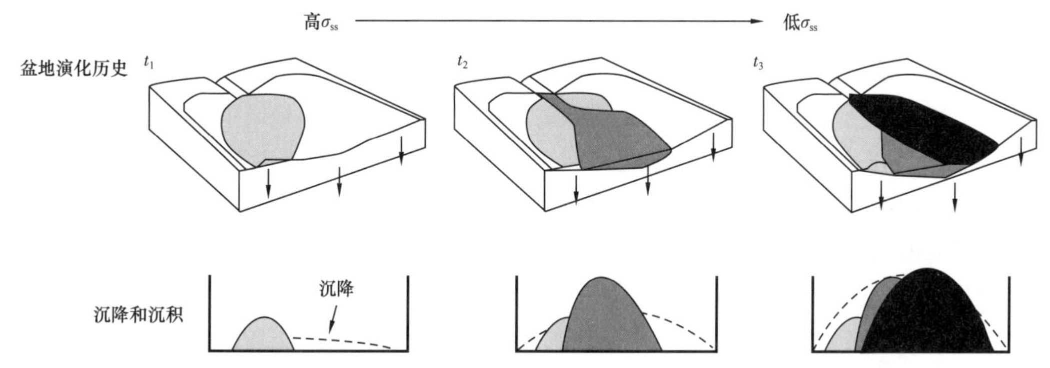

图 3.30　沉积作用逐渐分布在整个盆地的过程，如冲积扇、三角洲或水下扇（据 Straub 等，2009）

在三角洲，侧向迁移通常是由斜坡优势驱动的，由改道事件引发；在河流系统中，这一过程可以通过河道的聚集和河道群向盆地不同部分的快速迁移来识别；在正在形成河道群的地方沉积作用很快，但是在其他地方，沉积作用很慢，为零或负（侵蚀），但是随着时间的推移，总的平均沉积速度将达到沉降速度（虚线）的平均值；这可以通过公式 σ_{ss}= 沉积 / 沉降的标准差来表达；连续的河道群改道进入未填充的可容纳空间，由虚线下面的空白区域表示；这可能导致河道群（和三角洲 / 水下扇）的补偿叠置

自然系统的 κ 值通常在 0.5～1.0 之间，但在这些极值之间的中间值更常见。这一结果对储层模型的建立具有重要的意义和潜在价值。

Wang 等（2011）定义了补偿时间标度，表达式为 $T_c=\iota/r_a$，其中 ι 为表面粗糙度，r_a 为长期平均沉降速率。在这种情况下，表面粗糙度是指由于改道和产生冲积脊而形成的地形丘陵。他们确定，时间尺度关系“实质上是指随机自生的动力学机制形成沉积物的几何结构所用的时间，其时间尺度等于将盆地填充到一定深度，使之与搬运系统中的表面粗糙度相同时所需的时间。有趣的是，对于许多系统来说，T_c 扩展的时间尺度通常与大规模外源的循环周期有关（例如米兰科维奇旋回）”（Wang 等，2011）。这意味着，在冲积盆地中纯粹的自生过程可能比设想的要花费更长的时间，这可能使这种过程达到通常认为受外源控制的时间尺度（10^4—10^5a 甚至更长时间）。

从这本书的观点来看，Paola 等在他们的实验室中模拟河流体系的一个更重要的观察结果，“明确的年代地层层位是罕见的。对实验性河流地层的研究表明，在高度动态的沉积体系中，‘等时沉积界面’十分难以确定。实验性沉积物只是一些临时界面的堆积物，不能在超过（最好的情况下）几个河道宽度的情况下精确相互关联”（Sheets 等，2002）。这对层序地层学有意义，见第 6 章中所述。

3.6　砂体连通性

在一项基于得克萨斯州油田评价的重要研究中，Tyler 等（1984）、Tyler 和 Finley（1991）认为，原油采收率很大程度上取决于沉积相结构，对复杂油藏层序结构的理解和认识的深入理解可以大幅度提高原油采收率，通过生产井网的布置，以及为二次和三次采油项目的设计提供更好的指导（见图 2.10）。这种类型的研究一直是沉积地质学家的主要推动力，他们开展了一项研究计划，以提高我们对河道几何学（基于河流样式）和叠置模式（基于自生过程和外源过程对冲积带发育的控制）的理解。在第 2.1.1 节中，我们介绍了如何从有限的露头和地下资料解释河流结构。我们回顾了以“河流类型”作为沉积结构预测的固定模式，并得出结论，这只是一个需要考虑的因素，甚至可能不是最重要的因素。本章回顾了自生改道作为河流结构控制的过程，并强调了广泛的时间尺度和被保存下来改道结构。储层性能在一定程度上取决于河道（砂体）的连通性，但这是河流沉积的一个非常多变和难以捉摸的特征（见图 2.14 至图 2.16 及其讨论）。

Larue 和 Friedmann（2005）指出：地层结构对采收率的影响程度是一个有争议的问题且在很大程度上未被认识到。如下所述，基于连通性和连续性的论点，地质学家倾向于认为地层结构和几何形状对采收率影响很大。正因为如此，地质界有一种趋势，就是建立越来越复杂和逼真的岩相模型。工程师们在承认连通性和连续性重要性的同时，更认可应力非均质性和渗透率各向异性对采收率的影响，同样也包括动态储层特征，例如流体类型和井网结构。

这在很大程度上取决于储层砂岩孔隙度和渗透率的变化范围。例如，由于存在局部的高渗透“漏失层”，导致水会迅速突破，因此总采收率可能会显著降低。原油黏度也是一个关键因素，影响提高采收率的优化速度。这些标准属于生产工程师的范畴，在其他方面已经得到系统的考虑（Thakur，1991；Thakur 和 Satter，1998）。

本小节回顾了 Larue 和 Friedmann（2005）及 Larue 和 Hovadik（2006）进行的一些重要的模型（模拟）实验。他们对沉积在特定沉积环境中的“河道化储层”进行了模拟，使用统计方法构建了一系列模型结构，然后通过每种模型进行注水测试。他们测试了砂地比为 35%、60% 和 85% 的三种类型，每种砂地比在不同的河道砂厚度、河道弯曲度和叠置模式的影响。每种模型的井距（110acre[1] 间距）、含水饱和度、流体性质和相对渗透率保持不变。图 3.31 显示了砂地比为 60% 情况下试验的采收率变化，其中其他参数一次试验改变一个。图 3.32 说明了在保持其他参数不变的情况下，这些参数的改变是如何影响回收率的。采收率变化并不明显，正如 Larue 和 Freidmann（2005）所指出的：“尽管这里考虑了 33 种砂地比范围很广的模型，但是 0.5 PVI（PVI 为注入水的孔隙体积）的采收率的总差距只有 5%。模型中的各种几何结构所代表的所有地层的不确定性并没有对采收率造成灾难性的影响。

令人感兴趣的是，每个参数依次产生的影响范围的细分，如图 3.32 所示。毫不奇怪，从 TM 模型到 SM 模型再到 EM 模型，采收率都在增加，根据一系列砂地比模型中一些结构细节的不同，其变化幅度可达 4%。Larue 和 Friedmann（2005）没有详细解释与较高注水量相对应的较低采收率（图 3.32 中用 * 标出的范围），这可能与未直接记录的因素有关，如渗透率非均质性。作为这一系列试验的一部分而运行的其他模型表明，这一参数是对储层性能最重要的影响因素之一，高渗透漏失带的存在对采收率的影响很大。

Larue 和 Hovadik（2006）特别报道了河道化储层。他们比较详细地讨论了砂地比和砂体连通性之间的关系。Allen（1978）的实验得出结论，在砂地比小于 50% 时，砂体连

[1] $1acre=4046.856m^2$。

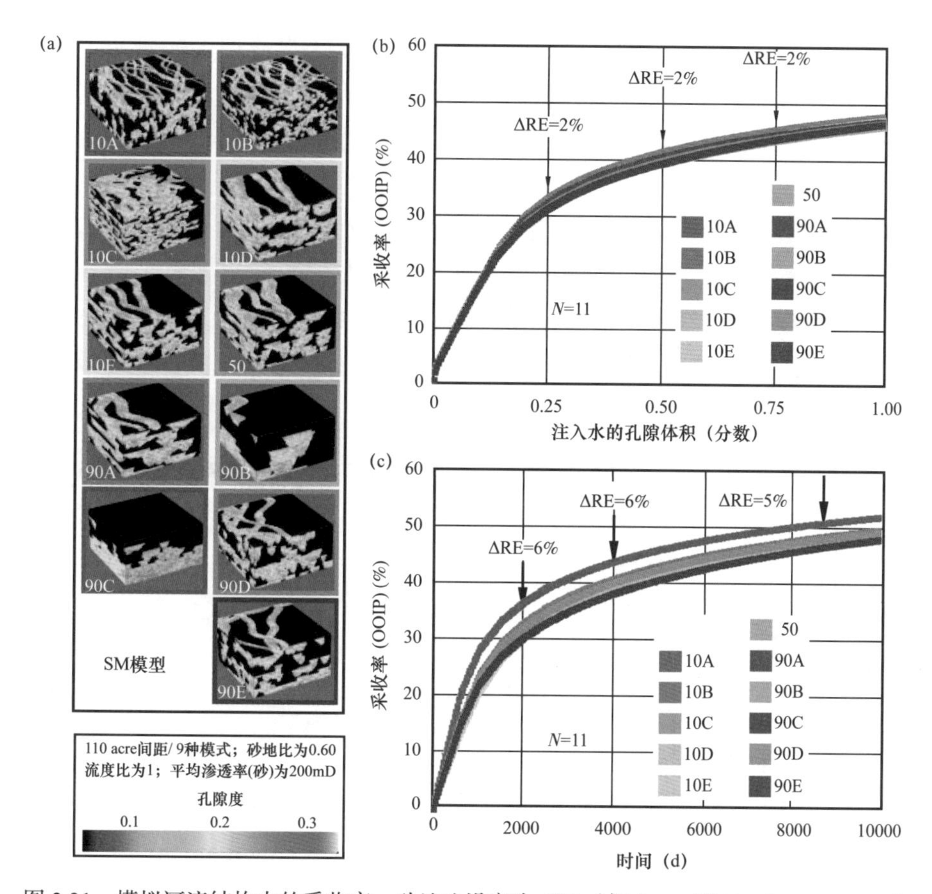

图 3.31 模拟河流结构中的采收率：砂地比设定为 60%（据 Larue 和 Friedmann，2005）

（a）十一种不同模型的孔隙度图像缩略图，其中砂体宽度、厚度、弯曲度和叠加模式每次变化一个，同时保持其他参数不变；（b）采收率分布表明，这些参数的变化仅导致采收率有 2% 的变化，绘制的是与注水体积相比；但与注水时间相比（c）的对比中回收率增加到 6%；OOIP 表示原始石油地质储量；ΔRE 表示采收率增量

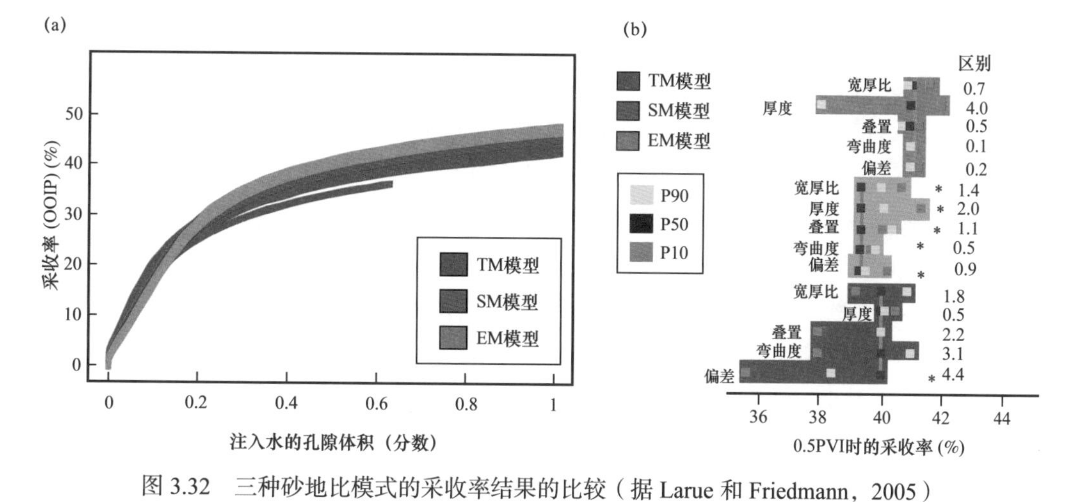

图 3.32 三种砂地比模式的采收率结果的比较（据 Larue 和 Friedmann，2005）

输入三套砂体宽度、厚度、叠置、弯曲度和方向偏差的数据；砂地比中 TM=30%，SM=60%，EM=85%；输入值的范围用 P10、P50 和 P90 表示，表示最小值、中间值和最大值；用星号表示的值是“无序的”，也就是说，点从 P10 到 P50 再到 P90 的过程是不一致的

通性急剧下降。Larue 和 Hovadik（2006）引用了后来基于渗流理论的研究，得出了 66% 是关键砂地比的结论。小于该值，连通性非常低，直到砂地比达到这个值，然后迅速增加。Larue 和 Hovadik（2006）运行了数百个不同的二维和三维模型模拟，为了验证这个命题，他们使用了大范围的河道配置。结果如图 3.33 所示。S 曲线为数据点的最佳拟合曲线，是所有这类实验的特点。近乎垂直的部分称为拐点区。在二维实验中，该区砂地比的范围为 50%～75%。当砂地比大于 75% 时，连通性大于 95%；当砂地比小于 50% 时，在这项研究中砂体连通性实际为零。对于三维模型，拐点区跨度为 10%～30%。考虑到实际储层是三维的，图 3.33（b）具有实际意义，表明具有良好的储集性能的最小砂地比为 30%。

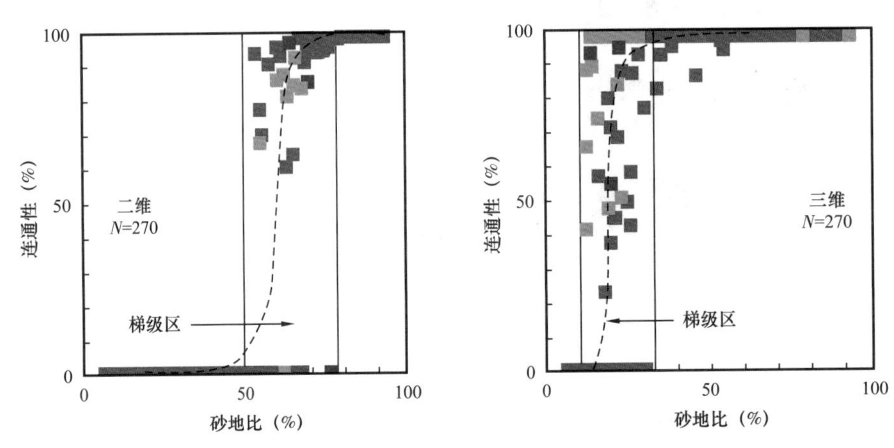

图 3.33　连通性与砂地比的关系（据 Larue 和 Hovadik，2006）

不同的颜色指示不同的河道配置，其细节对我们的研究目的并不重要

当然，这些模型的结果是基于理想的河道化储集体的随机抽样和分布。图 3.34 和图 3.35 说明了一些可能影响储层划分和采收率高低的地质实际情况。首先，仅仅关注河道单元是有误导性的。决口扇砂岩是提供砂体连通性的重要元素［图 3.34（a）中的黄色单元］。它们的横向延伸范围可能比河道宽得多，因此可以显著改善连通性和储层性能。宽深比较大的河道［图 3.34（b）］，由洪水事件产生的砂岩层，以及在低可容纳空间条件下产生的河道群［图 3.34（c）、（d）］，都有可能具有更好的连通性。图 3.34（d）所示的结构特别有趣，因为它可以反映非海相层序发育形成的可容纳空间的变化。图中所示的漫滩加积率最低值对应层序界线的形成。

相反，自然系统的一些特性可能会影响储层连通性和性质。同生和连续河流体系的方向（古流方向）可能形成了减少连通性的几何结构，例如不存在跨河道连接的平行河道［图 3.35（a）］。图 3.34（d）所示的低可容纳空间、高连通性情况与图 3.35（b）所示情况相反。在这里，广泛的区域泥岩层阻碍了储层的垂向连通性。这是盆地演化高可容纳空间期的一种相组合，与受海洋影响的海岸环境的海侵体系域相关。

河道内相的变化可能很大。图 3.35（c）示意性地说明了这些问题，其中包括：（1）泥岩盖层和泥岩塞；（2）地层分割，河道多期连续地充填时部分或全部被泥岩覆盖；（3）由倾斜的、低流动性泥岩单元分隔的连续侧向加积的河道充填物。后一种情况是由倾斜的杂岩

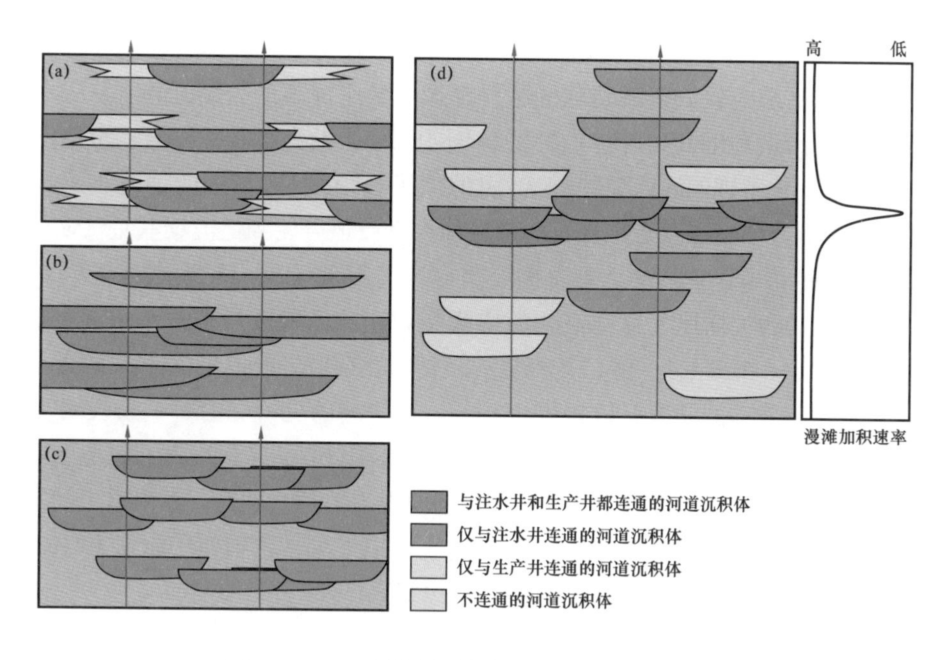

图 3.34　一系列增强砂体连通性的河道叠置情况

（据 Larue 和 Hovadik，2006）

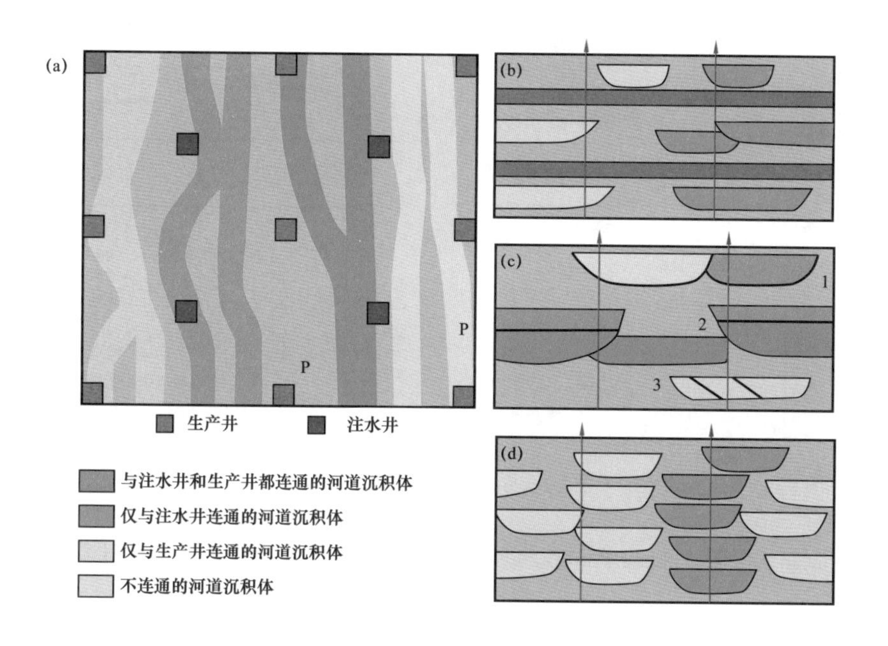

图 3.35　一系列降低砂体连通性的河道叠置情况

（据 Larue 和 Hovadik，2006）

单元组成的河道系统的特征（Thomas 等，1987）。Reijenstein 等（2011）举例说明了河道系统包含由多孔砂岩组成的发育良好的点沙坝复合体，这些点沙坝复合体由充填泥质的河道交叉切割而成，“潜在地将一个点沙坝与另一个点沙坝隔离开来，形成分割的储层单元”。

最后一种情况如图 3.35（d）所示，被描述为河道的“补偿叠置”。这可能会导致河道沉积在盆地底部形成冲积脊（如图 3.2 所示的冲积脊），因此随着沉降和沉积的继续，后续的沉积有向盆地内较低区域转移的趋势，这导致了河道的长期迁移。在一些水下扇体系中观察到了河道和沉积朵叶体的补偿叠置［例如，北海盆地的 Frigg 扇（Hertier 等，1980）；另见 Larue 和 Hovadik（2006）引用的例子］。在河流系统的情况下（本章前面已经提到了一些例子，如图 3.25 所示），由从冲积脊改道分流到泛滥湖盆是预期的事件过程，对这一过程的讨论是本章的主要内容。

Prenter 等（2009）描述了这些概念的实际应用实例。科罗拉多州 Piceance 盆地的下 Williams Fork 组是一个天然气产层，它出露在科罗拉多州的 Grand Junction 附近。对那里的地层结构进行了详细的研究，以提供可能的生产策略的见解。沿着一条长约 9km 的露头带，对该地层单元垂直剖面的详细测量。利用古水流资料，考虑出露河道体相对于露头的方位，估算了河道的裸露宽度。然后将垂直剖面视为地下井剖面，利用适当间隔的剖面和河道宽度、深度和连通性的统计数据开发地下模拟模型，以构建 10acre 和 20acre 间距的生产方案（图 3.36）。实践表明，加密钻井可以提高产量。

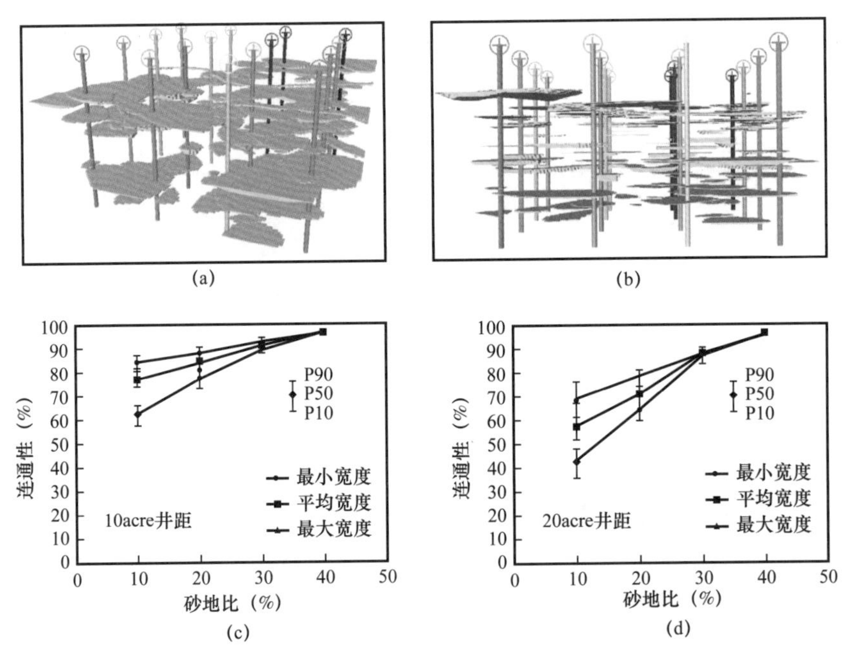

图 3.36　Piceance 盆地 Williams Ford 组的两组三维结构模型图及不同井距下砂地比和连通性关系图（据 Pranter 等，2009）

（a）、（b）Piceance 盆地 Williams Fork 组三维结构模型的两组视图，构建时使用了河道的最小宽度、10% 的砂地比和 10acre 的井距。（c）和（d）分别是 10acre 和 20acre 井距下三种宽度情况的砂地比和砂岩体连通性相关关系图，P10、P50 和 P90 表示最小值、中间值和最大值的情况

Labourdette（2011）以西班牙的一个出露良好的河道复合体为一系列模拟实验的基础，探索储层砂体连通性（图 3.37）。这些河道是八个层序系统的一部分，它们被认为是高频构造作用的产物。每个层序的特征是底部有一套低可容纳空间条件下形成的河道，由多层、横向叠置的砂体和顶部的高可容纳空间系统组成，这些河道更窄更厚（图 3.38）。本章并没有试图详细探讨河道结构的控制。

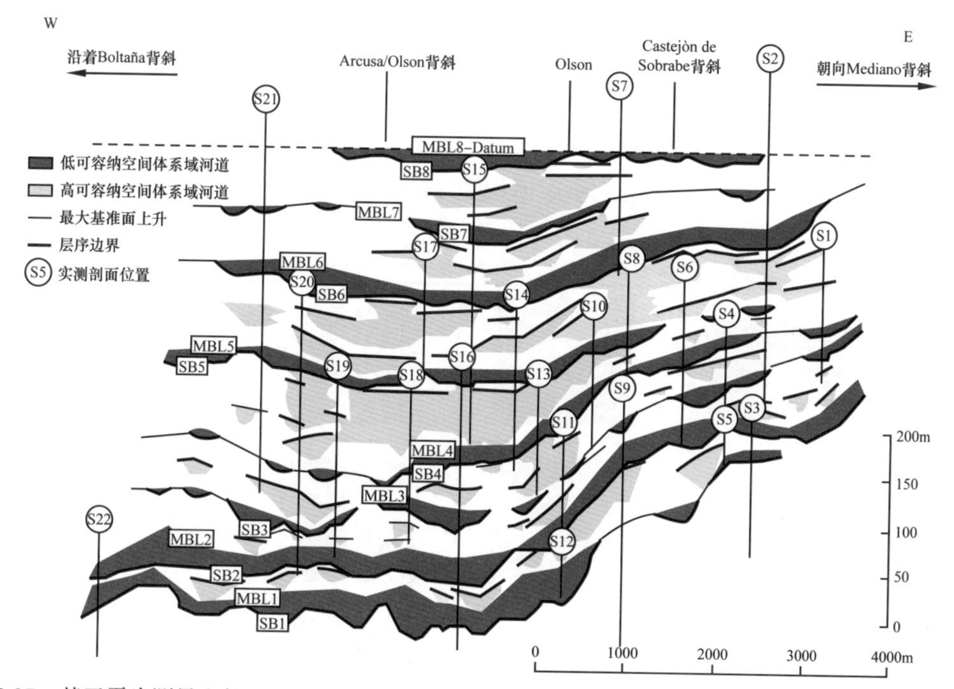

图 3.37　基于露头测量和航空照片解释的 Escanilla 组下 Olsen 段的露头剖面（据 Labourdette，2011）

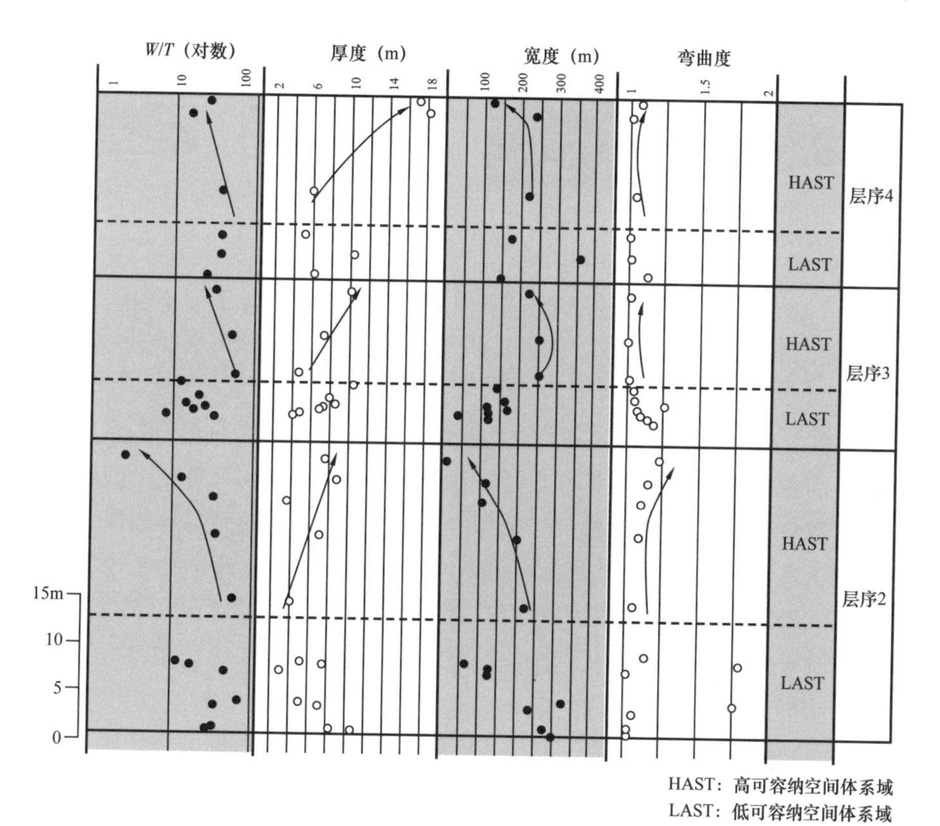

图 3.38　Escanilla 组下 Olsen 段河道形态的垂直变化（据 Labourdette，2011）

模拟模型规模为 4000m × 3000m × 200m，每个单元大小为 15m × 15m × 1m。使用露头河道的尺寸数据构建尺寸分布，将其用作四个连续建模实验的采样基础（图 3.39）。其他相，包括漫滩沉积，被认为没有任何增加砂体连通性的潜力。在第一个模型中，河道砂体占总体积的比例保持在 40% 的实际平均水平，但地层分布是随机的，没有注意层序内的分布。模拟结果包含 31 个储层，连通体积为 1336～$6.68\times10^{8}m^{3}$。

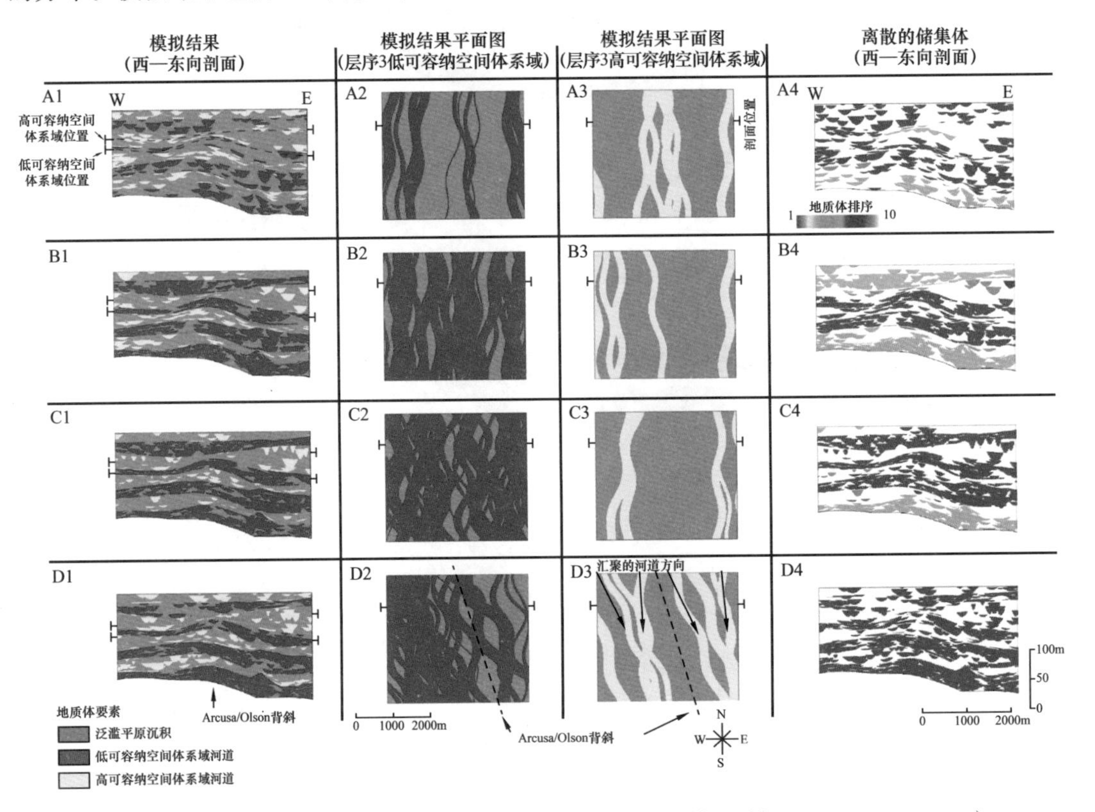

图 3.39　对 Escanilla 组下 Olsen 段的河道分布进行了四次模拟（据 Labourdette，2011）

显示了模拟的横截面（第 1 列）、平面图（第 2 列和第 3 列）和地质体排序（第 4 列）；
A 行至 D 行指的是讨论的四种模型

在第二个模型中，模拟受到地层框架的约束。这是通过设置一条“垂直比例曲线”来限制河道砂体的垂直分布。这就要求在低可容纳空间期以 80% 的河道比例来模拟，高可容纳空间期以 20% 的河道比例来模拟。模拟结果由 26 个连通的储层体组成，相连储层的体积为 169～$5.85\times10^{8}m^{3}$。在模拟的低可容纳空间期，大部分连通的体积由宽的多边片状砂岩组成。

在第三个模型中，对模型增加了更多的约束，以反映整个油田区域差异沉降的细微变化。据观察，该剖面在穿过该区域的两个层内背斜上略微变薄（图 3.37），并且这些区域的低可容纳空间期河道稍薄。这种层内构造作用所形成的沉积地形对现代古水流有一定的影响，导致高可容纳空间期河道优先集中在向斜区域。其结果是增加了连通的储层体（46 个离散体），连通体积范围为 203～$8.66\times10^{8}m^{3}$。

在第四个模型中，河道数量受其形态垂直变化的限制。野外工作表明，在低可容纳空间期内没有这种变化，而在高可容纳空间期的野外观察表明，在每个时间间隔内，河道宽度减小，河道厚度随高度增加（图 3.38）。这导致了模拟的连通体积进一步增加，为 $139 \sim 1.246 \times 10^9 m^3$。

从这些模拟中得到的教训是，局部地层很重要。模拟连通砂体的体积随地质约束的增加而增大。此外，向斜区域主要连通体的聚集意味着在研究区域内识别和绘制这些精细构造特征可能有助于勘探或生产方案的成功。然而，请注意，这里没有讨论河流类型，在这些实验中没有考虑河流体系的地貌，这澄清了 Larue 和 Hovadik（2008）的论点，即储层结构在评估储层性能方面是次要的。Labourdette（2011）的试验证实了地层结构的重要性，但是对河流沉积学几乎没有什么可说的。Larue 和 Hovadik（2008）指出：对于储层结构而言，两级或三级的设计可能不适用于整个不确定性范围，例如，河道宽度、弯曲度、方向、河道形状、沙坝几何形态、非平稳性（即沙堆积趋势）、页岩非均质性和泥岩盖层的不确定性。此外，在遵守井眼条件和其他条件数据的同时创建地质现实的储层模型可能会非常耗时，花费数月时间来建立地层学上复杂的三维相模型并不罕见。

简单地介绍 Larue 和 Hovadik（2008）探索的参数之一：他们研究了不同河道弯曲度对储层动态的影响，并证明了在砂体具有良好连通性的情况下，弯曲度变得不再重要，其影响甚至可以忽略。此外，正如我们在第 2.2.4 节（见图 2.29）中所指出的，辫状河和曲流河系统保存下来的砂体的宽深比关系可能是非常相似的。Larue 和 Hovadik（2008）指出，“当考虑加密井位置和剩余油目标时，储层结构的细节在油田开发后期非常重要。”第 4 章提供了一些这方面的例子。

本节的所有讨论都只涉及使用传统的垂直井来最大限度地提高产量，对此，已证明地质统计学方法是利用有限勘探数据进行开发建模的必要工具。工业定向钻探的能力现在创造了全新的机会。在第 4 章中，我们讨论了填图方法，包括三维地震和复杂地层结构的监测技术。图 3.40 所示为穿过北海盆地 Osberg 油田 Ness 组的 1600m 长的近水平井剖面。在三维地震勘探中，发现波阻抗提供了一种合理可靠的鉴别砂岩和页岩的方法（见图 4.18），正是在这个基础上规划了井的走向。横截面图显示该计划相当成功。

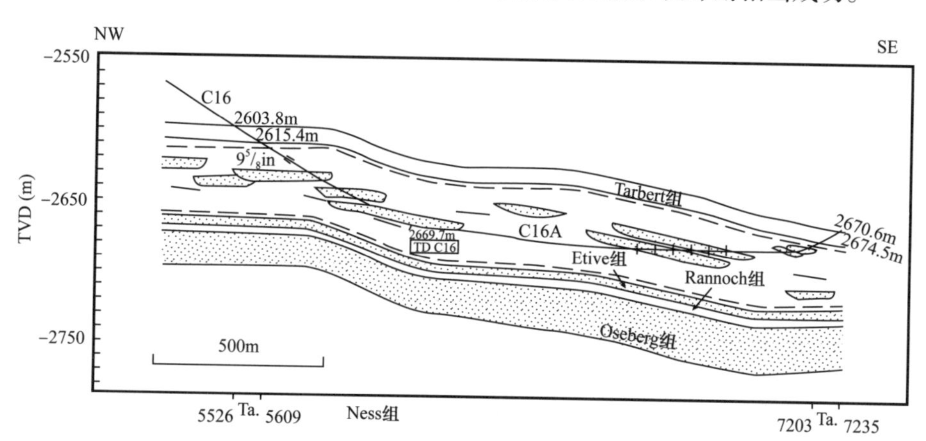

图 3.40　过北海盆地挪威地区 Osberg 油田 Ness 组的近水平剖面（据 Ryseth 等，1998）

轨迹上的竖条表示射孔间隔；Ta. 及两侧的数据为两次钻遇 Tarbert 地层的视深度

4 盆地分析制图方法

4.1 引言

本章的目的不是提供一本关于应用于河流沉积的盆地分析方法的综合教科书，而是回顾近年来的发展，主要是自1996年出版《河流沉积地质学》以来的进展。沉积相分析、构型分析和地下常用方法（例如使用电测井的基本描述、说明和文档资料在那本书中有详细的论述，在此不再赘述）。第2章和第3章是在我们对河流沉积体系的认识不断发展的前提下讨论的传统方法，以及这些方法在这种不断发展的背景下的用处。

本章有两个主题:（1）露头和浅层沉积制图;（2）深埋的河流体系沉积制图。

现代和古代沉积的露头研究被广泛应用于浅埋渗透层的研究，也被用作油气藏非均质性勘探的类比对象。渗透层研究是沉积学研究的一个直接应用，因为通常情况下，所研究的渗透层与地下储层（露头研究比较对象）通常代表完全不同的地质单元。即使对同一地层单元的地表和地下进行比较，深度相差几十米到几百米，距离差异可能达几千米，而且地表露头和埋藏的储层所代表的古地理条件可能基本上是不一样的。关于如何利用有限资料确定河流类型的问题见第2.2.1节（见图2.11）。

如Geehan所述（1993）“露头是地质模拟数据的唯一来源，毫无疑问地显示了地质记录中保存的内容。”因此，在本书中，作为河流储层的类比对象，我们不讨论现代河流的地表或浅层地球物理（例如探地雷达）研究。探地雷达研究揭示，河流的表面形态是强加于先前沉积的河道和河坝之上，很少改变其结构。

第四系河流相砂砾石通常构成重要的局部渗透层，现今已开展了大量工作来记录其孔渗结构。从露头研究中获得的二维和三维数据，得到了越来越多探地雷达（GPR）数据的补充，这是一种花费相对较少的技术，用于生成深度为10～20m的三维地下遥感图像。目前正在对更古老的沉积物开展类似的工作来获得模拟数据，用于解释更深渗透层和储层模拟研究。例如，在如图3.33所示的泥岩、分选差的沉积物、废弃河道充填的黏土等产生的隔夹层类型时，露头和探地雷达所传递信息可能会非常有用。这样的制图过程将在第4.2节中进行讨论。

深层地质填图对储层地质学家和开发工程师来说是一个非常重要的领域（4.3节）。正如在第2章和第3章中所说，基于相模式概念的制图方法在油气开发阶段应用有限。河流类型的多样性以及地下沉积体规模和结构缺乏识别标准，限制了这些方法在探井部署或开发增产中的应用。构型—要素方法可能会产生有用的河流体系模板，也可以像早些年的相模式方法一样，用于为地下开发提供类比信息，但这类数据的主要用途是为地质统计模型中的组成单元提供结构参数和孔隙率—渗透性参数。

现在，地下勘探和开发能够采用定向钻探技术，几种新的地下制图方法可能被用来指导钻探（见表 1.1）。在理想情况下，钻头可以对准特定的多孔地层单元，并且能被引导水平穿过这些地层，以便最大限度地扩大多孔地层单元的表面积，使流体流入开发井。在这些条件下，地质统计学方法的实用性降低，而需要增加对目标地层单元沉积学的深入理解。目前已经开发了许多辅助研究储层划分的方法，可以用来补充和修正局部沉积模式。这些方法也在本章第 4.3 节中做了简要说明。

4.2 表层和浅层地下结构

4.2.1 露头特征

Huggenberger 和 Aigner(1999）在《沉积地质学》专刊关于渗流沉积学的引言中指出：为了更好地了解渗透层中的地下水循环和运输过程，需要对许多尚未解决的问题采取多学科交叉的解释方法。尽管近年来，在解释地下水系统动态特征方面取得了很大进展，但仍有许多关键问题有待解决。特别是，有几个领域需要注意：沉积物信息（非均质性）在地下水和运移模型中的作用，将露头尺度的观测值放大到更大尺度，以及将不同质量的地质和地球物理信息整合到渗透层结构的描述中。但由于测量技术的局限性，目前许多非均质性还不能被直接识别。

Huggenberger 和 Aigner（1999）的目的之一是探讨岩相和构型要素分析在研究渗透层非均质性中的作用。图 4.1 所示的分析就是一个很好的例子。该图中的渗透率是根据“露头中获得的单个岩相单元内 170 个原位测试和约 50 个实验室气体动力与示踪测试实验得出的。此外，还进行了水的筛析法和柱塞法实验”（Klingbeil 等，1999）。这项工作的目的是为地质统计渗透层模型的输入提供真实的基础数据。

在该期专刊的另一篇论文中，Hornung 和 Aigner（1999）对 Stubensandstein 进行了研究，Stubensandstein 是上三叠统辫状河沉积，形成于冲积平原末端。在不同地区，该单元被开发为淡水渗透层、废物处理场地和下倾油藏。图 4.2 是根据局部界面和构型要素解释了其中一个露头剖面。构型单元的尺寸信息（见图 2.37）来源于大量露头测量，孔渗特征（见图 2.38）来自露头所取样品的实测物性数据。伽马射线剖面是通过在露头上方移动手持式伽马仪所获测得。

Heinz 等（2003）研究了德国西南部第四系砾石的岩相，以确定其水力特征。通过渗透仪的实验以及经验计算，确定了每种岩相的渗透率。识别了三种岩相组合，如图 4.3 所示，总结如下：

（1）“主流量区”的砾石体，主要由大型下切—充填组分（冲刷坑填充物）堆积而成。

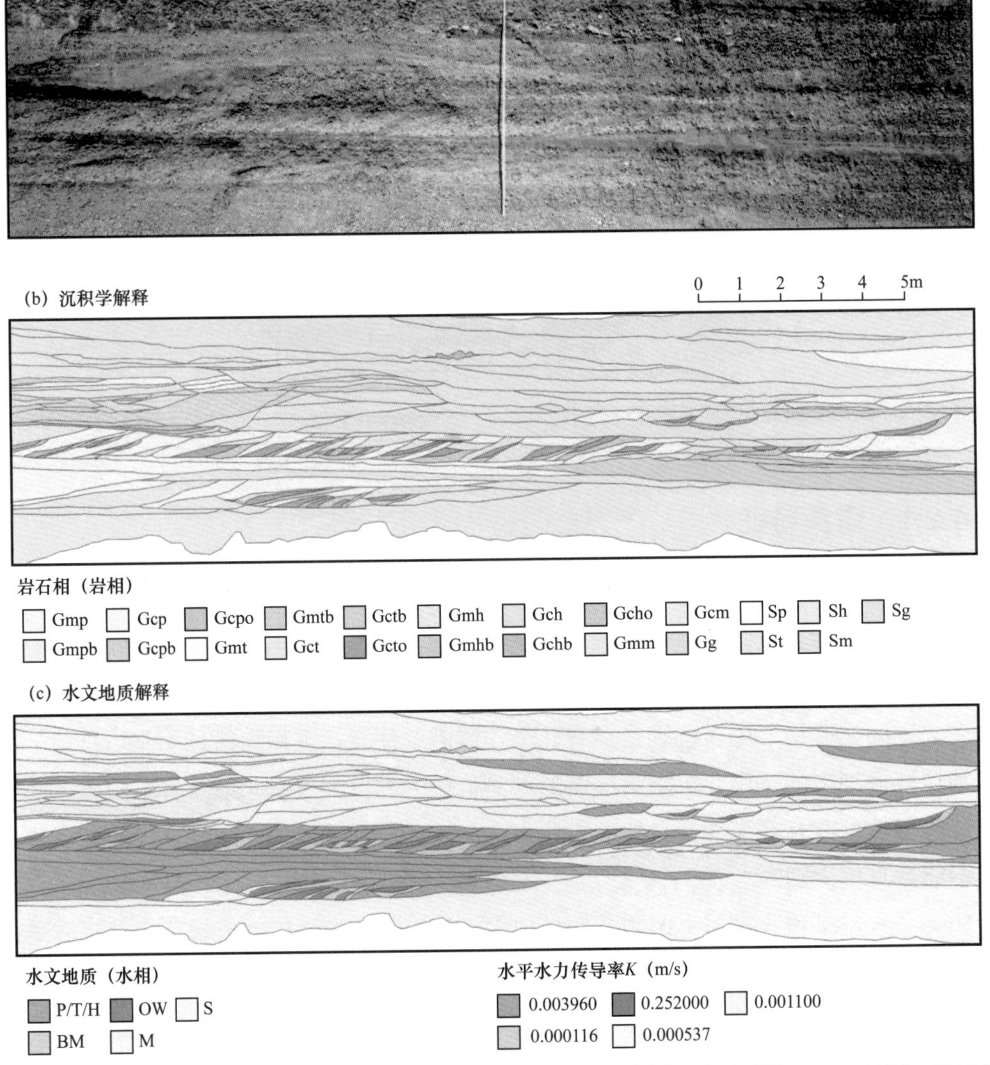

图 4.1　根据岩相（b）和水动力相（c）来解释第四纪砾石露头剖面（a）（据 Klingbeil 等，1999）

岩相分类（b）依据 Miall（1978）扩展而来，并使用第一个字母表示粒度（G= 砾石，S= 砂）；可分为五种水文地质意义不同、水文地质参数一致的岩相：（1）BM 表示双峰砾石，（2）OW 表示开放式骨架砾石，（3）P/T/H 表示平面 / 槽状 / 水平砾石，（4）M 表示块状砾石，（5）S 表示砂岩

（2）“中流量区”的砾石体，其特征是加积单元（如砾石层）和局部小的下切—充填物占主导地位。

（3）“低流量区”的砾石体，表现出没有明显边界的许多小规模加积单元的混合体。

“主流量区”的沉积物主要由堆积的冲刷坑充填物组成，被认为是大型稳定的河道沉积（图 4.4）。该组合是一个由高度复杂的指状、互层的渗透岩相（cGcg、o/Gcg、o/sGcg、o：基本上由碎屑支撑，分级、开放式的骨架砾石）和低渗透岩相（Gcm/sGcm/Gcm、b：碎屑支撑，块状砾石）组成。这些岩相具有良好的孔渗特征，因此该组合具有高导流能力。

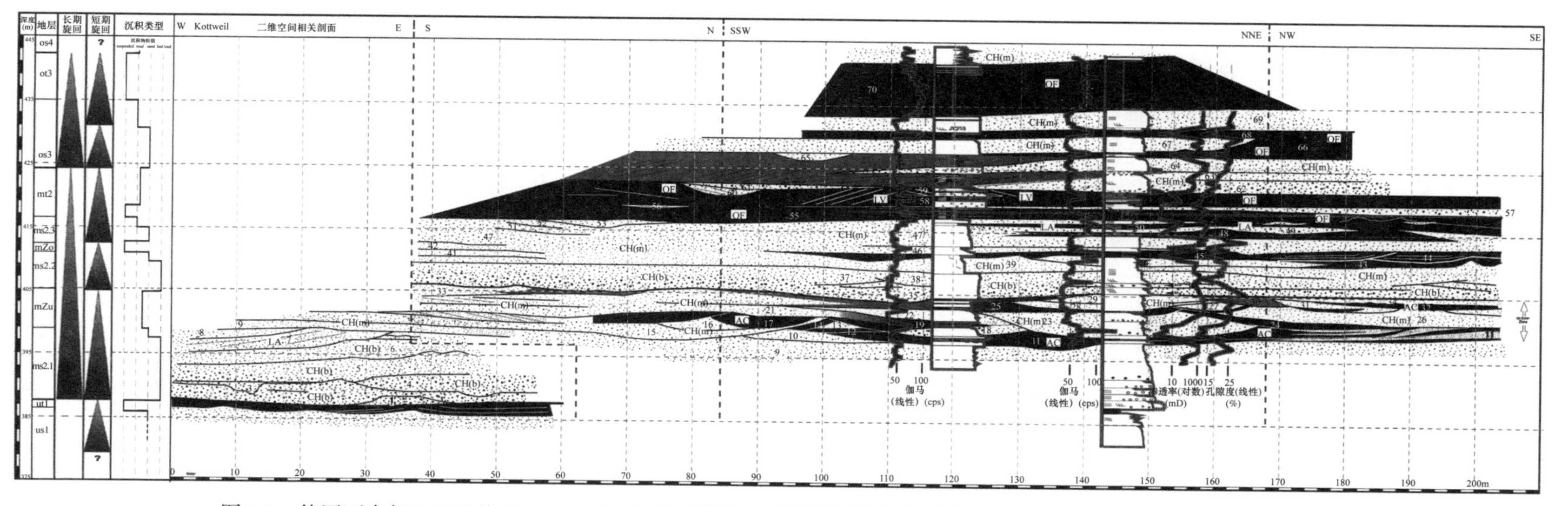

图 4.2 德国西南部上三叠统 Stubensandstein 中绘制的一套辫状河沉积的露头剖面图（据 Hornung 和 Aigner，1999）

显示了与露头相连的两个钻孔的岩石物理测井曲线；图中的字母是指构型要素代码，如图 4.2 和图 2.37 中所示

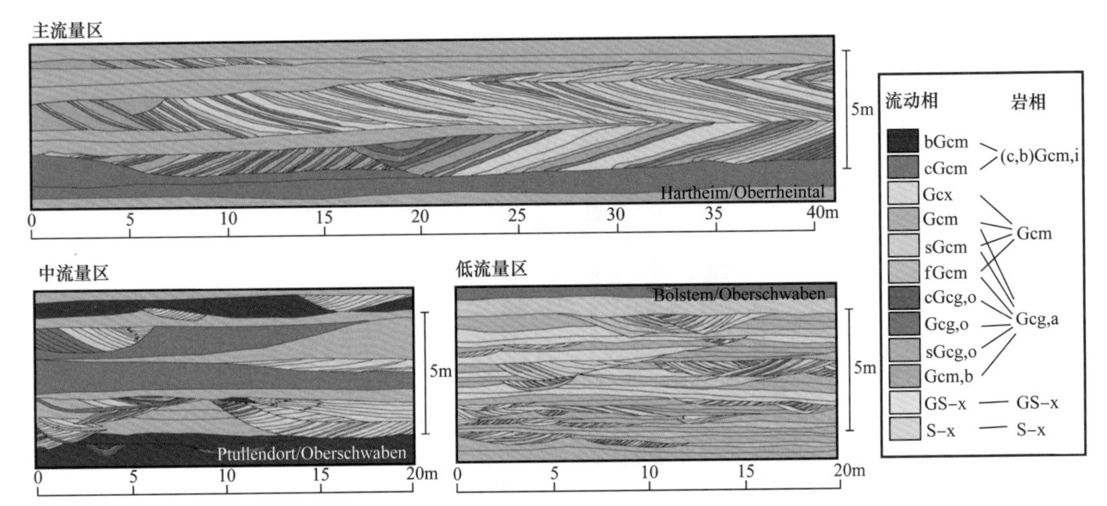

图 4.3 德国西南部第四系砾岩的岩相组合（据 Heinz 等，2003）

"主流量区"的实例与整个古水流方向平行（从左到右）；"中流量区"的实例与古水流方向垂直（垂直露头的方向）；在"低流量区"的实例中，古水流方向从右到左

"中流量区"是受大洪水影响明显的小型不稳定河道的产物，并且以许多下切—充填单元为代表。

"低流量区"的岩相以细砾为主，分选差，表明次级河道周期性的低流量及偶发性洪流。

这三种组合的流动模型表明，中流量区和低流量区具有最均匀的流动特征。高流量区的高孔、高渗透岩相会使流体优先通过这些带。在极端情况下，该类地层单元在油气生产中被称为"偷油区"，因为它们在提高采收率的项目中会导致过早排水和水突破，从而隔离甚至废弃掉大量的油气。

作者强调，他们的数据和解释没有充分考虑岩相单元的下游长度。这些基于有限露头数据的研究，通常受到这类因素的限制。

为了建立油气藏模型，开展了露头对比研究。Stephen 和 Darlymple（2002）在犹他州（图 4.5）Straight Cliffs 组（上白垩统）上拍摄了一个长约 450m、高约 45m 的大型露头照片。古水流测量表明，露头与古水流方向基本一致。为了消除构造的复杂性，露头被拉直，并进行数字化处理。通过测量泥页岩或隔夹层——假设代表了阻碍地下流动的不渗透层或隔夹层等地层单元，并将其长度绘制成表。然后将这些数据输入流体模拟程序，调整不同比率的孔隙度和渗透率，以评估储集性能。

不同的井网结构反映了非均质性分布对流体流动的影响。对于线性（水平）驱动的情况，如果考虑体积变化，砂体被视为均质（各向同性）岩石，泥页岩和隔夹层的分布对流动的影响可以忽略不计。这种现象并不奇怪，因为水流实际上与垂直流动的障碍物平行。在砂地比低或砂地比为零的情况下不会影响流动路径或生产效率，因为仅需在极少数的地质统计学中加以考虑它们。但是，如果砂体之间的渗透性变化很大，那么泥页岩和隔夹层的垂向流动特性可能会发生变化，但仍然可以忽略不计。这些岩性对高渗透砂体与低渗砂体之间的流动有一定的影响，在本案例中会影响驱替效率。并且我们发现，对于水平

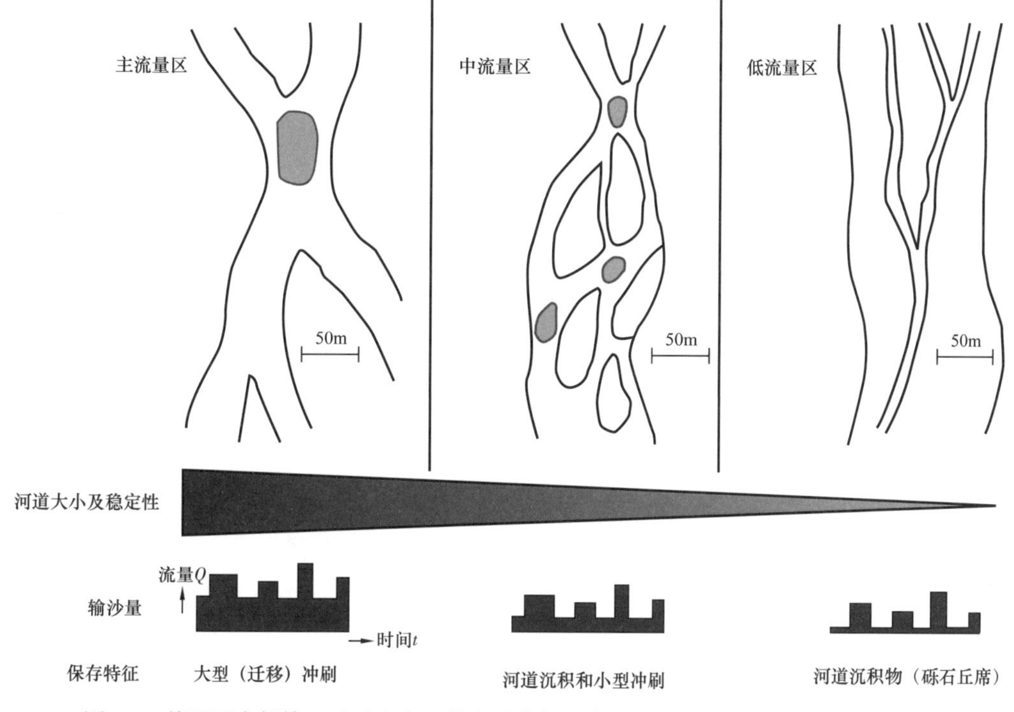

图 4.4　德国西南部第四系砾岩中三种主要岩相组合的河流环境（据 Heinz 等，2003）

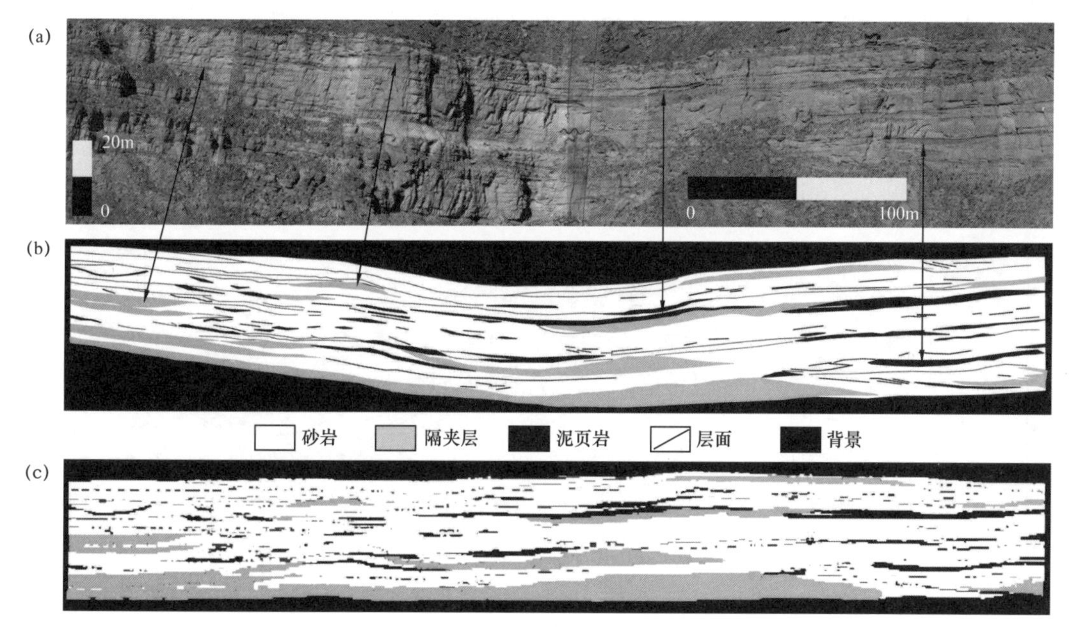

图 4.5　犹他州 Straight Cliffs 组露头（a）、露头基本岩相解释（b）和使用 74cm × 61cm 的网格尺寸对露头进行人工拉直和数字化处理，得到水平和垂直方向的总网格数分别为 661 个和 81 个（c）（据 Stephen 和 Dalrymple，2002）

井内的垂向流动，假设砂体是均质的，那么隔夹层和泥页岩对流动特性的影响会非常大。不同岩性组合对流动的影响也很大，这些组合岩性影响了流动路径的弯曲度。当对平行于横截面的水平井进行建模时，厚层泥页岩之间的隔夹层则可以提高驱替效率（Stephen 和 Dalrymple，2002）。

图 4.6 至图 4.8 是对中国克拉玛依油田储层单元界面和构型要素的详细研究，该研究是基于对附近露头的研究，以及这些沉积学细节与开发地层单元显示的孔—渗模式之间的关系。露头岩相、构型要素和界面的解释采用了 Miall（1996）的方法。图 4.6 是由 Jiao 等（2005）提出的构型分类，适用于多孔、产油的砂岩和砾岩地层。两个复合砂岩的露头展示如图 4.7 所示。

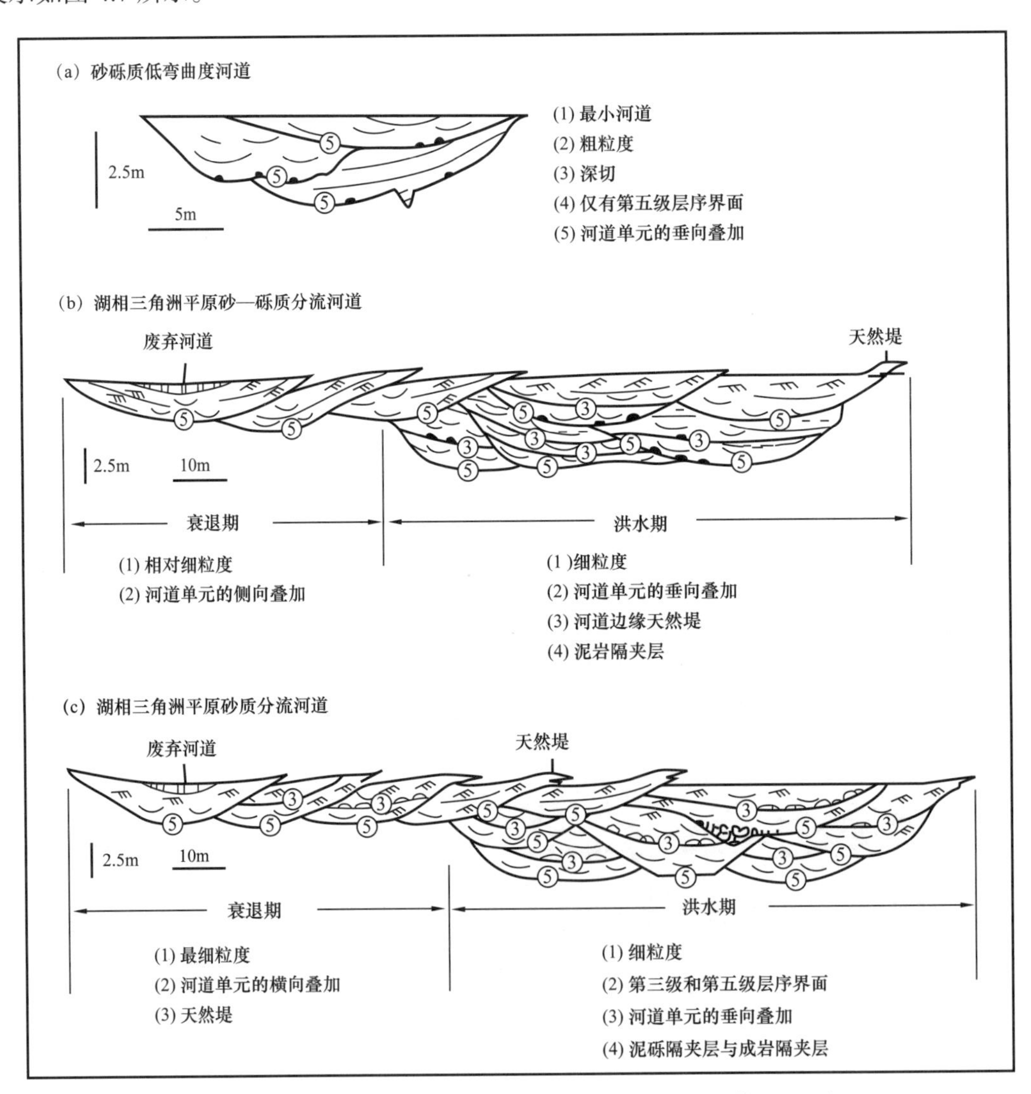

图 4.6　中国克拉玛依油田储层的构型单元（据 Jiao 等，2005）

与图 2.9 相比，储层非均质性在三个尺度上概念化（图 4.8），在岩心微尺度范围内，测量了孔隙结构和渗透率各向异性。最大水平渗透率方向（47.3mD）与古水流方向平行；

中间水平渗透率（16.4mD）与古水流方向垂直，垂向方向渗透率最低。

中等尺度范围内，在不同的界面上识别出单个河道、孤立的流体隔夹层（图 4.9）。孔隙度和渗透率也与岩相密切相关。Jiao 等（2005）确定了三种类型的流体隔夹层，可用于预测流体流动单元的分布模式及其内部孔隙度和渗透性，并对所有现象进行成因解释（下面引用的图序号已改为本书中使用的序号）：

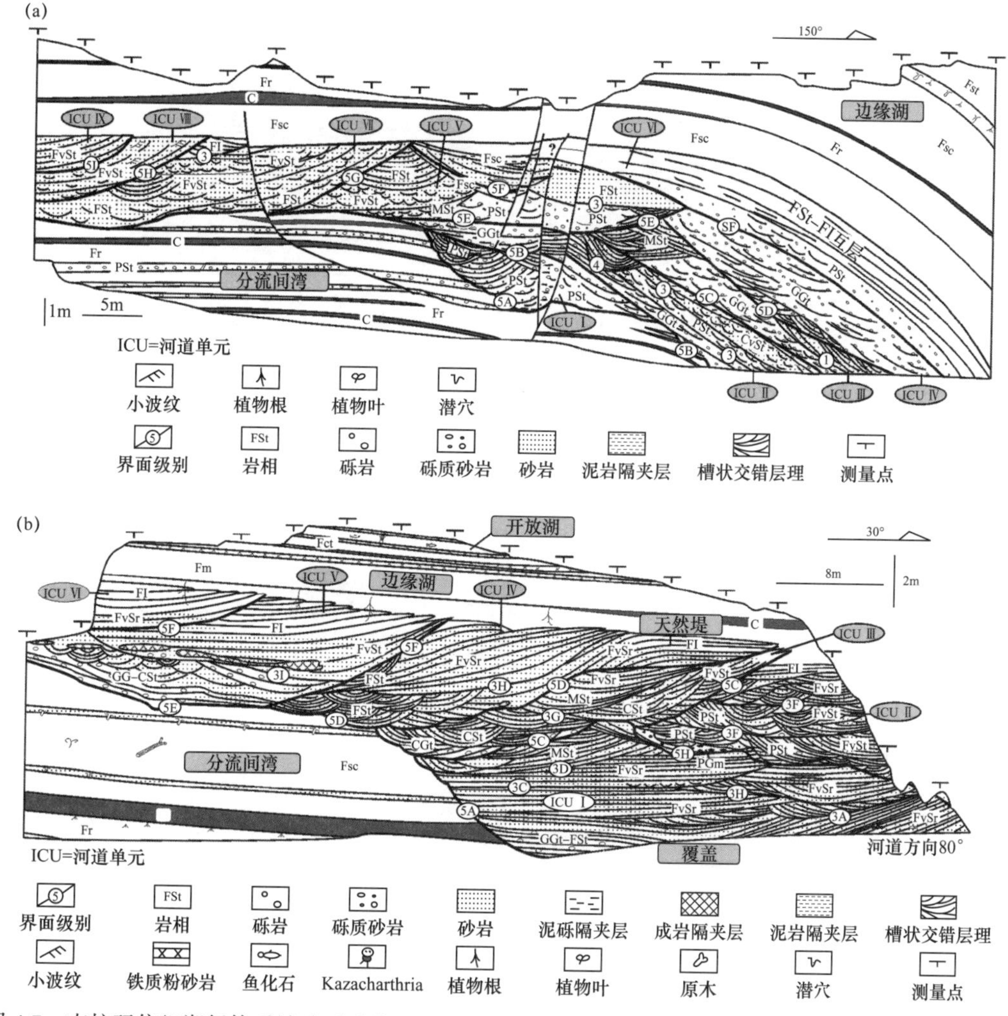

图 4.7　克拉玛依组湖侵体系域砂砾质分流河道构型单元格架（a）和砂质分流河道构型单元格架（b）（据 Jiao 等，2005）

（1）沉积体顶部主要分布细粒隔夹层，河道内的沉积物或沉积末期能量衰减所形成的大型加积单元。这种隔夹层向分流间湾方向增厚，甚至与分流间湾的细粒沉积物相连。在特定情况下，接触紧密的废弃河道泥岩也可作为隔夹层，其几何形状不仅受沉积控制，而且与后期冲刷密切相关［图 4.9（a）］。

（2）泥砾隔夹层，实际上是一种相对集中的河道滞留沉积，覆盖在五级或三级层序界面上，向河道两侧变薄［图 4.9（a）］。

（3）铁质成岩隔夹层是在成岩过程中沿沉积界面形成的非均质结核层［图 4.9（b）］。

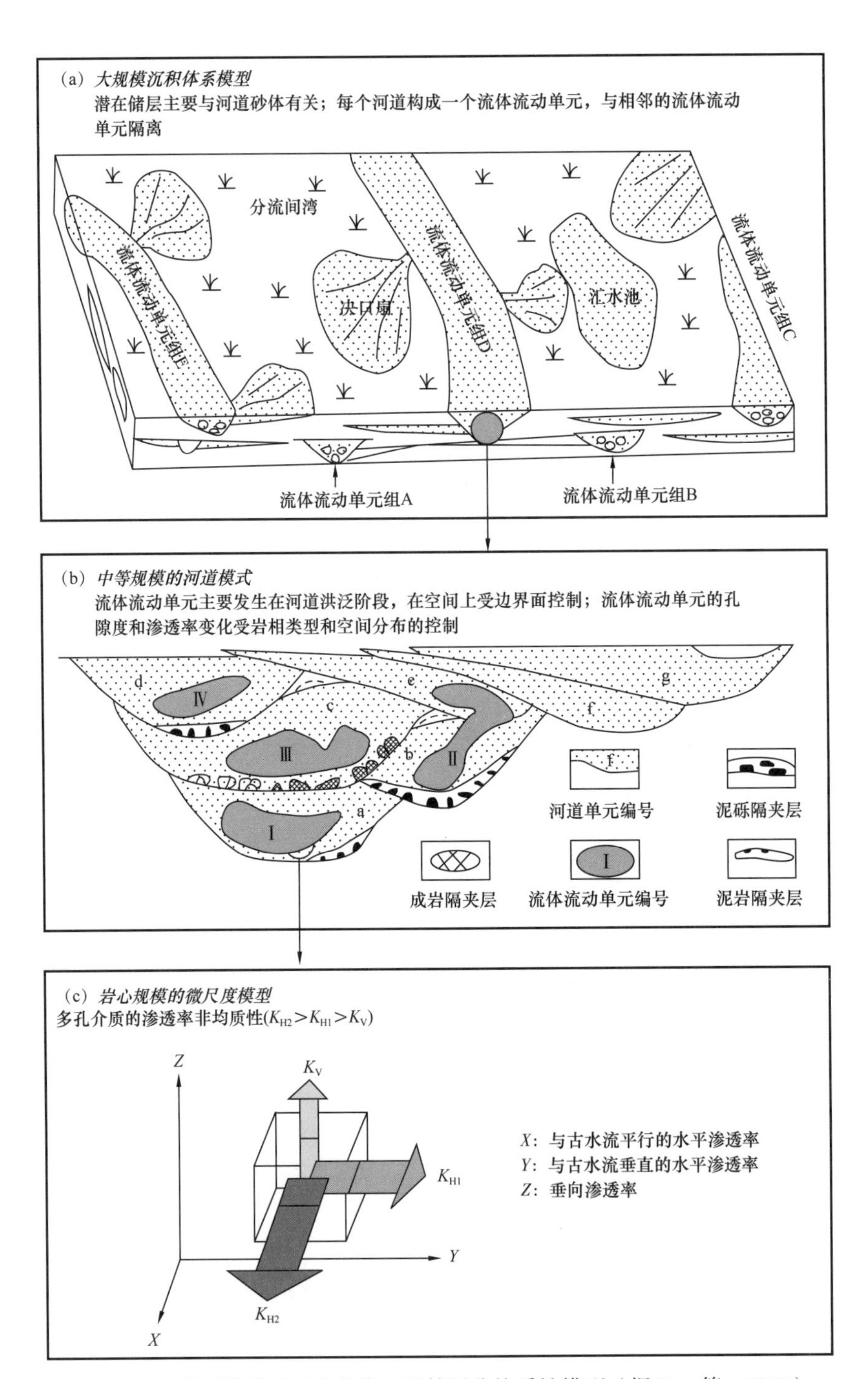

图 4.8　克拉玛依油田三个尺度上的储层非均质性模型（据 Jiao 等，2005）

上述三个独立的隔夹层的孔隙度和渗透率均极低（如泥质隔夹层孔隙度为 2.66%、渗透率 24.9mD，泥砾隔夹层孔隙度为 1.47%、渗透率 26.0mD，铁质成岩隔夹层孔隙度为 6.49%、渗透率 27.2mD）。

在沉积体系的大尺度范围内，通过对比不同成因砂体（相）的孔隙度和渗透率，从而识别优质储层。

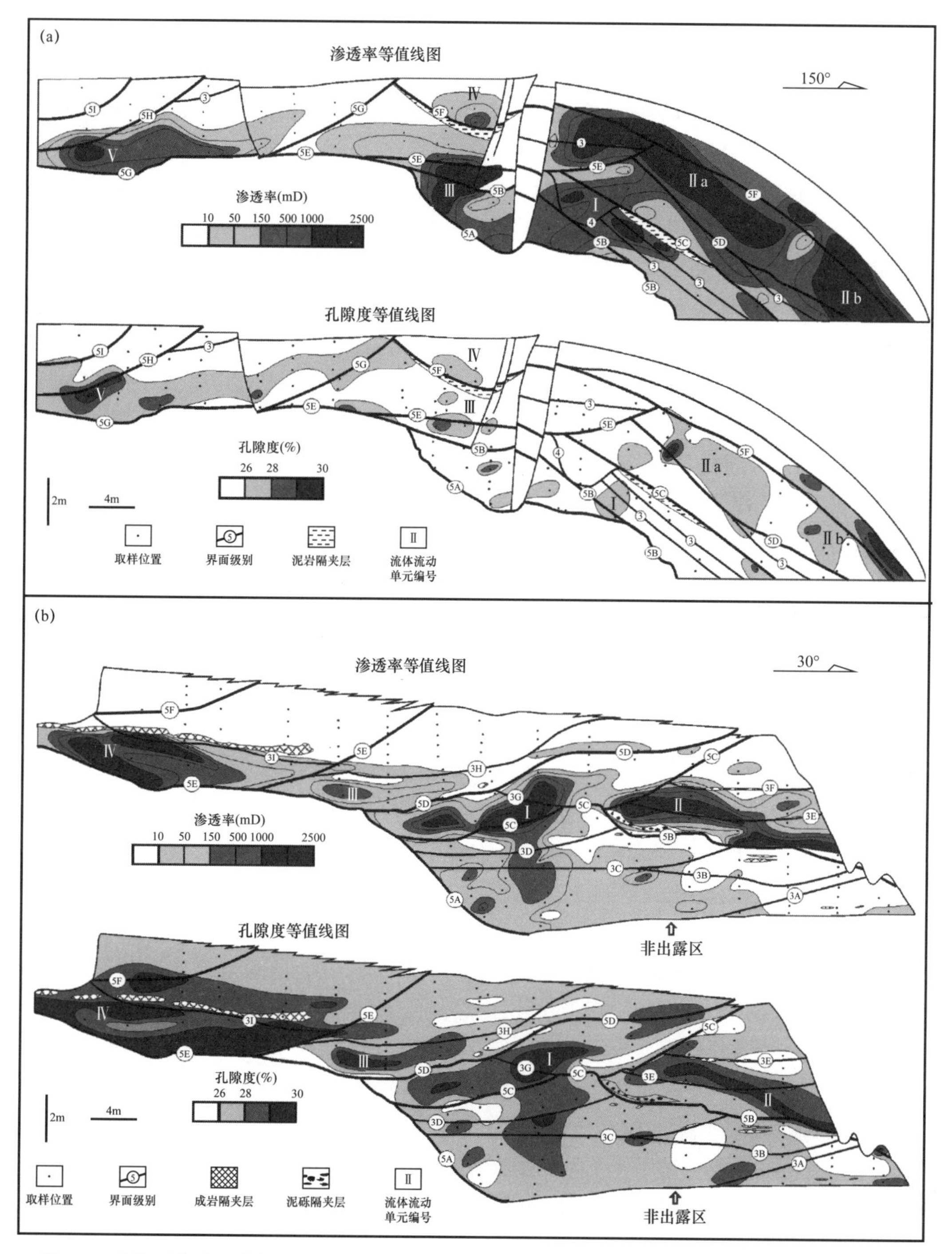

图 4.9 克拉玛依油田湖相三角洲平原分流体系中砂砾质分流河道［图 4.7（a）］和砂质分流河道［图 4.7（b）］的孔渗分布规律（据 Jiao 等，2005）

4.2.2 探地雷达（GPR）

本书前几节和 Miall（1996）中提到的许多构型研究本质上是二维的，也就是说，它们是基于对露头的研究，也许这些露头较高（几米到几十米）且长（几十米到几百米），但显示的深度很小或没有深度，因此无法提供三维结构信息。Miall（1994）在对一些古代河流沉积的示范研究中，演示了如何进行露头产状测量，包括河道边缘、加积面和交错层理，这样可以提供一些露头背后三维形态的有用见解。但是此类信息的适用性必然受到限制，并且这种露头方法已经被多次批判（Bridge，1985，1993，2003）。

此时，探地雷达方法的发展似乎为解决这一问题指明了方向。这是一种地球物理方法，利用雷达脉冲通过微波电磁能量对地下进行成像。从表面上看，该技术可与反射地震方法相媲美，因为反射能量是以二维横截面的形式收集、处理和显示的，其中 x 轴对应于雷达测量的轨迹，y 轴为双向行程时间。这项技术最早是在 1929 年发展起来的，目的是研究冰川的深度（http：//www.g-p-r.com/introduc.htm），但直到 20 世纪 70 年代才开始应用于地质研究。

探地雷达为地下岩石研究提供了厘米级的分辨率，构型研究的理想组合是大型二维露头为水平或轻度倾斜的地层。露头的顶面发育在某个连续层之上，提供了一个平坦的表面，方便研究人员在上面进行测量（例如美国西南部的台地）。测试和校准在可以在露头后短距离内使用，为直接从露头到雷达探测深度的解释提供基础（图 4.10），然后按交叉网格线运行，将解释延伸到地表以下，从而提供大量的三维信息。由于雷达信号在含水介质中衰减很快，该技术的应用主要受到被测岩石含水饱和度的限制，信号也会被黏土层吸收。一般来说，有用的反射波不会从地下水位以下返回；就测量古代岩石而言，探地雷达在干燥环境中使用效果最好，例如美国西南部，那里的穿透深度可超过 10m。

《探地雷达研究汇编》由 Bristow（2003）主编，其中包括野外方法实用指南（Jol 和 Bristow，2003），其中还包含一些河流沉积的研究，并在本节中被引用。2004 年，Neal 对 GPR 及其应用进行了全面回顾。虽然作者参考了层序和沉积相研究，但这项研究主要集中在地球物理原理和方法上，所描述的实际例子只有现代海岸和沙丘。2010 年，Akinpelu 对 GPR 进行了广泛的调研，并进行了一系列的现场试验，得出了一些关于方法论的重要总结，如下所述。

这里没有详细描述现场的方法和技术，但是本次调研的目的是要认识到一些要点：大多数沉积学研究使用频率在 50～500MHz 之间，大部分研究使用 100MHz 频率。高频（400～1000MHz）波长较短，分辨率高，但穿透深度小。低频（10～50MHz）具有更长的波长，可以产生更大的穿透深度，但分辨率较低（Jol 和 Bristow，2003）。

Akinpelu（2010）回顾了探地雷达技术在碎屑岩中应用的范围，尤其是对是河流沉积。该设备最重要的属性之一是用于发射和接收雷达能量的天线的频率。

正如本次研究中许多露头位置所观察到的那样，目前对露头研究的主要限制是 GPR 成像技术中显著的信号衰减和低穿透度。由于泥页岩含量和所研究的地层或上覆地层中的黏土矿物的存在，几乎无法降低信号的衰减。通过使用低频波（12.5～100MHz）进行 GPR 探测，虽然低频设备通常比较笨重，但信号可以穿透更深的地层，并且意味着更长时间的数据采集。在某些情况下，可能还需更多的调查人员。低频波也将牺牲一部分分辨率，但是高频波（100～400MHz）仍然是解决构型要素和宏观形态的理想选择（Akinpelu，2010）。

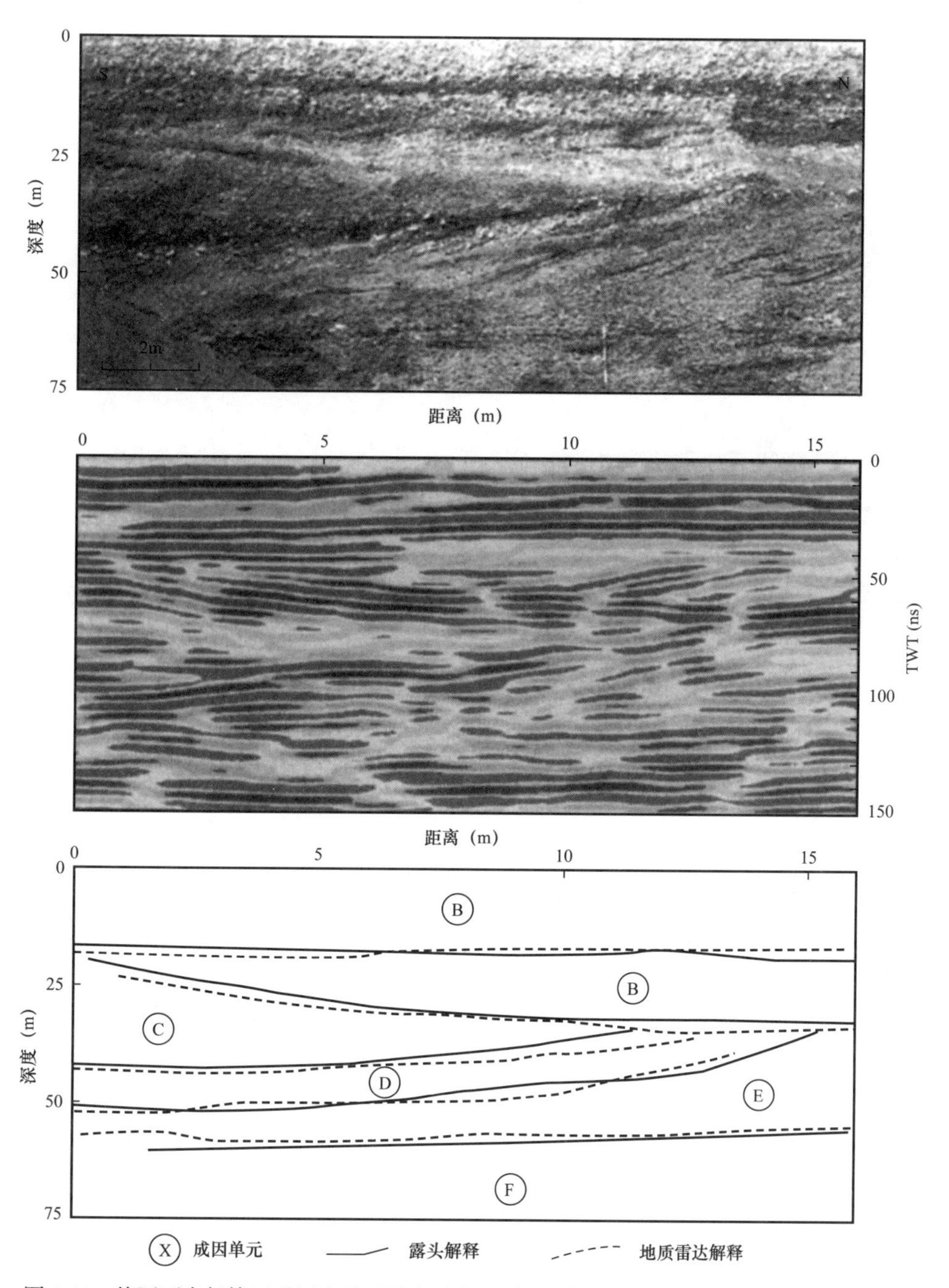

图 4.10　德国西南部第四系河流砾石露头照片和雷达图像对比（据 Heinz 和 Aigner，2003）

Akinpelu（2010）指出，12.5MHz 的频率在大多数碎屑岩中的穿透深度不足 50m，即使在干燥的无黏土岩层中也是如此。100MHz 频率的波通常用于 10～20m 深度的穿透。

步长（单个地面读数之间的间隔）对于地下三维结构成像至关重要，例如河道、加积面和交错层（图 4.11、图 4.12）。Jol 和 Bristow（2003）指出，步长为 1m 的天线通常使用 100MHz 的频率。然而，小于 2.5m 宽的结构体在此间距下无法完全成像。

有用的三维信息可以从相互垂直的直线网格中获得（图 4.13、图 4.14）。然而，要发挥三维分析的全部能力需要更多的数据支持。250MHz 天线的间距为 10cm，用于超高分辨率的研究，12.5MHz 频率的线间距为 5m，拥有更强的穿透力，但分辨率较低（Akinpelu，2010），如图 4.15 所示。

图 4.11　不列颠哥伦比亚省 Pink 山 Dunvegan 组（上白垩统）古河流沉积的宏观特征，露头照片及 GPR 成像（据 Akinpelu，2010）

（a）10°～20° 倾斜反射体，在水平反射体之上，解释为砂泥斜互层（IHS）（Thomas 等，1987）；（b）中等倾斜（20°～30°）反射体，向下凹进底面，解释为河道内的侧向加积

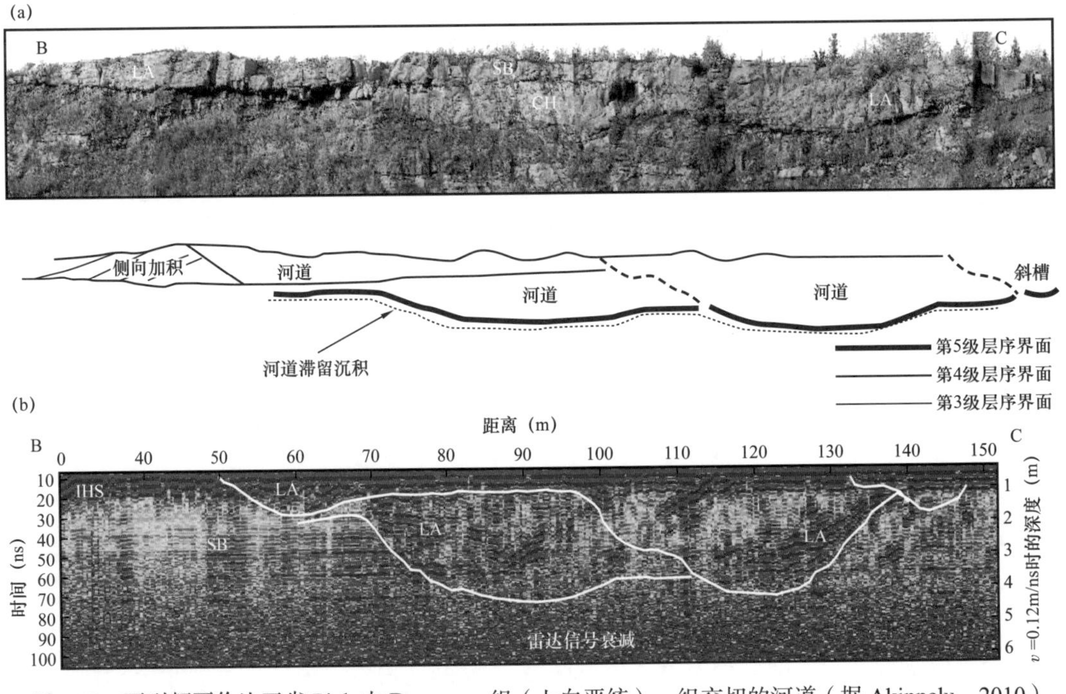

图 4.12　不列颠哥伦比亚省 Pink 山 Dunvegan 组（上白垩统）一组交切的河道（据 Akinpelu，2010）

在地质应用中，对电学性质及穿透深度、速度和反射层特性影响最大的参数是：（1）含水饱和度；（2）黏土含量；（3）孔隙水盐度。干燥、无黏土的沉积物通常比潮湿地层具有

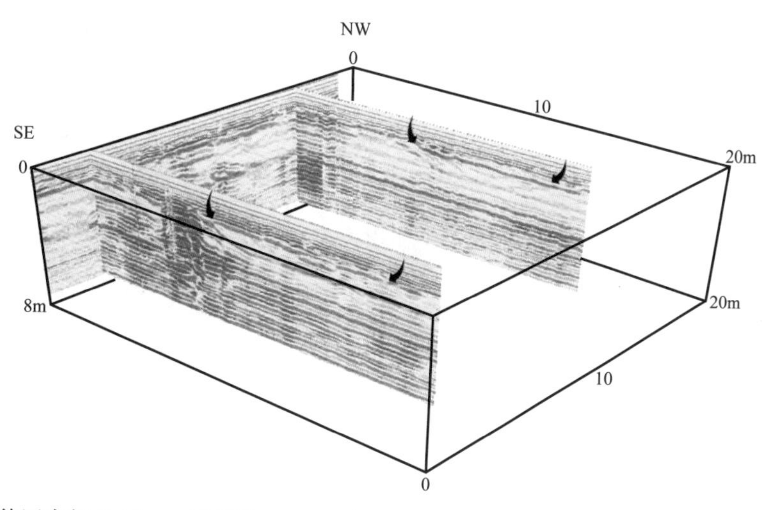

图 4.13　穿过德国南部 Tübingen 附近的 Keuper 砂岩（上三叠统）片状决口扇（被侵蚀成平坦的漫滩沉积）的 GPR 网格线（据 Aigner 等，1996）

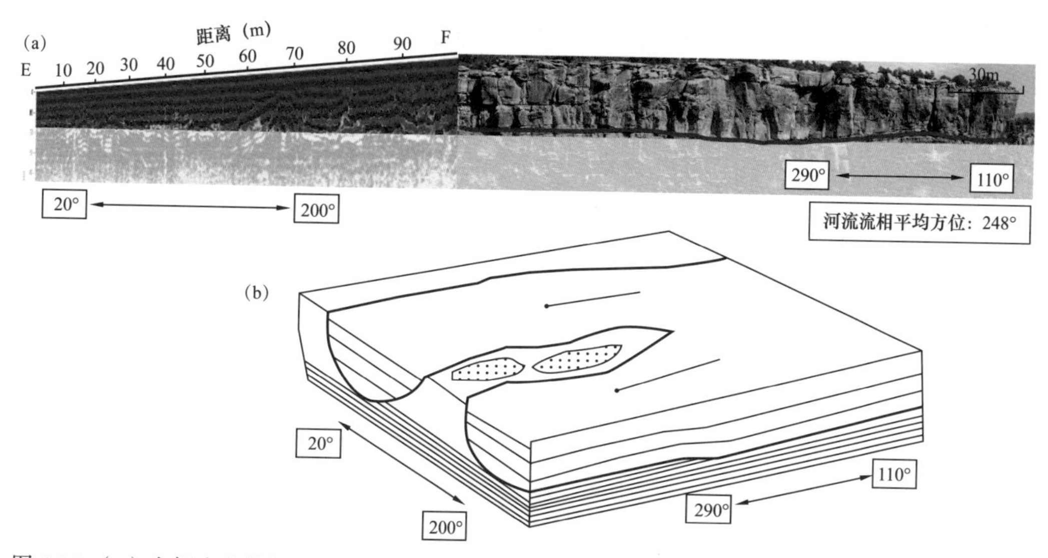

图 4.14　（a）右侧为犹他州 Hurricane–Mesa 国家公园 Chinle 组（三叠系）Shinarump 段的一个露头，左侧为一条探地雷达测线与露头呈直角；（b）基于露头和雷达线的示意图，显示了河道中的沙坝（据 Akinpelu，2010）

更高的传播速度和更低的衰减系数。因此，穿透深度在干燥多孔沉积物（例如石灰岩，探测深度可达 100m）中最高，在饱和水的黏土中最低（穿透深度可能小于 1m）。

探地雷达相的定义通常基于反射波的形态、反射倾角以及反射、反射连续性和反射振幅之间的关系（Neal，2004），并且这些相特征明显受到处理步骤的影响。在数据处理过程中，采用不适当的增益可以使连续反射出现不连续，而虚假信号可能导致反射减弱。因此，正确的信号处理步骤和真实的露头数据对验证雷达数据保真度具有重要意义。这里也强调了 GPR 出版物中记录数据采集和处理步骤的重要性，以便在研究之间进行比较。（Akinpelu，2010）。

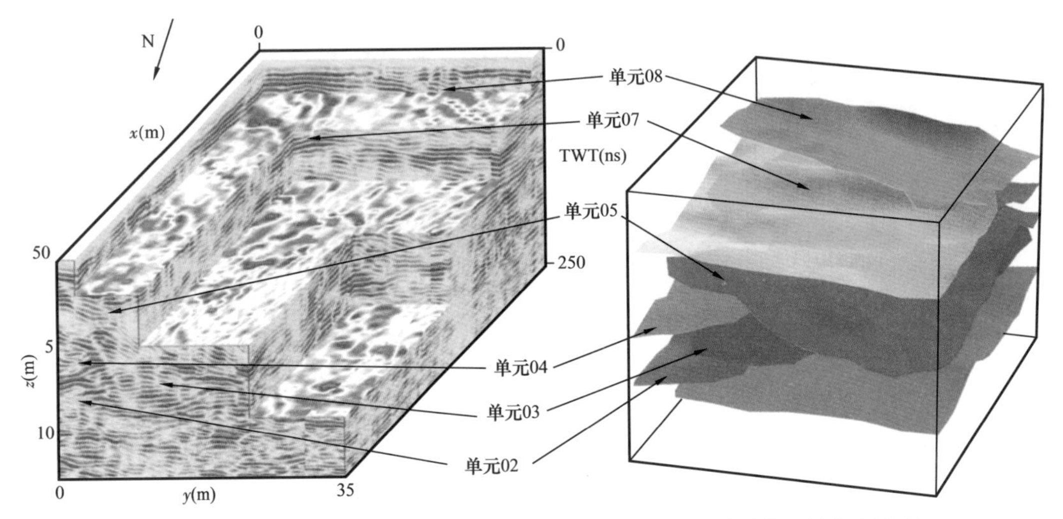

图 4.15　德国西南部第四系河流砾石的三维 GPR 调查显示了其三维宏观形态
（据 Heinz 和 Aigner，2003）

因为 GPR 数据解释在很大程度上取决于所采用的数据处理步骤，尤其是随着 GPR 数据处理、GPR 属性分析和可视化的进一步发展，需要更多的地球物理学家参与到三维露头研究项目中来（Akinpelu，2010）。

有些学者曾提出了“雷达相”系统，其中特定的反射结构可以表征某些沉积组构。然而，Akinpelu（2010）强调不要对这一系统采取过度简化的方法，他认为反射特征取决于波频率、步长、地面条件和数据处理的程序。

在河流相中的应用包括：（1）第四纪砾石研究，如 Huggenberger（1993）、Asprion 和 Aigner（1999）、Beres 等（1999）、Heinz 和 Aigner（2003）、Dubreuil Boisclair 等（2011）；（2）现代河流及沉积物的浅层地下制图，如 Fielding 等（1999）、Lesmes 等（2002）、Lunt 和 Bridge（2004）、Lunt 等（2004）、Sambrook Smith 等（2006）；（3）古河流沉积研究，如 Gawthorpe 等（1993），Aigner 等（1996）、Stephens（1994）；（4）分流河道研究，如 McMechan 等（1997）、Szerbiak 等（2001）、Hammon 等（2002）、Corebanu 等（2002）、Zeng 等（2004）。Akinpelu（2010）列出了其他有关现代和古代碎屑沉积的 GPR 研究。

通过适当的波频率和步长，GPR 研究可以揭示宏观河流体系的重要细节。Akinpelu（2010）对河流沉积地层进行了一系列的案例研究，以探究 GPR 的这一能力，如图 4.11 和图 4.12 给出了一些例子。网格测量可以揭示主要的板状、片状、河道或其他砂体的地下范围（图 4.13 至图 4.15）。这可能会提供有关河道和其他复杂砂体的地下产状和规模的一些重要信息（Stephens，1994）。

为了开发孔隙度—渗透率结构的三维信息，前人对碎屑岩地层进行了许多研究（McMechan 等，1997；Szerbiak 等，2001；Hammon 等，2002；Corebanu 等，2002；Zeng 等，2004）。在这些研究中，实际的相特征并不重要，重要的是潜在储层体的三维尺寸和分布，以便输入流动模型中。

4.3 深层地下成像

4.3.1 地震方法

三维地震方法在勘探开发中的应用，使沉积学在复杂地层地下成像中的应用发生了革命性的变化。这些方法由 Alistair Brown 首创并发表在 AAPG 合集第 42 卷中，现为第七版（Brown，2011）。Henry Posamentier 引领了三维地震在沉积学应用方面的发展，并在最近汇编了一份具有重要参考价值的区域研究报告（Davies 等，2007）。2007 年，Posamentier 等的一篇介绍性文章阐述了后来被称为地震地貌学的基础——通过地震数据解释地貌和沉积系统。水平地震剖面（简称地震剖面）是实现这一目的的必要条件。三维地震方法提供了在任何选定的水平面上通过数据体创建水平剖面的能力，并且这些剖面也可以沿着用户定义的地层表面绘制（称为地层切片），从而具备了解释构造倾角、褶皱等的能力；将地层拉平后，反射记录的复杂性也降低。这种数据图像可能比传统的垂直剖面更有用，因为它们以直观的形式显示沉积单元，任何研究现代沉积过程的人都对这种形式很熟悉。地震分辨率问题也是垂直剖面研究的一个潜在问题。分辨率指分辨薄层的能力，通常被认为是地震波波长的 1/4。在理想条件下，浅层勘探深度的分辨率约为 10m，而在数千米深度的分辨率则超过 200m。地震数据与钻孔信息的结合，包括测井特征以及样品和岩心数据，对于全面描述和解释沉积体系至关重要。测井资料可以增加有关岩性变化的有用信息，特别是在垂直地震分辨率较差的情况下，并为其他相关计算提供定量数据，如下所述。

图 4.16 显示了沿着沉积面发育的曲流河道系统，该层面经历了轻微的褶皱（这可能只是反映差异压实的褶皱效应）。垂直剖面（灰色）显示了地层结构；地层切片（彩色）是振幅变化图，较深的颜色（红色和蓝色）突出了墨西哥湾的曲流浊积河道。注意使用透视图效果来说明这个沉积体系，该效果模拟从低空飞行的飞机窗口看到的地形。曲流河系统如图 4.17 所示。这是用这种方式描绘沉积体系的第一批插图之一，参见 Brown（1986）。

图 4.16 披覆在略微倾斜的地层表面的振幅变化图，显示墨西哥湾浅层沉积物中曲流浊积河道（据 Posamentier 等，2007）

Ethridge 和 Schumm（2007）回顾了河道类型和河流分类，并参考了一些地震地貌解释的早期实例。

地下详细而精确的结构恢复的价值可以通过图 4.18 来说明，图 4.18 是十多年前完成的勘探计划图（那时技术得到了显著发展）。该剖面清楚地展示了预计开发储层段的位置。

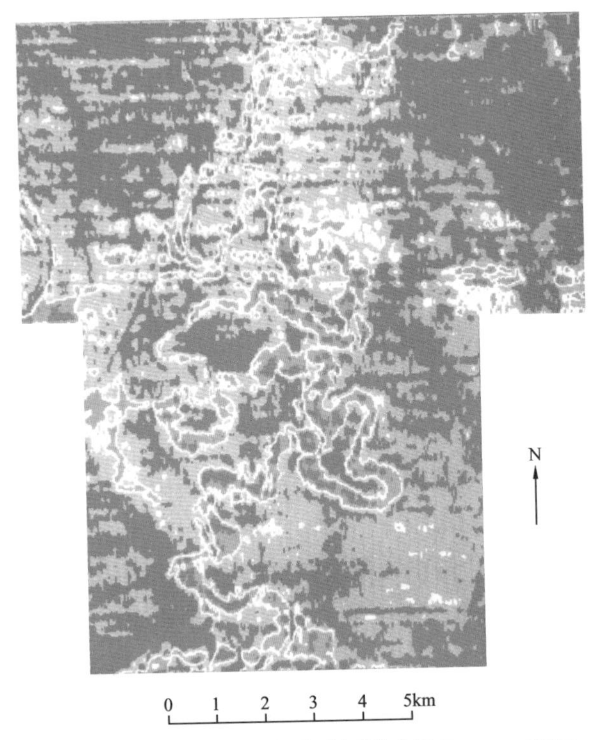

图 4.17　泰国湾浅层沉积物中的曲流河道（据 Brown，1986，2011）

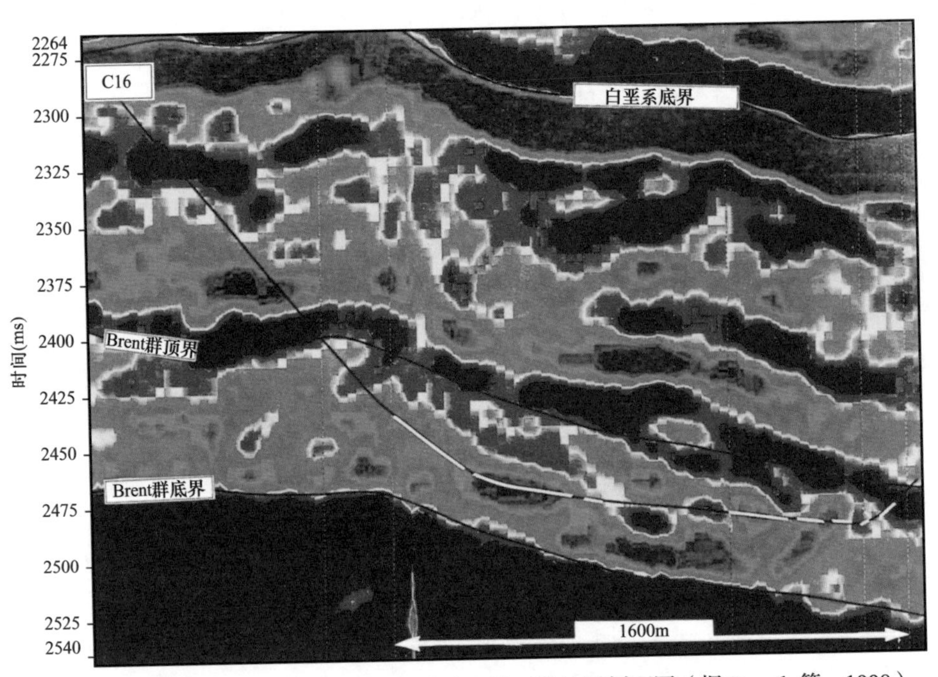

图 4.18　沿拟钻的 30/6–C16 井的井轨迹建立的三维地震剖面图（据 Ryseth 等，1998）

沿井眼轨迹的低阻抗值（绿色及蓝色）表示储层砂岩（轨迹的黄色部分）；阻抗变化表明该井将穿透两个砂岩段，这两个砂岩段在横向上被泥岩隔开

Sarzalejo 和 Hart（2006）举例说明了萨斯喀彻温省东南部 Mannville 组（下白垩统）的曲流河系统（图 4.19 至图 4.22）。在这些例子中，地震分辨率（1/4 波长）约为 12m。许多伽马测井曲线可从选定地震体内的位置获得，但无法获得岩心或样品数据。水平和垂直地震剖面与伽马曲线相结合，为沉积体系的解释提供了强有力的工具。在适当的环境下，可以使勘探直接聚焦于预测单元。

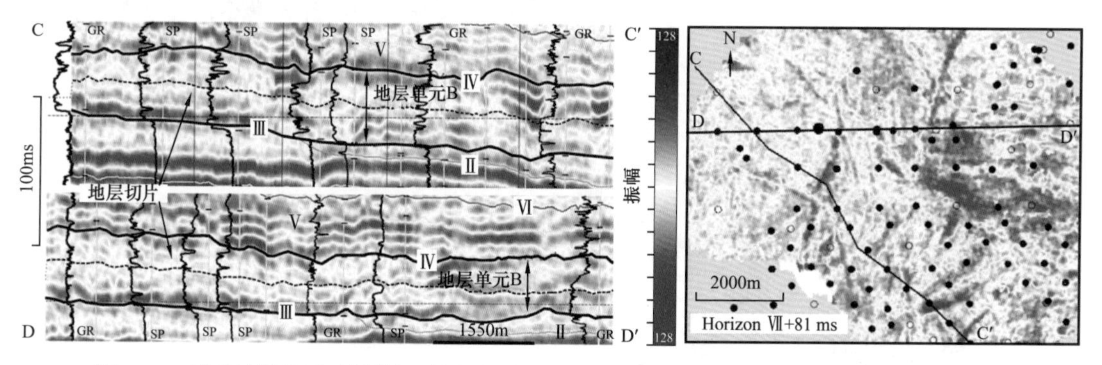

图 4.19　滚动沙坝地震反射特征（界面Ⅶ向下 81ms 振幅属性）（据 Sarzalejo 和 Hart，2006）

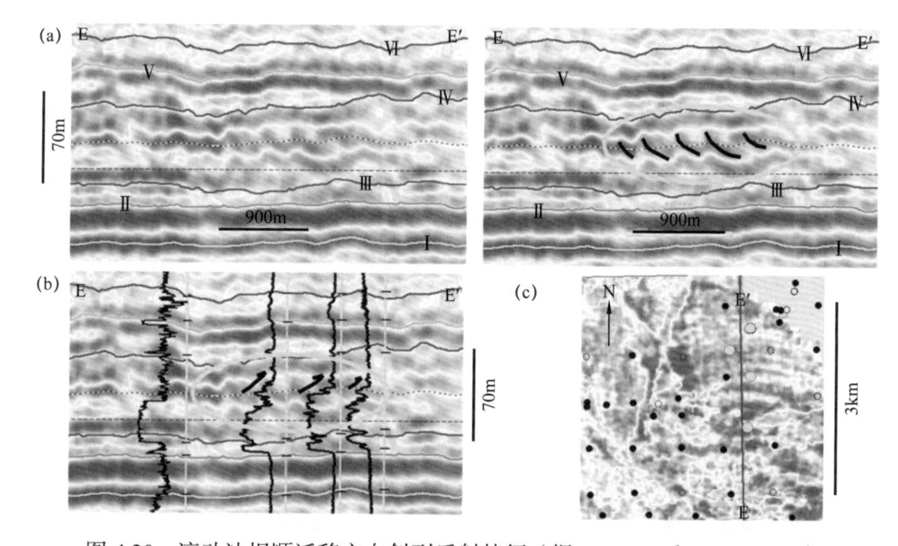

图 4.20　滚动沙坝顺迁移方向斜列反射特征（据 Sarzalejo 和 Hart，2006）

图 4.19 中的时间切片图显示了较深的颜色条带（红色和蓝色），解释为一系列点沙坝复合体形成的滚动沙坝。垂直剖面和伽马曲线显示了粒度向上变细的河流单元的典型齿状钟形特征，厚度在 50～70m 之间。图 4.20 提供了一个更清晰的曲流河体系的例子，垂直剖面包括编号Ⅲ和Ⅳ之间的一套叠瓦状反射特征，放大后（右上）用黄色椭圆圈起来突出显示，这些被解释为点沙坝的侧向加积面。它们在该剖面中的出现表明点沙坝中存在一定程度的岩性非均质性，例如砂岩层与明显的泥岩盖层或内部侵蚀面（三级表面）互层。侵蚀面岩性差异很大，比如发育分选差、泥质或含砾的沉积物，这些界面在伽马曲线上表现为锯齿状。时间切片［图 4.20（c）］清楚地显示了弯曲的滚动沙坝的轨迹，曲率方向指示点沙坝向北偏移并增长。

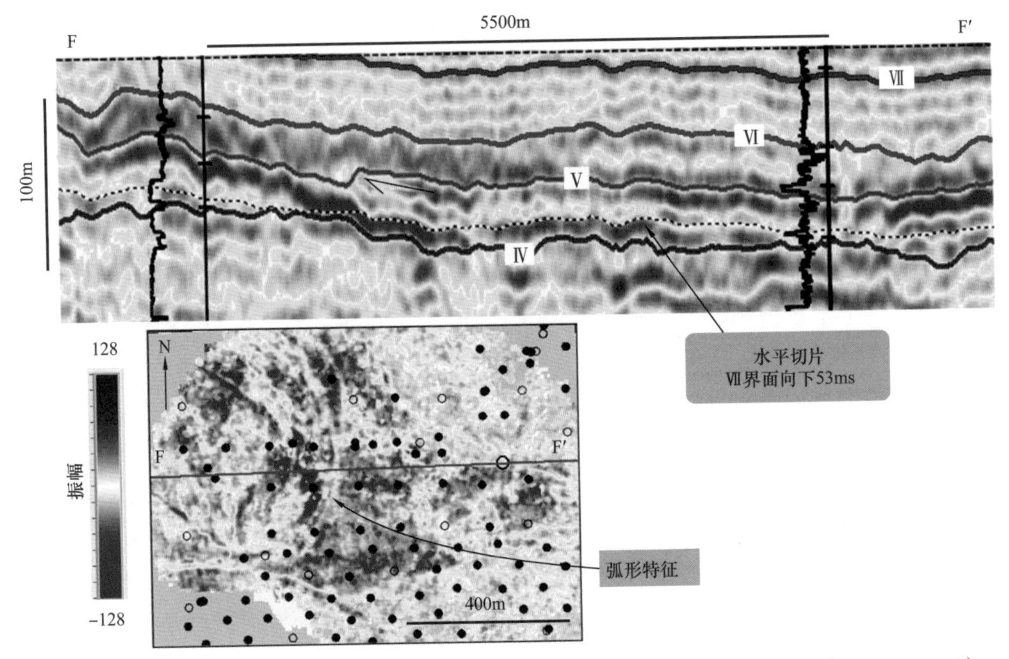

图 4.21　滚动沙坝地震反射特征（界面Ⅶ向下 53ms 振幅属性）（据 Sarzalejo 和 Hart，2006）

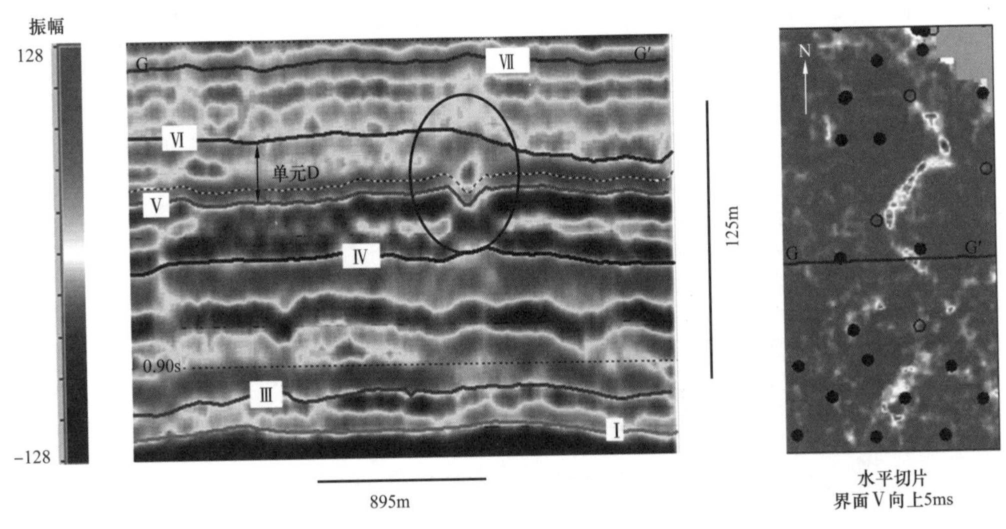

图 4.22　萨斯喀彻温省东南部 Manville 组的单一河道（据 Sarzalejo 和 Hart，2006）

图 4.22 展示了一个宽约 140m 的单一河道的例子。该河道下弯曲的同相轴界面可能反映了河道致密且不易压实的砂岩充填物之下细粒河漫滩沉积物的压实性。

地震剖面如图 4.19 至图 4.22 所示，展示了极高的分辨率，图 4.23 和图 4.24 提供了分辨率更高的横切面。这些数据来自对泰国湾海底浅层的电火花震源地震勘探（Reijenstein 等，2011）。这些剖面中的点沙坝是依据相同岩石体积的三维地震剖面来识别确定的。电火花震源地震勘探只能在浅部进行，但提供的垂直分辨率约为常规三维地震的 25 倍，约为 25cm。图 4.23 为典型的点沙坝横切面，包括下切河道和废弃河道泥楔。图 4.24 显示了在点沙坝的“点”附近发育的双向倾斜，而曲折带周围的加积倾斜都朝向河道。

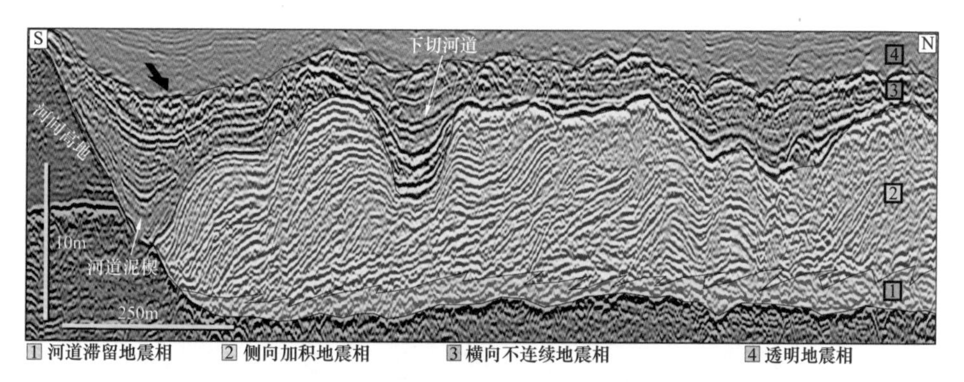

图 4.23　泰国湾晚新生代河流沉积中点沙坝的高分辨率电火花震源地震倾向剖面（据 Reijenstein 等，2011）

注意到凸起的侧向加积面、下切河道和左侧河道楔的差异压实作用，表明主要为泥质相

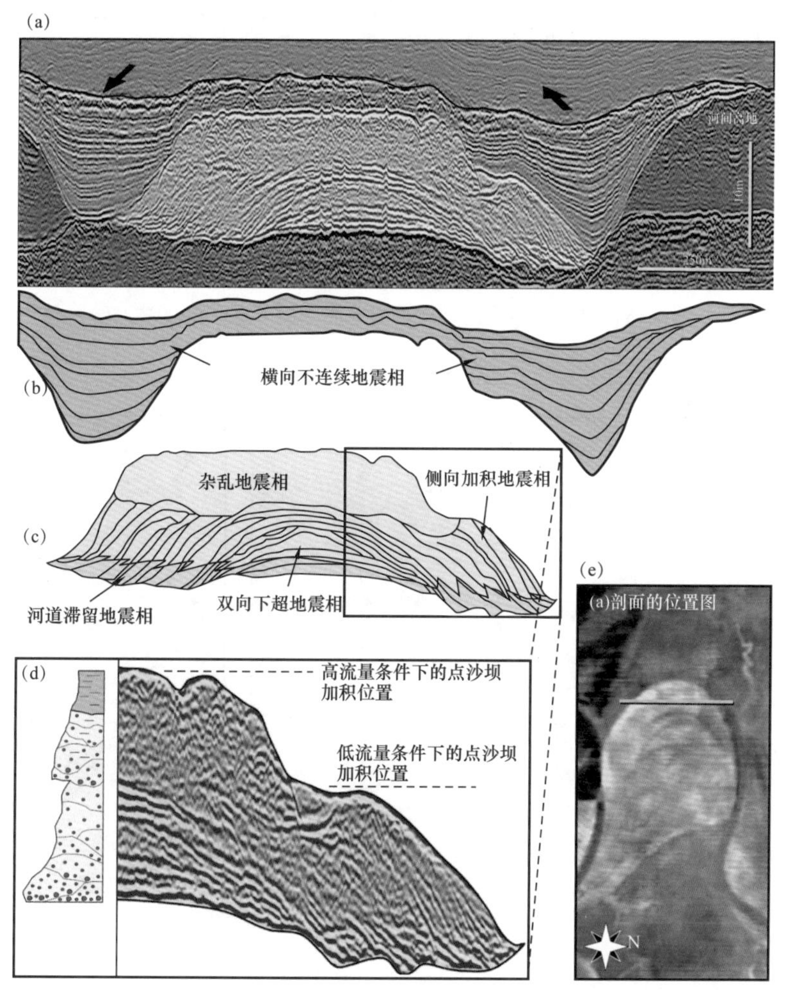

图 4.24 （a）泰国湾晚新生代河流沉积点沙坝的高分辨率电火花震源地震剖面图。位置如（e）所示，截面的方向是横穿沙坝的前部。沙坝的两个主要相组合是点沙坝和河道滞留沉积（c）和上覆的以泥岩为主的河谷充填相（b）。沙坝的边缘如图（d）所示，连通解释表明沙坝是两期水流作用形成的。垂直剖面是推测性的（据 Reijenstein 等，2011）

熟练的剖面解释人员可以获取更多关于沉积过程的信息。图 4.25 显示了一个垂直地震剖面，剖面中横向不连续的低振幅（红色）斑块为河道砂岩。在 12ms 时窗内拍摄的三个地层切片显示了河道位置随时间的微妙变化（图 4.26）。这些可以通过曲流河道的演变来解释（图 4.27）。正如预期的那样，河道显示出迁移的迹象，并随着时间的推移而扩大。

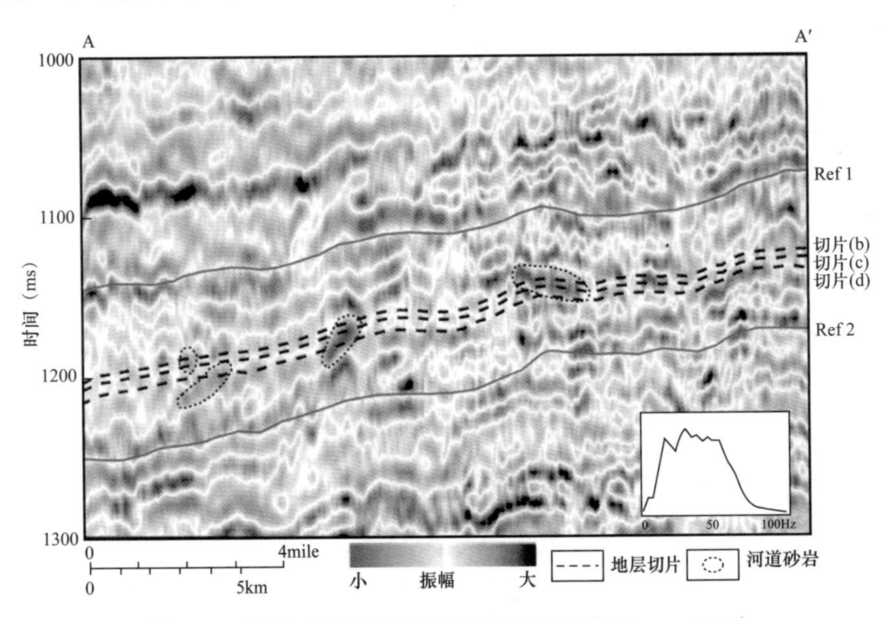

图 4.25 曲流河体系的常规垂直地震剖面（据 Zeng，2007）

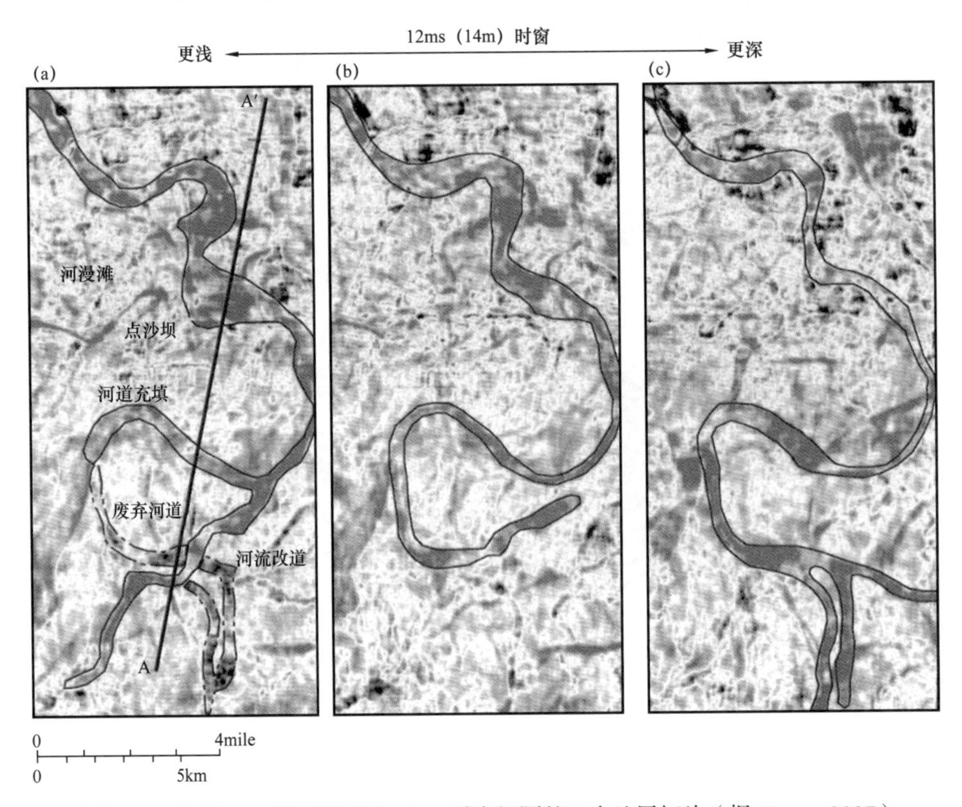

图 4.26 在图 4.25 所示剖面的 12ms 时窗间隔的三个地层切片（据 Zeng，2007）

阿尔伯达油砂的现场开发为含油单元的精细岩相和构型解释提供了动力。SAGD 工艺（蒸汽辅助重力泄油）的注采井布置需要对富油单元的位置和范围有详细且精确的了解，考虑到储层的深度较浅，三维地震是绘制地图及在剖面上重点显示这些信息的理想工具。Hubbard 等（2011）最近的一项研究是为数不多的公开细节的研究之一，其中的地震分辨率大于 5m。图 4.28 说明了构成该地层单元的潮控点沙坝和废弃河道的复杂性。将地震数据与伽马曲线特征相结合，如图 4.28（c）所示，图中的低值分布表明了富砂相，可以清楚地描绘出低值分布，反映了点沙坝和河道的构型。图 4.29 提供并解释了这个地震体中出现的点沙坝的范围。

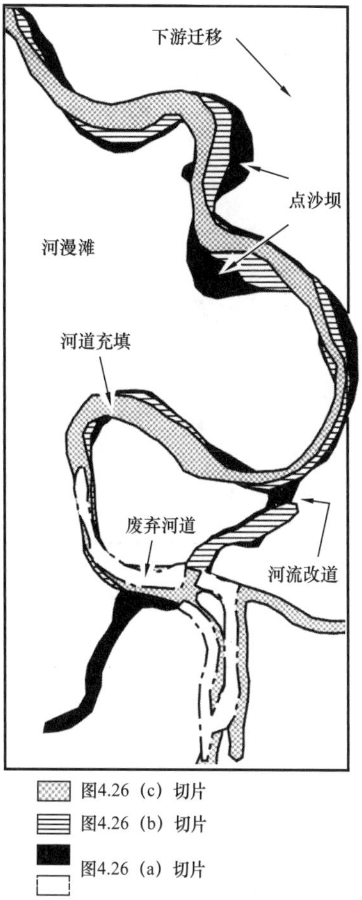

图4.26（c）切片
图4.26（b）切片
图4.26（a）切片

图 4.27　图 4.26 所示曲流河的解释（据 Zeng，2007）

该地震体的时间切片可以用岩相和构型术语进行解释：通过砂岩和粉砂岩为主的层间对比，与点沙坝发育过程相关的滚动模式很清晰。描述了五种主要沉积单元的总体几何形态、组成和内部地层结构：（1）废弃河道或牛轭湖充填；（2）与侧向加积（PBLA）有关的点沙坝；（3）与下游加积或下游河谷加积有关的点沙坝；（4）对点沙坝；（5）砂岩充填的河道（Hubbard 等，2011）。

废弃河道河段在地震时间切片上具有相对均匀、中等振幅的响应特征。它们出现在具有略微弯曲的地质体中，记录了 400～600m（1312～1969ft）宽的废弃蜿蜒河道的充填情况。钻井岩心分析表明，它们主要由平均厚度为 25～35m（82～115ft）的粉砂岩（Lf4），与交错层理砂岩（Lf1）或含泥砾砂岩（Lf2）互层。后者厚度一般为 2～4m（6.6～13ft），保存在沉积序列底部。测井曲线表明，废弃河道充填物是不对称的，与相邻的点沙坝沉积充填相比，向边缘逐渐变细趋近于零（Hubbard 等，2011）。

另一个例子是 Fustic 等（2008）使用综合数据描述阿尔伯达油砂特征，该研究通过伽马射线和地层倾角资料与地震时间切片结合，绘制河道和点沙坝的空间展布。

Bellman（2010）利用地震和测井数据，进一步分析并详细绘制了储集体岩性分布图。可以通过分析声波数据来确定压应力（P）和剪切应力（S）分量，从而计算剪切系数（μ）和压缩系数（λ）。在图 4.30 中，如此计算的测井数据，通过与岩心的对比，可以很好地识别砂岩和泥岩。结果表明，测井数据可用于岩性的判别，剪切应力和压缩系数也可以从地震数据中计算出来，当然，地震数据可以为地震体中的每个点提供这些信息，而不仅仅是钻井取心。图 4.31 显示了利用该反演方法进行岩性分析的地震剖面，该剖面的伽

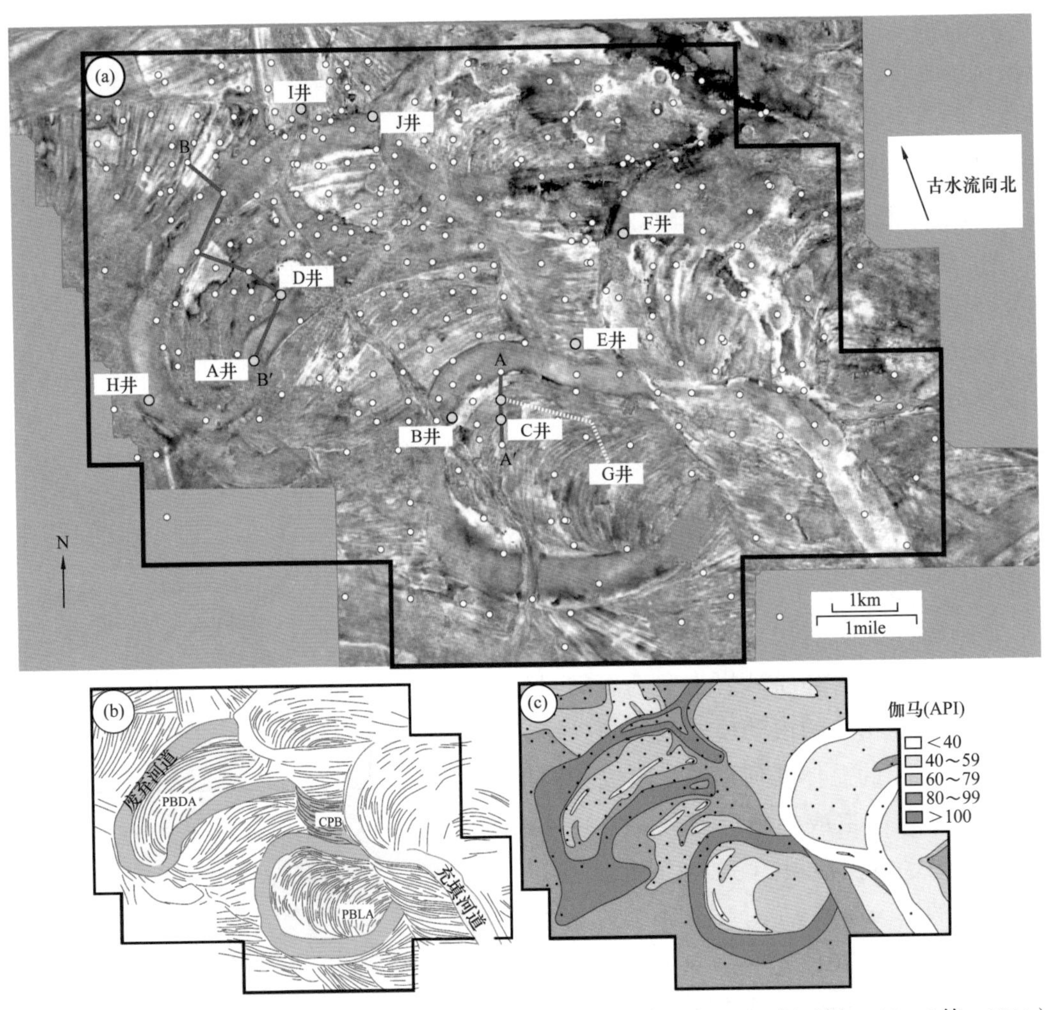

图 4.28 阿尔伯达油砂地震勘探，阿尔伯达 Fort McMurray 南部 Mannville 组（据 Hubbard 等，2011）

（a）含油单元顶部的洪泛面之下 8ms（约 8m）水平时间切片；（b）用滚动沙坝、点沙坝和河道的术语进行解释；（c）选定面上的伽马值分布

马测井是在地震相解释完成后进行的。由地震相解释分析得出的岩性与伽马测井得出的岩性一致，吻合率超过了总进尺的 75%。

蒸汽注采可以使沥青由固态变成液态。未改变相态的沥青可以传递剪切波，而加热后的液体则不能，因此，在生产过程中重复使用这项技术，可以用来跟踪油气藏中沥青的排出过程。

图 4.32 和图 4.33 说明了瑞士阿尔卑斯前陆盆地 Freshwater Molasse 内河流构型特征的其他示例。在图 4.32 中所示的未解释的剖面中，半箭头指出一个具有勺形特征的削截反射，被解释为两条叠置河道，较宽的河道直径约为 150m。图 4.33 展示了同一地层单元的例子，即两条相距约 100m 的测线间分布的一个深约 50m、宽度至少 350m 的下切谷。下切谷充填体可细分为两个不同的地震相，下部表现出不连续的低振幅反射特征，这可能是下切谷边缘滑塌的一种迹象，滑塌通常会产生杂乱反射特征。然后，下切谷充填的上部代

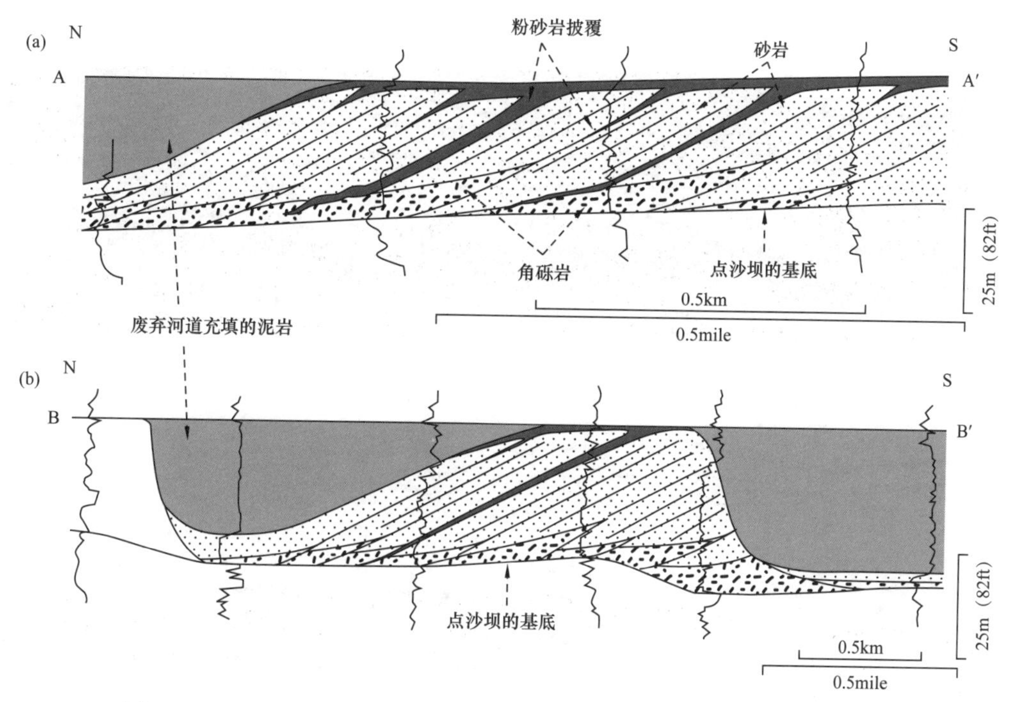

图 4.29　根据地震和测井数据，沿着图 4.28 所示两条线建立的地层剖面图，恢复了点沙坝的详细地层结构（据 Hubbard 等，2011）

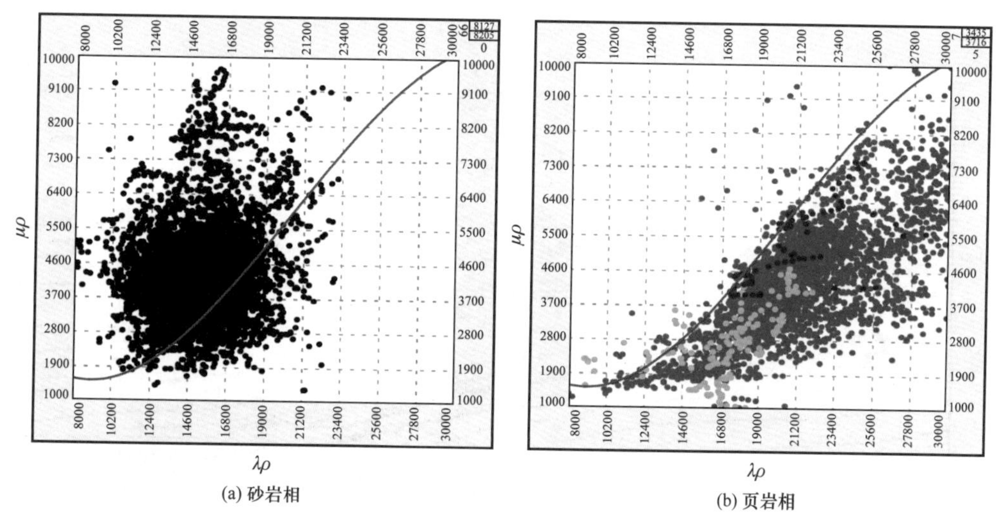

图 4.30　85 口井的测井数据交会图：在岩心分析的基础上识别岩相（据 Bellman，2010）

表未变形的河谷充填，可能是在局部基准面上升期间沉积的。

Hentz 和 Zeng（2003）与 Zeng 和 Hentz（2004）利用地震数据，结合浅海钻井的测井与生物地层数据，分析了路易斯安那州近海部分地区中新世和上新世大陆坡和陆架沉积的沉积序列。他们的研究揭示了许多沉积特征，为地震地貌分析奠定了基础。Wood（2007）随后详细分析了包含 37 个可识别的界面的数据体的河流特征，用于在超过 3km 的剖面进行地震成图（图 4.34）。Wood 查阅了有关河流形貌的文献，包括河道宽度、深度、几何

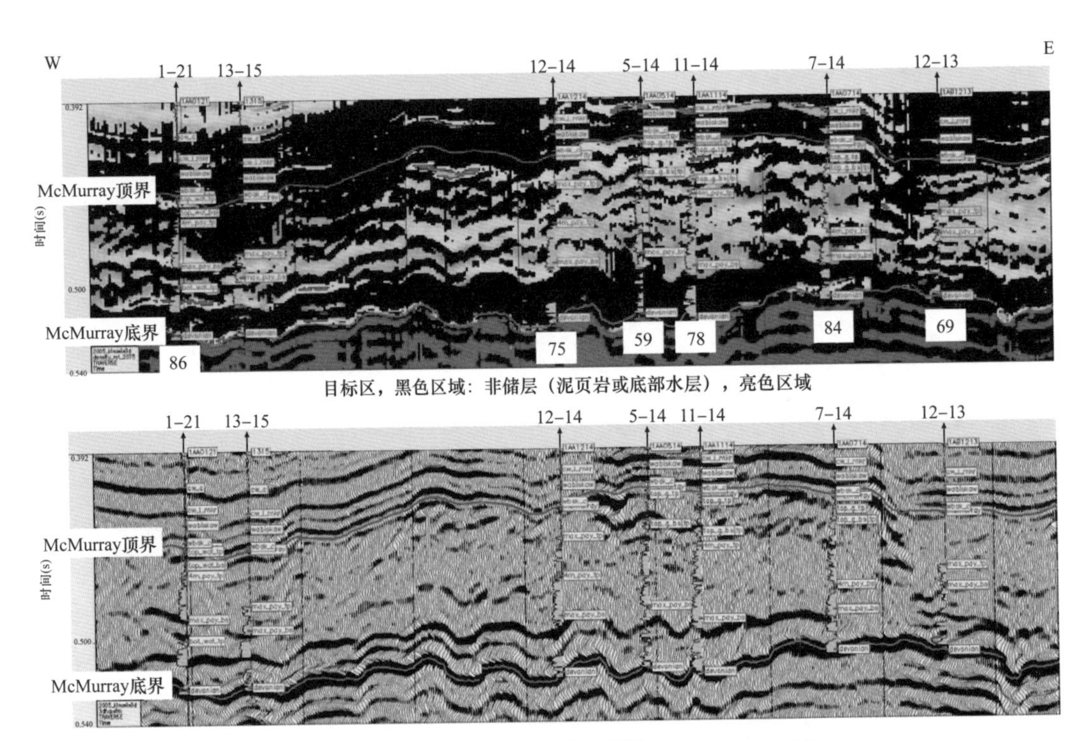

图 4.31　地震剖面和解释剖面（据 Bellman，2010）

其中压缩和剪切系数是根据储层和非储层进行的解释；黑色代表泥页岩或底部水层；黄色代表含沥青储层；蓝色代表湿气藏；绿色代表气藏；还显示了地震和解释完成后的伽马测井

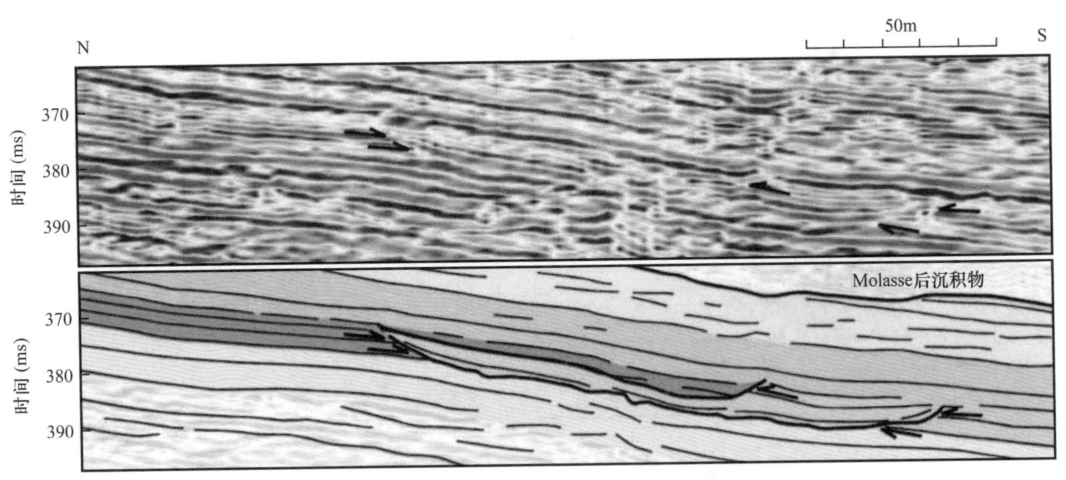

图 4.32　瑞士阿尔卑斯前陆盆地 Freshwater Molasse 内河道的地震图像（未解释和解释后的）（据 Morend 等，2002）

形态、这些特征的相关性以及与河流样式和岩性的关系等量化数据（本书第 2 章讨论的数据），识别了三类下切河流系统（本章引用的数字已修改为本书使用的数字）：

在研究区的地震形貌切片中可以看到三种类型的河道体系。根据其几何学特征，一级河流为曲流带宽度大、高弯曲度和大型曲流弧高度的大型加积河流体系（图 4.35）。这些河流既搬运又沉积，形成了广阔的河漫滩，包括大型的废弃牛轭湖（图 4.35）。相比之

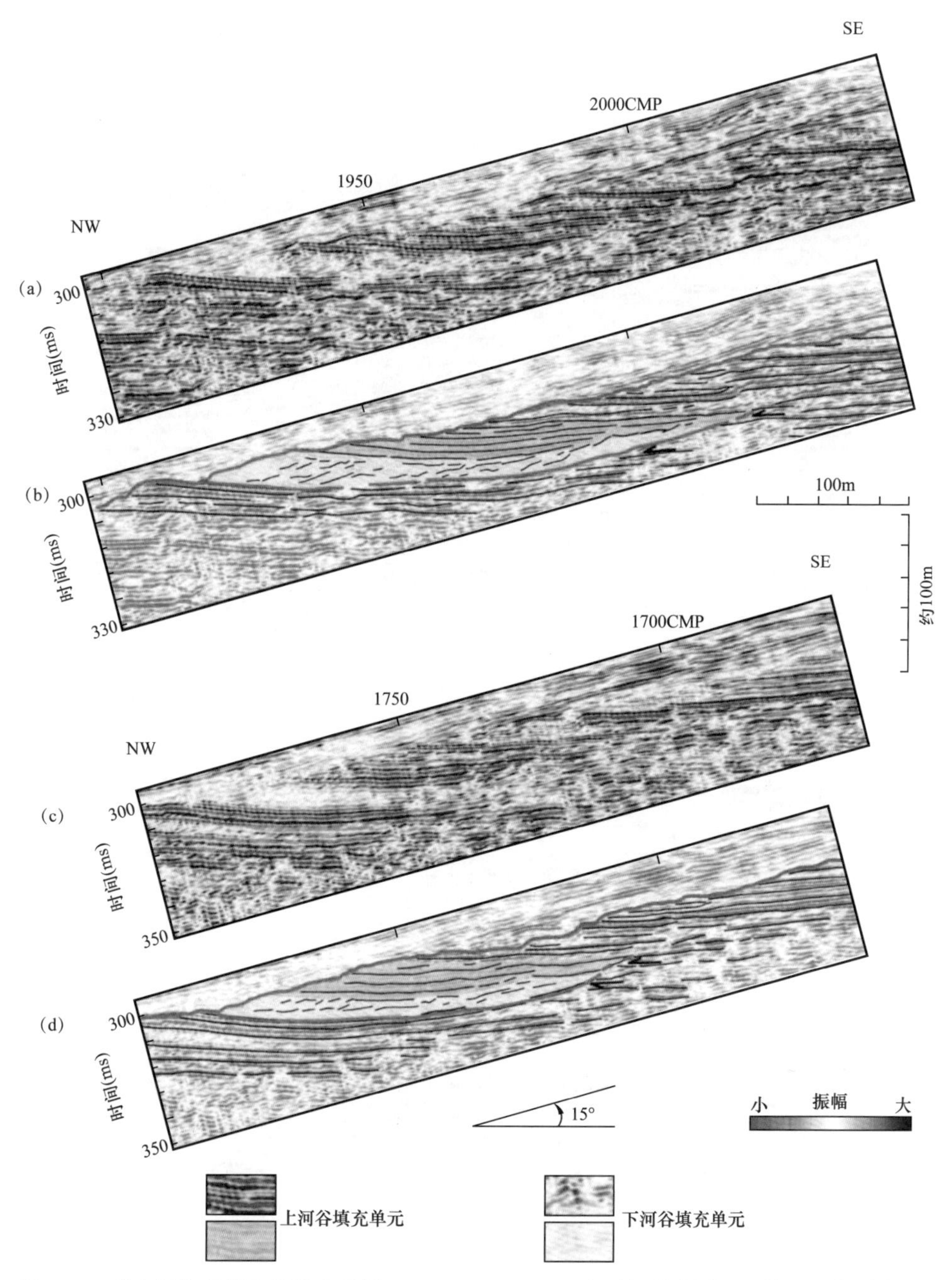

图 4.33　瑞士阿尔卑斯山前陆盆地的 Freshwater Molasse 由更新世冰川沉积物不整合覆盖的下切谷充填的地震图像（据 Morend 等，2002）

下，二级河流被解释为分流河流体系，弯曲度明显降低，在研究区域内边缘清晰，曲流弧高度较小（图 4.36）。这些体系主要与最大低水位期的层序界面有关，显示出明显的下切作用。它们通常是孤立的某种河道类型，主要为砂质充填（图 4.37）。三级河流构成了河流—三角洲海岸平原沉积体系中各种类型的构型元素，包括分流河道、潮汐和分流间湾（图 4.38）。它们形成狭窄的曲流带，具有高度弯曲的、通常为环状的河道，并且更罕见的是，它们几乎交织在一起，经常表现出如图示的曲流河迁移结构。这些河道最有可能流

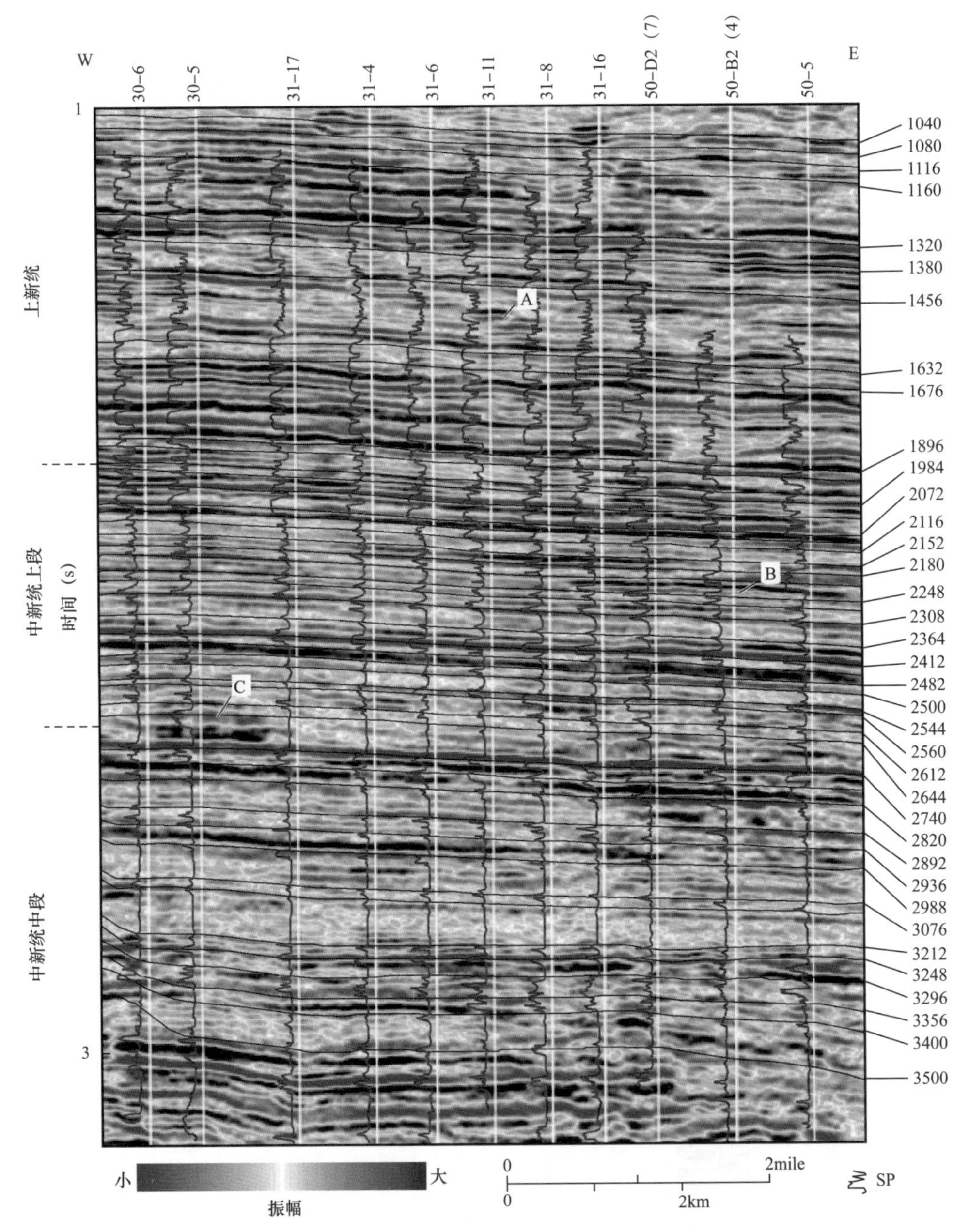

图 4.34 路易斯安那州近海中新统—上新统地震体的剖面，显示了自然电位测井分析（据 Wood，2007）

向海岸平原、海岸线及其周围的有限区域，或者为研究区域正南方的小三角洲提供物源（Wood，2007）。

利用 Zeng 和 Hentz（2004）提出的方法，可以根据伽马测井确定河道的岩性。这表明，三级河道为悬移组分［使用 Schumm（1977）分类，实例见图 2.23］，而一级和二级河道介于滚动组分、混合组分和悬移组分之间。Wood（2007）指出，勘探工作中最重要的可能是编制河流体系图并预测其岩相的能力。

(a)

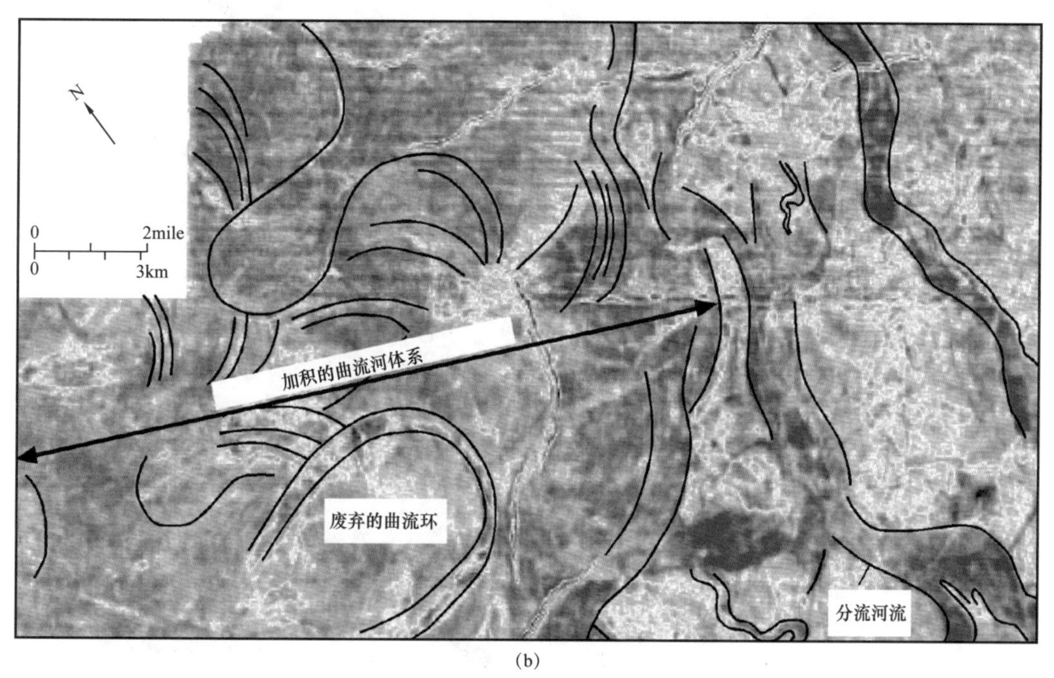

(b)

图 4.35　路易斯安那州近海中新统的地震剖面的河流体系（据 Wood，2007）

显示了一个大型的一级加积曲流河体系，其中一些低振幅的曲流环已经被废弃。该一级河流在东—东南方向叠加一个较老的二级低水位分流河体系

Miall（2002）分析了 Malay 盆地内更新统河流沉积序列的一系列时间切片（紧密间隔）。其中一个如图 4.39 所示，其解释如图 4.40 所示。这个数据体最有趣的特征之一是，在不同阶段对底部发育曲流河体系和下切支流的河谷进行连续成图，所有上述都在 196ms

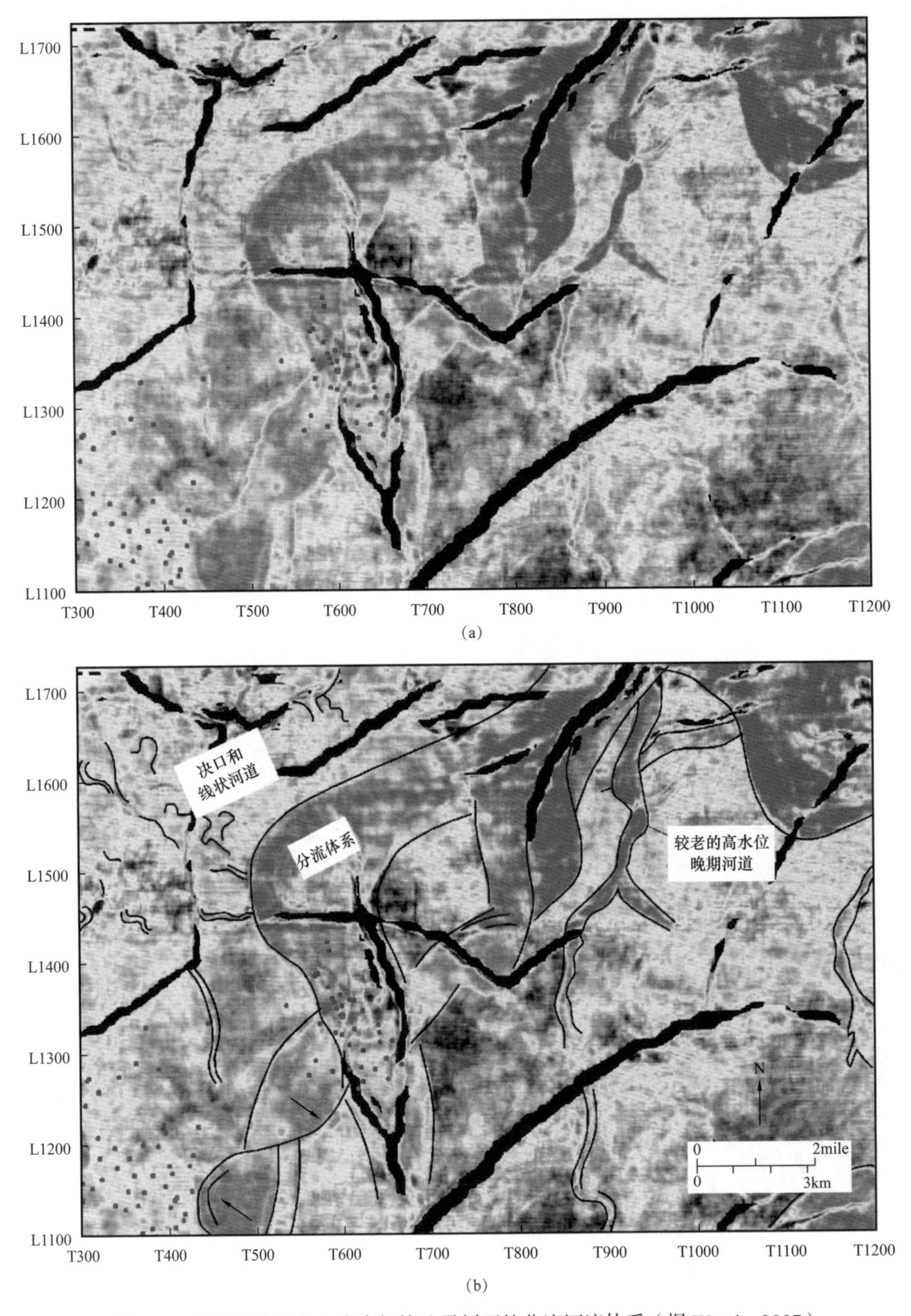

图 4.36　路易斯安那州近海中新统地震剖面的分流河流体系（据 Wood，2007）

显示了一个大型的二级分流河流体系，西南方向下切较老的高水位晚期的分流河道；蓝色的点表示穿过该内部河道的井；较小的三级决口和线状河道正在向北部的海岸平原地带排水；粗黑线表示该区域的主要断层

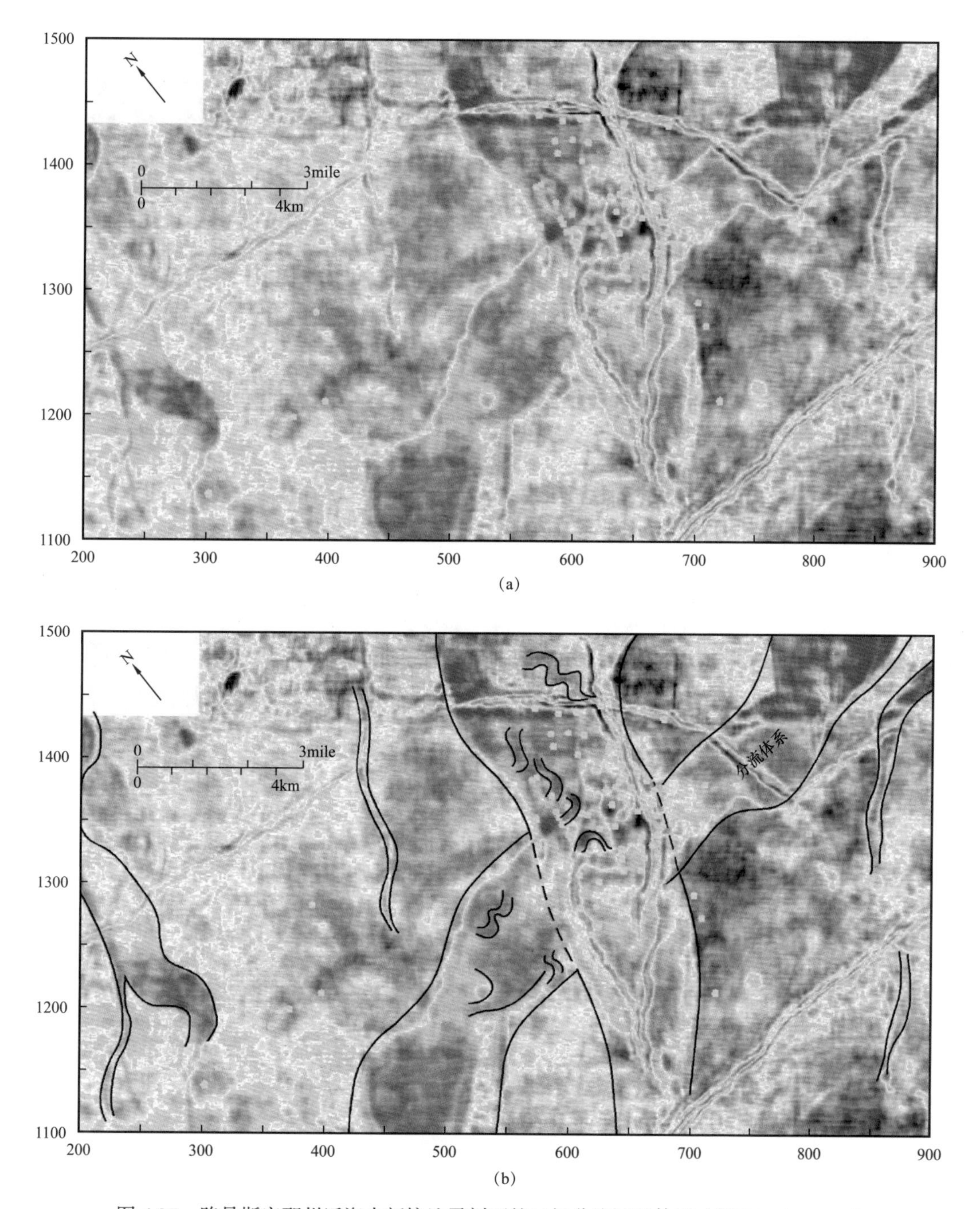

图 4.37 路易斯安那州近海中新统地震剖面的二级分流河谷体系（据 Wood，2007）

显示一个大型二级分流河谷体系，内部河道宽数百米；黄点是井位；粗黑线表示该区域的主要断层

图像的东部清晰可见。下切支流比下伏地层中的下切支流（通常高达 600m，而在 208ms 切片中为 300m 宽）稍宽，显示出“V”形截面，这与下切谷的预期一样。假设是一个简单的三角形截面，对应倾斜的谷边约为 4°。图 4.41 是五个连续时间切片的东角的透视图，叠加显示了曲流河及其支流如何从一个水平面变化到另一个水平面。还可以看到许多其他

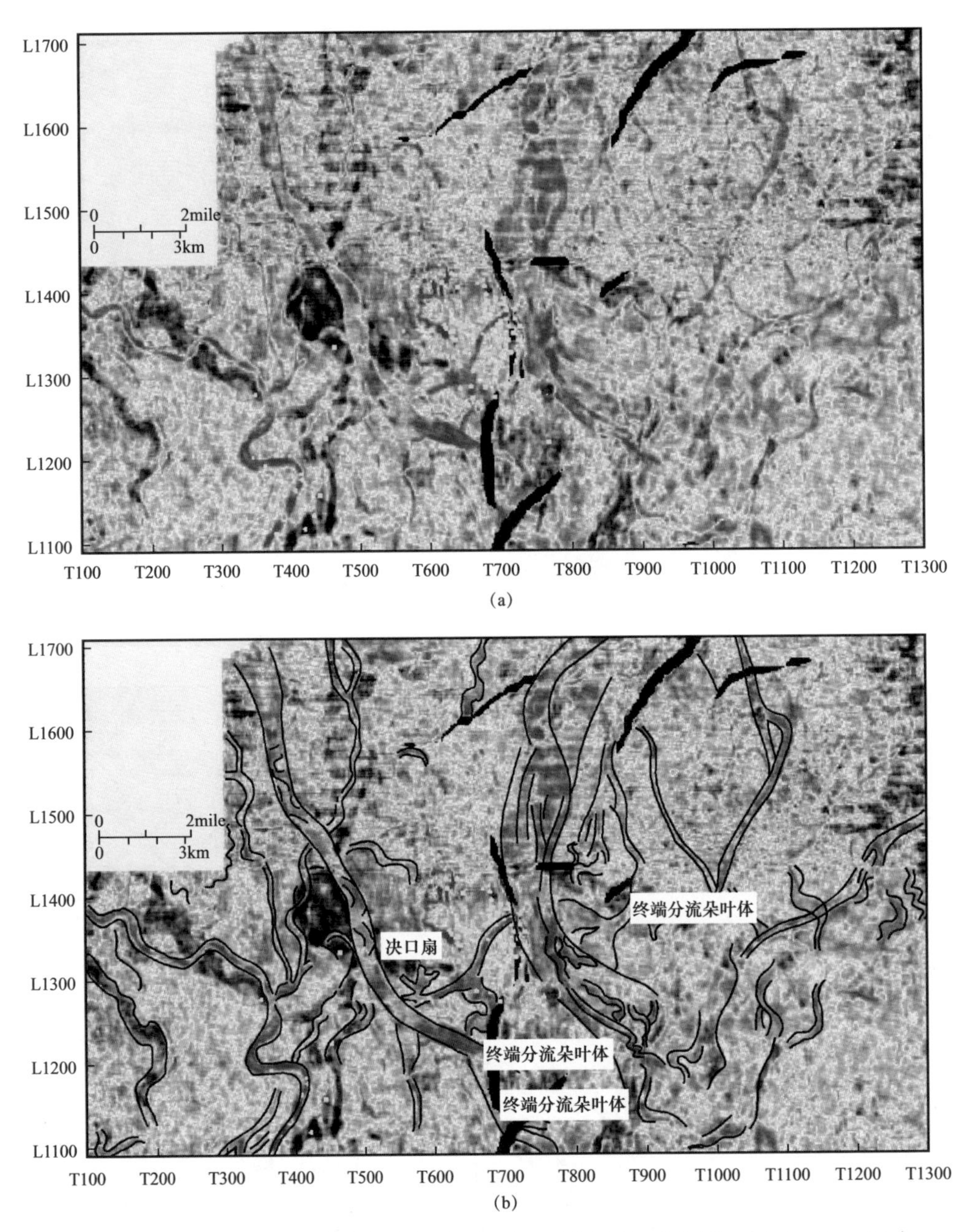

图 4.38 路易斯安那州近海中新统地震剖面的三级决口和分流河道（据 Wood，2007）

显示多个三级决口和分流河道，切割较老的高水位海岸平原，上面覆盖着至少两个更大（宽 2～3km）的三级河流体系，具有多个内部河道和加积结构；这些河道中有几条分成终端分流朵叶体（TD），可能会发现一些决口扇（CS）；黄点是井位；粗黑线表示该区域的主要断层

的小河道，且大多数为低弯度。其中一些小河道出现在多个时间片上，这是众所周知的地震数据的“阴影”效应。

在充分的地震资料和井控条件下，下切谷和其他典型单元的成像可能对地层层序解释的发展做出重大贡献。Maynard 等（2010）详细描述了阿尔伯达省白垩纪的一个重油油田。通过对地震和测井资料湖泛面的识别和对比，对地层进行了细分。在岩心分析的基础上对

图 4.39　Malay 盆地更新世河流沉积的地震时间切片图，196ms 间距；该图的位置及图 4.40 及图 4.41 所提供的数据来自 Miall（2002）

沉积相进行了识别和分类，并结合钻井和地震数据进行了详细的区域古地理编图。分析的重点是识别一系列相互切割的下切谷体系（图 4.42 至图 4.44）。沉积相分析表明，这些区域为河流—河口湾相充填。

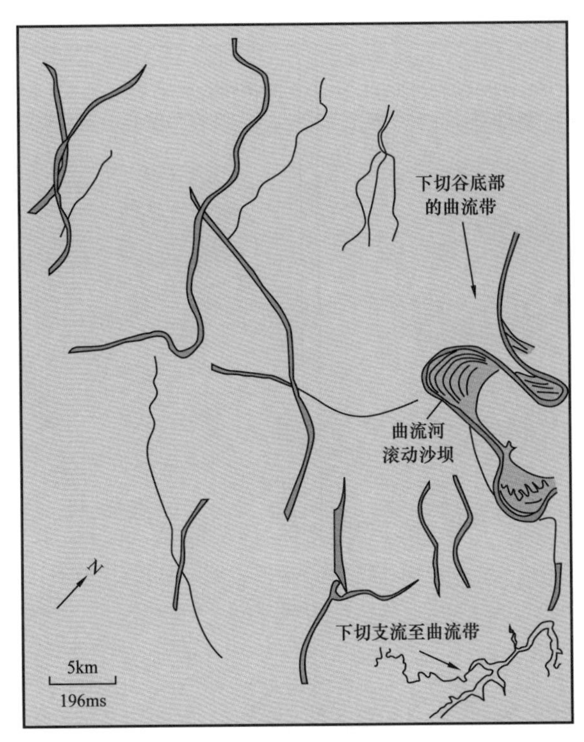

图 4.40 Miall（2002）对 Malay 盆地的 196ms 的时间切片的解释

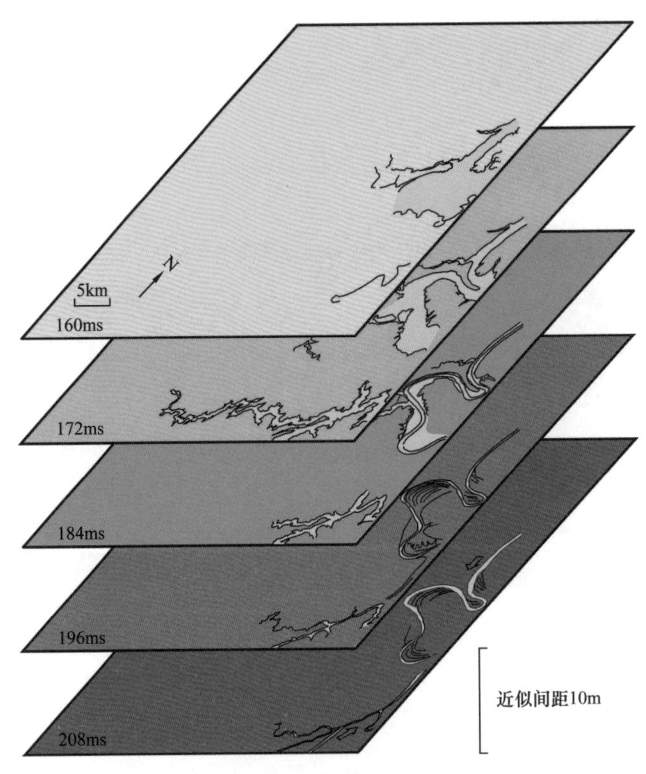

图 4.41 为反映 Malay 盆地研究区东侧垂向演化而绘制的五个时间切片叠置图（据 Miall，2002）

展示的主要特征是山谷填充以及从南部进入的支流；注意靠下的两张切片图中发育滚动沙坝的曲流河道，并且在图的东南边缘有一个重要的“V”形支流谷，它在随后连续的时间切片中变得更宽；曲流河之后的河谷充填物在 172ms 和 160ms 的切片中可见

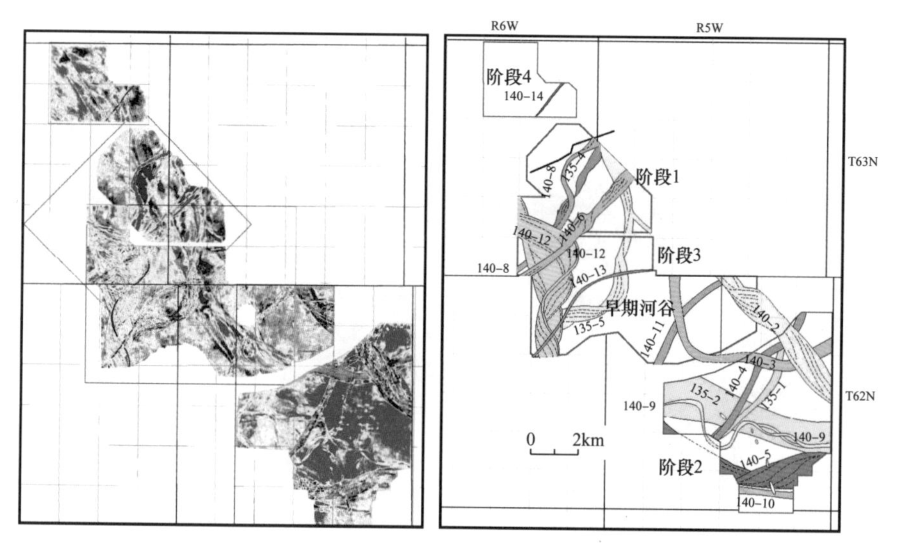

图 4.42　阿尔伯达省的 Iron River 油田中一个复杂的下切谷的时间切片（据 Maynard 等，2010）

每个正方形代表 1mile（约 1.6km）宽

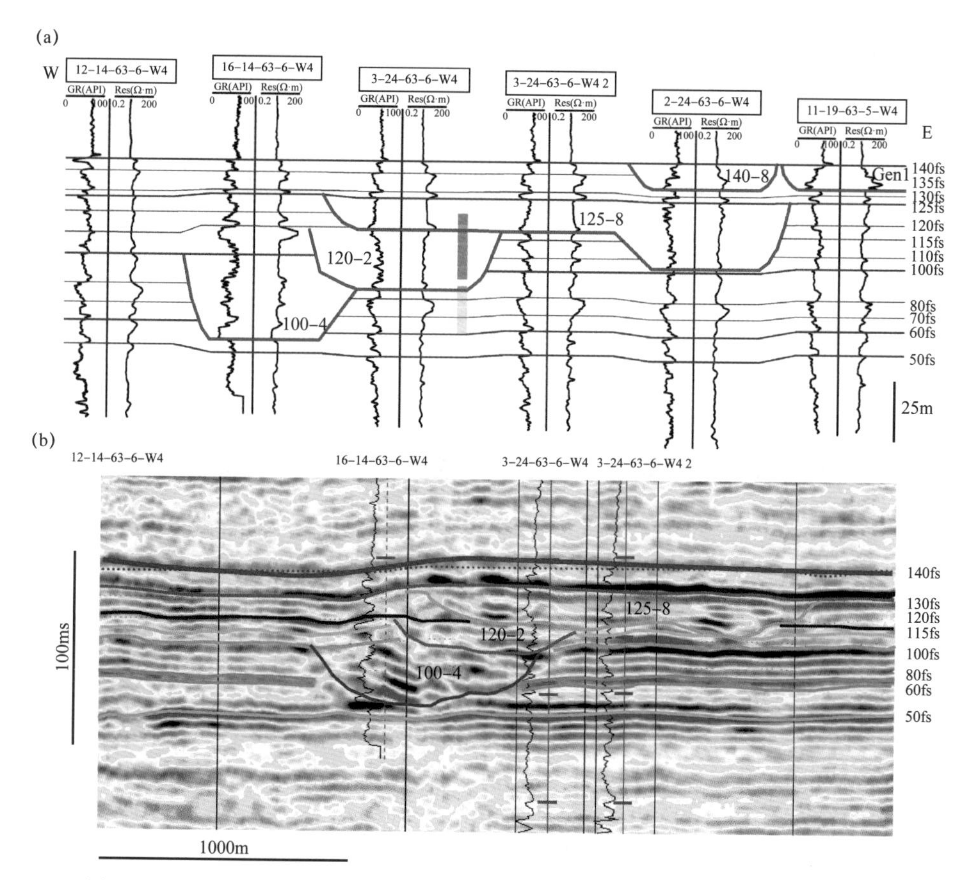

图 4.43　图 4.42 所示的连井剖面对比图及地震剖面图（据 Maynard 等，2010）

（a）图 4.42 所示的连井剖面对比图。河流和河口湾砂岩和下切谷充填的泥页岩（下切浅海滨岸沉积物）。几何结构复杂，如果没有地震，就很难将河谷分开。取心段按解释的沉积相着色：黄色代表浅海相、橙色代表河流相砂岩、绿色代表细粒非海相。（b）通过同一剖面的部分地震剖面。注意滨岸沉积（中—高振幅连续平行地震相）的平行反射被下切谷截断。100-4 号河谷显示中—高振幅的半连续的叠瓦状地震相，解释为侧向加积。125-8 号河谷显示出中—高振幅的不连续地震相

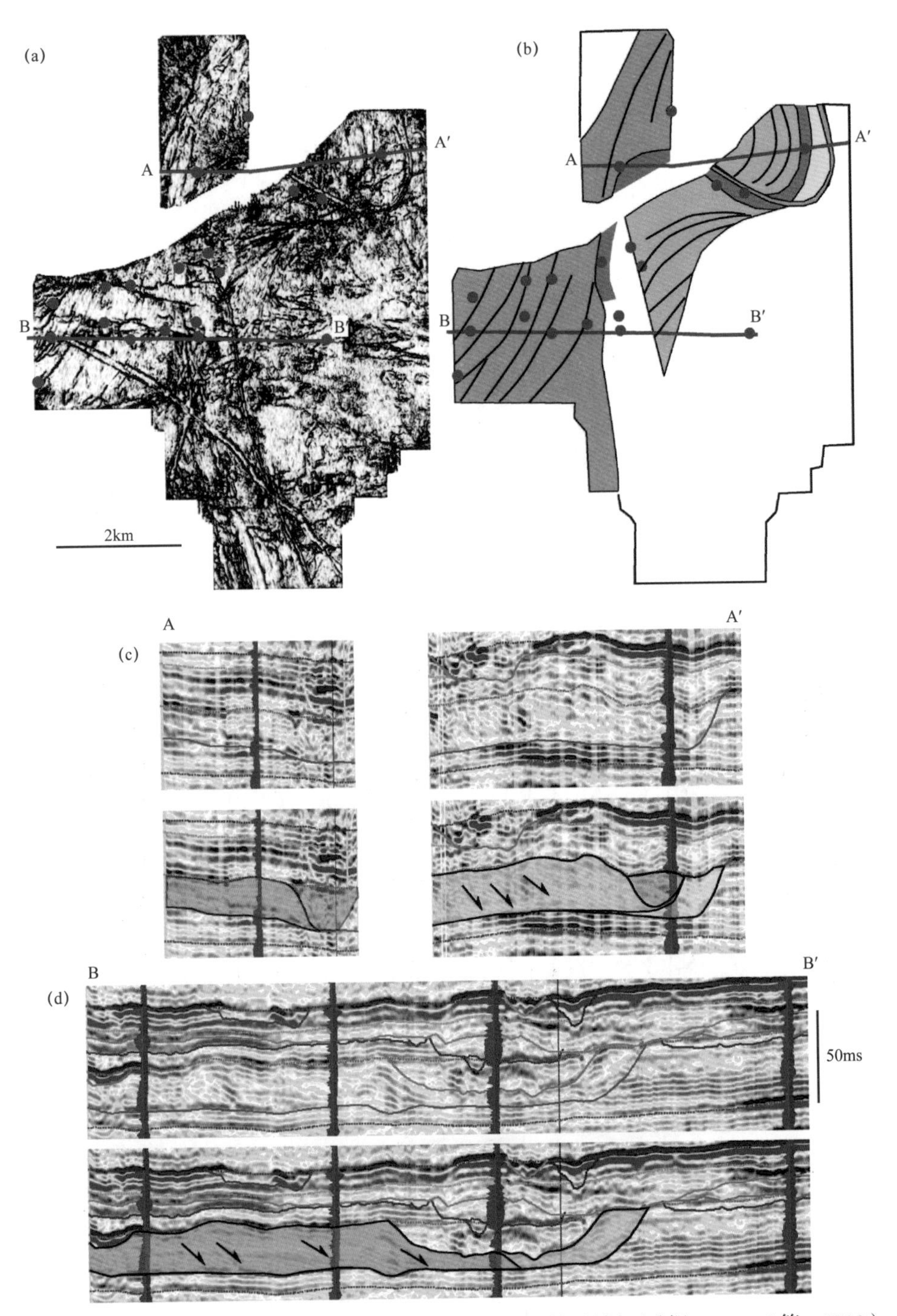

图 4.44　100 洪泛面以下的振幅时间剖面及其两条地震解释剖面（据 Maynard 等，2010）

未解释的（a）和解释的（b）100 洪泛面以下的振幅时间切片，显示 100–5 河谷中河道填充物的形成；绿色、橙色和黄色代表不同的点沙坝；棕色代表橙色点沙坝尽头的废弃河道填充；灰色代表一条几乎没有达到地震探测水平的小河道，是山谷充填中记录的最后一个事件；（c）A—A′ 和（d）B—B′ 任意线剖面展示层序界面（实线）和洪泛面（虚线）；中—高振幅的半连续叠瓦状地震相充填这些下切谷，后者下切中—高振幅的连续地震相；每张图的下部显示了 100–5 河谷充填的河道单元，颜色与（b）中相同；测井曲线为 GR（红色）和电阻率（蓝色）曲线；注意在 B—B′ 截面左侧 100–8 号河谷的存在，刚好低于 100 洪泛面

4.3.2 监测方法

在石油工业中，“监测方法”一词是指在油田生产现场对油藏动态进行测量和观测的方法，包括驱替方式、压力变化、含水率等。在过去的几十年中，已经出现了各种各样的方法来提供这种类型的生产信息，其价值在于，它可以帮助开发工程师实时调整或修改开发模型，以最大限度地提高生产效率。

He 等（1996）指出：“四维地震或时变地震储层监测有望成为石油开发管理系统的一项新兴技术……随着时间的推移，石油和天然气日益枯竭，我们才刚刚对储层内部发生的变化实现可视化，而这些变化让我们吃惊。例如，重力在勘探方面的效率往往不如我们多年来想象得那么高”。

他们在报告中强调的例子是位于 Shetland 西部外海 BP 或壳牌的 Foenhaven 油田。20 世纪 90 年代中期，油田安装了永久性的海底电缆地震阵列，采用重复测量的方法来“精确”深水系统中的产量和生产率。正如 He 等（1996）所述：“这种技术可以改进开发钻探计划的位置和时间，油藏模拟模型的早期验证，改进注采钻探和注采井的布置”。

利用四维地震差异的反演和正演模型来构建定量油藏模型，然后通过迭代计算并与初始油藏模型进行比较。“油藏的动态变化可以被有效地监测和模拟，其结果可以用来理解和预测开发过程中的产水情况。然后，新油井的布置就可以最大限度地延长油气田的使用寿命，以达到最高的油气采收率”（He 等，1996）。

在壳牌勘探数据所得到的宝贵信息中，有一项发现是，重力并不像人们所认为的那样是排烃的重要驱动因素。四维地震数据显示了一个复杂的模式，可能反映了受砂质含量变化影响的水淹。低效率的重力勘探，留下了许多下倾的高振幅、低阻抗区域。在他们的例子中，识别出了一个分流区域，从而布置了一口水平井，这口井可以多生产 100 多万桶石油。

Smalley 等（1996）对监测方法做了很好的总结。以下是他们总结的方法，即“储层划分工具包”：

（1）三维地震解释；

（2）压力数据；

（3）石油地球化学（分子参数，气相色谱指纹）；

（4）石油 PVT 性能；

（5）试油分析；

（6）断层封闭性分析；

（7）地层水组成；

（8）残留盐分析（RSA）；

（9）储层非均质性建模；

（10）高分辨率层序地层学；

（11）用于有一定开发历史的油田；

（12）示踪剂数据；

（13）压力下降分析；

（14）四维地震。

例如，压力—深度图可以显示两口井在不同的划分曲线上，这可以归因于沉积结构或断层作用。油的分子成熟度和气相色谱数据可以显示相同的划分。残留盐分析（RSA）是另一种工具，该方法是回收岩心储存过程中析出的溶解固体。这提供了原始地层水的 $^{87}Sr/^{86}Sr$ 的比值，经验表明，在不同的储层中，该比值的变化是不同的。

正如他们所说，“综合研究是关键”。“然而，在油田开发的早期阶段，很难进行储层划分，通常只有在新井钻探和油田开发过程中动态数据积累的情况下才受到重视。当然，这可能太晚了！如果发现需要更多的井，或者地面设施的大小和位置不合适，可能已经降低了项目的经济效益”（Smalley 等，1996）。他们指出，在储层评价过程中，即使没有动态生产数据，也可以对储层划分进行约束和量化。

Villalba 等（2001）提供了另一种有效处理此问题的方法，他们使用了下列技术：

（1）压力—深度图揭示了未连通的储层单元；

（2）API 度测量（随着时间的变化，首先生产最轻的重油），同样，它的差异则表明流动单元之间存在连通或隔离；

（3）利用气相色谱法得到石油峰谱，来鉴定生物标志物。

Mezghani 等（2004）讨论了历史拟合和四维地震的使用。三维勘探得到的纵波剪切阻抗数据可用于计算岩石物理性质，并在连续的三维勘探中改进开发模型。“大多数四维地震研究表明，追踪油气界面是十分有可能的，因为油的出现会产生明显的反射，而气的出现会导致地震速度显著下降，从而导致阻抗变化”（Mexghani 等，2004）。

Andersen 等（2006）利用地震反演数据建立了地质模型，利用该模型构建了流动模型，并将其与四维地震资料进行对比。

利用四维地震数据中的弹性参数变化的交会图，可以将四维地震的效果分为与饱和度相关或与压力相关的变化。该工作流程是结合三维和四维地震的弹性反演数据进行岩性分类。在四维地震的情况下，假设观测到的一些生产率主要与砂岩沉积相有关。那么利用这一点，当三维和四维地震一起被使用时，则可能识别概率最高的砂体（Andersen 等，2004）。

Kaufman 等（2000）使用了一种不同的技术。通过对科威特 Burgan 油田的 60 种原油进行了峰值图谱分析，以确定某个油藏是否具有独特的成分，以及开发过程中是否混合了来自不同层位的原油。油的自身性质可以用来表征它们，包括油的相对密度、气油比和泡点数据。

采用气相色谱法测定油的分子组成，是表征油的最有效方法。这种差异最初与热成熟度有关。色谱数据的聚类分析显示，三组油分别对应不同的储层。然而，三个 Burgan 砂层的石油峰谱图和压力—深度图表明，这些地层单元之间具有良好的流体连通性。其中一些可能是由于开发过程中的交叉流动。该油田 50 年的生产历史可能会导致储层之间出现一些渗漏，因此不能完全依靠峰值图谱分析来确定主要的流动路径和连通度。作者建议在开始开发前对采集的样品进行峰值图谱分析。

Westrich 等（1999）指出，气油比（GOR）、API 比重指数和压力—体积—温度（PVT）数据表明，在油田侧翼后期的开采井各项数据值不同，这说明存在渗透屏障。原油之间的化学差异表明，另一个储层内也存在渗透屏障，这种现象可能起源于构造或地层（图 4.45）。

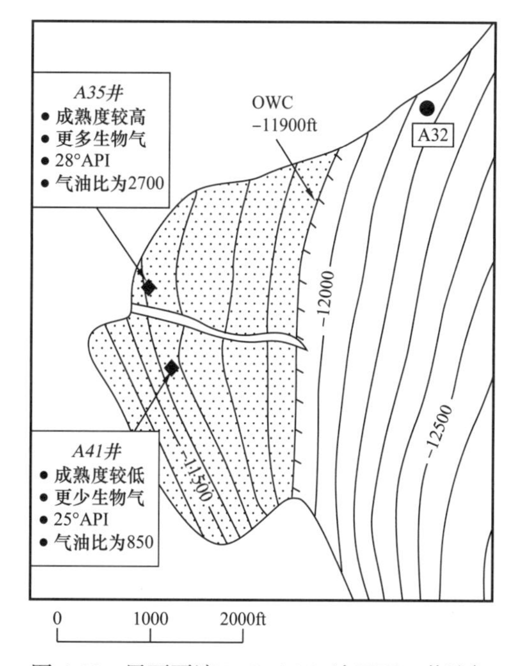

图 4.45　墨西哥湾 Bullwinkle 油田两口井油气地球化学差异（据 Westrich 等，1999）

这种差异可能是由于构造或地层屏障造成的储层差异所致

需要了解纵向储层的组分梯度、混合过程以及观察到的化学差异的潜在原因和控制因素，以便正确解释（Westrich 等，1999）。

Refunjol 和 Lake（1999）介绍了使用地球化学和开发方法的另一个例子。在长达四年的时间里，他们使用了六种不同的气体示踪剂来测试怀俄明州 North Buck Draw 油田（一个由复杂的河谷充填序列组成的油田）中的注采井连通情况。示踪剂回收情况如图 4.46 中的箭头所示。油藏东侧的一些注入井（如 22−17 井、22−20 井和 22−31 井）没有回收到示踪剂。

西部地区的井示踪或回收的天然气（有些在早期，有些在突破晚期），表明不存在封闭地质屏障。相反，注入油藏东侧井的示踪剂没有反应，表明这些油井与储层其他部分之间没有连通，或连通程度较弱。

本次研究采用的第二种方法是编制每口注采井对之间的月注采数据。这些数据被转换成等级，并在几个月的时间里进行比较。鉴于从注入井到采出井的响应存在明显的时滞，注入井和采出井之间的相关性计算从零滞后到相当于总月数一半的滞后。当滞后时间设定为 13 个月时，得出最大相关值。结果表明，对比注采井对的方位，当井间方位为东北方向时，相关系数最高，与地质研究已经确定的渗透率趋势一致。图 4.47 是根据该研究生成的一系列图件之一，绘制了相关值及等高线，负相关被解释为受第三口井影响的结果。图中显示的是该区域的特征，确定了相关值的 NE—SW 方向，从而确定了储层连通性和原始砂体结构。

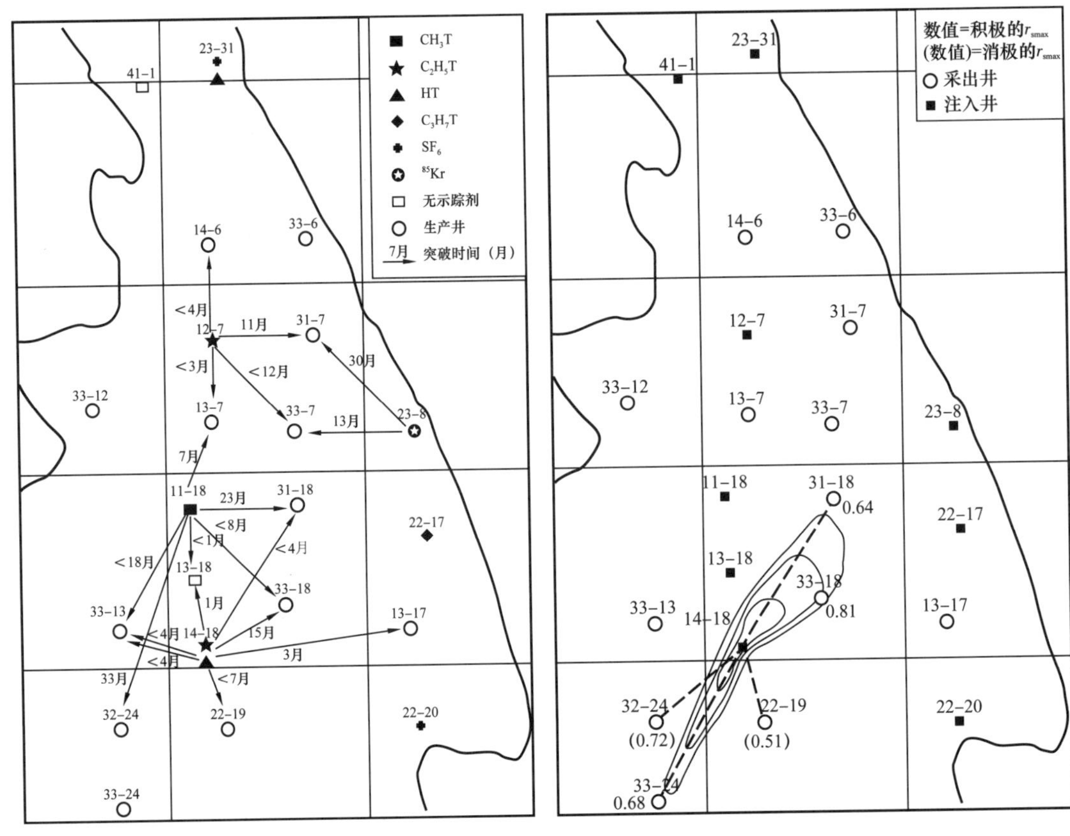

图 4.46 示踪剂响应模式

（据 Refunjol 和 Lake，1999）

图例顶部的六个代码表示使用的六个不同的示踪剂；箭头表示注采井之间的示踪剂回收情况

图 4.47 注采井之间的相关值等值线图

（据 Refunjol 和 Lake，1999）

如果注采井完全一致则为完全相关，绘制时假设值为 1

图 4.48 说明了从集成数据中收集信息的一个特别具有启发性的例子。Hardage 等（1996）对得克萨斯州 Stratton 气田 Frio 天然气趋势进行了研究。地震剖面显示存在多个相交或重叠的河道。在这一沉积地层上钻探的一系列井证实了河道砂的存在，但无法解释其中哪些是相互连通的。关键数据由压力—深度数据提供，压力下降曲线［图 4.48（b）］显示有三个独立的压力封存箱。此外，127 井和 161 井的下降曲线几乎相同，表明它们之间连通性良好。因此在图 4.48（c）中显示，砂体在两口井之间为连续的，并且在图 4.48（d）中，该砂体被标记为河道 C。

综上所述，基于油藏持续的表现，监测方法可以提供有关储层连通性的重要信息。然而，这些数据只能在油田投产后收集。这意味着该方法不能用于结构模型的初始建立，但对于改进该模型可能是非常宝贵的。在投产早期，很早就可以收集到足够的压力数据［图 4.48（b）］，以便地质学家能够将沉积学数据用于储层模型，但可能需要几年时间才能出现明显的趋势。在给定流体流过储层的速度的情况下，压力测试可以在任何时间对多个井组进行，其他如示踪剂测试，可能需要几年时间才能完成。

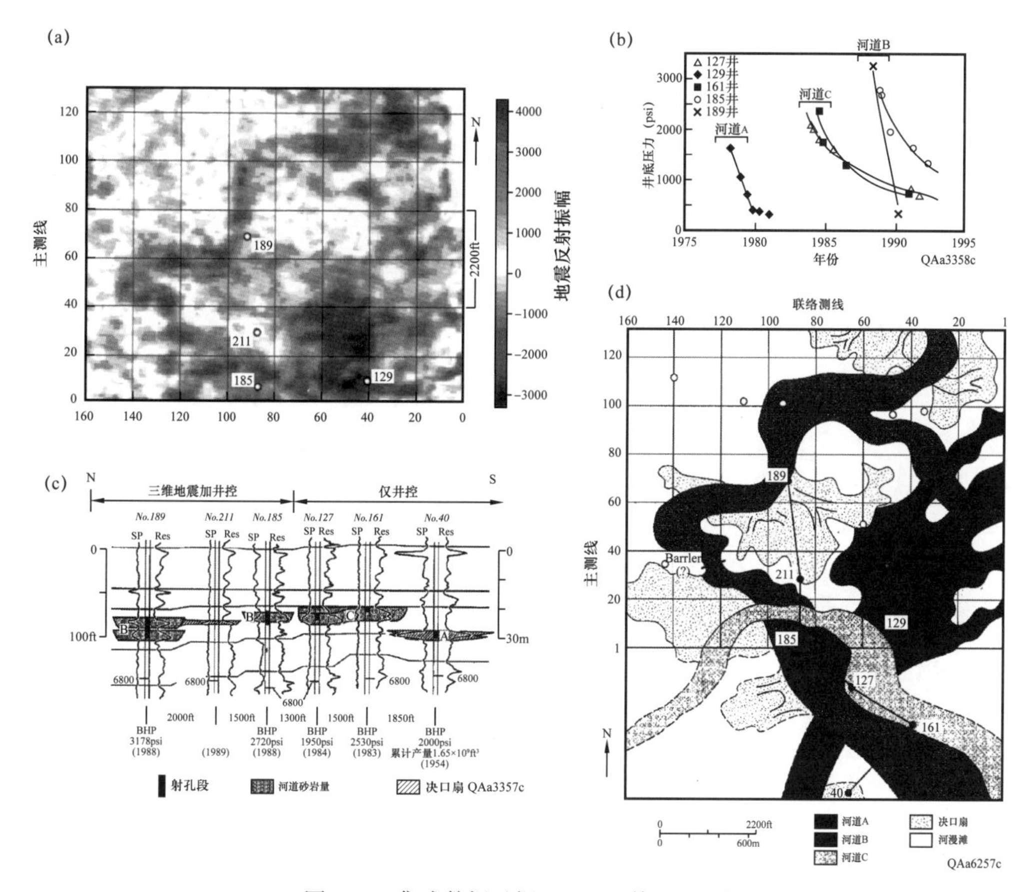

图 4.48　集成数据（据 Hardage 等，1996）

5　控制沉积的外在因素

5.1　引言

控制沉积作用的外在因素有三个：构造作用、气候变化和海平面变化。这三种控制因素可以在任一时间同时作用于某一个沉积盆地，即不一定是独立存在的（表 5.1）。最重要的是需要认识到上游和下游控制因素之间的差别。上游控制因素包括气候变化和构造作用。气候控制着河流流量和植被覆盖率，是影响沉积物供给的主要因素。构造作用控制区域坡度和物源地区地势起伏，是控制沉积物数量和颗粒大小的主要因素。除内陆盆地外，下游主要控制因素为海平面变化。内陆盆地的下游控制因素既包括河流入湖的水位，又包括河流流出盆地的构造边缘水位。

表 5.1　影响非海洋环境的外在因素

因素	地质时间	对非海洋环境的影响
大陆板块运移	10^7—10^8a	纬度位置变化和大气、海洋环流变化引起气候变化；气候影响温度、河流流量、泥沙输出量
板块伸展、会聚与碰撞	10^7—10^8a	大陆的垂向运动影响古地理坡度、源—汇地势起伏，从而影响侵蚀率和泥沙搬运速率
全球平均海底扩张速度的变化	10^7—10^8a	长期海平面升降的主要原因
区域构造运动（裂谷断裂、推覆体侵位等）	10^4—10^7a	物源区海拔和源—汇地势起伏变化；碎屑楔形体的形成构造旋回
地球轨道参数	10^4—10^5a	气候变化、海平面升降变化，包括冰期变化对温度、河流流量、泥沙输出量的影响

Shanley 和 McCabe（1994）提出了一个概念图（图 5.1 的上部），该图定性地说明了河流体系的外在控制因素从河口到源头的变化。显然，靠近海平面，基准面变化是最重要的控制因素；在物源区，上游控制因素将占主导地位。关于海平面的控制作用从河口向上游方向延伸的范围，有很多研究和争论。下面将对这一点做进一步的讨论。

Holbrook 等（2006）提出了基点和缓冲层的概念，以解释海岸线上游方向上河流相及结构的纵向变化。基点是控制河流阶地剖面的下游因素构成的一些固定点（图 5.1）。在海洋盆地中即是海洋基准面（海平面），在内陆盆地即是湖平面，或是干流流出盆地所通过的盆地边缘。缓冲带代表河流体系的可用（潜在）瞬时保存空间（图 5.1）。下限取决于局部河道冲刷的最大深度，上限为当前河流释放和卸载沉积物的条件下可堆积的高度。冲刷深度可能是相当大的，Best 和 Ashworth（1997）根据孟加拉国贾木纳河的研究，认为

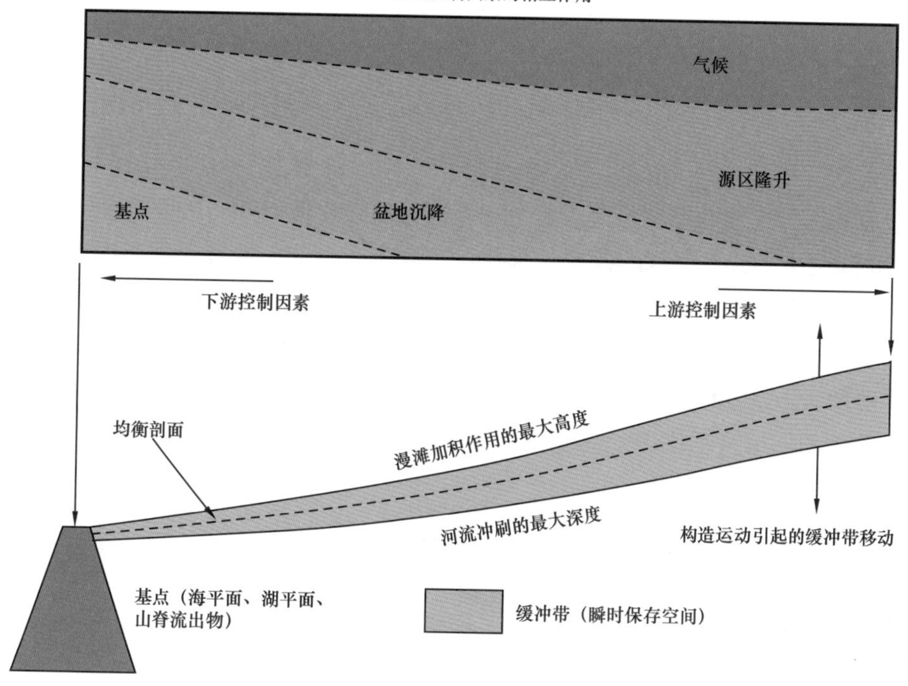

图 5.1　河流沉积的外在控制因素

主要沉积控制因素的相互作用基于 Shanley 和 McCabe（1994）；该图旨在说明从河口到源头上游因素（构造、气候）和下游因素（基准面）之间的平衡是如何变化的；基点和缓冲层的概念是在 Holbrook 等（2006）的研究基础上提出的

其深度可能是平均河道深度的五倍。缓冲带可能会因上游控制因素的变化而垂直移动（上下移动）、膨胀或收缩，如控制河流流量和输沙量的构造运动或气候变化。例如，构造抬升可能会增加输沙量，导致河流朝着其顶部的缓冲带边界方向加积，边界本身可能向上移动。由于海（湖）平面下降，基点的下降可能导致河流系统的下切作用。因海平面下降而新出露的大陆架具有与河流剖面相似的坡度，河流样式可能几乎没有变化。在任何一种情况下，河流体系的响应都是侵蚀或加积相互作用达到一个新的动态平衡剖面，该剖面平衡了水和沉积物的注入量以及可容纳空间的变化率。

除了盆地边缘的构造活动，从构造控制角度解释河流沉积体系还需要关注缓冲层的结构、改造和变化率。这可以通过对沉积结构进行精细的地层学研究来实现，包括其沉积相变化、旋回性、层序地层学和沉积速率的变化。Allen（2008）在关于地貌演变的研究中总结道：具广阔泛滥平原的大型冲积体系应能较好地缓冲任何频率小于 10^5～10^6a 的沉积物供给变化。这对沉积盆地地层高频驱动机制的探测具有重要的含义。

人们早就知道，碎屑沉积物的规模和沉积速率随时间和物理尺度的变化而变化（Sadler，1981）。最近的研究表明，这种变化符合分维模式，该模式为深入理解地层充填过程提供了一个有效的理论框架（第 2.1 节；Miall，1996）。以下实例说明了如何重点研究河流沉积体系的关键特征，才有助于取得这些进展。参考第 2.1 节中定义的沉积速率等级（SRS），这些等级是为了将沉积速率的讨论置于与沉积过程匹配的时间范围内。

5.2　上游控制因素

5.2.1　构造

构造运动作为主要的上游控制因素之一，其重要性众所周知。Pettijohn（1957）、King（1959）和 Sloss（1962）使用“碎屑楔形体”一词代表由造山抬升运动所形成的厚的、同造山期的楔形沉积体，随后该词被广泛应用于这个沉积组合。近源沉积常形成数十米至数百米厚的大规模向上变粗的旋回，记录了构造活动期间源区不断隆升和沉积坡度不断增加。这些被称为构造旋回（Blair 和 Bilodeau，1988；图 5.2）。长期以来，人们一直认为构造作用与碎屑楔形体进积作用之间存在直接的联系，但对于前陆盆地来说却遭到了 Heller 等（1988）的质疑。

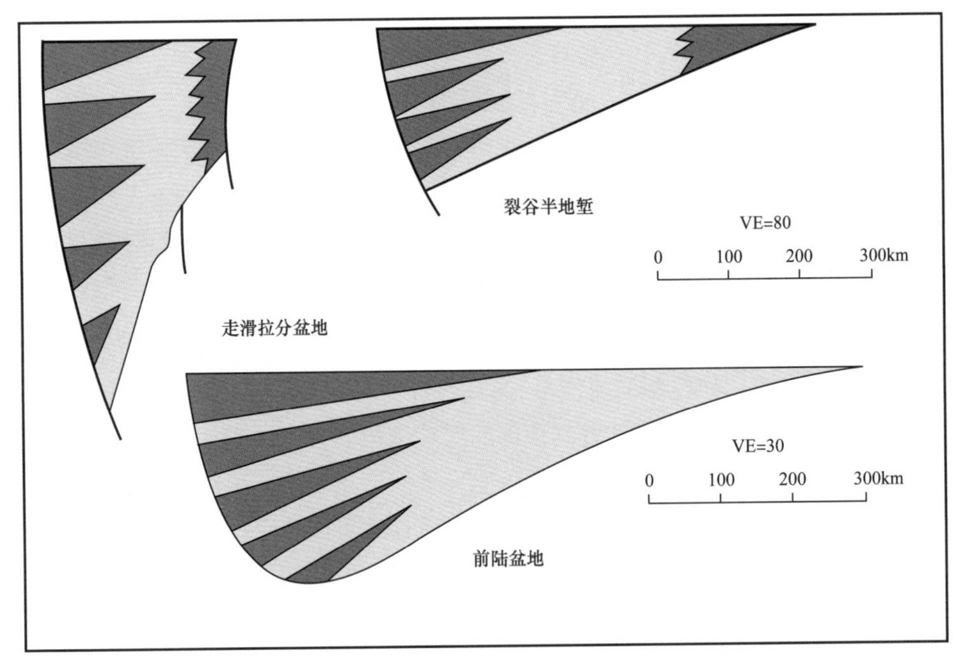

图 5.2　构造旋回（据 Blair 和 Bilodeau，1988，修改）

VE 表示垂直放大倍数

Embry（1990）提出了一套识别控制层序形成的构造活动的标准。该提议基于加拿大北极 Sverdrup 盆地中生代地层记录的研究，该盆地厚达 9km，他在百万年的时间范围内形成的地层细分出 30 个地层层序。不管怎样，他认为这些标准具有普遍适用性。具体如下：（1）从一个层序到下一个层序沉积源区变化很大；（2）盆地的沉积形态通常在一个层序边界上发生剧烈且突然的变化；（3）断层终止于层序边界面；（4）盆地内的沉降和隆起模式跨越层序界面时会发生明显变化；（5）在沉降速率高的区域，在 Sverdrup 盆地缓慢沉降的边缘上认识到的一些地下不整合面的幅度和程度与 Vail 等（1977，1984）所认识的同时期不整合面存在明显差异。

除上述之外，还可能有如下标准：（1）层序结构与盆地内构造的演化具有成因上的联系；（2）层序边界以下整个层序的削蚀表明了构造的影响（Yoshida 等，1996）；（3）被动海平面变化不能形成由厚层碎屑楔形体组成的层序结构（Galloway，1989）。

Miall（1996）讨论了多种构造背景对河流沉积过程的影响，包括 Heller 等（1988）对同构造期和不同构造期沉积作用的讨论。Schumm 等（2000）还详细讨论了活动构造与冲积河流之间的关系。Burbank 等（1996）记录了活动构造与河流体系的地貌演变之间的密切关系。利用全方位的地层年代学定年及相关方法，如今在现代盆地研究中可以准确掌握沉积过程的时间范围和沉积速率。本节主要关注河流体系对区域构造活动所做出的响应。读者可参考上述文献，它们详细讨论盆地边缘和盆地内构造活动引起的同沉积响应。

碎屑楔形体的概念非常有用，因为其将大规模非海相沉积过程与区域构造抬升联系起来。其他情况包括盆地边界的同沉积构造运动或盆地内的断裂和褶皱，也可以称为沉积作用的上游构造控制因素。

碎屑楔形体通常近似于楔形，它们从有限面积范围的某一点向外展开（反映了大多数构造事件的局限性），并且随着搬运能量的减弱沿向下倾斜的方向变薄。“碎屑楔形体”一词已被广泛应用于其他构造环境，如裂谷盆地中沿边界断层堆积的冲积扇沉积楔形体。最初的概念包括这样一个假设：造山带隆起剥蚀产生的碎屑沉积物的几何形态和年代可与其源区的构造事件相关联（术语“构造旋回”强调了这一概念）。例如，墨西哥湾海岸的冲积—浅海新生代碎屑岩楔形体可能与墨西哥湾沿岸河流源头地带的构造运动有关，也可能与美国西部的科迪勒拉（Cordilleran）山脉沿着阿巴拉契亚（Appalachian）山脉的抬升和剥蚀有关，更可能与来自北部腹地（加拿大）的晚新生代冰期沉积物供给有关。

Galloway（1989，2005）收集了这些物源区构造事件年代的数据，以及美国内陆残余克拉通碎屑岩的分布数据，这些碎屑岩分布区代表了最终流入墨西哥湾的河流的临时沉积物储存区。他识别了墨西哥湾中横跨古新世至更新世的 19 个成因沉积层序，以及 8 个长期存在的向墨西哥湾大量输送碎屑物质的盆外河流—三角洲体系。从古新世到渐新世，大部分的碎屑都来自科迪勒拉隆起（图 5.3）。Ogallala 组（中新统）是从怀俄明州和南达科他州延伸至得克萨斯州（对这片相对干旱的高原地区来说，是一个重要的含水层）的河流相地层，代表了部分沉积物从不断隆升的科迪勒拉山系中剥蚀而来，并沉积在向东和向东南流动的河流中，最终汇入墨西哥湾盆地。在中新世，阿巴拉契亚山脉的抬升过程有助于密西西比河的发育，这是向墨西哥湾输送沉积物的主要河流。来自阿巴拉契亚山脉南部的一条粗砂、砾质砂岩带，现在形成了一条沿着阿巴拉契亚山脉南部分布的，宽阔的、撕裂的、难以定年的冲积扇裙（Galloway，2005）。Citronelle 组是沿墨西哥湾中东部海岸平原分布的一套砾质砂层，为上新世来自阿巴拉契亚山脉的沉积物，其中大部分进入密西西比河或 Tennessee 河，最终被搬运至墨西哥湾。在上新世晚期，加拿大排出的冰川洪水极大地增加了密西西比河系的流量和输沙量。密西西比河的加深和下切作用导致它在更新世捕获了 Red 河和 Tennessee 河。

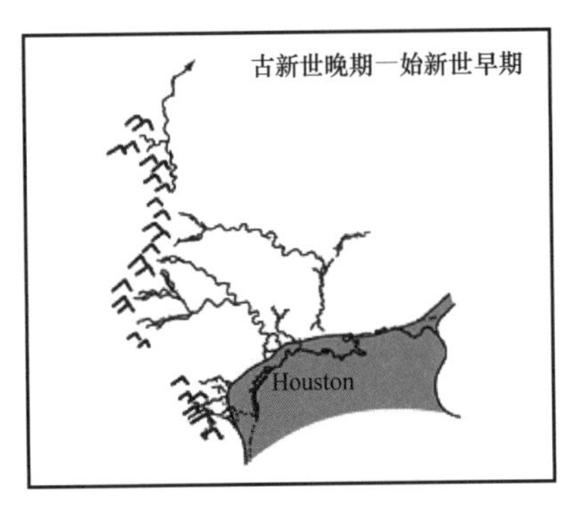

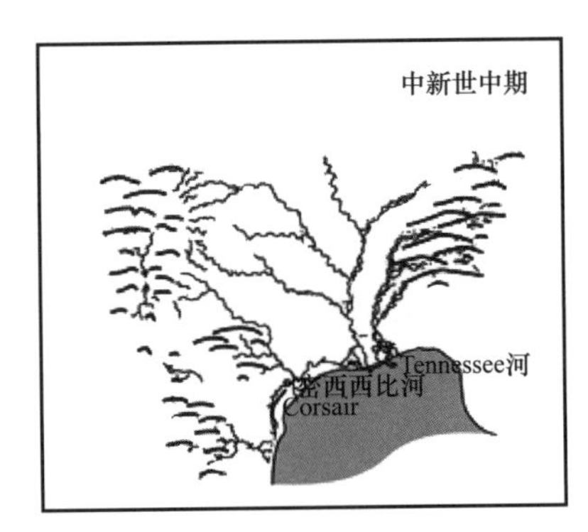

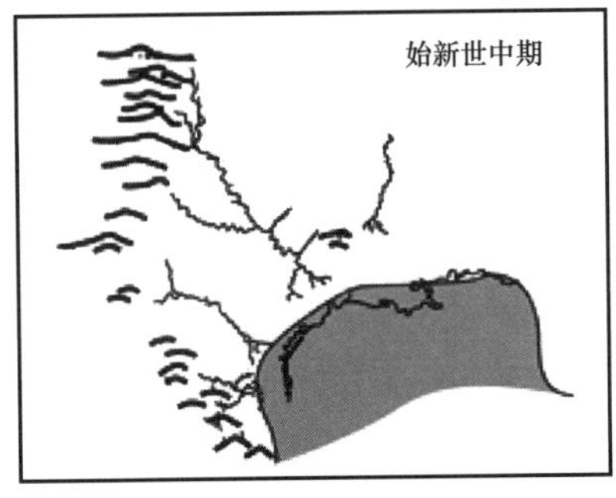

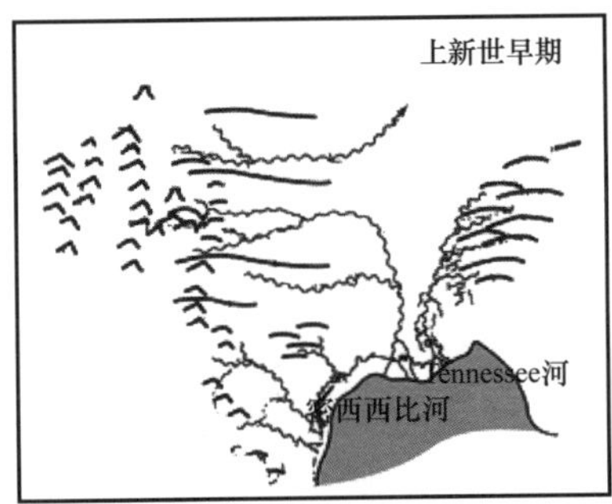

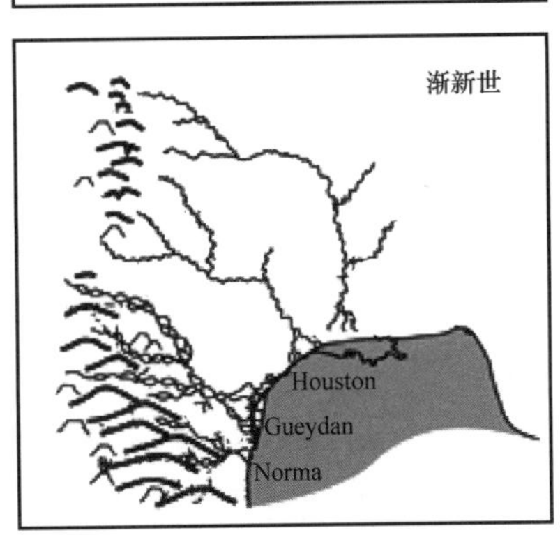

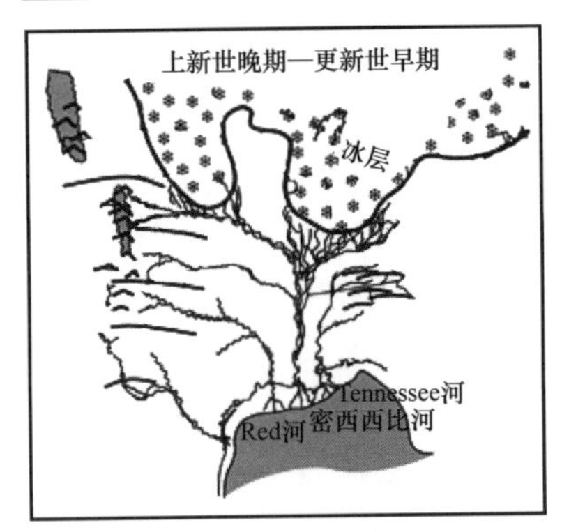

图 5.3　响应造山和造陆隆起以及北部冰川作用（上新世—更新世）的美国内陆河流体系的演化过程（据 Galloway，2005）

另一个代表构造活动和沉积作用之间相互关系的例子包括涵盖各种非海相沉积的脉动式沉积，这些脉动式沉积描述了不列颠哥伦比亚内部盆地以及侏罗纪—古近纪期间从隆升的科迪勒拉隆起进入阿尔伯达前陆盆地的碎屑楔的特征（Kootenay-Fernie、Blairmore 和 Belly River-Paskapoo，见图 5.4）。这些局部盆地的充填和前陆盆地碎屑波动的年代与沿西部大陆边缘分布的地体增生事件没有太大关系（Stockma 等，1992；Ricketts，2008）。岩相和古水流证据对恢复这些事件来说是至关重要的。多数情况下，根据存在的碎屑"叠置体"，地体对接的时间已被确定。碎屑"叠置体"中很明显来自其中一个地体（基于其碎屑岩石学）的碎屑叠置在地体缝合线上并延伸到相邻地体上。

碎屑岩楔形体和构造旋回存在于广泛的空间尺度和地质历史中。例如，图 5.5 至图 5.7 所示为落基山（Rocky Mountain）前陆盆地的部分 Sevier 碎屑楔形体，其规模依次增大。整个楔形体（图 5.5）代表了 30Ma（塞诺曼阶到马斯特里赫特阶）的进积旋回，从

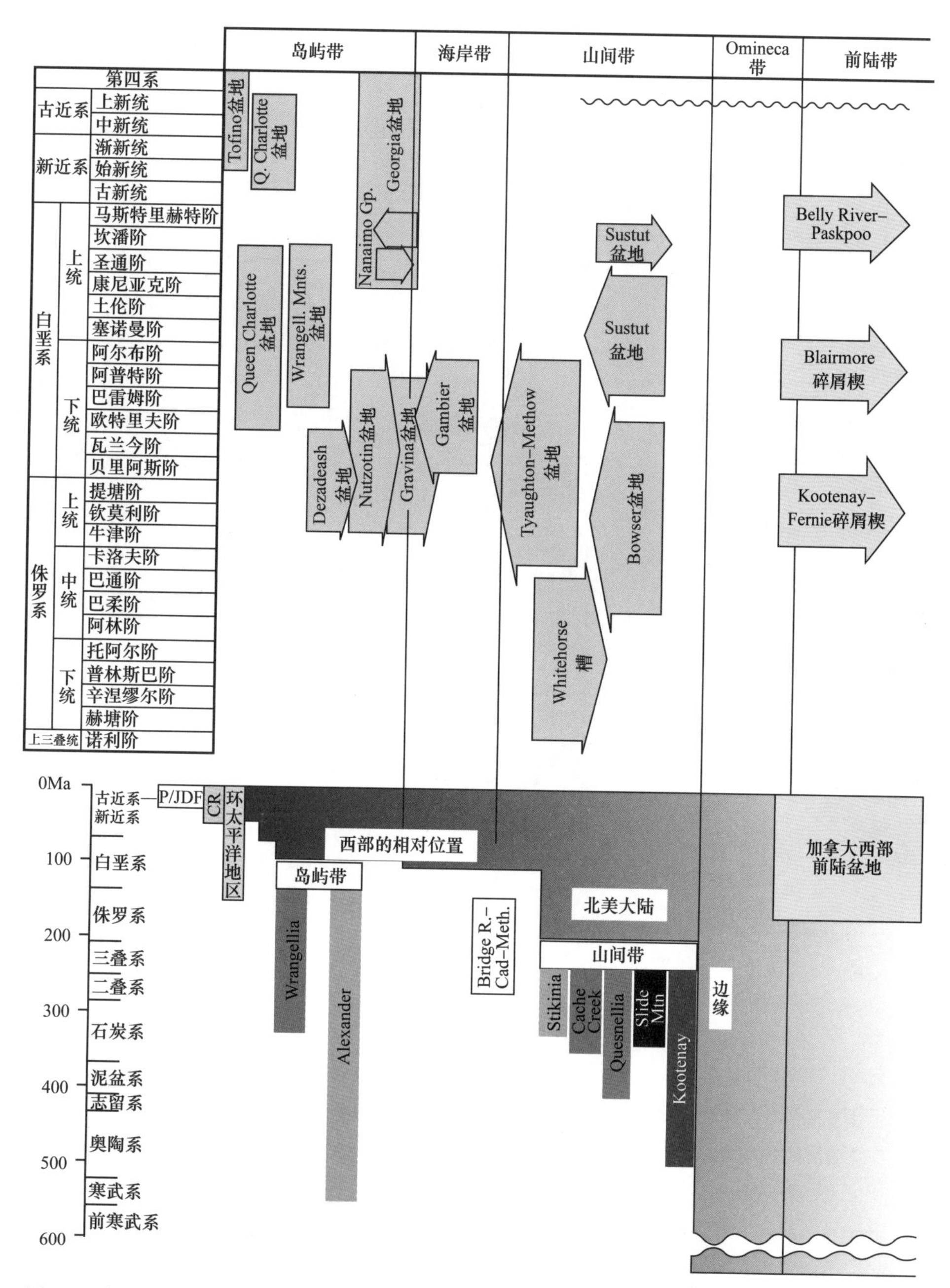

图 5.4　加拿大科迪勒拉山系主要沉积盆地的时空关系和落基山山脉主要岩体的地质年代（据 Ricketts，2008）

上图：加拿大科迪勒拉山系主要沉积盆地之间的时空关系；大箭头显示沉积物流动的普遍方向，反映了源区向西或向东的相对抬升；右边显示的三个碎屑楔形体（黄色箭头）是进入阿尔伯达前陆盆地的主要碎屑楔形体。下图：彩色矩形表示构成不列颠哥伦比亚落基山山脉的主要岩体的地质年代；将地体合并成“超级地体”的时间如 Insular 和 Intermontane 这两个超级地体的名称位置所示

犹他州中部的 Wasatch 山脉到丹佛附近的 Front 山脉，大约 500km。图 5.6 显示了楔形体的中下部，包含三个主要循环，跨度约为 10Ma。Ferron 砂岩沉积于中—晚土伦期，可能

为 3Ma，构成了此期间岸退的最大盆地范围。具体可以看出 Ferron 由九个海侵旋回组成（图 5.7），每个旋回依次为海进和聚煤作用。Ryer（1984）基于其与 Vail 等（1977）全球海平面周期图的相关性，将图 5.6 和图 5.7 所示的较高阶周期性归因于海平面的升降。

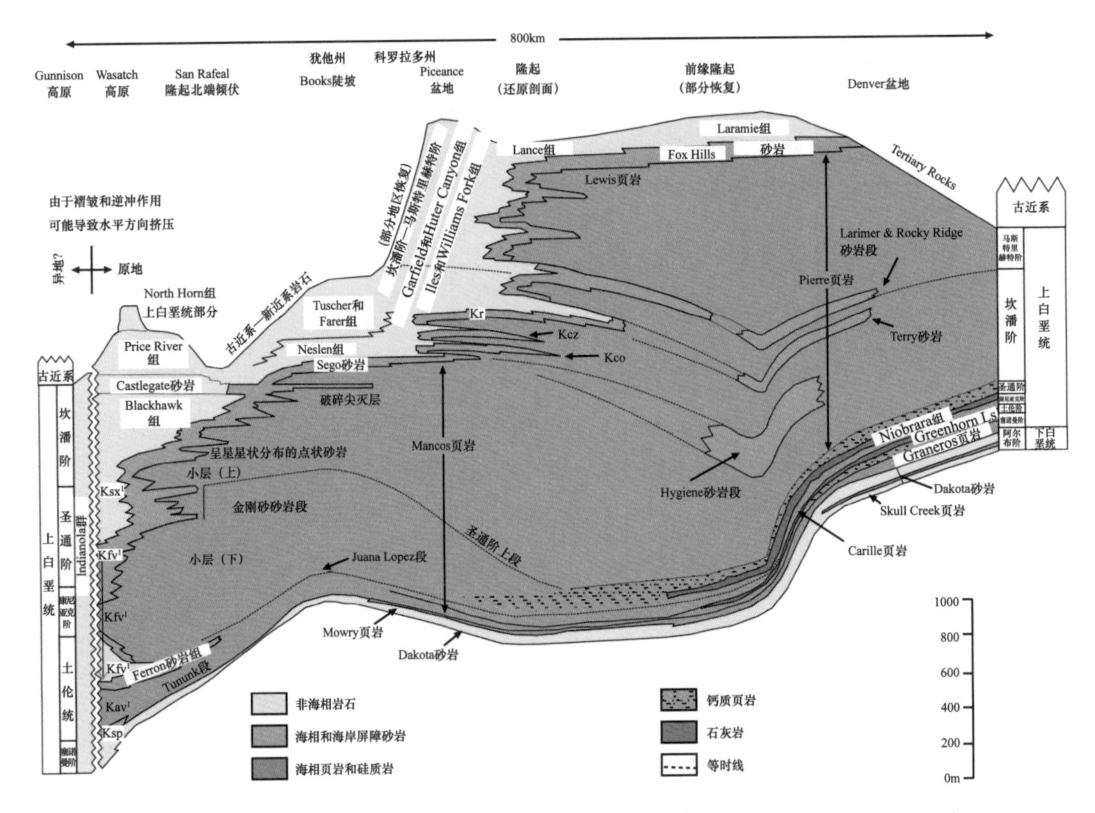

图 5.5　犹他州—科罗拉多州的 Sevier 碎屑楔形体（据 Molenaar 和 Rice，1988）

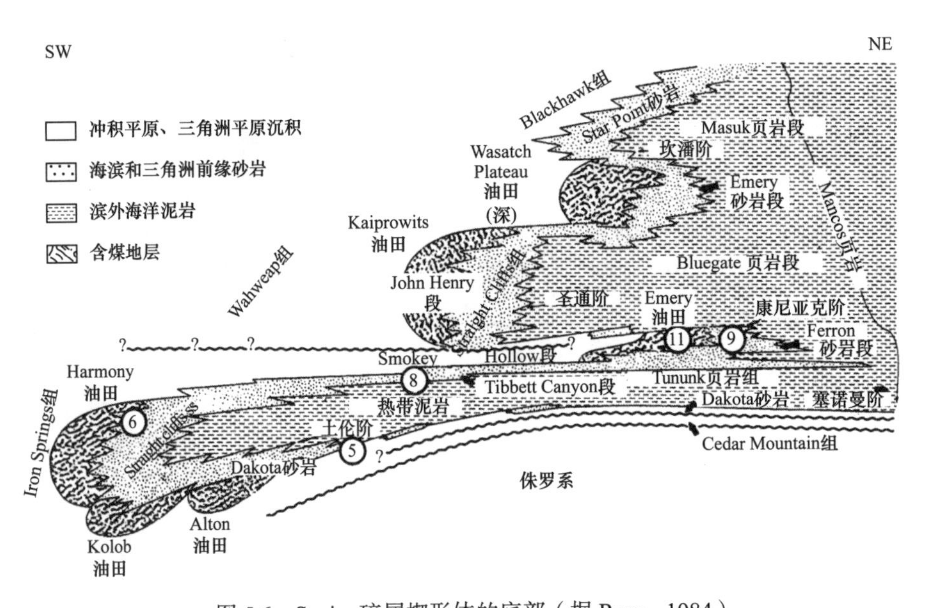

图 5.6　Sevier 碎屑楔形体的底部（据 Ryer，1984）

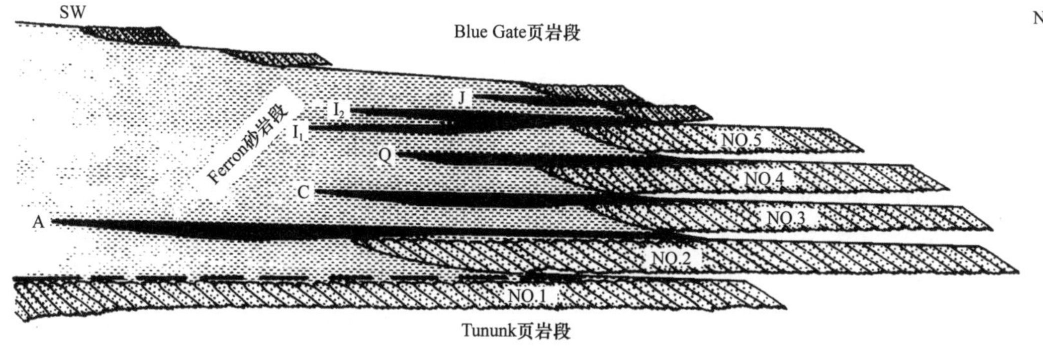

图 5.7　Ferron 砂岩的短期旋回（据 Ryer，1984）

对落基山盆地上白垩统部分岩石记录的研究表明，由于盆地内相隔较大的区域旋回之间缺乏相关性，不太可能掌握海平面升降规律（Krystinik 和 DeJarnett，1995）。Miall 和 Miall（2001）、Miall（2010）建议，不应将 Vail、Exxon 曲线作为确定海平面升降的标准。图 5.6 所示的超百万年旋回的成因是构造作用的可能性更大。Ferron 砂岩舌形体向陆地方向不整合面的存在与以下解释一致：Ferron 砂岩是源区构造再活动的产物。图 5.7 中 Ferron 砂岩的高频旋回才可能是轨道气候或海平面驱动的产物，以下将讨论其机理。

在前陆盆地开展了一些有关沉积与活动构造的详细工作，特别是落基山盆地和 Pyrenee 山脉两侧的盆地中 Sevier 碎屑楔形体。这些旋回的大小规模以及它们所代表的地质时间，都反映了它们的形成过程。例如，表 5.2 总结了前陆盆地局部或区域可能出现的构造过程，从单个冲断带的活动、负载到整个大陆边缘碰撞和缝合引起的地壳负载。

表 5.2　不同时间尺度前陆盆地构造演化过程与地层特征的关系

持续时间（Ma）	规模	构造演化过程	地层特征
＞50	整个构造带	区域挠曲负载，叠瓦状堆积	区域前缘盆地
10～50	区域性	地体对接与堆积	多个“磨拉石”脉冲式堆积
10～50	区域性	地壳缩短过程中基底非均质性的影响	沉降速率的局部变化，可能导致局部海侵或海退
＞5	区域性	断层滚动背斜与前陆向斜	被强不整合面为界的层序组填充的次级盆地
0.5～5	局部	断层滚动背斜内发育的逆冲超覆分支	强层序界面，构造削蚀和循环，上倾变小，尖锐超覆在厚的下伏地层上，同构造沉积相
＜0.5	局部	个别逆冲断块的移动，标准的铲状断层，小型褶皱	沉积体系和层系外形受构造控制，以不整合层面为界；最大洪泛面叠加在生长断层上盘；陆架低水位期沉积

注：本表主要改编自 Deramond 等（1993），其他数据来自 Waschbusch 和 Royden（1992）、Stockmal 等（1992）。

与活动构造（如盆地边缘逆冲断层）相邻发育的生长地层通常以 SRS 10 的速率沉积。沿着 Pyrenee 山脉南翼分布的粗粒的、近端的、同构造期的冲积层出露良好，精细编图揭示了隆起、侵蚀、基底剥蚀和粗碎屑沉积的模式（Barrier 等，2010）。然而，由于难以获得粗粒冲积准确的年代，很难准确地确定这种环境下沉积过程的速率。Burbank 等（1996）提供的实例中 1.7Ma 期间，沉积速率平均为 0.117m/ka。Medwedeff（1989）提供的数据表明，在加利福尼亚州地区 8Ma 期间的沉积速率为 0.305m/ka。在中国塔里木盆地边缘，Sun 等（2010）利用地磁学数据确定了生长背斜附近“生长地层”的堆积速率。沉积速率从构造运动前的 0.325m/ka 增加到构造活动期的 0.403m/ka，时间跨度约为 10Ma。

在某些情况下，构造事件与沉积事件可以非常明确地联系起来。自 20 世纪 60 年代以来，Armstrong、DeCelles 和其他人绘制的图件揭示了美国落基山脉地区 Sevier 褶皱冲断带，逆冲和隆升与粗粒、近源砾岩的发育之间的密切关系（Horton 等，2004）。向东，砾岩进入非海相和海岸平原沉积。通常，砾岩本身被断层切断进而产生位移，这进一步证明了构造活动和沉积作用之间具有成因关系。图 5.8 以犹他州东北部和怀俄明州南部为例总结了这种关系。图 5.9 是这些层序地层的综合对比图。图 5.10 是一个地层年代图，综合说明了这些层序的地层、沉积相、年代与区域性、全球性事件之间的关系。

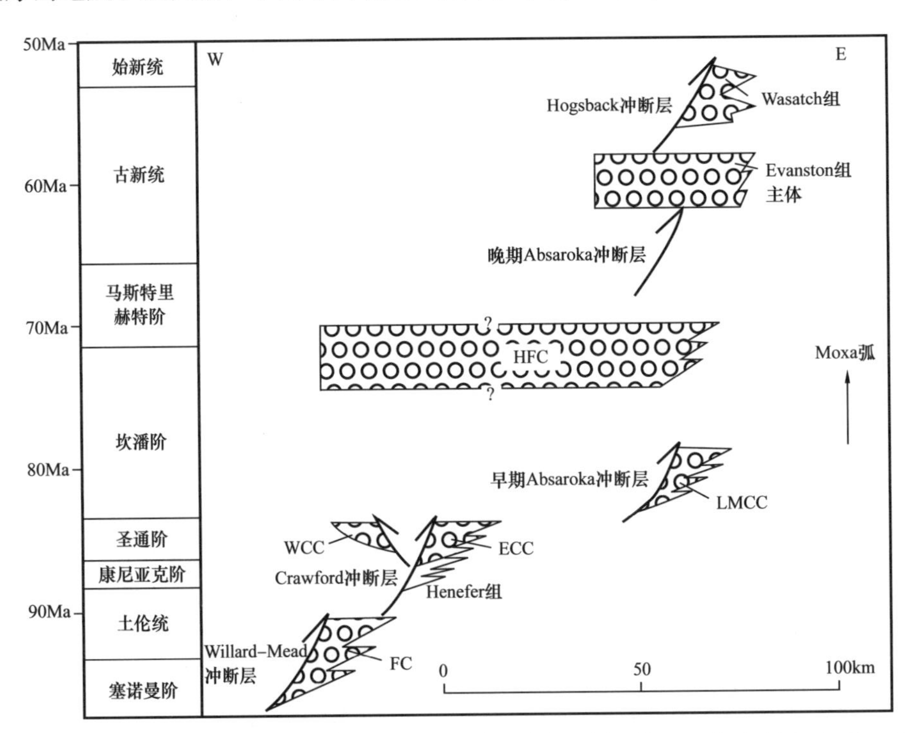

图 5.8　犹他州东北部和怀俄明州南部逆冲期与同造山期砾岩沉积的时空关系（据 Liu 等，2005）

HFC—Hams Fork 砾岩；LMCC—贫泥 Creek 砾岩；

WCC—Weber 峡谷砾岩；ECC—Echo 峡谷砾岩；FC—前缘砾岩

图 5.9 和图 5.10 中层序并不是在地层综合对比中自动形成的，而是需要寻找和识别区域可容纳空间变化的关键指标，现在已经认识到它们是层序地层的标志。这很好地说明了层序地层学的成因性质，应用层序的概念可以进一步促进整体理解和成因解释，但前提是现有的概念和模型与正在研究的野外实际吻合。在该案例中，选择适当地层综合对比剖面的拉平层可有助于绘制层序地层图件（图 5.9）。这不单单是一个方法的问题，很可能会成

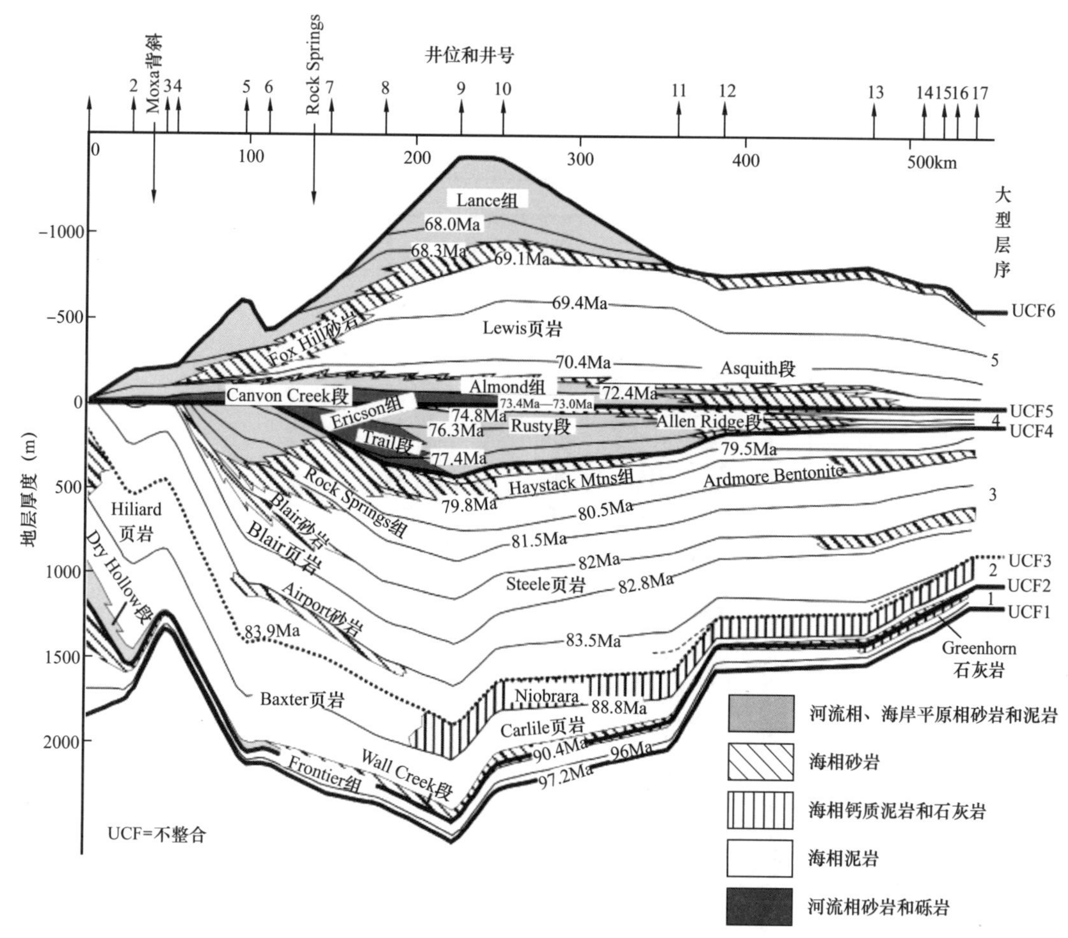

图 5.9　怀俄明州南部上白垩统（中塞诺曼阶—马斯特里赫特阶）“大型层序”地层（据 Liu 等，2005）

为解释地层关系的关键。在这种情况下，拉平层处于 Ericson 组 Canyon Creek 段的底部，这就体现了拉平层之上地层单元的进积作用，并尽可能减少对拉平层之下地层单元复杂构造—地层关系的曲解。

在“一个迭代过程中，区域性不整合面和 / 或上下沉降方式有明显快速变化的面，即层序边界”（Liu 等，2005）的基础上，识别并划分出了五个层序。地层关系向西相变成同构造期的砾岩，也是重要的判别依据。将可容纳空间的循环变化作为解释模式，可以将该区固有的岩石地层单元划分到体系域的适当位置。特殊的海相页岩可作为海侵沉积，或者代表最大的洪泛面，从而可以海岸平原砂岩到粗砾岩这个向上变粗的序列划分到高位体系域中等。整个塞诺曼阶—马斯特里赫特层序沉积周期为 32Ma，最大厚度 3500m（图 5.9），沉积速率为 0.108m/ka，等同于 SRS 10 级或 SRS 11 级。

Aschoff 和 Steel（2011）总结了前人对 Book Cliffs 典型剖面（犹他州—科罗拉多州）Sevier 碎屑楔形体的研究工作，并将重点放在坎潘阶上（图 5.11；Sevier 楔形体的中间部分，如图 5.5 所示）。这个层序长期以来被解释为沿 Sevier 褶皱冲断带多次应力释放的产物（Kamola 和 Huntoon，1995；Yoshida 等，1996；Horton 等，2004）。Aschoff 和 Steel（2011）

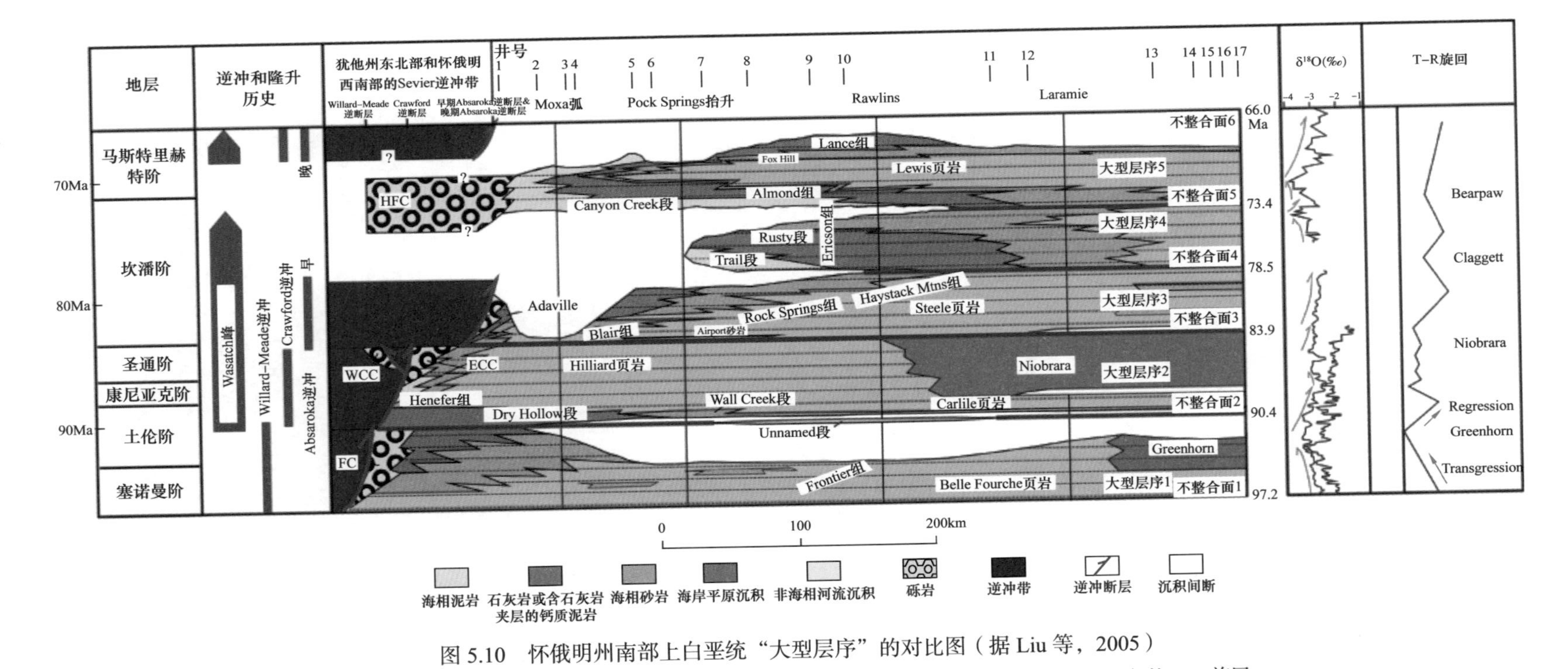

图 5.10 怀俄明州南部上白垩统“大型层序”的对比图（据 Liu 等，2005）

揭示了岩相变化与逆冲事件关系，右侧为 Abreu 等（1998）氧同位素曲线和 Kauffman（1984）的 T–R 旋回

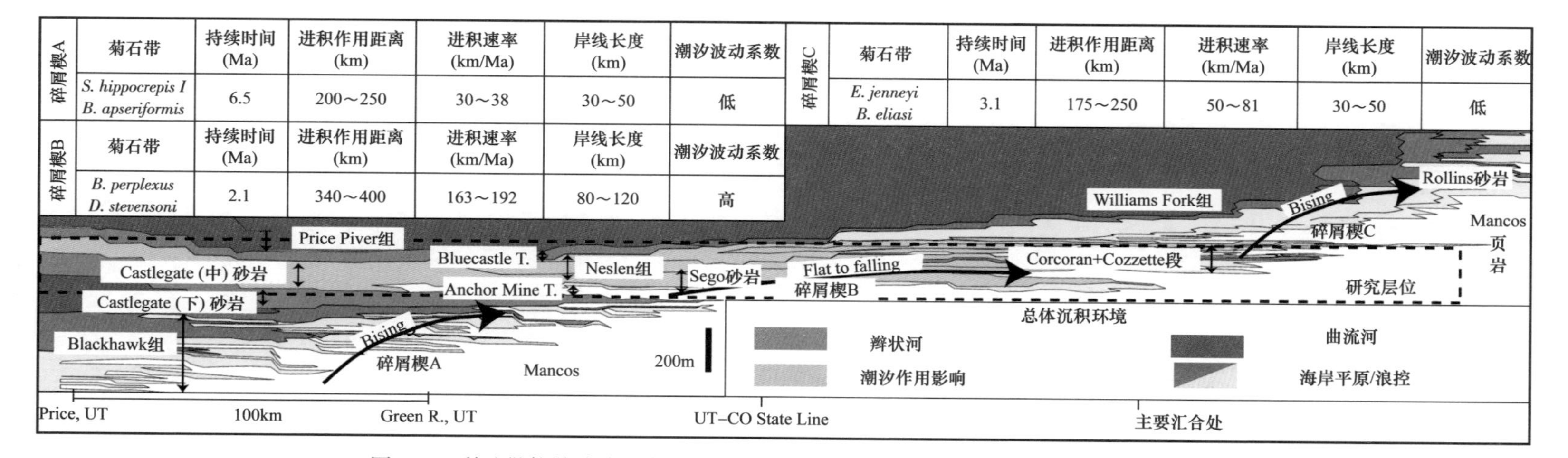

碎屑楔A	菊石带	持续时间(Ma)	进积作用距离(km)	进积速率(km/Ma)	岸线长度(km)	潮汐波动系数
	S. hippocrepis I *B. apseriformis*	6.5	200～250	30～38	30～50	低

碎屑楔B	菊石带	持续时间(Ma)	进积作用距离(km)	进积速率(km/Ma)	岸线长度(km)	潮汐波动系数
	B. perplexus *D. stevensoni*	2.1	340～400	163～192	80～120	高

碎屑楔C	菊石带	持续时间(Ma)	进积作用距离(km)	进积速率(km/Ma)	岸线长度(km)	潮汐波动系数
	E. jenneyi *B. eliasi*	3.1	175～250	50～81	30～50	低

图 5.11　科迪勒拉前陆盆地中坎潘阶碎屑楔形体示意图（据 Aschoff 和 Steel，2011）

显示出地层单元、滨线迁移、沉积相类型和进积速率

计算了岸线向海推进的速率和沉积物堆积速率，以探索沉积作用和构造活动之间的关系。在2.1—6.5Ma的时间范围内计算得出的沉积速率为0.047～0.14m/ka。这些在SRS 11级的范围，比安第斯（Andean）盆地中记录的沉积速率低，与纽约—宾夕法尼亚州Catskill三角洲沉积速率近似。Ettensohn（2008）提供的数据表明，“三角洲”近端（实际上是沉积在浅海环境中非海相的碎屑楔形体）的最大沉积速率为0.096m/ka（在吉维特期—法门期期间超过9Ma，最大沉积厚度3km）。

Horton等（2004）引用了岩石学证据，证明了Castlegate砂岩的形成与Sevier造山带逆冲构造有关。Aschoff和Steel（2011）推测Sevier前陆盆地内基底隆起可能有助于抵消因挠曲卸载而形成的部分沉降。在碎屑楔形体的中部（以Castlegate砂岩为代表），这种情况很有可能发生。一段时间以来，Castlegate砂岩的席状特性被归因于低速率的区域沉降（Yoshida等，1996）。Aschoff和Steel（2011）认为，盆地内Laramide构造的早期活动与碎屑楔形体的这些特征是一致的。然而，对于阿巴拉契亚盆地来说不存在这种特殊的影响。

区分海平面升降与构造活动对河流沉积旋回性的影响取决于区域地质背景，分别与上游构造活动或下游海平面升降事件有关。本章还介绍了另外两个例子，重点通过地层和沉积学特征说明构造活动和沉积响应的关系。

Herrero等（2010）描述了西班牙北部地区新生代时期大型水下前陆盆地的演化过程。钻井记录（图5.12）显示了典型砾岩—砂岩的自生旋回。地震反射资料显示存在三个主要以不整合面为边界的层序，且不整合面的倾斜度和侵蚀深度朝着物源方向有所增加（图5.13和图5.14）。古水流数据证实物源来自北部隆起的盆地边缘。Vegaquemada层序（三个层序中最古老的一个）的厚度和年代信息表明，该层序的沉积时间为25Ma，北部厚度最大达为1400m，紧邻主边界断裂。经计算长期累积速率为0.056m/ka，具SRS 11级的特征，是经历平均区域沉降速率的盆地充填复合体的典型速率。

在转向完全不同的构造环境时，Mack等（2006）详细记录了新墨西哥州Rio Grande裂谷南部的沉积历史。从5—0.8Ma的大规模加积阶段，约100m厚的河流沉积物沉积在沿裂谷系统分布的八个独立的次级盆地中（沉积速率为0.023m/ka，SRS 9）。大部分沉积物通过早先已有的轴向Rio Grande河沿着中央断裂带堆积（图5.15）。从断陷盆地边缘进积的冲积扇形成了狭长的粗砾岩楔形体。盆地之间地层的完整性变化、内部沉积间断和成熟古土壤的存在，证明了裂谷内个别断裂的运动导致局部的差异隆升和沉降。Leeder和Gawthorpe（1987）及其后来的研究详细记录了以分支断层和正断层为特征的裂谷体系中沉积作用和构造活动的关系，这些构造演化如何控制断层下降盘陡峭侵蚀崖的发育以及边缘侵蚀谷和沉积物搬运体系的位置分布。

López-Gómez等（2010）描述了西班牙东部一个二叠系—三叠系盆地的河流充填特征。因间歇性张性断裂和热沉降作用，该盆地以不同的速率沉降，最快的沉降速率为25mm/a，发生在二叠纪晚期2Ma以上的时间内（256—254Ma；López-Gómez等，2010）。三叠纪时期的沉降速率约为该速率的一半，但仍在SRS 11级范围内，为0.01m/ka。该研究利用井内数据计算上下地层的拉伸因子δ和β，探讨了河流结构体系与拉伸因子之间的关系。假设该结构体系是沉降速率的一个标志，有待验证的是，拉伸因子是否与各种类型

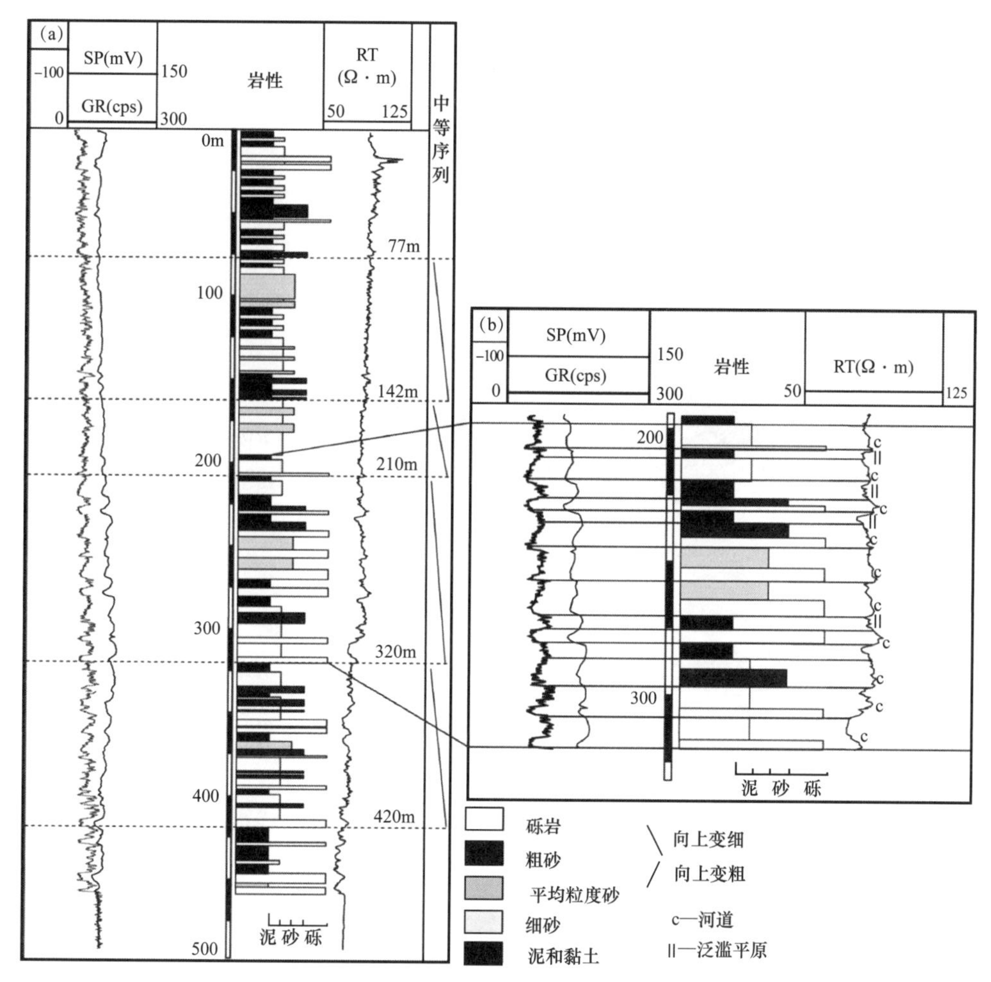

图 5.12 西班牙北部 Duero 盆地 Candanedo 层序（中新统）部分地层的测井曲线，显示了自生河流沉积序列（据 Herrero 等，2010）

的复合砂体或单砂体之间的变化有关。然而，本章中既没有引用也没有讨论沉降速率（沉降速率可以根据图 5.6 中的数据计算）。

他们总结道：总体而言，我们的现场和实验室数据表明，尽管沉降作用在某种程度上控制了 Iberian 山脉二叠纪和三叠纪冲积沉积物最终的河流几何形态，但这两者之间并没有直接联系（López-Gómez 等，2010）。

他们提出了结构和拉伸因子之间的关系，但这种关系似乎并不通俗易懂。实际上他们也指出，包括气候变化在内的其他一些因素可能会影响最终保留下来的冲积结构。

本书认为，沉降与冲积结构之间的关系远比 López-Gómez 等（2010）提出的关系复杂得多。冲积结构——保留下来的砂岩复合体的宏观形态，是由 SRS 6 级至 SRS 8 级范围内发生的沉积过程确定的，地质年代为 10^2—10^5a，沉积速率为 10^{-1}～10^2m/ka。因此，冲积地层单元的形成和保存时间，比区域沉降快几个数量级（Miall，1996）。对比 Rio Grande 裂谷的地质情况（Rio Grande 裂谷的发育在上面做了简要介绍），可以更好地说明这一点。

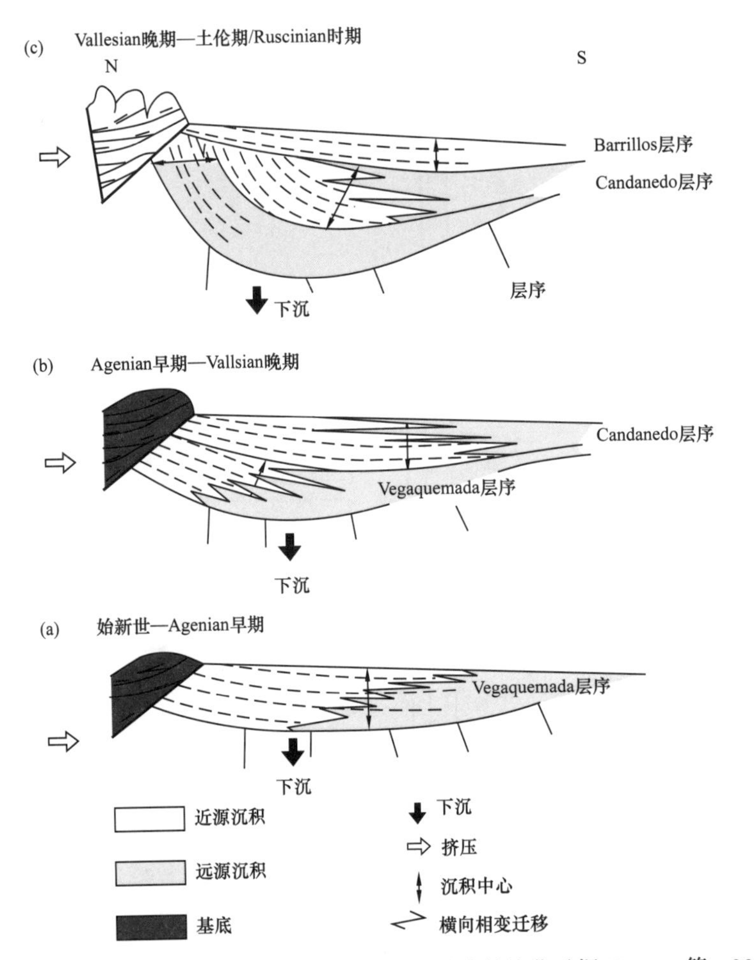

图 5.13　西班牙 Duero 盆地三个主要构造地层层序的演化（据 Herrero 等，2010）

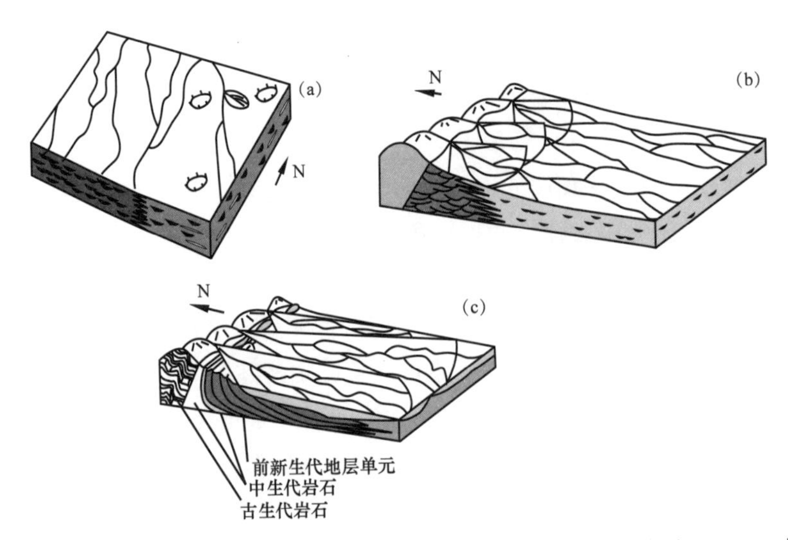

图 5.14　西班牙 Duero 盆地 Vegaquemada 层序（a）、Candanedo 层序（b）和 Barrillos 层序（c）的沉积模式（据 Herrero 等，2010）

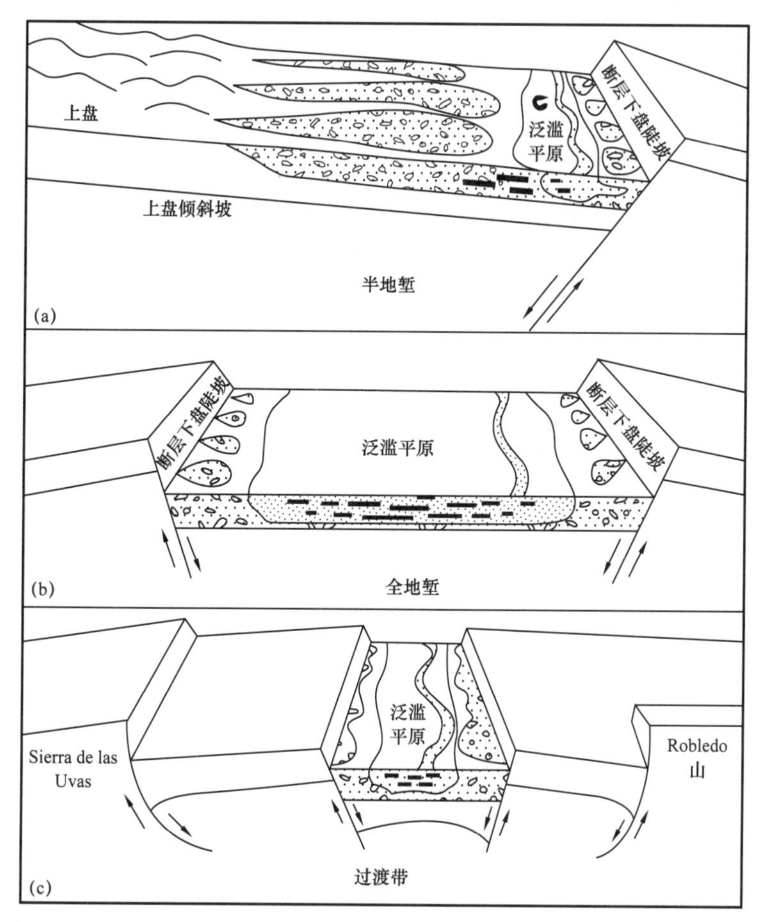

图 5.15　半地堑（a）、全地堑（b）和 Cedar Hills 过渡带（c），表现为 Camp Rice 和 Palomas 地层中冲积扇和轴向河流沉积物的分布（据 Mack 等，2006）

横截面中的黑色矩形表示漫滩和冲积扇末端泥岩

地层学的研究为河流体系对构造活动的响应提供了一些重要见解。Kim 和 Paola（2007）模拟了一个在活动张性断层（垂直于流向方向）之上和之间发育的河流体系。当用全方位观察系统来解释时，实验表明间歇性断裂运动将触发外源响应，这将需要大约 10^5a 的时间才能完成，并且会产生一个 100m 厚的地层旋回（SRS 7—8 级）。然而，构造驱动的自生调节作用包括沉积物堆积和剥蚀（河道下切作用时期）更替事件中河道的周期性调节和改变，这将产生一组嵌套在主旋回内部的小规模旋回。在他们完成的实验中，这些嵌套小旋回通常厚 10～20m。这与本章引言（第 5.1 节）中所引用的 Allen（2008）的结论并不矛盾。Allen（2008）总结了现代冲积体系的理论工作和现象观测，这些体系中的构造事件（断裂运动）和沉积响应时间在几百万年内。时间范围超过 10^5～10^6a，大型冲积体系构造驱动的沉积物供给会减弱，而对小规模河流体系的观察表明响应时间可能缩短至 10^4a 范围内。

5.2.2　气候

晚古生代大陆内部旋回层是最早从完全气候控制的角度解释的古代沉积物之一。

Shepard 和 Wanless（1935）根据旋回层沉积时期（宾夕法尼亚亚纪—二叠纪）横跨冈瓦纳古陆的主要区域性大陆冰川作用，提出了一个冰期控制因素。这些沉积局部含有厚的三角洲序列，Wanless（1964）将其归因于沿阿巴拉契亚造山带发生的区域构造作用。与冈瓦纳古陆的大陆冰川作用有关的轨道驱动、高频海平面变化导致了旋回层沉积，这种解释提出了一个重要的概念，并且此后没有人对此提出异议。然而随后的研究（Soreghan 和 Montanez，2008；Allen 等，2011）表明，在此期间，气候变化的起因和时间规模具有较大的可变动性。

Miall（1996）讨论了试图辨别和明确古代地层记录中气候对沉积作用控制因素时出现的一系列问题：

（1）河流流量的巨大变化会在岩相记录中产生明显的效果，例如极粗和极细粒岩相的互层，但时间规模的变化可能不明显，因此气候的影响作用尚不清楚。如季节性的冻融循环、季风变化，以及几个月甚至几年内才出现一次猛烈的山洪暴发的环境，所有这些都会产生相同的流量变化，从而导致岩相的大幅度变化，因此不能明确将其解释为气候原因。

（2）物源区和沉积盆地的气候可能不同。例如，从阿尔卑斯山到喜马拉雅山脉向南流的河流皆表现出强季节性。物源区为高山气候，但它们进入南部平原后的气候却截然不同。欧洲河流，如发源于阿尔卑斯山的 Rhone 河和 Po 河，在亚热带地中海地区发育海岸平原，但是 Tigris 河和 Euphrates 河则流入高度干旱的美索不达米亚（Mesopotamian）盆地。印度北部河流平原处于热带气候中，那里季节性的季风降雨量严重影响着河流的流量。

（3）与上述观点有关的事实是，河流的流体动力学以及沉积物卸载形成的沉积相和结构，在很大程度上取决于物源区的气候条件，而泛滥平原及其细粒沉积主要受沉积盆地气候的影响。

（4）地貌效应可能产生使沉积记录复杂的局部性气候。例如，潮湿风盛行的上升山脉可能会在其上风坡产生高地形降雨，并在下风处产生雨影。大气团随地貌的转移是一个重要且普遍存在的影响。如西藏等高原地区也会显著影响区域气候条件，其对温度和环流都有各自的影响方式。

（5）即使同在河流流域内，从河道到漫滩含水饱和度（地下水位）和氧化还原条件并不相同，地势更高的盆地边缘近端河流和地势较低的盆地中心河道系统之间也不相同。

（6）沉积记录中通常通过植被、植被残留的化石遗迹以及植被对沉积物的侵蚀性、泥沙输出量、河道类型等来体现气候。然而，如今地球上的植被是随着时间的推移演变而来的，与过去的地质时期大不相同。泥盆纪大型陆地植物的发育，中生代能够经受住季节性气候变化的植物的发育，以及中新世草地的发育，都使河流水动力和河道类型发生变化。这是 Schumm（1968a）首次提出的，并因 Davies 和 Gibling（2010a，b，2011）的详细报道而被深入探讨且被证实。因此，现代相似事物与较远的过去之间的相关性是有限的，前泥盆系的地貌在沉积学方面发挥作用即便是在雨水充沛的地区，也可能像如今干旱地区那样。

正确识别这些各不相同的影响，需要细致的观察和非常严谨的演绎推理，才能将其和构造因素产生的十分相似的影响区分开。

冈瓦纳古陆的晚古生代冰川期从宾夕法尼亚亚纪晚期延伸到二叠纪早期，该时期是世界范围内气候不稳定时期（Soreghan 和 Montanez，2008）。北美和欧洲大部分拥有世界级储量的煤都是在这一时期沉积的，当时这些地区位于北纬 30° 到南纬 30° 之间，最深位于超级大陆——联合古陆内。由于这个原因，一定程度上人们对探索沉积与气候之间的关系以及对煤的形成产生了极大的兴趣。Tabor 和 Poulsen（2008）列出了可能影响古热带气候的七个因素：（1）板块漂移；（2）海陆分布；（3）超连续性；（4）季风变化；（5）主要造山带的隆起 / 塌陷；（6）冈瓦纳古陆薄冰层的发育程度；（7）大气中的 CO_2 含量。下面讨论这些区域性和全球性控制因素如何影响冲积结构。

气候变化的沉积学证据不局限于能确定高频海平面变化（冰川成因）的野外案例。Cecil（1990）、Perlmutter 和 Matthews（1990）提供了沉积体系对气候变化作出响应的概括性模型。气候通过其对温度、湿度、降雨量、蒸发率、风和光照的影响来控制沉积，所有这些因素都会影响植被覆盖，风化和剥蚀方式以及沉积物的堆积量（表 5.3，图 5.16、图 5.17）。轨道驱动导致气候带发生变化，或者板块运动导致大陆漂移穿过气候带，气候变化导致碎屑沉积物堆积量和化学沉积模式发生变化。当全球气候随着季节性和总能量通量的变化循环时，植被类型在海拔和纬度上都发生了变化。干旱气候是泥沙输出量较低的时期，在低洼地区伴有碳酸盐岩和蒸发岩的形成。泥沙输出量随降水量的增加而增加，以碎屑沉积为主。最大产量出现在温暖、季节性潮湿 / 干旱气候条件下。非常潮湿的气候特点是植被茂密，导致泥沙输送量减少，有利于形成泥炭 / 煤。针对古土壤的研究可以提供关于主要气候和气候变化的许多信息（Retallack，2001）。Leier 等（2005）认为，大型冲积扇（“巨型扇”）出现的地方，季风气候条件造成大规模沉积，导致沿着山前带大量粗碎屑快速卸载。

表 5.3　热带和亚热带温度对非季节性和季节性降雨量的响应（据 Cecil，1990）

变量	热带多雨	长时间潮湿 / 短时间干旱	潮湿—干旱	半干旱	干旱
降雨量	大，非季节性	短旱季	极端季节性	短雨季	少量降雨
植被	雨林	森林	草原	干草原	灌木
化学风化作用	强烈	由强烈到中等	由中等到有限	极小	很少
产物、土壤	高铝黏土石英组分有机土、砖红土	砖红土、有机土	变性土、有机土?	变性土	旱成土
年侵蚀量	高度制约	由有限到中等	强烈	由温和到有限	有限
滞留组分	很少	由少到适中	很多	适中	很少
悬移组分	很少	由少到适中	很多	适中	很少
溶解组分	很少	由少到适中	适中	多	少
硅质碎屑	高度制约	有限	数量多	适中	高度制约
化合物	穹丘泥炭	板状泥炭	板状泥炭?	碳酸盐岩	蒸发岩

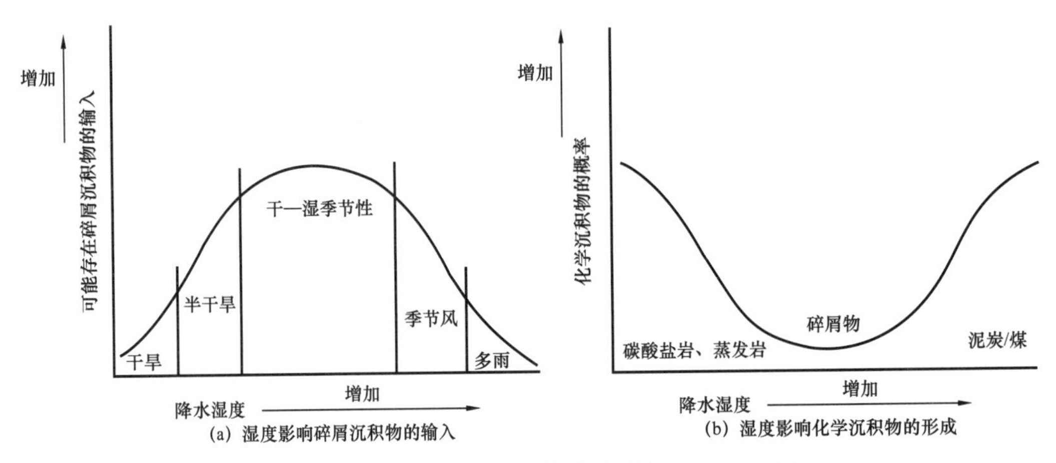

图 5.16　气候变化的沉积学响应（据 Cecil，1990）

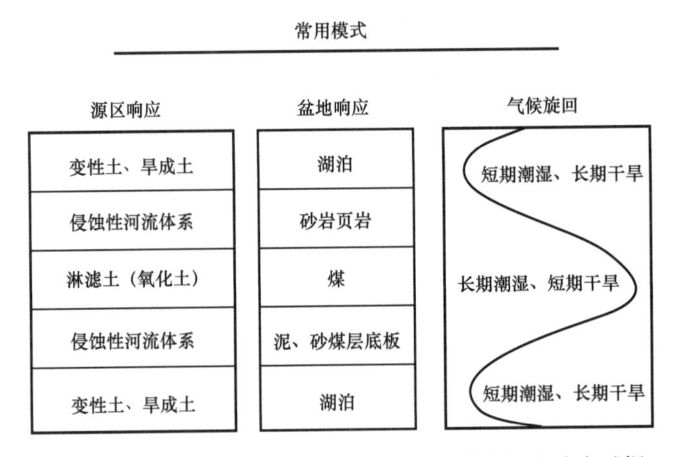

图 5.17　基于旋回层的解释：宾夕法尼亚亚纪古气候变化的沉积响应（据 Cecil，1990）

正如 Blum 和 Tórnqvist（2000）详细讨论的那样，河流的沉积表现取决于流量和卸载量之间的平衡（图 5.18）。沉积物供给取决于许多因素，如上所述，气候是主要影响因素。河流动力主要由流量决定，流量可能是稳定的，也可能是波动的，这取决于气候条件。假设一个河流体系达到动态平衡，滞留沉积的增加将导致加积作用增强，然而流量增加或滞留沉积减少将导致剥蚀现象发生。

尼日尔河—三角洲体系的例子说明了气候变化如何直接反映在冲积物中（图 5.19）。尼日尔河是三角洲的主要沉积物来源，横跨西非热带，流经的三个主要气候带。北部 Sahel 是一个干旱气候的草原地区，植被覆盖非常有限。降雨量稀少且不稳定，导致粗粒碎屑风化物的产量不稳定。热带草原地区（内部发育雨林带）中风化和侵蚀过程形成比碎屑岩滞留沉积还要多的悬浮化学物质。较冷的全球性气候，如那些具有冰期特征的气候，有助于将这些气候带向南移动，这意味着尼日尔河将有更多流域位于草原带内，从而增加了向三角洲输送碎屑沉积物的能力。相反，在气候变暖期间，热带雨林带预计会向北扩张，从而减少碎屑沉积物载荷。预计这些变化将以尼日尔三角洲沉积物粒度或砂岩厚度周期性变化的形式出现（尽管很有可能因滑塌、浊积事件等产生自生叠加，使其在三角洲前缘被掩盖）。

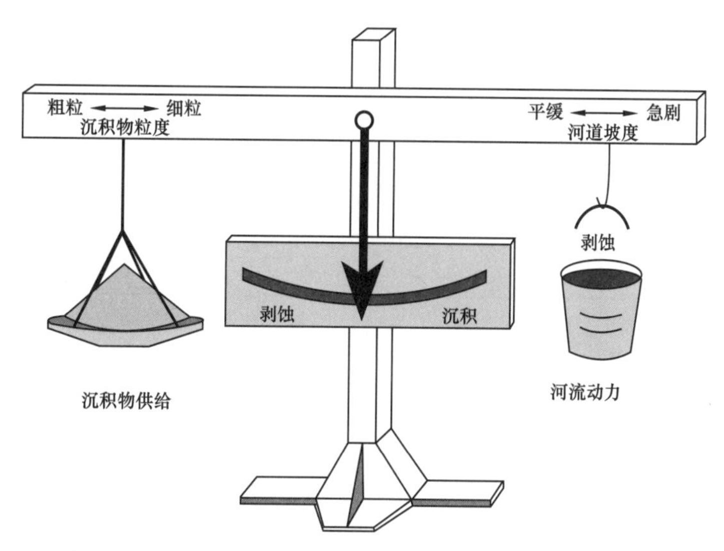

图 5.18　冲积河道堆积和冲刷的平衡模型：强调流量和沉积物补给关系的变化（据 Blum 和 Tórnqvist，2000；Lane，1955）

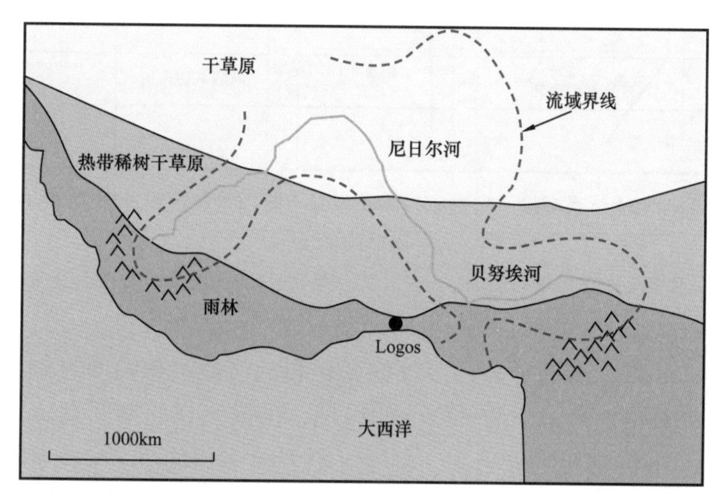

图 5.19　尼日尔河流域的气候带（据 Vander Zwan，2002）
气候变化所导致的这些气候带的迁移控制了输送到尼日尔三角洲的沉积物数量和类型

图 5.20 显示了一个与受冰川控制的气候和植被变化有关的河流动力模型。这些研究以及在得克萨斯州的类似工作（Blum，1993）涉及冰川边缘地区，冰川边缘处的气候变化明显，但却并没有直接受到冰川作用的影响。Vandenberghe（1993）和 Vandenberghe 等（1994）研究表明，由于径流量增加而泥沙输出量仍然较少，从寒冷期过渡到温暖期出现了一个较长的下切作用时期。植被能够迅速稳固河岸，减少沉积物的输送，同时蒸发量仍然很少，因此导致径流量较多。加积河谷的河流类型从冰川期的辫状河转变为间冰期的曲流河（Vandenberghe 等，1994）。Vandenberghe（1993）也证明了河谷的下切作用往往发生

在从暖期到冷期的转变过程中。在植被覆盖率仍然很高的情况下，随着温度的降低，蒸发量逐渐减少。因此径流量增加，而与此同时泥沙输出量仍然较少。当寒冷时期来临时，植被覆盖率降低，沉积物的输送量增加，河流也重新开始加积。

很明显，从冰期到间冰期，气候和基准面也同时发生变化，内陆和沿海的河流动力可能是完全不同步的（图 5.20）。在距海几十千米的范围内，寒冷时期时在基准面低水位处有时会出现河谷下切作用，但在随后的海侵过程中基准面表面可能会被破坏或加深，直到最终被掩埋。内陆地区，主要侵蚀边界面分别与气候转换时期从冷到暖再到冷，即海平面上升和下降时期相关。

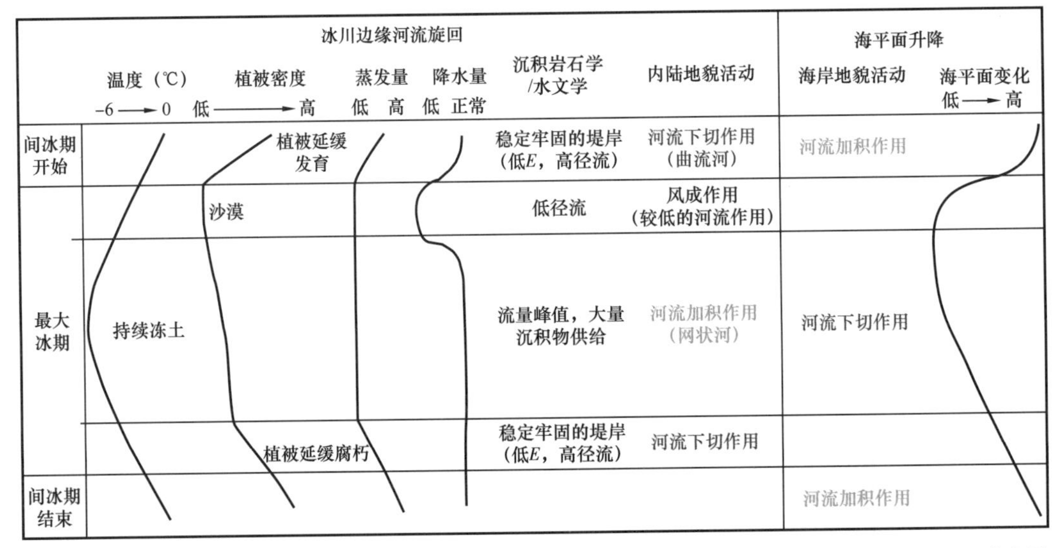

图 5.20　冰期和间冰期河流体系温度、植被密度、蒸发量、降雨量和沉积过程之间的关系，以及与同期海平面升降的关系

基于近代 Rhine–Meuse 体系研究（Vandenberghe，1993），图中增加了海平面升降；E 表示流体流动总能量，包括势能、静压能、动能、内能、热能、阻力损失、外能等

Foreman 等（2012）提供了另一个气候变化影响河流沉积的明显例子。古新世—始新世最大热值（PETM）为一个约 200ka 的时期，据推测在此期间全球气候比古新世早期和随后的始新世晚期都要暖和得多。但是在科罗拉多州的一个非海相 Laramide 盆地，即 Piceance Creek 盆地中，气候变化似乎使河流类型产生了非常特殊的改变。在古新统—始新统连续剖面中约 40m 的河流相地层显示出明显的变化，从薄层横向快速尖灭的砂体（被解释为小而浅的河流沉积）变化为更厚且延伸更远的砂层，在这些砂体中，上部紊流平行层理沉积比较常见，也易于识别。Foreman 等（2012）能够排除导致这些变化的构造或其他控制因素，事实上它们也与 PETM 有关。

Blum（1993）对流入墨西哥湾的几条河流进行了详细的放射性碳年代地层学研究。漫滩加积作用与河道下切作用的交替事件记录了自上一次冰川高峰期以来气候条件的变化。图 5.21 总结了得克萨斯州中部科罗拉多河流域上游的阶地演化，通过近代冲积层层序来解释晚更新世的演化过程。

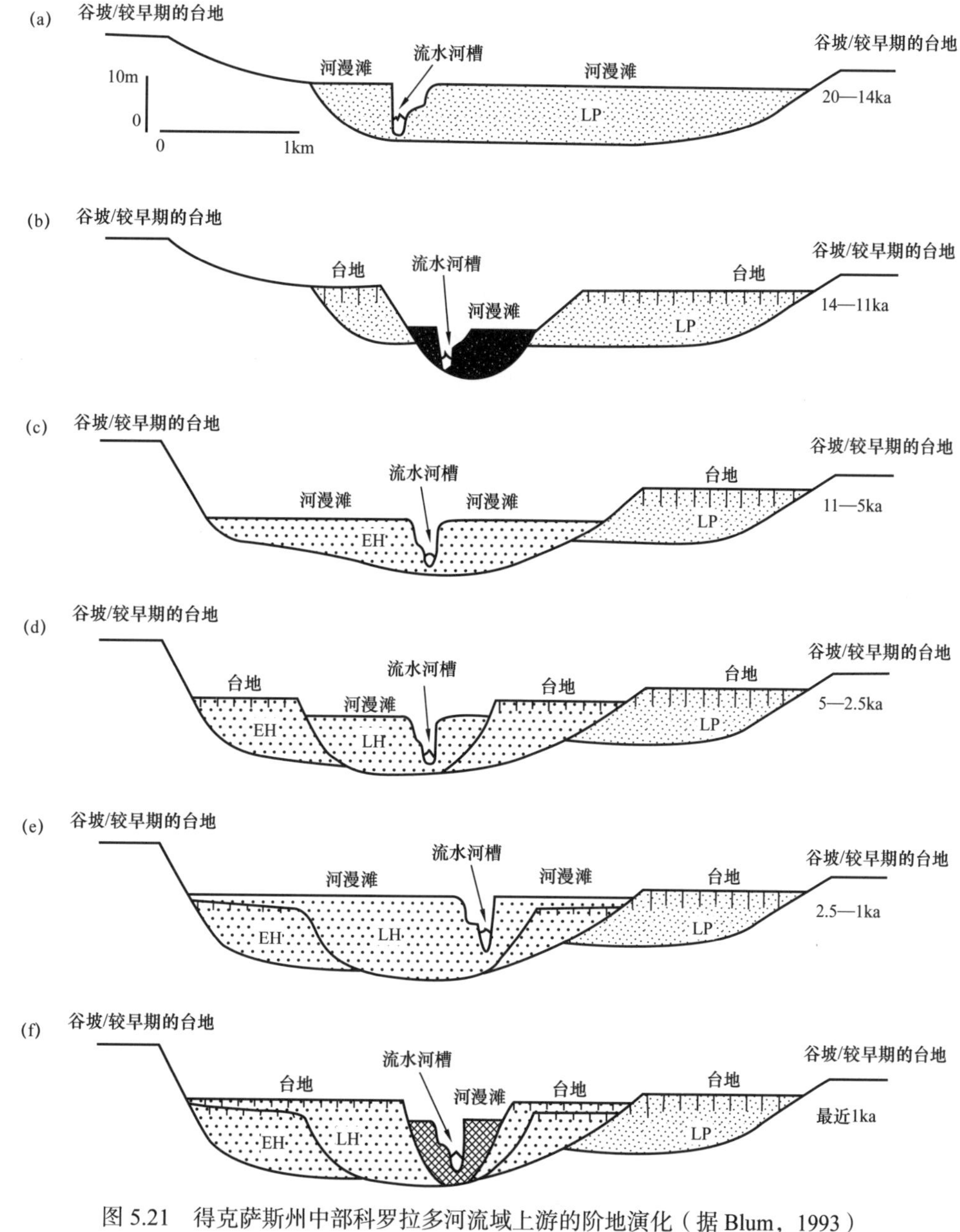

图 5.21　得克萨斯州中部科罗拉多河流域上游的阶地演化（据 Blum，1993）

EH 为全新世早期沉积物；LH 为全新世晚期沉积物；LP 为更新世晚期沉积物

图 5.21（a）：最后一个完整的冰期，20—14ka，沉积物供给量大于搬运能力，导致了晚更新世时期的沉积充填；图 5.21（b）：14—11ka，沉积物供给量大大减少导致晚更新世河漫滩的废弃以及河谷基岩的下切；图 5.21（c）：两次加积作用的第一阶段，11—5ka，沉积物供给量大于搬运量，导致全新世早期到中期的沉积充填；图 5.21（d）：5—2.5ka，洪水量减少，导致全新世早期到中期时河漫滩废弃并形成土壤，但沉积物供给量仍然较大，河道持续向侧向迁移有助于沉积物堆积并产生不整合面；图 5.21（e）：2.5—1ka，沉积物供给量仍然很大，因此有助于河道持续侧向迁移以及沉积物堆积，但洪水量的增大导

致新形成的土壤覆盖了先前稳定的地表；图 5.21（f）：最近 1ka 以来，沉积物供给量的减少导致早先沉积物被冲刷，而洪水量的减少导致河漫滩的废弃以及近代狭谷发生下切。

意大利的 Po 盆地提供了另一个冰期到间冰期气候控制沉积的例子（Amarosi 等，2008），盆地位于海平面附近，气候控制的表现形式是冲积结构发生变化，反映了气候对海平面的直接控制。地下河道砂体横向叠置可以通过发育良好的泥岩标志层（具有暖热带森林特有花粉特征）来对比（图 5.22）。这些被解释为冰川末期海平面上升阶段的海侵沉积。在寒冷的冰期，底部横向叠置的河道砂体"宽度可能达几十千米，是辫状河流和低弯度河流在沉积物供给量增加的条件下发生侧向迁移形成的复杂砂体"。"低水位期低可容纳空间有利于河道侧向迁移，冲刷—填充事件广泛发育"（Amarosi 等，2008）。

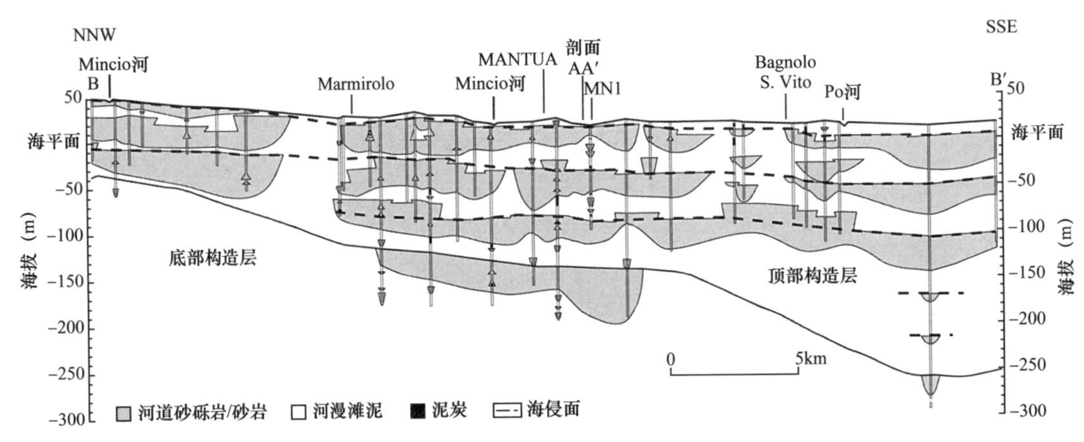

图 5.22　意大利 Po 盆地部分地区的第四纪地层（据 Amarosi 等，2008）

横向叠置的河道砂岩复合体可以通过含有典型温热带森林花粉的泥岩标志层（虚线显示）来对比

旋回边界处席状河道砂体向富含有机质黏土的突变，以及花粉信息（树栖花粉急剧增加）表明，由于间冰期开始时期（TST）海平面快速上升，研究区内普遍发育沼泽和泄水不畅的漫滩。在该阶段河道可能基本上不发生迁移，才出现具有明显的透镜状、条带状几何结构的河道砂体。由于盆地沉降和海平面上升的共同作用，可容纳空间快速增加，进而导致了广泛的加积（Amarosi 等，2008）。

Mack 等（2011）在新墨西哥 Rio Grande 裂谷中证明了台地发展阶段与气候变化之间的相互关系。台地的形成，包括河漫滩沉积，与相对湿度有关，而下切作用则发生在干旱时期。这些变化为图 5.18 所示过程提供了的另一个示例。

在更古老的碎屑沉积记录中，气候控制在受轨道驱动而沉积的湖泊沉积物中最为明显。本章简要讨论了北美东部三叠系 Newark 组和怀俄明州始新统 Green River 组两个典型实例。在这两种情况下，包括蒸发岩和油页岩在内的湖相旋回都发育较好，并具有清晰的轨道标志。冲积沉积出现在盆地边缘，气候变化在一定程度上改变了冲积沉积与湖泊沉积之间的指状交错接触关系。

Olsen（1990）定义了三种湖相复合体的类型（图 5.23）。冲积物主要由粗粒冲积扇组成，主要分布在盆地边缘处。在干旱时期，当湖泊水位下降时，河流相砂岩进一步延伸到湖盆中，排水系统暂时性跨越盆地边缘不断扩大的沙坪。从这些岩石中得到了明显的轨道特征（图 5.24）。Green River 组展示了一个极其相似的地层模式（图 5.25）。Eugster 和 Hardie（1975）提供了一个沉积模型，该模型显示了这些不同相之间的相互关系（图 5.26）。

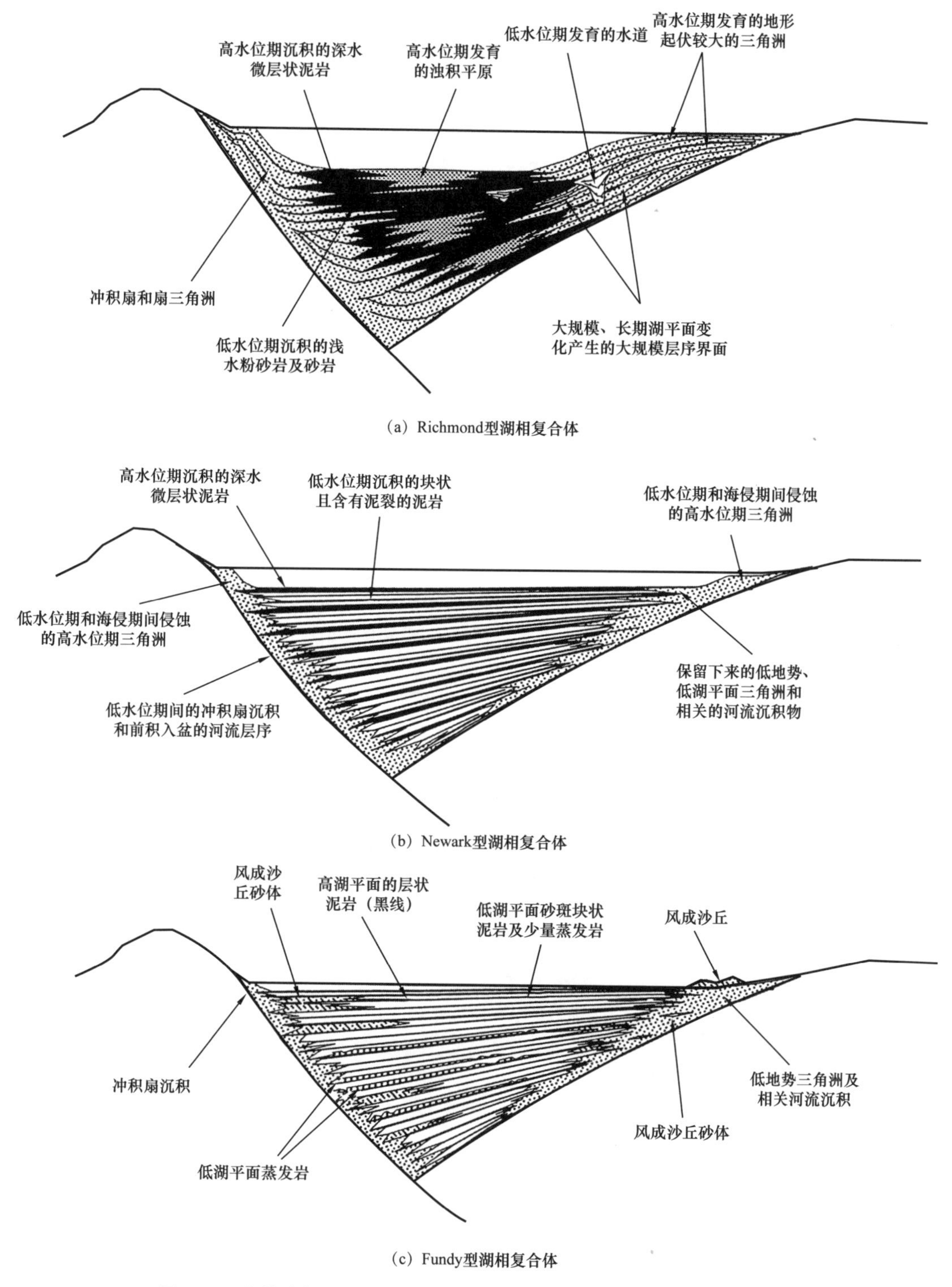

图 5.23　北美东部 Newark 盆地理想化的湖相复合体（据 Olsen，1990）

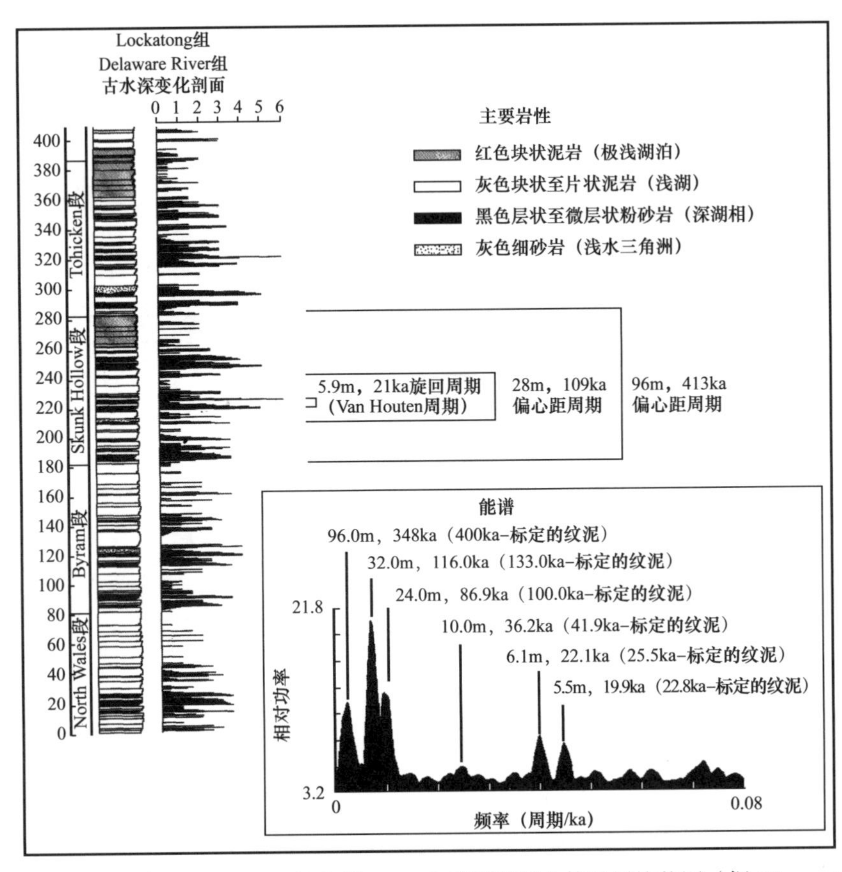

图 5.24　Newark 盆地 Lockatong 组中部 Newark 型湖相复合体地层柱状图（据 Olsen，1990）

通过傅里叶时间序列分析，得到了能谱曲线；深度等级是指根据沉积学分析推断出的水深增加的级别；ka 代表数千年的循环周期

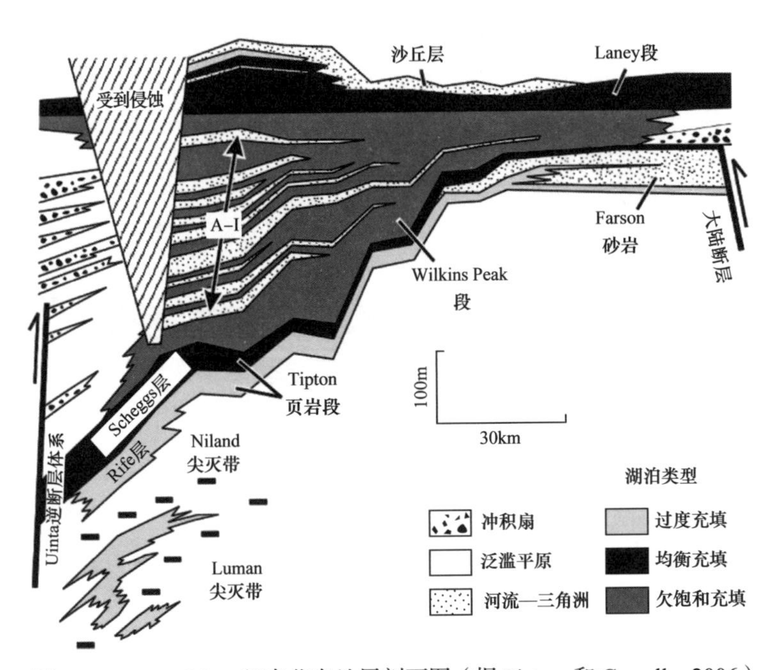

图 5.25　Green River 组南北向地层剖面图（据 Pietras 和 Carroll，2006）

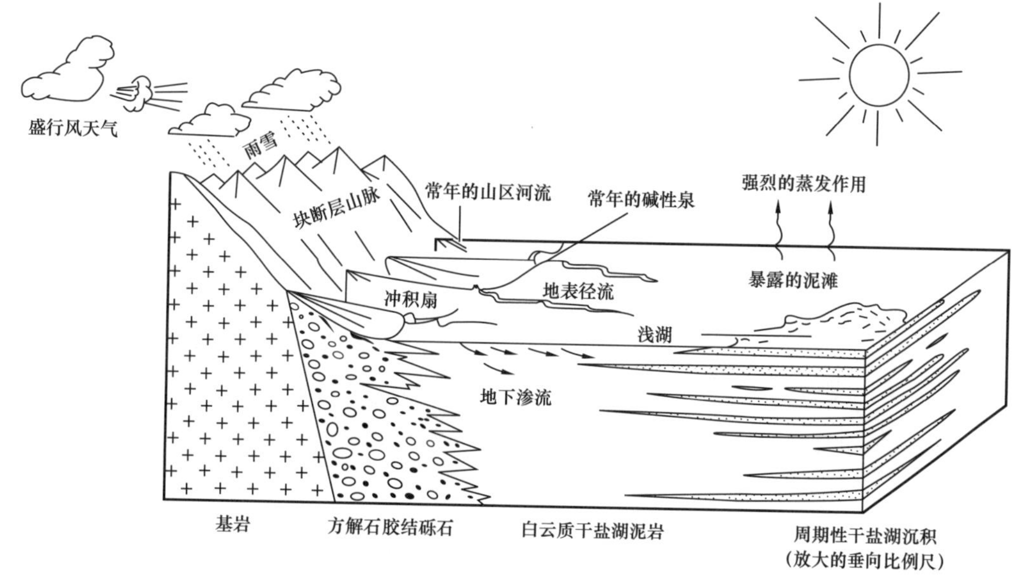

图 5.26　Green River 组 Wilkins Peak 段的沉积模式图
（据 Allen 和 Collinson，1986；Eugster 和 Hardie，1975）

基于古土壤、植被演化、岩相组合和构型研究的进展，Allen 等（2011）对加拿大大西洋岩石记录中石炭纪到二叠纪的气候变化进行了详细说明。该岩石记录多半是非海相地层，包括厚煤层和大量的蒸发岩沉积，以及长期以来一直被解释为热带地区沉积的产物。在 Allen 等（2011）“河流沉积物代表了气候变化”的章节中，他们指出：研究人员通过多种方法解释了古气候中记载的大陆性气候变化，包括对气候敏感的岩性（如煤、蒸发岩和风成岩）的时空分布，层序地层学、古土壤、地球化学，以及古植物学和古生态学分析。迄今为止，地球化学和古植物学资料为大陆演化过程中古气候变化的高分辨率解释提供主要依据。

本章的目标之一是利用相标志来识别河流沉积物中的气候变化。先前的研究表明，在以大的季节性流量为特征的热带环境中形成了独特的相组合（Fielding 等，2009）。本书和其他论文中讨论的标志用于分析研究区河流沉积记录。虽然结果在内部看起来是一致的，但建议仍然保留古植物学和古土壤的证据，它们是确定这些岩石中气候条件的最具决定性的证据。这些岩石为本书第 2.2 节中所讨论的如何确定河流类型提供了一个很好的例子。

5.2.3　区分气候和构造之间的驱动机制

在古代沉积记录中，许多例子将岩相的变化解释为可能是气候变化引起的。在第 3.4 节中，我们讨论了 Martinius（2000）所描述的沉积现象，其中具有明显外来成因的沉积相周期性（见图 3.14）被解释为构造成因或气候成因。Hillier 等（2007）描述了南威尔士古代红色砂岩中气候对比所用到的岩相证据。根据野外特征，尚不清楚气候对比是否代表了盆地历史上的气候周期性，也不清楚从物源区到盆地中明显的相变组合是否与不同的局部气候环境有关。Kallmeier 等（2010）描述了河流和重力流沉积的粗粒扇砾岩，这些岩相类型之间的变化代表着气候湿度的变化或者受构造控制。

本节使用术语“韵律层”来表示由地球轨道驱动所产生的层序，使用术语“韵律性”来指代在相、厚度和时间间隔上可能类似于韵律层的旋回，但不一定是因轨道驱动而产生的。由此定义的韵律层和那些归因于高频率构造作用（SRS 8、SRS 9 和 SRS 10）的旋回，在频率和沉积速率方面会存在重叠。Dickinson 等（1994）指出，有四类过程可能会形成韵律性沉积：（1）地球轨道驱动；（2）自生过程，如三角洲—舌形体之间的转换；（3）断层和褶皱活动；（4）单个推覆体的挠曲载荷。区分这些不同过程的标准显然是极其重要的。图 5.27 总结了韵律层与构造成因旋回之间的对比。

构造旋回	米兰科维奇旋回
可构成持续时间尺度为10^3—10^7a的旋回层次体系	可构成持续时间尺度为10^4—10^5a的旋回层次体系
与构造事件有关	与构造运动无关
与气候变化无关	旋回可能是与某一地区气候有关的，也可能是与冰川有关；旋回可能包含与温度、氧化还原、生产率旋回有关的有规律的变化
内部可能存在角度不整合面	内部不存在角度不整合面
碎屑岩相旋回与旋回界限有关（f-u和c-u的趋势与构造控制并存）	盆地不同部位的碎屑周期和化学周期可能相关
可能跨越沉降、隆起山脊线显示出相互垂直相的趋势	与构造方向无关
局限于特定的盆地或造山带	旋回可能在整个大陆或全球范围内相互关联影响

图 5.27　构造成因层序与轨道驱动韵律层之间的主要区别

在垂向上某些自生沉积可能易与真正的韵律性沉积混淆。然而，自生沉积在面上受其代表的沉积体系所限制。最大的三角洲体系（如密西西比河、尼日尔河、尼罗河）跨度约为 100km。因此，旋回单元的横向展布范围显然是区分自生沉积层序和外来机制引起的区域性旋回的重要标准。

在区域范围内形成韵律性沉积的两个主要的外来驱动力分别是地球轨道驱动和挠曲载荷。挠曲过程所造成的直接影响可能是在载荷点附近产生可容纳空间，从而产生典型的“菱形”区域厚度分布。然而，由于地壳具有抗弯强度，可能通过地壳“平面”传递应力，因此挠曲效应可能发生在广阔的陆地上。实际上，正如其他地方所讨论的那样（Miall，2010），板块内应力的变化可能会在大陆、半球乃至全球范围内引发构造事件及可容纳空间的快速变化。然而，由于构造运动引起的可容纳空间和沉积物供给变化而形成的高频层序的特征与真正韵律层将具有明显的区别。旋回厚度和岩相与盆地内的构造特征有明显的关系，甚至碎屑粒度的变化可能与构造特征有关。例如，粗砾岩可能被逆冲断层切割并依附其上，逆冲断层的活动为沿线的构造韵律层提供了可容纳空间（图 5.8）。构造运动产生的旋回使地层厚度和岩相通常会顺着平行于构造的方向发生变化，并可能含有同沉积期形成的上超和削截的内部构造特征（图 5.9、图 5.13、图 5.28）。在盆地填充物得以保留的近端区域，即活动构造影响同期沉积过程的区域，可以定义并绘制生长地层。后者清楚地表明了沉积作用与构造活动之间关系，例如渐进的不整合面（Riba，1976；Anadón 等，1986；

Barrie 等，2010）。Catuneanu 等（1997b，1999，2000）描述了一个特别清晰易懂的交互式地层充填过程，用来说明构造作用对地层结构产生极大影响的方式。

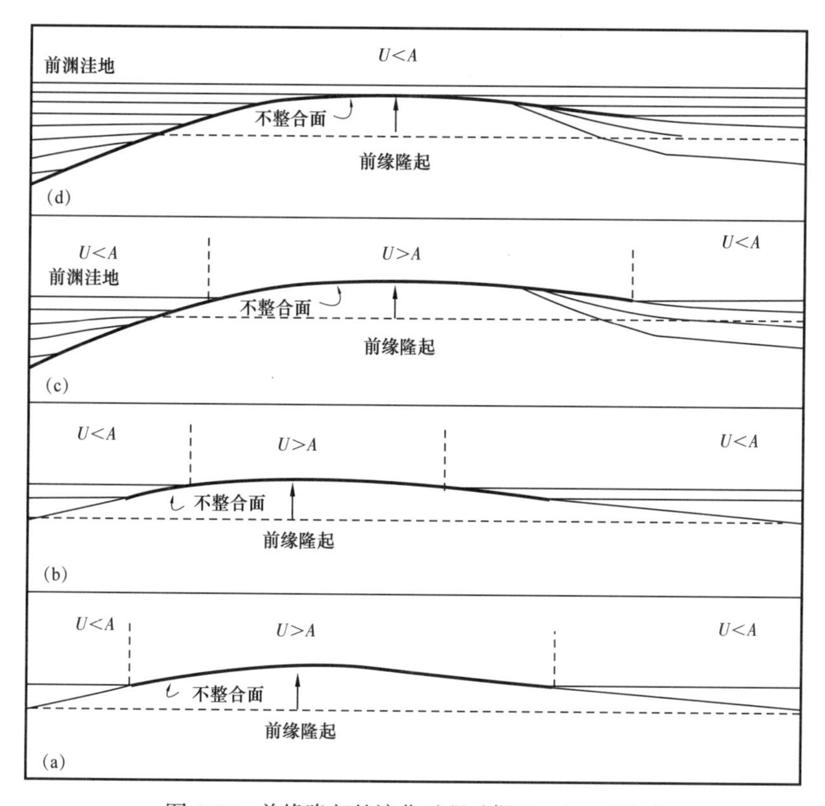

图 5.28 前缘隆起的演化过程（据 Currie，1997）

显示了隆升和克拉通运移导致不整合面的发展，以及前渊坳陷和隆后盆地中地层的超覆现象

相反，轨道驱动形成的韵律层和其他层序可能会跨越像前缘隆起这样的构造条件，即厚度没有大的变化，但可能在岩相上发生变化。如果海平面升降变化或大陆范围内的气候变化是层序形成的主要驱动力，那么尽管只存在内部相变，但是层序单元仍然可能跨越构造界限，即沉积盆地（形成于一系列的构造环境下）内部或者之间的层序单元相互关联。这是建立西部内陆盆地 Greenhorn 旋回（该单元于图 5.5 所示剖面的右下显示）和图 5.29 所示的非冰川沉积的米兰科维奇旋回这一普遍模型的基础。气候的周期性变化是唯一能够形成从一个地方到另一个地方岩相组合完全不同层序的机理。同样，完全由化学沉积作用变化组成的层序，如泥灰—石灰岩韵律，只能是气候驱动的水化学或有机质产量变化所形成的。

Dickinson 等（1994）运用了这些思想绘制一些简单而精美的图表，从而阐明了两种主要外来驱动机理之间的区别。图 5.30 比较了两个同时期盆地——犹他州 Paradox 盆地和亚利桑那州东南部 Ouachita–Marathon 前陆地区 Pedregosa 盆地的层序。每一列显示 17 个旋回，而且这些旋回的规模类似，因此，即使缺少准确判定相关性的蜓类化石，它们也可能相互关联。正如他们所说："稳定且分布较广的地层旋回的存在，可能为整个大陆上实现地层对比（很难通过地层标志化合物实现）提供了方法。"

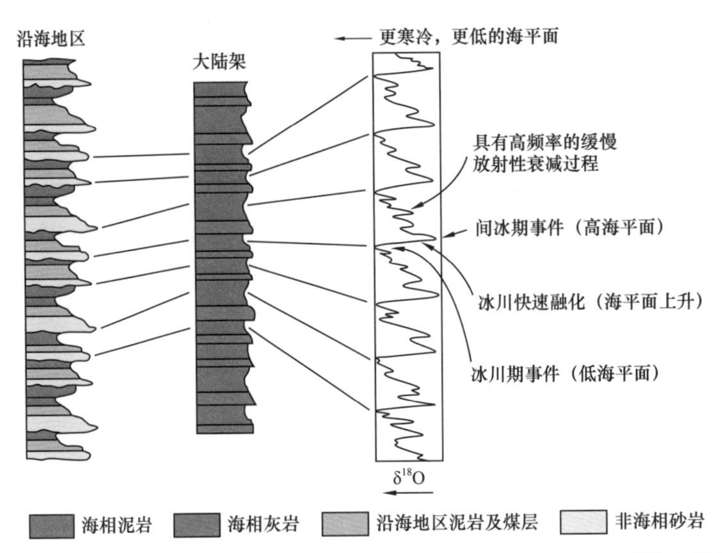

图 5.29 基于在西部内陆海道中观测到的旋回建立的“非冰川沉积”米兰科维奇旋回的通用模型（据 Elder 等，1994，修改）

它们与理想化的氧同位素曲线相关，显示了海平面、全球冷暖变化以及形成的沉积相之间的关系；与冰期低压有关的较冷、潮湿时期，是沉积量较大的时期，并且伴随着重要的非海相碎屑楔形体的发育，以及细粒碎屑物质向大陆架输送；在温暖或干旱阶段，碎屑的供给量有限，海岸沉积较薄且为细粒沉积，在大陆架上，生物碳酸盐的产出可能为主要的沉积过程

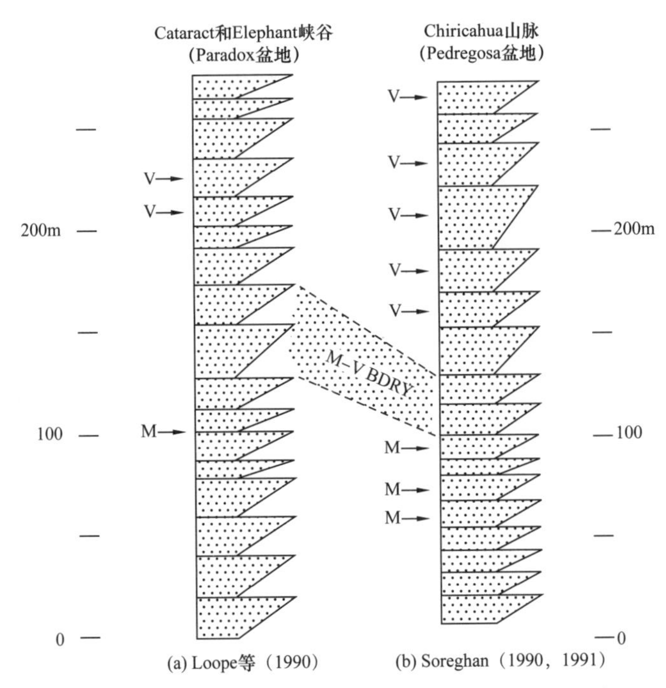

图 5.30 美国西南部 Ancestral Rockies 山脉地区两个同时期（晚古生代）盆地沉积旋回之间的对比（据 Dickinson 等，1994）

（a）Paradox 盆地海相碳酸盐岩与陆相风成沉积的交替旋回；（b）Pedregosa 盆地向上变浅的碳酸盐岩旋回；从（a）到（b）样式表明，每一个柱子中的水体深度向上逐渐变浅和 / 或地表地势起伏逐渐加大

Dickinson 等（1994）进一步研究认为，挠曲荷载引起的高频构造运动所产生的旋回样式将大不相同。他们比较了前陆盆地和 Pedregosa 盆地这两个旋回序列（图 5.31）。在 Antler 前陆，涉及潮间带到潮上带鲕粒灰岩与似球状的粒状灰岩纹层状互层。它们反映了水深的适度变化，从波浪冲刷浅滩到潮间带潟湖环境，碳酸盐岩台地发育在 Antler 前陆盆地弯曲的前缘隆起上（Dickinson 等，1994）。整个盆地的岩相或厚度纵向序列并不一致：向盆地方向，同一旋回逐渐加厚。另一个前陆盆地旋回序列则是来自犹他州中部 Green River–Tusher 峡谷地区的白垩纪 Sevier 前陆带。由陆棚、前三角洲、临滨和三角洲平原互层沉积构成，旋回频率和相也是多变的。在垂向剖面上，这两个前陆盆地似乎没有显示出规律性，特别是在天文学上精确且有规律的气候波动控制作用下所预期的规律性。

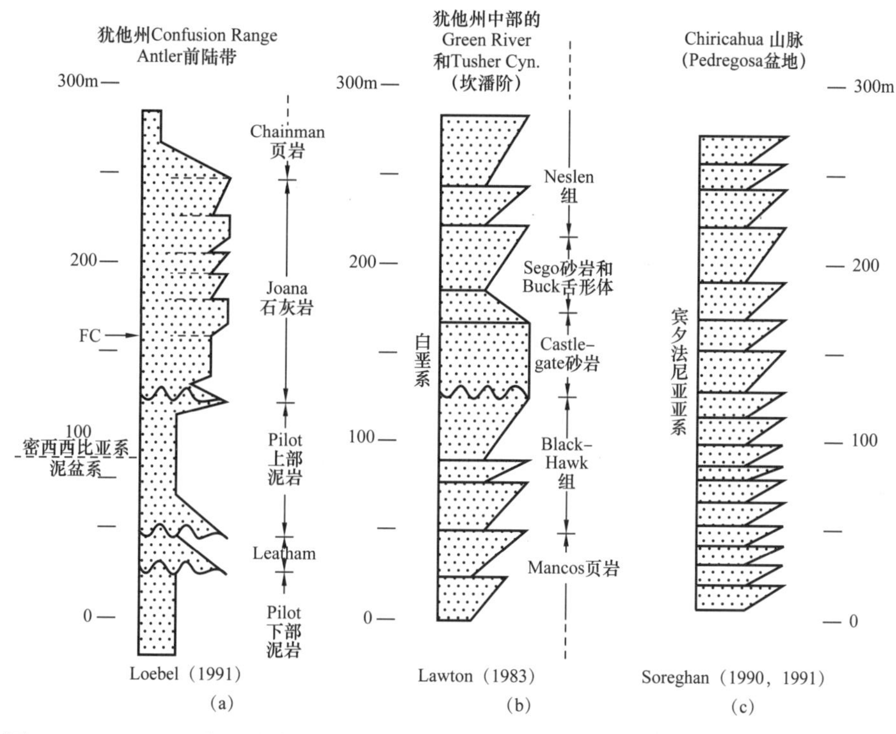

图 5.31 Pedregosa 盆地韵律层序列与两种不同前陆盆地沉积序列之间的比较（图 5.30b）（据 Dickinson 等，1994）

（a）内华达州和犹他州 Antler 前陆盆地的泥盆系—密西西比亚系沉积序列；

（b）犹他州 Sevier 前陆盆地上白垩统沉积序列

目前，正在进行一场关于西部内陆海道上白垩统部分地层外在控制因素的激烈讨论，传统上该地层被描述为一个主要受高频构造作用控制的典型前陆盆地环境。然而，正如 Miall（2010）所总结的那样，在这个据说是长期温室气候条件下，短期冰川事件的同位素证据正在增多。越来越多的研究者报道了白垩纪海道记录中部分地层的高频率周期性或韵律性，并认为证据支持地球轨道驱动机制的存在，可能包括冰川性海平面升降（Plint，1991；Elder 等，1993；Sageman 等，1997，1998；Laurin 和 Sageman，2007；Plint 和 Kreitner，2007；Varban 和 Plint，2008）。例如，Varban 和 Plint（2008）指出，阿尔伯达省北部上白垩统中存在重复的分布较广的区域性海侵界面，并在几何基础上估算，认为冰川性海平面变化的幅度约为10m。Antia 和 Fielding（2011）描述了犹他州多个地区非海相—河口湾的 Dakota 砂岩（塞诺曼阶—土伦统）的高频周期性，并将其与较远东部盆地中心的同时期沿海—开阔海地层序列的周期性进行对比（Laurin 和 Sageman，2007）。地层序列不具有严格的韵律（图 5.32），很明显，局部自生过程很活跃，形成河道、沉积裂片、侵蚀特征等，这使得识别任意可能存在的区域性外在因素变得复杂。Antia 和 Fielding（2011）指出了盆地内活动构造的影响，以及盆地中心、前缘隆起和后缘隆起之间可容纳空间的差异，然而，尽管存在这些复杂的因素，但表明低振幅但高频率的海平面升降变化可能在整体地层结构形成中起到了作用。由于缺乏明显的构造作用证据，如 Vakarelov 等（2006）在另一套白垩纪地层中描述的层内角度不整合面，这些沉积物受轨道驱动的可能性似乎在不断增加。

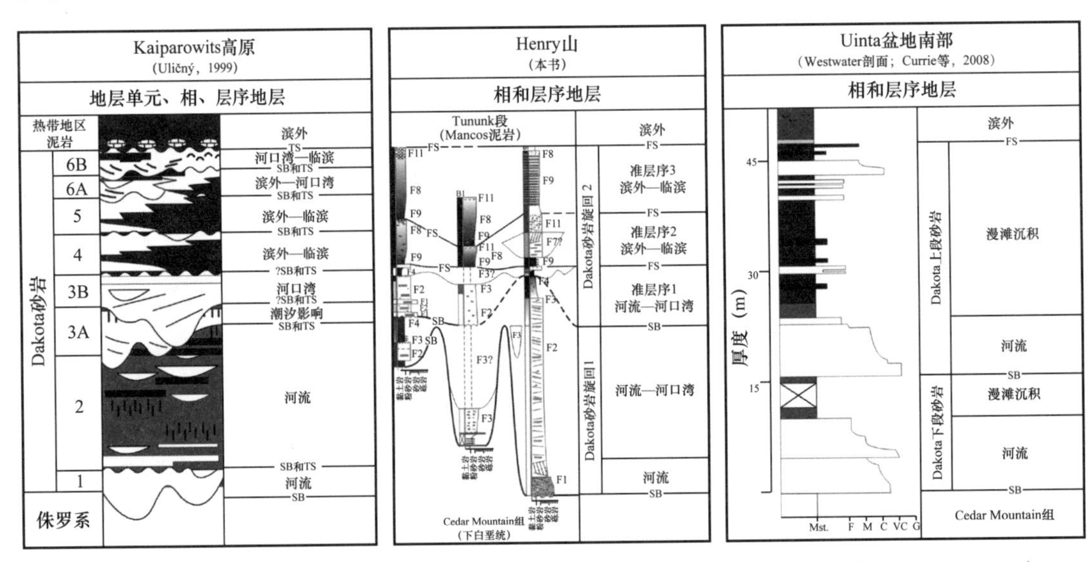

图 5.32 犹他州三个地区 Dakota 砂岩沉积相和层序—地层对比图（据 Antia 和 Fielding，2011）

这三个剖面中的旋回之间并不存在直接的相关性，但作者指出，这些剖面之间的相似性可能是高频率冰川性海平面升降的一个影响指标

因果关系的另一个复杂问题是美国西南部 Chinle 组的周期性。该地层单元横跨三叠系的大部分地区，被细分为很多段，所有地层段均由非海相碎屑沉积物组成，代表着较广范围的相和沉积环境。图 5.33 展示了亚利桑那州 Petrified 国家森林公园地区的沉积序列，图 5.34 突出显示了该地层单元中识别的主要区域性不整合面（TR–1、TR–3、J–0）和层序边界（SB 1–6）。

图 5.34 中定义的中型旋回分别对应于 Chinle 地层的各个段，顶部和底部为层序边界。边界以深切的古山谷和山谷之间表面上成熟的古土壤为标志。

从 Shinarump 段的河谷充填河流体系，到 Monitor Butte 段的沼泽、湖泊和三角洲复合体系，再到 Moss Back 段的古河谷充填河流体系，是 Chinle 地层下部主要的剥蚀—加积旋回的例子（Dubiel 和 Hasiotis，2011）。

Dubiel 和 Hasiotis（2011）将这些剥蚀—加积旋回解释为气候成因，Cleveland 等（2007）将其解释为构造成因。Dubiel 和 Hasiotis（2011）指出，这些旋回反映了季风气候

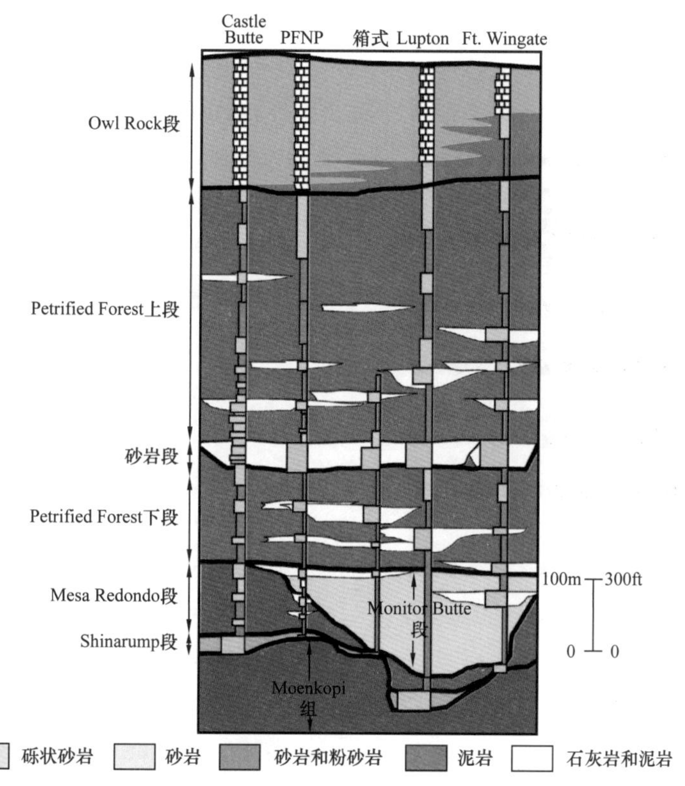

图 5.33　亚利桑那州中东部 Petrified 国家森林公园附近的 Chinle 组（三叠系）划分、主要岩性以及各段地层的冲刷—充填结构特征（据 Dubiel 和 Hasiotis，2011）

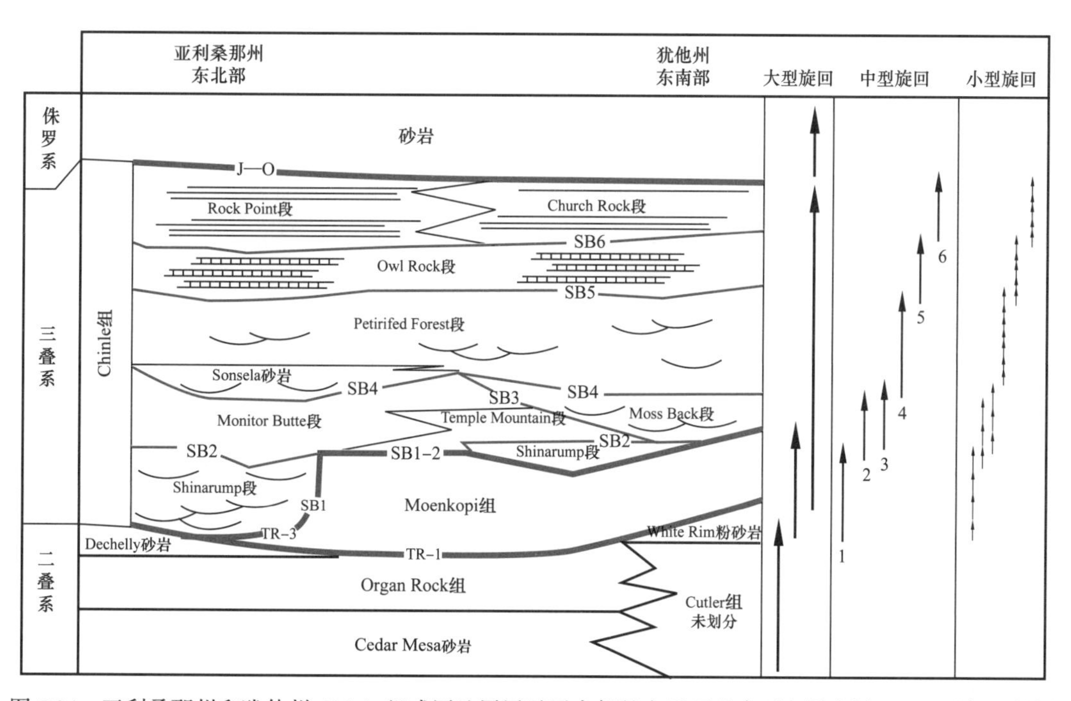

图 5.34　亚利桑那州和犹他州 Chinle 组成因地层展示了内部的主要不整合面和层序界面，以及解释的周期性旋回示意图（据 Dubiel 和 Hasiotis，2011）

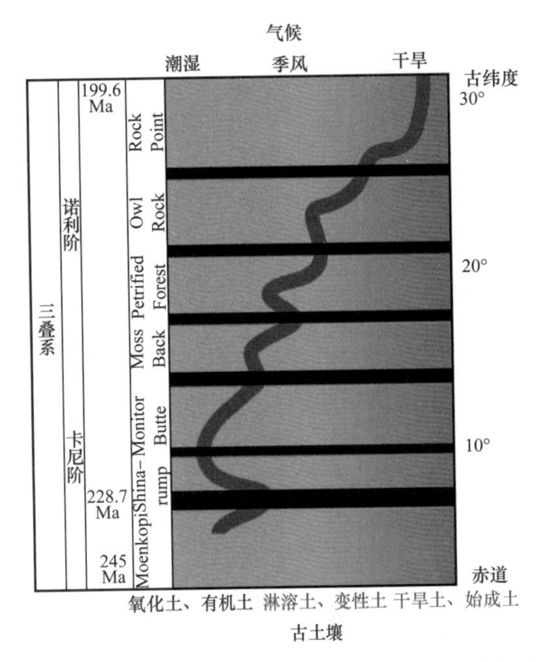

图 5.35 亚利桑那州和犹他州 Chinle 组三叠纪气候变化趋势的证据（据 Dubiel 和 Hasiotis，2011）

强度的变化，并引用了古土壤和遗迹化石资料来支持他们的观点。他们还指出，一个长期的气候变化趋势贯穿着 Chinle 地层沉积，从层序底部更湿润的气候和更稳定的地形，到中部的干旱—潮湿交替和土壤湿度更大幅度的波动，再到上部沉积期间地下水位普遍较低的干燥气候条件（图 5.35）。

Cleveland 等（2007）描述了嵌套循环的三个规模（见图 3.23）。在对古土壤成熟度观测的基础上定义这些旋回。代表着相加积旋回（FACs）的最小旋回规模被解释为自生河道充填旋回；中等旋回规模被解释为河道决口与河谷冲积带中纯冰川沉积结合的产物，结果导致河漫滩沉积变薄。最大规模的旋回，厚度约数百米，代表其形成时间为 1～2Ma，被解释为物源地区抬升作用和河流回春作用的产物。他们注意到（Cleveland 等，2007）：

Lucas（1997）和 Lucas 等（1997）描述了新墨西哥州和亚利桑那州 Chinle 地层中归因于构造间歇性活动的三个三级“层序”。这些旋回的底部以多期河道复合体的粗粒滞留沉积为特征（例如，犹他州南部的 Shinarump 组和新墨西哥州北部的年代相当的 Agua Zarca 组）。这些旋回的上部以细粒漫滩沉积为主，夹河流悬浮组分形成的单期河道砂岩为特征（例如，Petrified Forest 地层和同期地层）。这些旋回之间是区域性的 TR-4 和 TR-5 不整合面（Lucas，1997；Lucas 等，1997）。该研究中的层序级别高于 Lucas（1997）和 Lucas 等（1997）定义的“三级层序”。“三级层序”的频率为 4～10Ma，而此处识别的河流层序的频率可能接近 1～2Ma。由于不太可能发生海平面的升降和气候变化，物源地区的抬升或间歇性的沉降活动是该研究中最可能的成因机制。局部规模的构造运动可以引起 1Ma 范围内沉积速率和冲积沉积的变化，从而导致 100m 范围内平均粒径和地层中河道沉积比例的变化。

对于更大规模周期性的构造机理与许多其他非海相沉积一致，其中沉积物供给和河流类型至少部分取决于构造形成的古斜坡。在这种情况下，没有明显的构造控制迹象，例如层序界面处的古斜坡的变化，而 Dubiel 和 Hasiotis（2011）列举的古土壤和遗迹化石相证据似乎更符合他们对气候周期性的解释。然而，得克萨斯州西部 Tornillo 盆地白垩系—新近系剖面数百米规模的类似旋回被认为可能是海平面升降变化引起的，有学者认为这个旋回引起距离海岸线几百千米的上游处可容纳空间生成速率的变化（Atchley 等，2007）。显然，每种情况都需要单独考虑。

5.3 下游控制因素

受到 Vail 等（1977）研究工作的强烈影响，以及埃克森国际石油公司其他研究人员的贡献（Posamentier 和 Vail，1988；Posamentier 等，1988；van Wagoner 等，1990），早期的层序模型重点考虑海平面的升降变化（沿岸沉积体系中占主导地位的外来控制因素），包括全球构造运动和海底扩张速率的变化驱动的海面升降变化，以及冰川海平面升降变化。这些过程还必须加上盆地演化中局部或区域性构造变化引起的相对海平面变化。

长期以来，人们一直认为海平面下降会导致河流下切作用或河流体系延伸至新的且较低位置的河口（或两者兼有），而海平面上升则会导致区域性海侵过程和深切谷洪泛，从而形成河口湾。根据 Gilbert、Davis 等的早期的地貌研究，Mackin（1948）阐述了长期以来关于河流纵向演化的基本概念：河流自身代表基准面。

坡度平缓的河流是指在一段时间内，通过对坡度进行精细调整，以提供适当流量和主河道，从而满足从流域搬运沉积物所需的流速。坡度平缓的河流是一个处于平衡状态的系统，它的判断特征是，任何控制因素的任何变化都会导致平衡向有助于吸收变化所带来的影响的方向移动。

图 5.36 说明了河流响应海平面变化的关键所在。人们深入讨论了基准面的变化对河流过程的影响：早期的假设认为，基准面的下降会导致河流下切形成一个新的坡度，但这一假设过于简单（Miall，1991b）。同样开始于海平面下降时期河口处的下切点，会像往常一样简单地回到上游（Butcher，1990）这个假设，也是过分简单化的。河流对环境变化的物理响应有一定的自由度。海平面的变化必然涉及河口位置的侧向位移。正如 Miall（1991b）所述，在海平面下降过程中，河流是下切还是加积，在一定程度上取决于河流下游原始坡度和海平面下降出露的新坡度之间的坡度差。Schumm（1993）证明，坡度的变化在很大程度上可以改变河流的样式，而加积和下切之间的平衡很少或几乎没有变化。

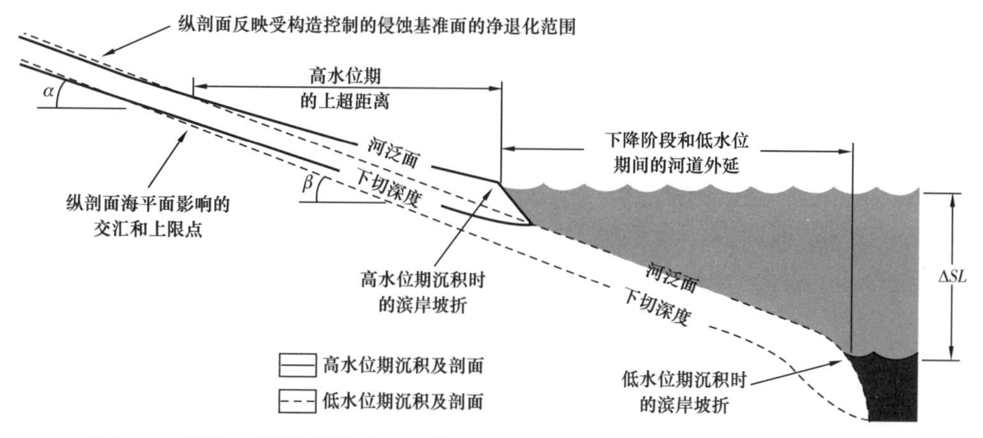

图 5.36 具明显高位沉积滨岸坡折的大陆边缘河流对海平面变化响应的解释素描图（据 Blum 和 Törnqvist，2000）

图中说明了海平面下降和低水位期间河道外延的概念，以及海平面上升和高水位期间上超的上限

Leeder 和 Stewart（1996）增加了一些同样也取决于沉积物供给的其他因素。如果海平面下降发生在一个低缓的大陆架上，那么一条携载着大量沉积物的河流并不会下切其河谷，反而可能会形成一个逐渐堆积的冲积平原。

河流体系的层序模型都包含了下切谷作为层序边界的概念（Wright 和 Marriott，1993；Shanley 和 McCabe，1994）。然而，正如第 6 章所讨论的，目前已经了解了许多形成这些山谷所需的条件，以及它们对层序模型的重要性。

正如前一节所述，晚新生代海平面的变化伴随着沉积物供给出现明显变化，这使得最终保存下来的地层记录中很难区分因果关系。对墨西哥湾沿岸山谷和台地的沉积记录以及 Rhine–Meuse 体系进行研究后得出的地层认识可能无法完全适用于地质历史中的其他调节期，在该时期的变化条件可能有很大不同。Blum 和 Tórnqvist（2000）回顾了这一领域认识的演变，并得出结论：海平面变化的基本反映体现在河道的外延或缩短上，以及河道底部和河泛面高程的变化，以便与前进或后退的海岸线保持一致并改变其高程。其他所有调整都是在该背景下进行的，应被视为不确定性的调整，因为它们取决于冲积谷、海岸平原、临滨和大陆架坡度……排水量和流域内的沉积物供给以及当地的自然因素。

Blum 和 Tórnqvist（2000）以新西兰南岛海岸线为例，说明具体的地质情况可能以反常的方式演变。Canterbury 平原是活动的辫状河沉积平原，由源自持续上升的阿尔卑斯山脉向西方向的粗粒砾质沉积物组成。这种情况可能会导致海岸线的持续推进作用。然而，沿岸分布的海平面也在持续稳定上升，这可能会使可容纳空间和供给量达到大致平衡，从而形成持续加积的海岸线。进积和加积这两种情况均不存在。由于波浪能量高，大部分海岸线遭受侵蚀，伴随形成浪蚀面和不断后退的悬崖（Leckie，1994）。

对于建立沿岸流体系适当的层序模型而言，另一个具有重大意义的问题是海平面的变化对从河口向内陆方向下切和加积方式的影响程度。Fisk（1944）在密西西比河下游区域的研究工作极大地影响了这一话题的早期思想，他认为海平面升降对河流的控制作用向上游方向延伸了约 1000km。在后来的研究中，Saucier（1994，1996）对这一观点提出了质疑，他认为海平面变化的影响要稍微小一些，认为密西西比州仅在 Natchez 下游约 400km 的范围内受到海平面升降作用的影响。Blum 和 Tórnqvist（2000）将海平面升降影响的范围定义为“由于海平面上升而引起的海岸上超的上游区域范围”（图 5.36），并根据一系列研究得出该范围变化较大的结论，对于密西西比河这样大规模低坡度的体系，范围为 300～400km，而对坡度更陡的小型河流，最小范围可达 40km。

目前在该领域的研究集中在识别一个被称为“回水区（backwater zone）”的地方，该区域是非海洋环境和海洋环境之间的过渡区。该区的上限位于海平面下方的河床处。随着河流进入回水区，推移组分的搬运和沉积显著减缓，河流决口在三角洲地区发生的频率会更高（Chatananavet 等，2012）。古代沉积记录的研究表明，可以通过相变来识别向回水区的转变。据推测，在犹他州的 Castlegate 砂岩（上白垩统）中，向回水区的转变过程是由下游变化所致，表现为从完全非海相的河道叠置砂体到一个孤立的、发育薄层漫滩沉积的泥质充填的河道（Petter，2011）。

6 层序地层学的应用

层序地层学最初是在浅海沉积研究上发展起来的（Vail 等，1977），但在 Posamentier 和 Vail（1988）及 Posamentier 等（1988）的模型中被扩展到海岸河流沉积的解释。Miall（1991，1996）详细讨论的关于河流系统对基准面变化响应的一些有争议的特征，这里不再重复讨论。20 世纪 90 年代初，人们提出了两种专门为河流系统开发的模型：Wright 和 Marriott（1993）模型、Shanley 和 McCabe（1994）模型，以下简称 WMSM 模型。这两篇论文广泛地吸收了 Bridge 和 Leeder（1979）的数值模拟模型中探索的河流结构与可容纳空间关系的概念。这个模型反过来又吸收了 Allen 较早提出的概念，并在一系列论文中得到进一步发展，这些论文统称为实验室模型（LAB），其作者是 Leeder、Allen 和 Bridge（见第 3.6 节）。然而，LAB 和 WMSM 模型主要是基于现代河流的沉积过程研究和冰川后的记录。像在第 6.2 节讨论的一样，因为这类研究集中在相对高频的过程和较短的时间尺度，通常在 SRS 7 或 SRS 8，因此它们在解释古代岩石记录（其中大多数研究是在 SRS 9、SRS 10 或 SRS 11 进行的）方面的价值有限。这就需要重新评估目前关于古河流记录的许多研究，这方面的讨论将在第 6.3 节中介绍。

6.1 标准层序模型

6.1.1 构型与可容纳空间关系的发展

对冲积构型的研究始于 Allen（1974）对威尔士泥盆系 Old Red 砂岩的经典著作。Allen 最初的研究内容是解释地层的旋回结构，包括厚层、横向广泛分布的泥质碳酸盐岩地层，该地层表明了河流之间土壤发育的时期很长。他的模型假定了周期性的基准面变化、下切谷以及主河道在冲积平原上蜿蜒而过的时间。Allen（1974）在定性、演绎推理的基础上发展了五个不同的模型，加上其他参数的变化，使影响因素总数达到 8 个。这些本质上抽象的模型，对 Old Red 砂岩的解释几乎是分析的副产品。其中一个模型如图 3.25 所示，这是讨论冲积作用控制因素的一部分。另一个因为其历史意义而在这里被引用（图 6.1）。第一个模型（见图 3.25）完全是一个自生模型，现在已由计算机模拟产生，如下文和第 3.6 节所述。图 6.1 所显示的第二种模型，实际上是河流层序地层学的第一个模式。

在他随后的研究中，Allen 转向了研究砂体连通性，这是一个与储层特征明显相关的问题。关注的自变量主要是初始沉降速率、河道规模和河道改道速率，并成为第一个定量模型的基础。次生碳酸盐岩和暴露的河间地在下面讨论的任何后续定量模型中都没有出现。事实上，或许具有讽刺意味的是，这个问题变得完全相反了。研究的重点不再是沉积

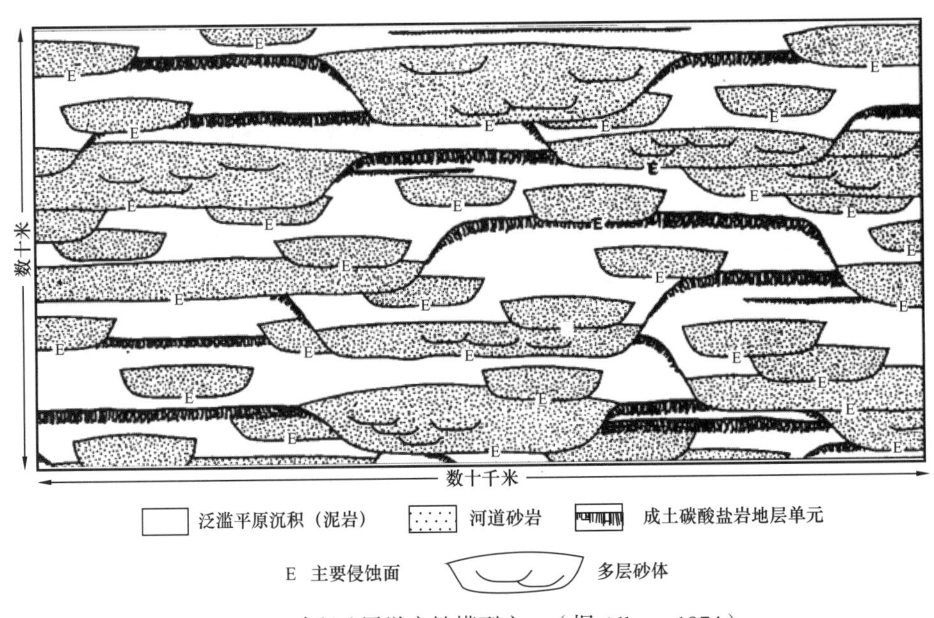

图 6.1 冲积地层学定性模型之一（据 Allen，1974）

5B 模型是由自生河道改道作用和一个冲刷—加积循环组合而成的，其中基准面在大于河道深度的垂直间隔内变化

物堆积间断的原因，而是可容纳空间的变化如何影响冲积结构。

Allen 的随机结构模型成为一系列定量研究的基础，这些研究在作者 Leeder、Allen 和 Bridge 之后统称为“LAB 模型”（Allen，1978，1979；Leeder，1978；Bridge 和 Leeder，1979；Bridge 和 Mackey，1993a，b；Bridge 和 Mackey，1995）。这些研究又被其他一些研究人员加以验证（Heller 和 Paola，1996；Marriott，1999）。

由 Bridge 和 Leeder（1979）率先提出用计算机模拟生成冲积地层模型。这是一篇经常被引用的论文（见第 3.6 节关于崩裂的讨论），它是建立在对河道带和洪泛区构造机理分析，并系统记录了各种自生沉积过程的速率和规模的基础上。该模型的主要目的是建立垂直于古斜坡方向的冲积地层剖面。该模型是定量的，它规定了幅度、比例和规模大小，并将许多参数作为变量输入计算机，以探索因变量和自变量之间的复杂相互作用。河道带砂体假定以某种的河流样式建造，一般假定曲流河和辫状河［Friend（1983）提出的“移动河道”］两种样式，二者都在相对稳定的曲流带内形成沙坝和小河道的复合体。对于曲流河体系横向迁移会受到决口冲积地形和河道阻力的限制，当它们横向侵蚀废弃河道和洪泛平原的细粒沉积物中时，会遇到河道的阻力。对于辫状河体系来说，受限的河道带的假设可能不太合适。

这里讨论的冲积地层学模型是自生的，因为控制河流系统长期行为的外部、异源变量被设置在恒定的背景值。假定构造作用和海平面变化不会影响该系统，因此在整个模型运行过程中，平均堆积速率和区域古斜坡保持不变。气候变化及其对水流、河流类型和沉积物供应的影响也未被考虑。Bridge 和 Leeder（1979）是最早考虑构造作用对河流沉积定量影响的学者，他们的计算机模型具备建立垂直于古坡度的方向上倾斜沉积面的能力（Miall，1996）。他们模型的构建在第 3.6 节中讨论。

本书列举了 Bridge 和 Leeder（1979）模型的两个例子。其中最真实的是第一种情况（见图 3.27），在最初的十次改道事件后，砂体分布呈现出相对的随机性。第二个模型（图 6.2）显示了河道砂体的堆积过于规则，当相对于堆积速率设置了过大的河道宽度和深度时，就会产生这种效应。在该模型中，许多前期事件的叠加和压实作用被淡化了，后期河道的位置主要由前期河道的两个或三个位置决定。其结果是河道砂体的分布，类似于砌墙的砖。然而，Bridge 和 Leeder（1979）模型被广泛使用，尤其是石油地质学家，因为该模型对河道堆积样式和相互关系方面有深刻的见解，这些因素对储层预测和流体迁移方面具有相当重要的意义。Bridge 和 Mackey（1993a，b）、Mackey 和 Bridge（1995）对该模型进行了扩展和改进。

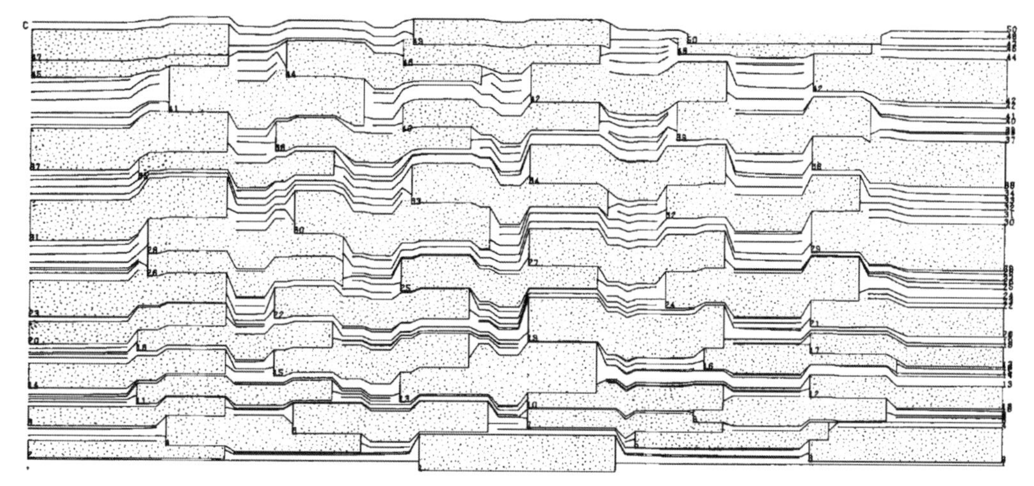

图 6.2　采用 Bridge 和 Leeder（1979）数值模型构建的冲积地层剖面实例

河道单元设置为 2km 宽、7m 深

根据 Heller 和 Paola（1996），“LAB 模型中沉积速率和河道堆积结构之间的联系是一个重大的概念突破。”这些学者接着指出，由于缺乏沉积速率和其他过程信息，直到出版时，也没有 LAB 模型的直接测试。他们的论文除了讨论构成 LAB 模型的自生过程外，也讨论了冲积结构的其他控制因素，例如不同改道样式（局部与区域）的重要性，以及沟谷横向还是顺向倾斜的影响。本节列出的早期研究很少提到 Wescott（1993）的开创性工作，他证明了河流对降雨过程的“复杂反应”。Wescott（1993）的研究主要集中在河流系统对基准面变化的响应上，但在随后的工作中，除了一段关于下切谷和陆上侵蚀面的冗长辩论，并没有对河流如何响应自生和外生过程的复杂方式进行讨论（Miall，1996）。

6.1.2　河流沉积的第一层序模型

可容纳空间问题是层序地层学的核心，从实验室模型中出现的概念很容易被纳入非海洋系统的前两个主要层序模型中，即 Wright 和 Marriott（1993）、Shanley 和 McCabe（1994）的模型，本章称为 WMSM 模型。

Wright 和 Marriott（1993）建立了一个层序模型，并与 Allen（1974）的 5B 模型进行了详细的比较（图 6.3；与图 6.1 相比）。层序边界由一个陆上侵蚀面（被下切谷切割）组成，形成于前一个下降阶段。侵蚀面可能以古土壤为标志，古土壤的成熟度反映了暴露时间的长短。下切谷可能包括边缘阶地，伴有下降阶段沉积下来的河流或越岸沉积物的残余。这表明可能存在以粗粒沉积为主的低水位沉积，主要为混合河道相。当海平面开始上升时，就会形成一个海侵相，粗粒河道沉积与细粒冲积平原沉积的比例部分取决于海平面上升的速度。据推测，快速上升意味着较高的可容纳空间生成速率，将导致厚层泛滥平原沉积物具有更高的保存潜力，河道体孤立，并且水成土壤（即在饱和、通常是厌氧条件下形成的土壤）形成的可能性更大。菱铁矿是常见的。在高水位阶段，海平面上升速度放缓，表明可容纳空间生成的速率减慢，河流演变特征主要是由横向迁移和点沙坝加积，导致侧向加积砂体的形成，泛滥平原细粒沉积比例更低，形成成熟土壤的概率更大。他们认为随后海平面的下降（可能会使斜坡变陡）可能会以辫状河系统的发育和粗粒沉积为标志。当河流进入新的低水位期，这一循环阶段由于大概率的侵蚀剥削保存潜力较低。当河流下切至新的低水位时，被侵蚀的可能性很高，因此该循环周期这一阶段沉积物的保存潜力很低。

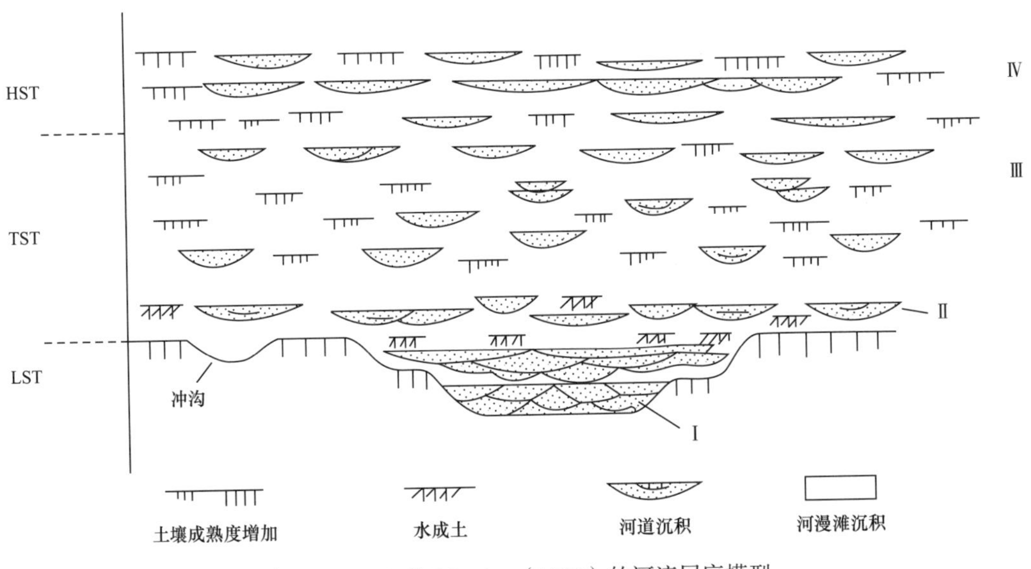

图 6.3　Wright 和 Marriott（1993）的河流层序模型

Wright 和 Marriott（1993）举了一些河流体系的例子来说明这个模型，但强调它具有推测性和假设性。然而，它已被后来的河流研究者广泛引用。

Shanley 和 McCabe（1994）模型部分是基于作者早期对犹他州中南部 Kaiparowits 高原上白垩统沉积的研究（Shanley 和 McCabe，1989）。他们强调（Shanley 和 McCabe，1994），“层序规模上地层结构的演化受可容纳空间形成或破坏速率以及沉积体系本身的沉积过程的控制。理解地层学及其在类似物中的应用必须理解这些基本的控制因素。”他们的总结模型（图 6.4）类似于 Wright 和 Marriott（1993）的总结模型，包括对体系域的定义，基于冲积结构对可容纳空间生成速率的依赖。与 Wright 和 Marriott 模型的主要区别在于讨论了可能保存在最大海泛面条件时河流系统中的证据。

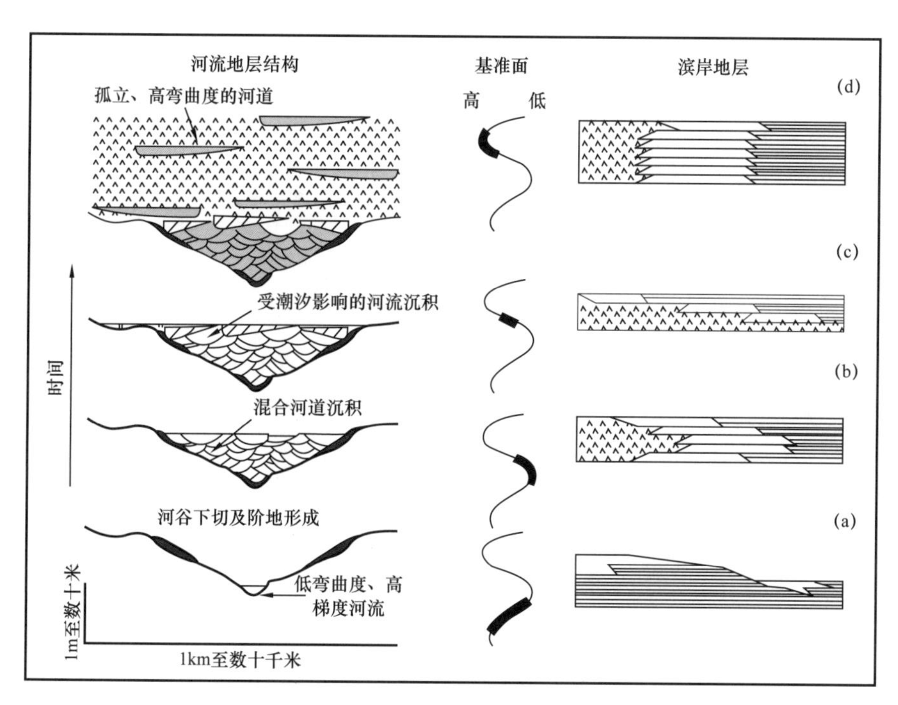

图 6.4 Shanley 和 McCabe（1994）的河流层序模型：展示了滨岸地层与河流地层结构和基准面变化的关系
（a）下降期体系域，发育下切谷和河流阶地；（b）低位体系域；
（c）潮汐影响指示海侵体系域的开始；（d）高位体系域

他们认为，海侵期滨岸体系的退积可能导致“潮汐过程侵入以前以纯粹河流过程为主的地区”。在犹他州的研究中，他们记录了潮汐作用对从中世纪滨岸沉积物向内陆 65km 处河流地层的影响（Shanley 等，1992）。

在这两个模型中，讨论了基准面上升的幅度如何控制海岸河流沉积扩展到下切谷系统的边缘之外。Shanley 和 McCabe（1994）还详细回顾了 Blum 关于墨西哥湾沿岸更新世—全新世河流沉积作用的工作，该文献已经清楚地证明淤积和冲刷事件与海平面变化无关，而是与气候变化有关（Miall，1996，该书第 13 章详细讨论了 Rhine-Meuse 体系的对比研究）。他们提出了一个注意事项：第四系模型可能是石炭系的极好类比，也被认为是一个广泛的冰川作用时期。但是对于中白垩世，一个有限的冰川作用时期，它们有多合适呢？四元模型的应用至少要有一点约束（Shanley 和 McCabe，1994）。

最后一个注意事项没有被遵循，具体在下一节中说明。

6.2 可容纳空间和沉积速率

6.2.1 可容纳空间和河道堆积样式

在 LAB 和 WMSM 模型中，以及在随后的非海相层序地层学研究中，可容纳空间的变化对冲积结构的控制至关重要，成为一个中心假设。例如，Wright 和 Marriott（1993）对海侵体系域（TST）的描述是：“在 TST 的早期阶段，可容纳空间的形成速度将很低，产生多层砂体”，后来在海侵阶段，“增加的可容纳空间有利于大量洪泛平原沉积物的保存，从而形成独立的河道”。其他研究人员注意到，使用非海洋系统术语来指代海平面变化是不合适的，建议对体系域使用如下术语，如“高可容纳空间”“低可容纳空间”（Olsen 等，1995）和“加积”“退积”（Currie，1997）。

河道堆积样式是区分高低可容纳空间体系域的基础。在高可容纳期，认为河道体在活动河道恢复侵蚀或重新占据冲积平原河道位置前就已埋藏。在低可容纳期，河道穿过其自身的沉积物，更有可能发育叠置、侧向迁移的砂体。河道回流取决于改道样式。

高可容纳空间的定义是：在某些位置，漫滩沉积在没有河道回流迹象的情况下至少经历了几个河道旋回。任何成熟度的古土壤的存在都表明低可容纳空间，而天然堤、决口扇或牛轭湖沉积物都表明正常的漫滩堆积。因此，高可容纳空间和低可容纳空间之间的区别是沉降 / 沉积速率和改道速率之间的平衡问题。高可容纳空间可定义为河道体在下一河道或曲流带返回同一位置之前已经被完全埋藏时发生。当 $R_s ar>h$ 时（其中，R_s 为沉积速率，m/a；a 为改道频率；r 为在下一河道 / 曲流带返回漫滩上相同位置之前发生的改道事件数；h 为河道深度），会发生这种情况。

LAB 模型使用 1000a 作为典型的改道频率，而 Stouthamer 和 Berendsen（2007）证明，在 Rhine–Meuse 系统中，频率约为 500a。如果设置 h=5m、a=1000 和 r=5，则要发生连续的漫滩沉积，R_s 必须大于 0.001m/a（1m/ka=10^0m/ka）。可以设想一种极端情况，如果需要 10 次改道事件（10000a）才能发生河道回流，在这种情况下，沉积速率必须大于 0.5m/ka（10^{-1}m/ka）。这些速率和时间尺度对应于 SRS 7。这些简单的计算仅仅是为了指出，在大多数情况下，在现代沉积物中测量的沉积速率与从古代记录中的沉积速率之间存在着实质性的差异，这一点在第 6.2.3 节中详细讨论。正如 Heller 和 Paola（1996）所证明的那样，还有其他一些因素，包括改道的类型（区域或局部）和影响河道堆积样式的河床构造倾斜。

LAB 模型的基础是有限范围的数据，这些数据来自对现代过程的一些研究，以及后冰期（距今 8000a 后）的沉积记录。Bridge 和 Leeder（1979）基于 20m/ka 的平均河道带沉积速率建立模型，所有随后的 LAB 研究都来源于此。由于几乎无法模拟实际沉积作用的物理过程，这些都是动态几何学的模拟，而不是地层学。WMSM 序列模型对 LAB 模型有一定的参考价值，但基本上是一致的。Shanley 和 McCabe（1994）推测晚新生代类比物可能并不适合于解释古代记录，但他们的谨慎被忽略了。同样，Holbrook（2001）指出：“河流 LAB 模型应用中的隐含假设是，河道带在形成时始终以向上的趋势堆积叠置，以填满可容纳空间……然而，合理的假设是，河流剖面常见的是局部河道和叠置河道下切的多个沉积间断，而不是单向堆积。”

从古代记录中获得定量地层数据的少数案例揭示了模型背后的假设存在一些问题，本节旨在说明这些问题。

6.2.2 时间尺度和沉积速率

Sadler（1981）论证了在地层记录中，沉积速率与测量的时间跨度呈对数正态关系。

在现代环境中测定的沉积速率和地质记录相差 11 个数量级，从 10^{-4}m/ka 到 10^{7}m/ka。这一巨大的数值范围反映了随所测量地层长度的增加而被纳入测量的非沉积或侵蚀间断的数量和持续时间的增加。沉积的时间尺度从 10^{-6}a 到 10^{6}a，与自然过程的时间范围构成了一个对应的自然等级，包括湍流搬运、昼夜更替、月球引力、季节性变化和地貌极值过程的爆发周期、轨道作用和构造运动等（Miall，1991a）。

近年来，人们获得了越来越丰富详细的记录，这些记录包含完好的近代和古代沉积物信息，从中可以提取地层和沉积过程的速率。现在可以证明，地层厚度的分布、地层间断的持续时间和地层序列中的沉积速率符合分形模型（Miall，1996）。该模型为解释可容纳空间随着不同沉积速率、裂缝尺度的形成过程以及在这些时间尺度上的各种过程提供了一个简洁的基础（见图 2.7）。沉积速率尺度（SRS）的概念被提出，用来概括沉积和地层形成过程发生的速率和时间尺度（见表 2.1，图 2.7），小到河流中穿过河床的颗粒迁移时间（SRS 1），大到盆地充填复合体的时间（SRS 10，SRS 11）。

用地质时间尺度（10^{6}—10^{7}a）精确测年时，大多数地层单位的平均沉积速率为 0.01～0.1m/ka（10^{-2}～10^{-1}m/ka，相当于 SRS 11）。在一些快速沉降的盆地中，如一些前陆盆地的近端区域、走滑环境中的拉分盆地和一些其他情况，测量到了大于 1m/ka（10^{0}m/ka，相当于 SRS 10）的长期堆积速率。

在整个讨论过程中，沉积速率以对数值形式呈现，这既是为了强调讨论中的数量级变化，也是为了强调各级 SRS 的定义速率的一致性。

LAB 模型基于 SRS 7，即 10^{3}—10^{4}a 的时间尺度和 10^{0}～10^{1}m/ka 的沉积速率，具有长期地貌过程的特征，包括河道的沉积和改道，以及河道带的发育和转换。后冰期冲积体系的研究符合这个时间和速率尺度的定义，例如 Morozova 和 Smith（1999）对 Cumberland Marshes 研究，Stouthamer 和 Berendsen（2007）和 Stouthamer 等（2011）对 Rhine Meuse 研究。因此，问题是，LAB 和 WMSM 模型所依据的现代研究和模拟假设的可容纳空间速率比保存下来的古代记录中通常所代表的速率快三个数量级。

Marriott（1999）提出了 LAB 模型的一个变化，她以 0.21m/ka（10^{-1}m/ka）的沉积速率模拟了基准面的旋回变化。在 474650a 的模拟时间内，模拟了四个完整的基准面变化周期，每 2400a 发生一次改道。作者认为这属于“四阶”米兰科维奇旋回的时间和速率范围，对应于 SRS 8。然而，这仍然比下面讨论的研究案例快一个数量级。

还有一个更大的问题是可保存性。现在形成的沉积序列有多少能在冰川—间冰期旋回的作用下保存到地质记录中？现代海岸河流、河口和三角洲体系得以沉积的可容纳空间是由后冰期海平面上升造成的，其速率在 5m/ka（与 SRS 7 一致）。构造沉降以 10^{-2}～10^{-1}m/ka 的速率持续 10^{5}a 的完整冰川周期，最多可提供几米至几十米的可容纳空间。但是，一次全面的冰川消融可以通过侵蚀去除大部分沉积物，只留下沉积记录中最古老的部分，即对应低水位或早期海侵阶段的一部分。在地质时间尺度上，连续的相似沉积碎片将在连续的区域不整合面之间合并。

6.2.3 地质记录中的一些实例

6.2.3.1 犹他州 Book Cliffs 地区的 Castlegate 砂岩

位于 Book Cliffs 经典地区（犹他州—科罗拉多州）的 Sevier 碎屑楔的坎潘期沉积部分长期以来被解释为沿 Sevier 褶皱冲断带的重复冲断载荷的产物（Yoshida 等，1996；Horton 等,2004）。Aschoff 和 Steel（2011）计算了海岸进积速率和沉积速率。剖面的中部，他们称为楔块 B，包括大部分的 Castlegate 砂岩，在 1.92Ma 中形成 47m/Ma（=0.047m/ka，对应于 SRS 9、SRS 11）的堆积速率。

Robinson 和 Slingerland（1998）对地层学的定义略有不同。它们的 Castlegate 序列，在 Price Canyon 典型剖面处的 200m 剖面，是在 4Ma 中沉积形成，其堆积速率为 0.05m/ka（10^{-2}m/ka，对应于 SRS 9、SRS 11）。

Olsen 等（1995）将 Book Cliffs 的坎潘期至古新世地层细分为五个层序，其中 Castlegate 砂岩为一个层序。他们根据层序顶部和底部以砂岩为主的组合序列与中部富含页岩层（其中存在潮汐影响的一些证据，以潮汐层理和 *Skolithos* 遗迹化石的形式）之间的对比定义和细分了层序（Yoshida，2000）。这些相反相序组合之间的分级归因于基准面上升速率的增加和减少（Olsen 等，1995），模型如图 6.5 所示。

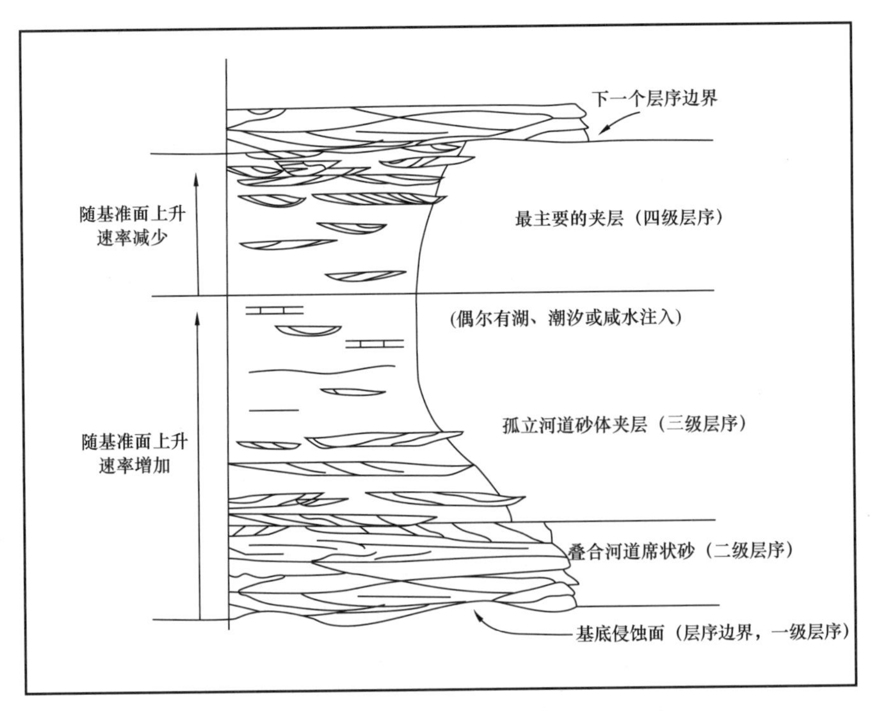

图 6.5 美国犹他州 Mesaverde 组的河流层序模型（据 Olsen 等，1995）

Olsen 等（1995）指出，“Wright 和 Marriott（1993）提出了一个具有相似结构和海侵优势的类似模型，其中土壤的位置和成熟度在河流层序中极其重要……然而，上述计算的沉降速率与这种不断变化的可容纳空间模式并不一致”。现代河流体系中的改道周期（河道回流率）约为 10^4a，与自然系统的这个范围没有数量级的变化。因此，在 SRS 9 和 SRS 11 级别，河道总是会在早期沉积物被掩埋之前回到原来的位置，因此总是出现叠置结构。

Olsen 等（1995）和 Yoshida（2000）的沉积学观察需要不同的解释。然而，基于可容纳空间变化率的模型行不通的话，基于相带转化的模型是可行的。海平面变化或构造对可容纳空间的调整可能导致海洋影响的增强和减弱。板内应力变化可在 10^6a 的时间尺度上产生 0.01～0.1m/ka 的可容纳空间速率（Cloetingh，1988），在 SRS 9—SRS 11 的范围内。前陆盆地环境中的幕式逆冲卸载可能以更高的速率产生区域基底调整（Peper 等，1992）。这是 Yoshida 等（1996）、Miall 和 Arush（2001a）研究 Castlegate 砂岩层序结构的首选模型，并将补充 Aschoff 和 Steel（2011）的区域模型。

6.2.3.2　犹他州—科罗拉多州 Morrison 和 Cedar Mountain 组

对犹他州和科罗拉多州 Uinta 山脉 Currie 前陆盆地上侏罗统和下白垩统的层序分析是 Currie（1997）提出非海相体系域的进积、湖侵和退积术语的基础，后者是标准海相术语的替代（图 6.6）。Currie（1997）定义了四个序列，本章讨论两个。

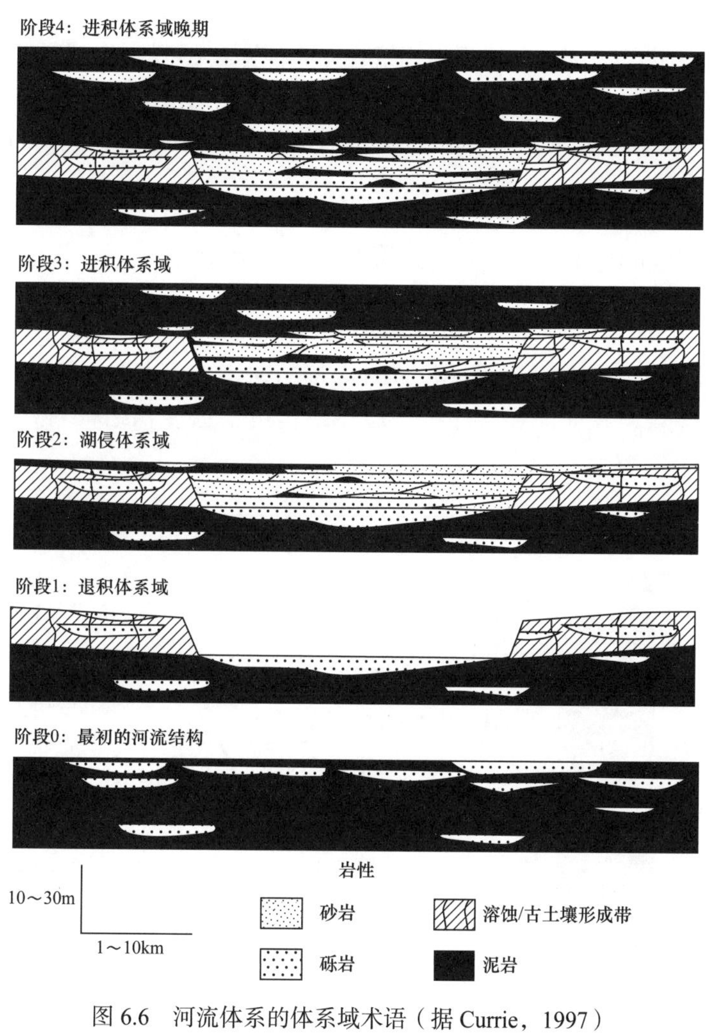

图 6.6　河流体系的体系域术语（据 Currie，1997）

UJ–2 层序包括 Morrison 组上 Salt Wash 和 Brushy Basin 段，它是在 Kimmeridgian Berriasian 期间沉积的，时间跨度约为 10Ma。该层序在怀俄明州中部厚度为 35m，在 San Rafael Swell 厚度为 125m。这些值表示沉积速率范围为 0.0035～0.0125m/ka（10^{-3}～10^{-2}m/ka）。LK–2 层序对应 Cedar Mountain 组，东部为 Cloverly 砾岩。在项目研究区域内其厚度范围为 30～90m，沉积时间为 16Ma，表明沉积速率为 0.0019～0.0056m/ka。在项目研究区之外，在 Uinta 山脉西端，等厚线显示厚度超过 300m，沉积速率为 0.03m/ka（10^{-2}m/ka），这些值对应 SRS 9、SRS 11 的值。UJ–2 和 LK–1 之间以及 LK–1 和 LK–2 之间存在代表近 10Ma 的不整合面。因此，整个下侏罗统至上白垩统，项目研究区的可容纳空间生成相对缓慢甚至降低。

Currie（1997）将这些沉积物解释为 Sevier 前陆盆地前隆和后隆构造控制沉积的产物。他们指出："高沉积速率将产生河道砂岩，这些砂岩在纵向和横向上都被细粒漫滩物质隔离（Allen，1978；Bridge 和 Leeder，1979）。他们进一步指出 "这些模型背后的假设是河道改道频率随机，与沉积速率无关。然而，与可容纳空间增加相关的沉积速率的增加可能会促进更快的河道改道速率和更高的河道连通性比例（Heller 和 Paola，1996）。" 他们得出结论，"四个沉积序列的定义是由于形成可容纳空间速率的变化而导致的沉积结构的变化。"

然而，定义为进积、湖侵和退积的相组合无法根据 LAB 模型来解释。更慢的进程在起作用，相变似乎更可能反映了长期（百万年）构造对古斜坡、沉积物供应和古地理的控制。Currie（1997）的分析清楚地表明了这一点。因此，与 LAB 模型的比较可以说是不适当的干扰。

6.2.3.3 怀俄明州 Rock Springs 隆起 Ericson 砂岩

该河流到三角洲平原的地层单元被 Martinsen 等（1999）细分为两个层序，并根据可容纳空间与沉积物供给比率（响应基准面升降率的变化）的周期性波动来解释（图 6.7）。他们说："我们建议，在非海相层序中，层序结构可根据冲积结构划分为低和高可容体系域。"

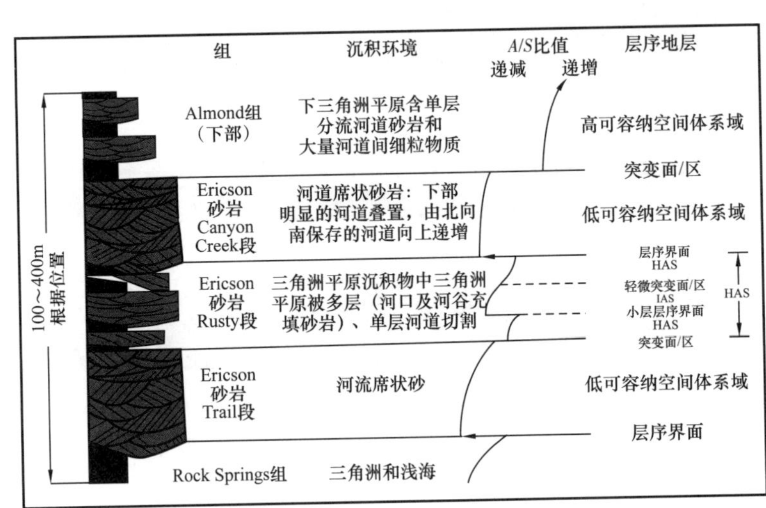

图 6.7 怀俄明州 Rock Spring 隆起 Ericson 砂岩层序地层模型（据 Martinesen 等，1999）

河口和三角洲沉积（包括单层砂岩）被认为是高可容纳空间沉积物，代表混合河道砂岩的河流席状砂被认为是低可容纳空间沉积物。参照 LAB 模型对这些变化进行了解释。

Ericson 组和下 Almond 组（包括在层序分析中）跨越了坎潘期晚期的大部分时间。它们的地层表显示，这些沉积物跨越了构成坎潘阶的 21 个菊石带中的 15 个。因此，沉积物代表了约 9.2Ma。项目研究区内地层厚度为 100～400m，平均沉积速率为 0.011～0.043m/ka。该剖面包括一个主要不整合（层序界面），它可能代表了过去时间的一半，表明保存下来的地层记录的沉积速率可能是上述的两倍。但这仍在 10^{-2}m/ka 的范围内，对应于 SRS 9 或 SRS 11 时间标度。

基于本章提出的论点，基于可容纳空间与沉积物供给比值变化的相组合变化的解释可能会受到挑战。然而，在讨论 Wind River Range 附近重复构造活动的区域控制时，作者可能是正确的。与前一种情况一样，古斜坡、沉积物供应和古地理可能在百万年的时间尺度上受到控制。

6.2.3.4　科罗拉多州 Piceance 盆地 Williams Fork 组（上白垩统）

地下数据揭示了该组的河道聚集和补偿叠加模式（见图 3.25），Hofmann 等（2011）根据 LAB 模型，归因于可容纳空间的变化率。然而，他们提出的变化率（约 400ka）与 LAB 模型的变化率不一致，他们提出了这些结构样式产生的机制是次生的，而不是自生的。

6.2.3.5　西班牙 Iberian 盆地二叠系—三叠系

López-Gómez 等（2010）描述了西班牙东部二叠纪—三叠纪盆地的河流充填，该盆地由于幕式伸展断裂作用和热沉降而以不同速率沉降。最快的沉降速率为 0.05m/ka，发生在二叠纪晚期的 2Ma（256—254Ma；López-Gómez 等，2010）。三叠纪期间的沉降速率约为该速率的一半，但仍在 SRS 11 范围内，为 10^{-2}m/ka。该研究利用钻孔资料计算的上下地壳拉伸因子 δ 和 β 值，探讨了河流结构与拉伸因子的关系，认为河流结构是沉降速率的一个替代指标。然而，López-Gómez 等（2010）中既没有引用也没有讨论沉降速率［这里引用的沉降速率是根据该文献图 6 所示的数据计算得出的］，冲积结构的变化（见图 2.38）在作者看来似乎与地层学没有任何关系。

作者提出了构型与拉伸因子之间的关系，但这种关系似乎并非简单关系。事实上，他们指出，包括气候变化在内的其他因素可能会影响到保存下来的冲积体系的最终组成。沉降速率在一个数量级内变化，数值至少比使用 LAB 模型和标准层序模型生成和保存的构型差异所需的 SRS 7 数值小一个数量级。

6.2.3.6　日本东北部始新统 Iwaki 组

一个 400m 厚的砾岩地层单元，始新世中晚期地层显示出明显的向上变化趋势，从横向叠置的多期河道到多期河道，再到孤立的单期河道（Komatsubara，2004）。没有提供确切的年龄信息，但如果使用始新世中晚期地质年龄来算，沉积速率约为 0.06m/ka（10^{-2}m/ka）。作者引用了 WMSM 层序模型，但是和前面的例子一样，我们现在可以认为这种比较是不合适的。

6.2.3.7 日本北海道始新统 Ishikari 组

由复杂的河口—河流沉积物组成，被 Takano 和 Waseda（2003）细分为四个层序。这些层序中最新的层序（lsk–4）总计 1450m，沉积在 39.5—37Ma 之间，表明沉积速率为 0.58m/ka（10^{-1}m/ka）。正如作者所指出的，这是一个地质学上的快速沉积速率，但与包括在弧后形成的前陆盆地的地质环境相一致。这与在弧—陆碰撞之后在弧前形成的前陆盆地的地质环境是一致的。

这些河口—河流沉积物的一个层序模型被提出（图 6.8）。作者将最上层层序（Takano 和 Waseda，2003）的河流样式和河道密度变化与 LAB 模型和 WMSM 层序模型进行了比较。沉降速率和时间框架与汇聚边缘盆地的高沉降速率一致，构成了一个很好的 SRS 10 野外实例，沉积速率则与 SRS 8 和 SRS 9 相当。然而，与 SRS 8 和 SRS 9 的轨道周期以及实验室模型的万年自生周期相比，lsk–4 序列仅代表了一个完整的结构周期，其时间跨度为 2.5Ma。因此，这种比较是不恰当的。

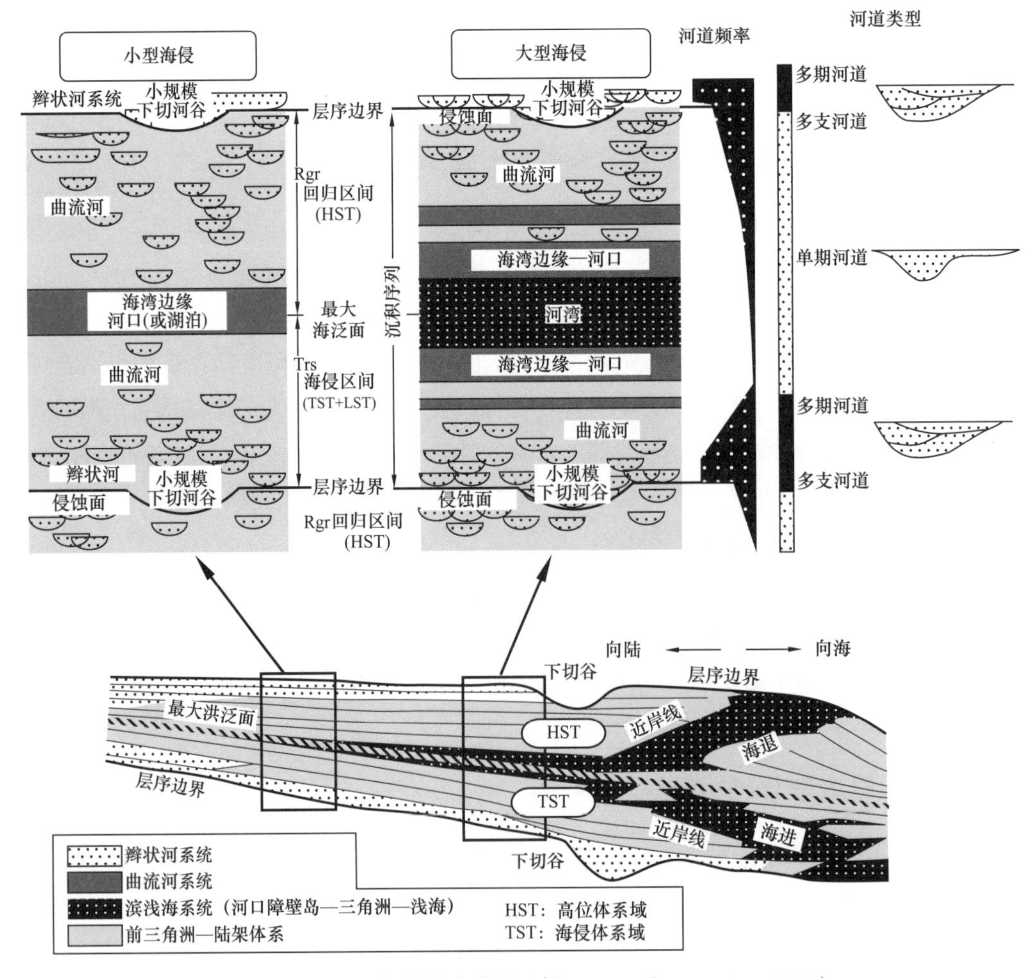

图 6.8 Ishikari 组的层序模型（据 Takano 和 Waseda，2003）

6.2.3.8 新墨西哥州 Rio Grande 裂谷上新统—下更新统 Camp Rice 组

该裂谷盆地的地层事件受到磁性地层学的良好约束。Mack 和 Madoff（2005）分析了河道分布和浅层土壤成熟度，并利用 Bridge 和 Leeder（1979）、Bryant 等（1995）的河流结构模型对数据进行了检验。研究间隔 50m（约为 1.6Ma）的沉积速率范围从剖面底部的 0.036m/ka 到顶部的 0.017m/ka。

因此，该研究代表了对 SRS 9 级的关注。作者指出，他们的研究提供了“河流结构和古土壤发育的数值、理论和实验模型的测试”。然而，该盆地填充物所代表的时间尺度比 LAB 模型大一个数量级。在该裂谷区测量的不同剖面中，河道回流时间范围为 228—685ka。河道砂体被成熟的古土壤隔开，表明该情形的稳定期长达 10^4—10^5a。这些数值表明，正在测量的是河床带的外因迁移，而不是单个河床对盆地构造倾斜的响应。

6.2.3.9 西班牙 Pyrenees 山脉南部 Tremp-Ager 盆地始新统

Nijman（1998）为西班牙 Tremp-Ager 盆地始新世填充物建立了构造作用、古地理演化及其形成地层之间的详细关系。在这种情况下，长期地质速率和短期沉积学速率似乎具有可比性。2000m 剖面的总沉积速率（累积在 10Ma）为 0.2m/ka（10^{-1}m/ka）(Nijman，1998)。时间和速率相当于 SRS 9 或 SRS 10。该序列中的单个周期（Nijman，1998）以 0.185～0.673m/ka（10^{-1}m/ka）的沉积速率在 100—150ka 之间持续，相当于 SRS 8，其时间和速率尺度包含高频轨道周期性。Nijman（1998）描述了冲积构造的复杂变化，包括加积旋回和叠置旋回，并将结构变化主要归因于构造影响。在该案例中，没有引用 LAB 和 WMSM 模型。

6.2.3.10 匈牙利 Nyírség-Pannonian 盆地上新统

密集的地下水井和良好的电测井控制使 Püspöki 等（2013）对匈牙利 Pannonian 盆地东北缘的上新统—更新统剖面绘制了详细的年代地层。图 6.9 是从靠近边缘到靠近 Nyírség 盆地中心的走向剖面。相分析表明，体系域沉积物可分为两类：一类是在低可容纳空间环境下发育的；另一类是在高可容纳空间环境下发育的。低可容纳空间条件下沉积物位于层序界面上，由叠置河道沉积物组成。高可容沉积物的特征是具有完整的大型点沙坝沉积、互层复合体和保存程度较好的漫滩细粒沉积。在剖面中心附近，一个高可容纳空间下的沉积单元被解释为湖泊成因。如图 6.9 所示，低可容纳空间下的沉积序列底部的层序界面是侵蚀性的，并具有阶梯状边缘。

这些被解释为侵蚀阶地，对应于分水岭地区的抬升阶梯边缘，在一些钻孔中记录了成熟的古土壤。在磁化率测量的基础上，建立了与中国黄土序列的区域相关性（图 6.10）。反过来，这与全球氧同位素尺度相关，后者为该剖面提供了绝对年代学（图 6.11）。这表明匈牙利盆地沉积序列几乎是完整的，几乎所有的年代地层阶段都已被确认。层序的持续时间从 120000a 到 730000a 不等。黄土年代学基于更高频率的米兰科维奇信息，从图 6.11 可以清楚地看出，层序形成机制不是轨道驱动的——时间不对，尽管如此，气候变化可能是层序形成的一个重要的次要控制因素。沉积速率在 0.17m/ka（10^{-1}m/ka）范围内（基于层

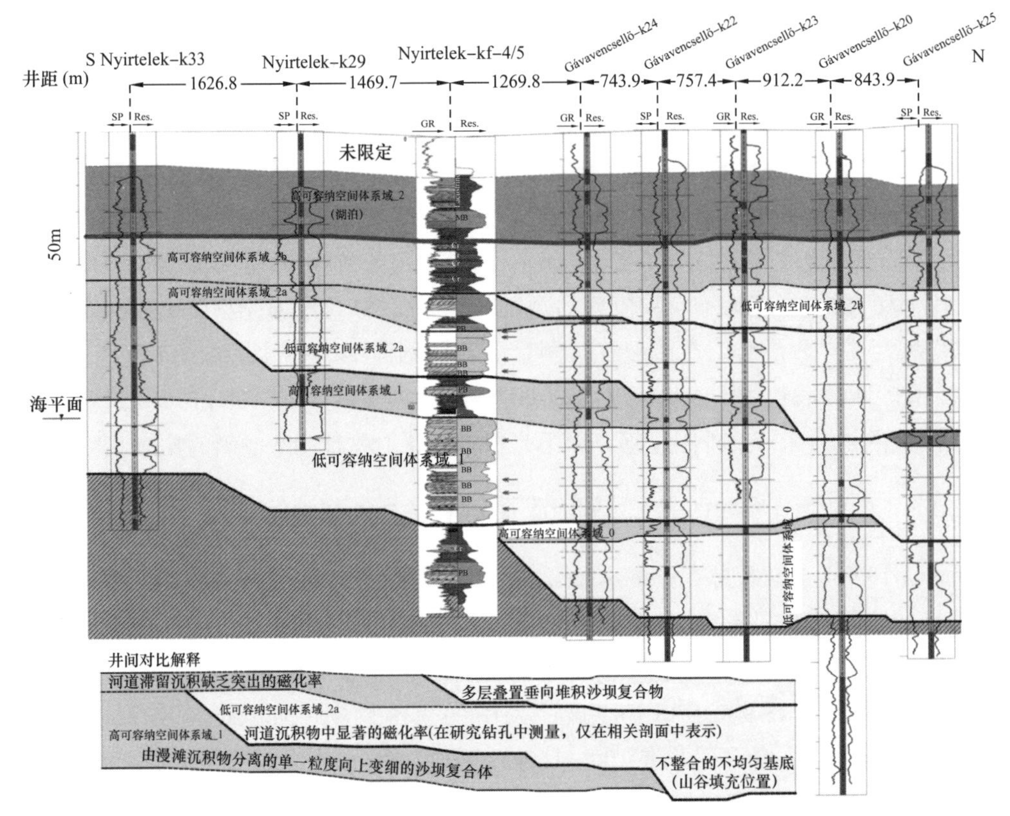

图 6.9　Nyírség 连井剖面（从盆地边缘到盆地中心，顺湖盆走向）（据 Püspöki 等，2013）

序界面的年龄和层序的厚度)，对应于 SRS 9—SRS 10，相当于在构造非常活跃的盆地中的测量速率。Püspöki 等（2013）将层序形成机制解释为构造成因，层序界面在构造隆升时形成，部分对应于火山活动时期。如图 6.12 所示，通过绘制高可容相和低可容相的分布图，可以通过时间重建主要河流的可能路线。方块图中的“河流剥蚀频繁区”是易受侵蚀和阶地形成的分水岭地区。

Puspoki 等（2013）引用了早期的研究，认为从干燥、寒冷的时期到温暖、潮湿的时期的气候变化与层序边界的形成有关。尽管层序不是轨道控制的，但它们表明：在干旱和寒冷时期，由于河流的运移能力较弱，粗粒沉积物堆积在盆地的上倾部分，靠近补给系统的物源口区域。在随后的温暖和潮湿时期，这些沉积物被运移到盆地的下倾部分。

气候变化可能是一个触发因素，它将地貌变化的速度推到了一个临界点，这个临界点加速了由构造驱动的较慢的变化速度（Schumm，1979）。这种评价的证据是，层序界面似乎与高磁化率夹层的基底有关。这些高磁化率反过来又与氧同位素尺度上的间冰期有关。

这一解释并不依赖于自生河道堆积样式和可容纳空间生成之间的假定联系（LAB 模型的基础)，并且符合本章对冲积层序结构的解释。

6.2.4　讨论

在很大程度上，现在并非了解过去的钥匙。从现代沉积物和后冰期记录所测得的沉积

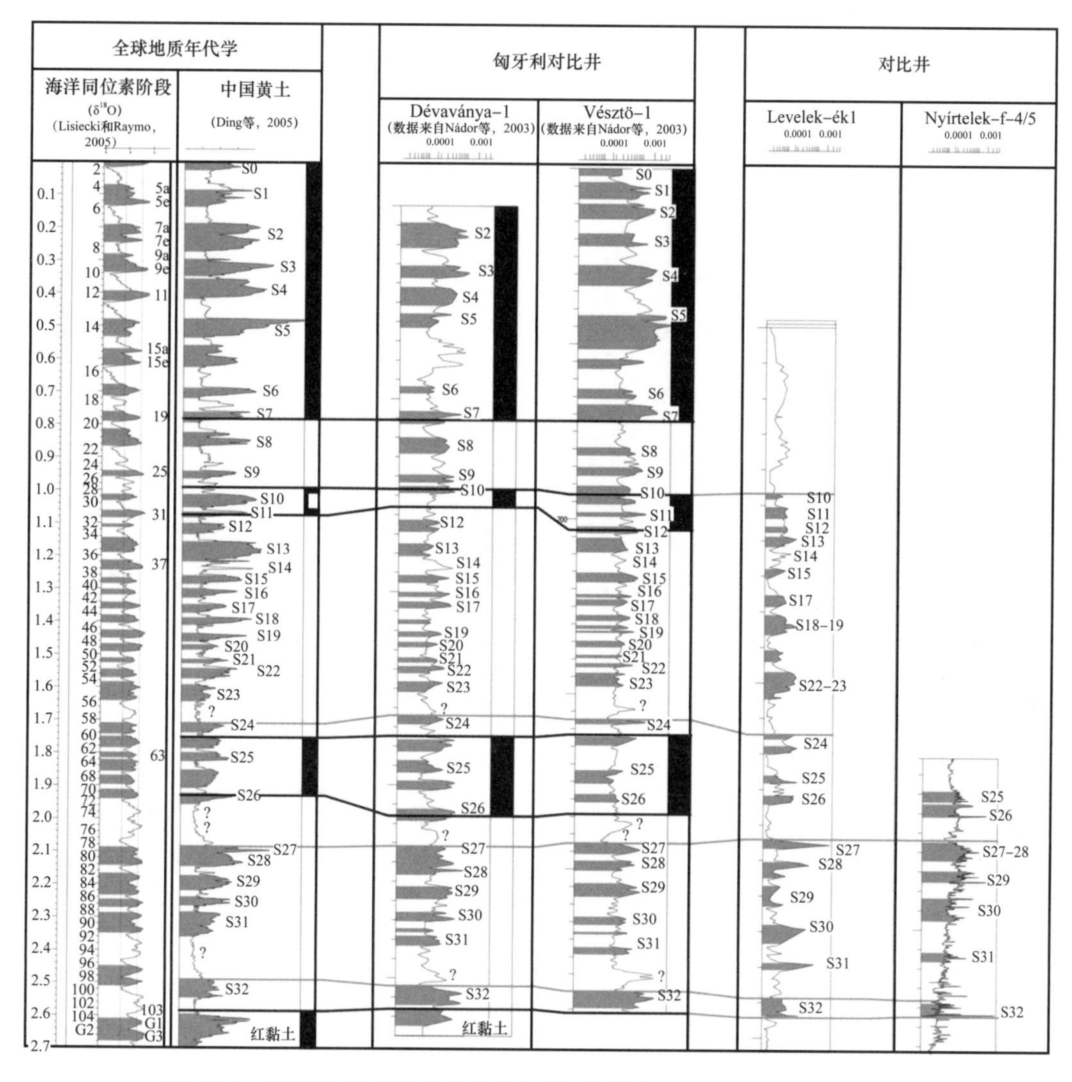

图 6.10　基于氧同位素和磁化率的全球年代学对比（据 Püspöki 等，2013）

速率与从古代地质记录所测得的沉积速率之间存在着数量级的差异。以后冰川记录为基础的 LAB 模型的高频过程，并没有在更遥远的过去被保存下来。高沉积率仅在极少数地质环境中出现，例如在一些汇聚边缘盆地的近源端，并且需要特殊情况才能使构成 SRS 1—SRS 7 的短期高频过程并实现长期保存。

Gibling（2006）提出了一个相关的观点，他将重点放在冲积结构的许多控制因素上，包括流量、沉积物供应、岩性等，他说："层序地层学将河道体样式与可容纳空间联系起来的最新趋势（Shanley 和 McCabe，1994），并因此受到许多质疑。"强迫过程和地层结果之间不一定存在简单的关系。Jerolmack 和 Paola（2010）提到了"通过沉积物搬运破坏环境信息"。Gibling 等（2011）也提出了类似的观点，认为可容纳空间模型所依据的冲积叠置样式实际上可能受到气候变化或与沉降率无关的河流古地理变化的控制。他们认为，以冰室气候为特征的第四纪记录，具有高幅和高频的环境变化，不一定是解释古代记录的好模式。在中生代—新近纪冰期海平面旋回形成的山谷可能是海岸沉积记录中较为重要的部

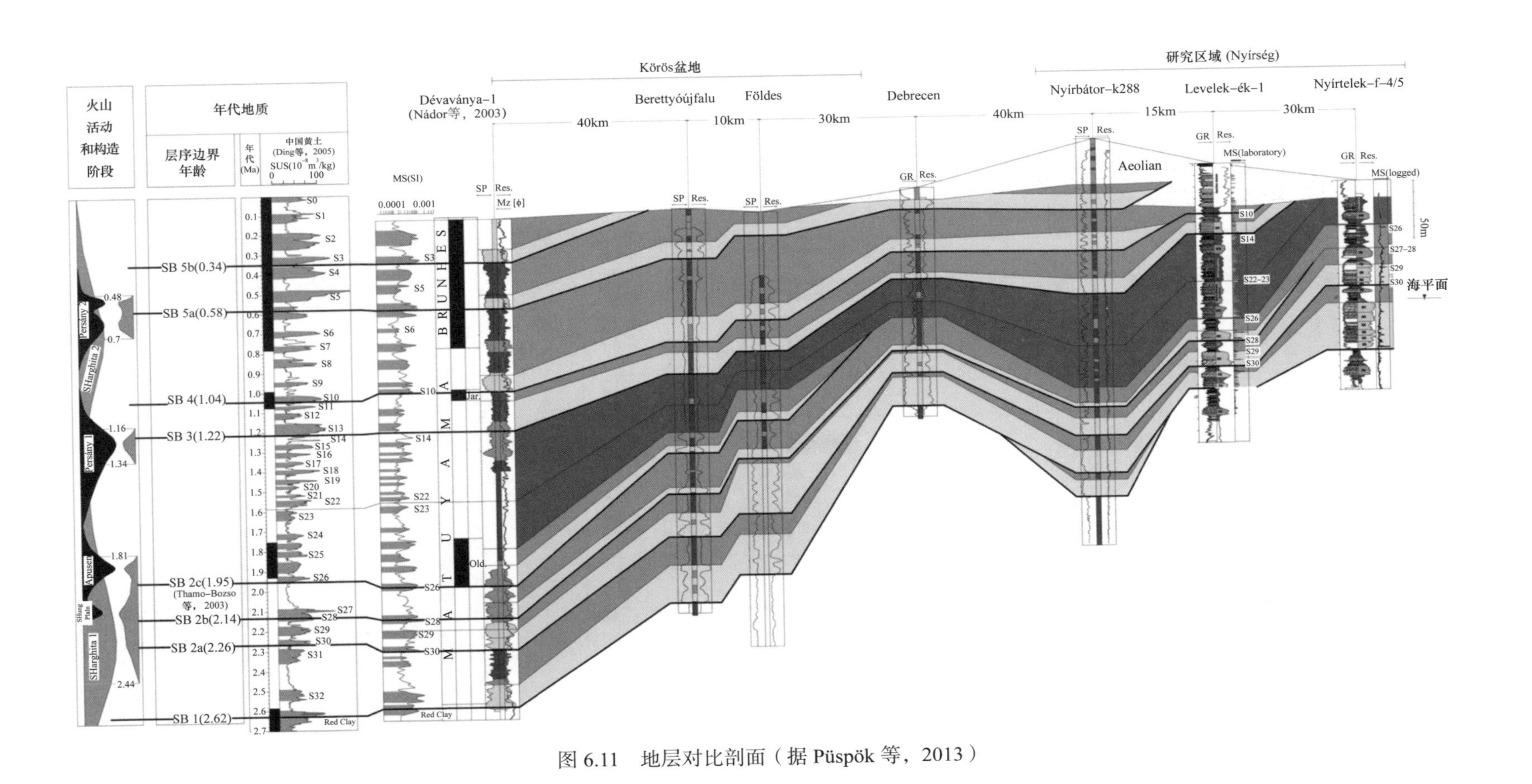

图 6.11　地层对比剖面（据 Püspök 等，2013）

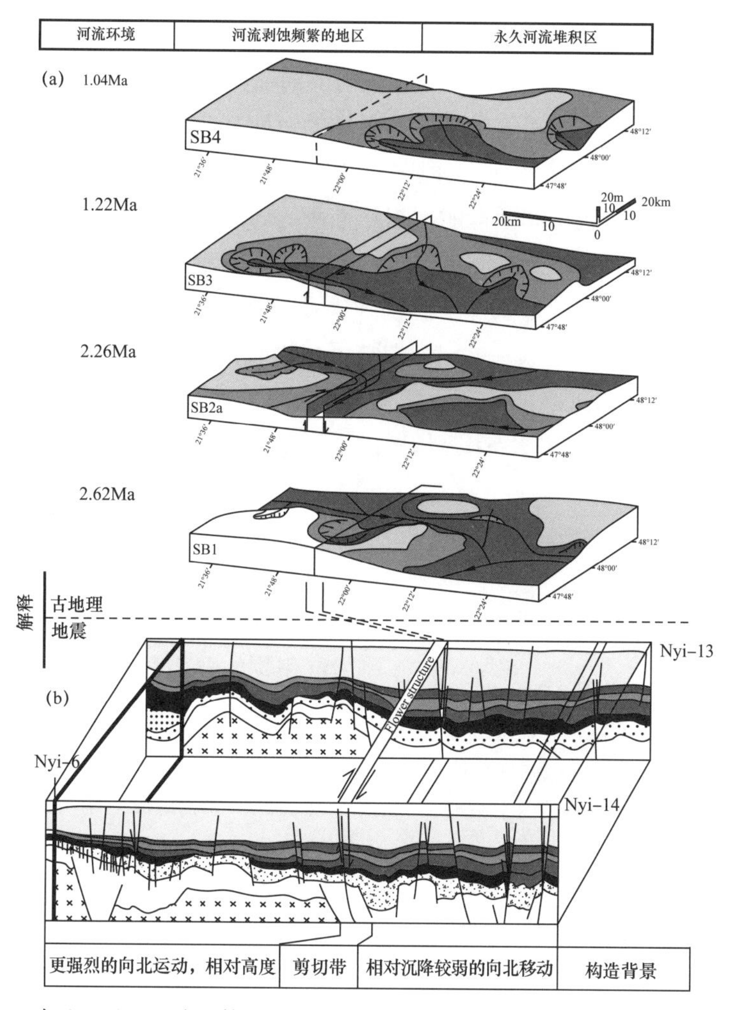

图 6.12　古地理及河流演化体现构造活动对层序形成的影响（据 Püspöki 等，2013）

分，假定冰川稳定性不重要或不存在。

本章认为，在古代岩石记录中，冲积结构的系统地层变化并不像 LAB 模型那样，是在可容纳空间变化率的影响下，改道速率和河流样式变化的产物，而是反映了相带的区域变化，这本身是对构造运动、可容纳空间和其他变量（气候、流量、沉积物供应等）变化的响应，其速度比 LAB 模型假设的要慢一到几个数量级。通过对 Loranca 河流体系的相带转换的解释，提供了一个更真实地解释为什么河流样式随时间发生区域变化的模型（见图 3.11）。这个系统很可能是由构造运动控制。

最近对古代河流系统的一些研究开始提供必要的沉积学数据来支持这一部分的论点。例如，Hampson 等（2013）详细记录了犹他州中部 Blackhawk 组河流样式的变化。该单元是 Mesaverde 群的一部分（正如本节前面讨论的 Castlegate 砂岩一样），这是一个有很多文献报道的层序，可获得详细的层序地层格架，从中可得出关于河流样式和可容纳空间之间关系的可检验假设。露头质量使一些详细的冲积结构的恢复得以进行，这些重构揭示了整个 Blackhawk 组的一系列河流样式，但没有随地层位置的系统变化。他们还参考了早期的研究（Adams 和 Bhattacharya，2005；McLaurin 和 Steel，2007），这些研究表明，河流通过上覆层序边界进入 Castlegate 组时，没有系统的河流样式变化。Hampson 等（2013）的结论是“砂体的内部结构不是可容纳空间的系统的短期变化，如海岸平原环境中相对海平面变化形成的下切谷填充物的特征”，但它们“似乎反映了上游控制作用（如高频气候变化和自生反应）下沉积物通量和搬运能力相互平衡的局部变化。”

Paola 团队的一项实验地层学研究有助于证实这一解释。Strong 等（2005）进行了不同沉降速率和不同水量、泥沙量条件下建造辫状河三角洲的试验。实验沉积物由石英砂和煤颗粒组成，后者由于密度较低，可作为细粒沉积物的替代物。实验中使用了四组不同的背景条件，然后将其结果按纵向、平行和垂直于沉积走向进行切片，构建如图 6.13 所示的剖面。这一系列实验最有趣的结果是从层段 2 到层段 3 的转化，其原因如下所述。

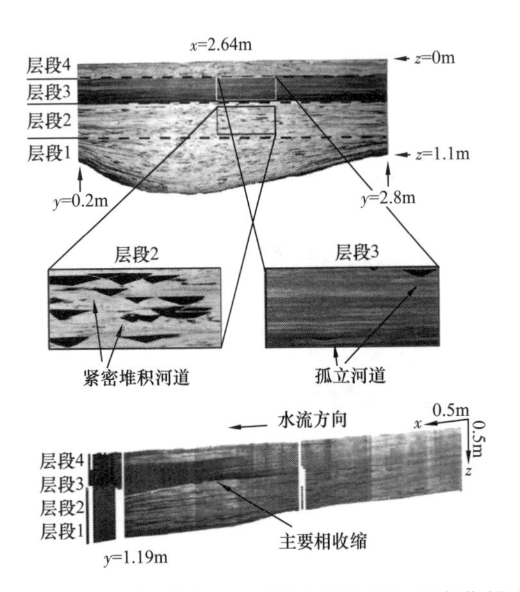

图 6.13　基于沉降率、水流量和泥沙搬运量变化的冲积结构模拟试验结果（据 Strong 等，2005）

实验在四个连续的条件组合下进行；通过实验结果，上面三幅图显示了垂直流向的剖面，底图为平行流向的剖面

图 6.13 中层段 2 的放大剖面显示了一个模拟冲积平原，堆积着河道沉积物，用黑色突出显示以增加其可见性（换句话说，这些是砂质河道，而不是煤）。层段 3 沉积物主要由层状煤层构成，没有可见的河道。与沉积倾角平行的剖面（图 6.13 中的最底部图）显示了相边界的主要横向移动。第一期和第二期沉积物主要是砂，而第三期沉积物富含煤，从模拟三角洲的中间位置向上游向砂岩过渡。这些结构似乎说明了叠置河道（层段 2）LAB 模型的约束条件，表明缓慢沉降和河道拼合，而罕见的分散河道（层段 3）对应于快速沉降条件。事实上，从层段 2 到层段 3 的情况变化正好相反。这一转变意味着沉降率减少了约 75%，同时排放量和泥沙量也相应减少。随着层段 3 坡度和水量减小，大部分砂岩沉积在三角洲的近端，煤组分被选出来并进一步向下斜坡输送。向层段 3 的过渡代表了富砂、河道化沉积物和远端少量至无河道的细粒沉积物之间相边界向上游移动。与大型冲积体系相关的是，决定冲积结构的条件是整体平衡，沉降率只是其中之一。

6.3　古河流系统层序地层学

6.3.1　如何重新聚焦古代记录中的河流研究

鉴于本章前几节的讨论，现在应该清楚地看到，在研究遥远的过去的沉积作用方面，存在着一些迄今尚未认识到的困难。在解释古代记录方面，我们需要考虑几个重要的问题：

（1）虽然“将今论古”的概念可以用来解释基本沉积过程的产物，例如与水流、湍流、河床形成、土壤形成等有关的过程，所有这些过程都是建立在物理和化学的标准原理基础上的，我们需要更清楚地认识到时间和进程速度的重要性。

（2）地质记录保存的零碎性表明，我们需要比以往更加谨慎地对待关于连续沉积的假设和基于这一点的解释，如可以在垂直剖面上观察到的旋回性，已成为河流相分析方法的重要组成部分。

（3）河流环境和过程可能在某一时刻在整个盆地内剧烈变化，也可能随着时间发生显著变化。正如 Gibling 等（2011）指出：“冲积盆地体系域的识别往往意味着盆地边缘效应，无论作者是否有意这样做。然而，像恒河平原这样的巨大冲积地区，有许多地貌要素（造山和克拉通物源；巨扇、河道间和轴向流动系统）。在这种规模的盆地中，盆地边界将是罕见的，最突出的面可能是局部的。”

（4）后冰期记录中的高速过程，以及古近纪—新近纪特有的气候和海平面的高频且高幅变化，基本上是非均匀的，因为大多数地质时期的特征可能不是如此大规模的变化。除了石炭纪到二叠纪的冈瓦纳冰期外，整个显生宙的大部分大陆似乎都具有温室气候的特征（下面将讨论这方面的例外情况）。这意味着我们必须非常小心地使用晚新生代类比作为解释古代记录的基础。

（5）正如 Davies 和 Gibling（2010a，b，2011）所记录的那样，陆地植物的进化对冲积地貌的形成产生了深远的影响，主要变化发生在中古生代。

外因和自生沉积过程可能在所有时间尺度上产生可预测的有序的地层模式。顺序和可预测性可能包括侵蚀过程和堆积过程，这一直是瓦尔特相律和最近的层序地层学基础。因此，与 Bailey 和 Smith（2010）所表示的随机或混乱的堆积过程相反，地层顺序（包括旋回性）可以保存在岩石记录中，并且可以在适当的 SRS 的范围内理解和解释。瓦尔特相律是建立在沉积环境渐变概念的基础上的，以沉积物在垂向上连续堆积为特征。在 10^1—10^3a 的时间跨度内，该定律在许多环境中的应用产生了特征性的垂直剖面（如河流向上变细旋回、三角洲决口扇），也可以在 SRS 5—SRS 7 的框架内进行解释。如三角洲等大型体系的形成与长期（SRS 7—SRS 9）的瓦尔特相律一致。

显生宙的温室气候不可能一直都是温室。Miller 等（2005a，b）基于对新泽西地层包括氧同位素记录的详细研究，提出对白垩纪到早新生代气候进行新的解释。他们承认同位素数据的稀疏性，以及较老埋藏较深的剖面样品易受成岩作用的影响，但同时认为，现在已经收集了足够的证据，可以重新思考长期温室气候条件的概念。他们认为，这种气候的特点是“凉爽的瞬间”——小冰帽的形成，持续时间约为 100ka。据推测，这些冰盖一定位于南极洲，就像现在一样，南极洲位于极地。这意味着，在中生代的部分地区，可能会出现冰川—海平面变化的周期。振幅预计不会太大，最多只有几十米。

Plint 团队对阿尔伯达省西北部白垩纪记录进行了详细的地层研究，为该地区的外因过程提供了许多线索。研究表明（Plint，1991，2002；Plint 等，2001），海平面升降变化是一个重要的控制机制。Plint 等（2001）在对古山谷的详细研究中（本章后面提到），提出“20～30m 的平流层漂移可能影响了基准面变化，后者导致山谷形成，并且山谷下切作用发生在整个下降阶段体系域”（Plint，2002）。在这个活跃的前陆盆地内，缺乏构造倾斜的证据，而且山谷在其整个长度上保持了可比的深度，这表明盆地的弯曲运动（在这个前陆盆地环境中，这可能是显著的）不是一个因素。

鉴于本章引用的非常详细的研究得出的结论，似乎相对较小规模的冰川—水循环至少在解释白垩纪海岸河流系统记录时可能是需要考虑的过程之一。此外，目前广泛记录的显生宙许多古代沉积序列的湖泊和其他系统的轨道驱动（Miall，2010b）表明，河流旋回的轨道驱动，包括对河流流量和泥沙量的影响，无论有无冰川，很可能是驱动过程始终与河流沉积有关，尽管其影响可能在大部分地质时期叠加了更明显的局部构造作用。Jerolmack 和 Paola（2010）提到的“环境信息的破坏”过程似乎也使保存的沉积物中记录外力作用过程变得复杂。Allen（2008）证明，冲积体系对构造驱动的响应时间可能很长，至少可以延长到 10^5a，这意味着高频过程可能会被完全抑制。

第 5 章讨论了与前新近纪沉积记录解释相关的其他外因机制，包括构造活动盆地中弯曲载荷效应和板内应力变化的影响。本章讨论的一些证据表明，河流层序地层中记录了高频外因过程的影响，但这显然仍是一个需要大量研究的领域。

6.3.2 层序界面

界面在层序地层学中至关重要，关于在层序定义中使用的合适界面以及它们之间的相互关系一直存在很多争论（Catuneanu，2006）。在河流系统中，层序的定义至少表面上更直接。区域地表侵蚀面是河流系统中唯一确定的界面，具有以下必要特性：（1）横向分布广泛；（2）可以解释为同种作用力的产物，它们被用作当前流行的河流层序模型的基本组成部分（图 6.3、图 6.4）。地表侵蚀面被解释为代表负调节的可容纳空间。它们是由于基准面下降或冲积沟谷隆起而暴露的表面，这样冲积系统的缓冲区［在 Holbrook 等（2006）的术语中］向下扰动，有利于侵蚀。地表侵蚀面的地形反映了在这个负调节阶段形成的侵蚀模式，而侵蚀面上下沉积物的性质可能提供了有关侵蚀间断期间盆地的河流类型、排驱模式和气候的基本信息。

为了绘制地图，通常将层序界面视为年代地层表面，但尽管这是在广泛的区域尺度上使用的合理概括，但必须注意修改这一假设的重要条件。正如 Catuneanu（2006）所指出的，“与陆上不整合有关的地层间断是可变的，这是由于不同的河流切割和在基准面下降阶段地表侵蚀向盆地方向逐渐扩展造成的。”与任何不整合的情况一样，被不整合截断的地层的年龄可能因地而异，表明地表侵蚀的开始或侵蚀深度的变化具有过程性。同样，位于地表的岩层的年龄也可能因地而异，表明在层序旋回开始时，正可容纳空间的发育具有过程性，例如，在切割的河谷上逐渐海侵。如上所述，Gibling 等（2011）指出了大型冲积盆地中关键事件的可能区域性及其沉积学响应。

如果存在向海洋沉积物的横向过渡，在海岸带层序界面以下的地层和层序界面以上的第一套沉积物的年龄，各自可能比其他任何地方都要早。这是因为海岸的海平面下降可能会引发一股侵蚀波（逐渐向内陆河谷转化为“拐点”），导致海岸在开始侵蚀的地方出现更长和更深的侵蚀（见图5.34）。同样，海平面变化曲线的底部时期重新在海岸建立了一个缓冲区，在这个缓冲区内可以发生低水位水期沉积，随着海侵的开始，该沉积区将逐渐向内陆河谷延伸。

Strong 和 Paola（2008）指出了地面和地层面之间的重要区别。与地表侵蚀面相对应的地面不断变化，直至最终被埋藏保存。但是我们在岩石记录中绘制的地层面，并不是一个实际存在的完整保留的地面，因为它在最终埋藏之前经历了侵蚀或沉积的连续改造（图6.14）。地表侵蚀面也可能违反不整合的一个基本原则，即不整合面下的所有沉积物都比不整合面上的所有岩层要老。冲积河谷的加深和扩大可能在地表演化的最后阶段继续，即使在基准面旋回中海侵开始时已经开始海侵和掩埋地表。作为阶地残留保存在侵蚀面上的河道或漫滩沉积物，可能早于在基准面下降的最后阶段形成的海岸沉积物，因此比海岸的层序边界还要古老，尽管它位于海岸之上。

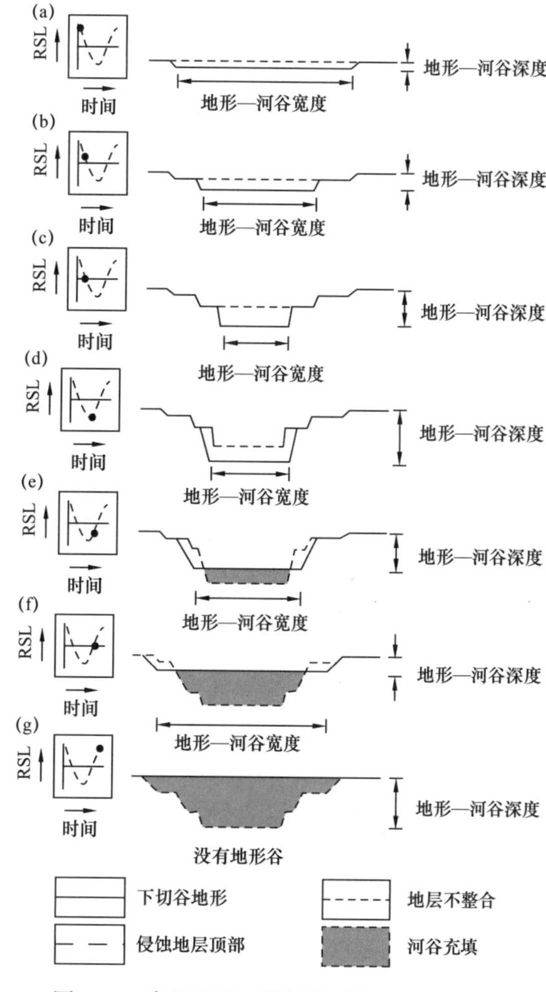

图6.14　完整基准面旋回的下切谷形成模式（据 Strong 和 Paola，2008）

注意地形谷和下切谷之间的区别，下切谷在基准面旋回结束之前一直在进行改造，此时假定已被完全填满

许多非海相层序边界清楚地表示为下切谷，尽管数据有限，但很难区分下切谷和简单河道冲刷，下面将进一步讨论这一点。如果有足够的时间（可能意味着数百万年），河流侵蚀可能会导致地貌的准平原化，同时发育区域性的地形平坦的不整合面。因此，侵蚀层序边界的特征是河流河谷，其范围从狭窄、浅层、孤立的线性河谷结构到宽阔的复合河谷，再到起伏的准平面（6.3.3节）。古老的例子将在6.3.4节中详细讨论。如果河流间的侵蚀缓慢，因为地貌已达到准平原化条件，或者由于河流能量低，反映出区域坡度小，则大部分地表可能被土壤覆盖。对古土壤的研究可以提供许多有关区域气候的有用信息，如第5.2.2节所述。古土壤可以构成层序界面的有用标记，如第6.3.6节所述。在其他情况下，层序界面可能以河流样式的重大变化为标志，很少或没有河道下切的迹象。如第6.3.5节所述这种非侵蚀性层序界面，包括 Miall 和 Arush（2001a，b）所称的隐伏层序界面，是由构造或气候压力引起的流量或泥沙量区域变化为标志。

Holbrook 和 Bhattacharya（2012）对地表侵蚀面作为常规层序界面的概念进行了详细的解剖，即符合不整合作为时间屏障的常规概念的表面。他们的评论提供了更多的细节和论点，与上面提到的 Strong 和 Paola（2008）的实验工作所发展的思路一致，并对 Holbrook（2010）提出的下切谷的野外证据上进行了重新演绎和扩展，下面将讨论。在作者看来，陆地表侵蚀面作为一个有用的概念，经受了考验，且已经成熟。然而，特别是 Holbrook（2010）的工作，在多个时间尺度上展示了时间的远景，特别是消失的时间，值得仔细思考，我们太容易把数百万年作为我们的地质历史的不可还原的元素。

6.3.3 侵蚀层序边界分类

近几年来，下切谷受到了沉积地质学家的极大关注，部分原因是它们在层序背景下恢复可容纳空间的变化中具有明显的意义。人们还认识到，下切的河谷充填体可能构成石油的良好地层圈闭。Dalrymple 等（1994，2006）汇编了两份关于下切谷的宝贵研究论文集，其中包括对沉积模式的讨论，以及对一系列构造和气候背景下的现代和古代沉积的案例研究，它们大多含有河口沉积充填物。许多其他对河流河谷的重要研究已经完成，如下所述。

在古代记录中，下切谷很难得以研究，因为它们通常表现出复杂的切割和充填地层，可能难以利用有限的露头或地下数据进行解释，而且由于可能需要考虑的范围很大，从小型单一河流到大型辫状体系或混合的横向叠置河流体系（Holbrook，2001）。这种复杂性远低于大多数常规年代地层技术的分辨能力。在许多盆地中，如构成阿尔伯达盆地东侧的低可容纳空间环境，多个基准面变化旋回产生了纵横交错的河谷复合体，需要特殊的绘图技术才能进行准确可靠地对比。下面讨论这方面和其他方面的例子。

Plint 和 Wadsworth（2003）总结了用于识别河谷填充物的标准，与简单的下切河道不同:（1）河谷是一种线性侵蚀地貌结构，通常大于单一河道形式，截断下伏地层，包括区域标志;（2）谷底和谷壁构成一个可绘制区域地图的侵蚀面，其上的沉积相突然向海方向的移动;（3）侵蚀面可能覆盖有滞留砾石或具有 *Glossifungites* 遗迹相的特征;（4）侵蚀面应可追溯到风化面，可能具有相邻河道间古土壤的特征;（5）河谷填充物内的沉积标记上超到谷壁;（6）支流河谷是可以辨认的。

Holbrook（2001）和 Gibling 等（2011）发表了尝试对冲积河谷进行广泛描述和分类的文章。他们的关键图表如图 6.15 至图 6.17 所示。Holbrook（2001）的分类（图 6.15）是基于他对科罗拉多州 Huerfano 峡谷白垩纪中期（上阿尔布阶—塞诺曼阶）泥质砂岩的研究。他特别感兴趣的是冲刷面、河道和河谷结构，如在大范围规模的露头中所表达的那样，并且能够根据对大型、出露良好的露头摄影照片的解释，对这些进行一些详细的记录。他利用 Miall（1985，1988，1996）提出的多级层序结构单元和界面的概念，定义了项目区内 6～9 级界面，并提出了利用外因地层学原理对该层中较大规模单元进行分类的方法，例如，通过划分诸如岩性段和次级岩性段之类的地层单元。这些想法被整合到表 6.1 中的沉积速率标度概念中。

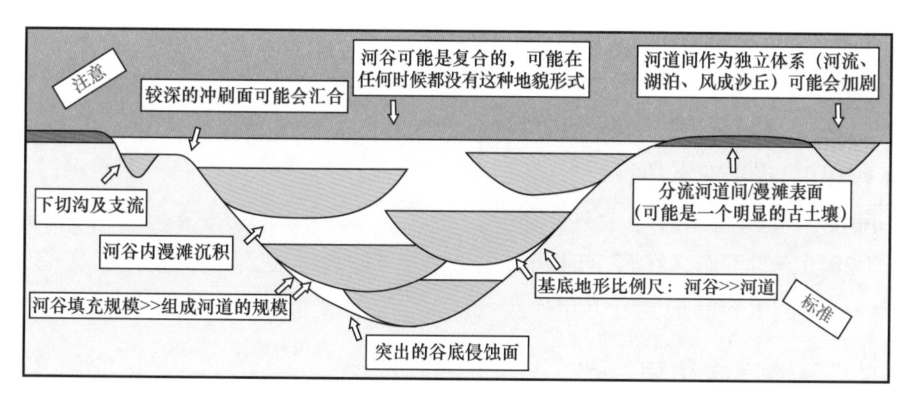

图 6.15　Holbrook（2001）建议的从简单到复杂的河谷结构

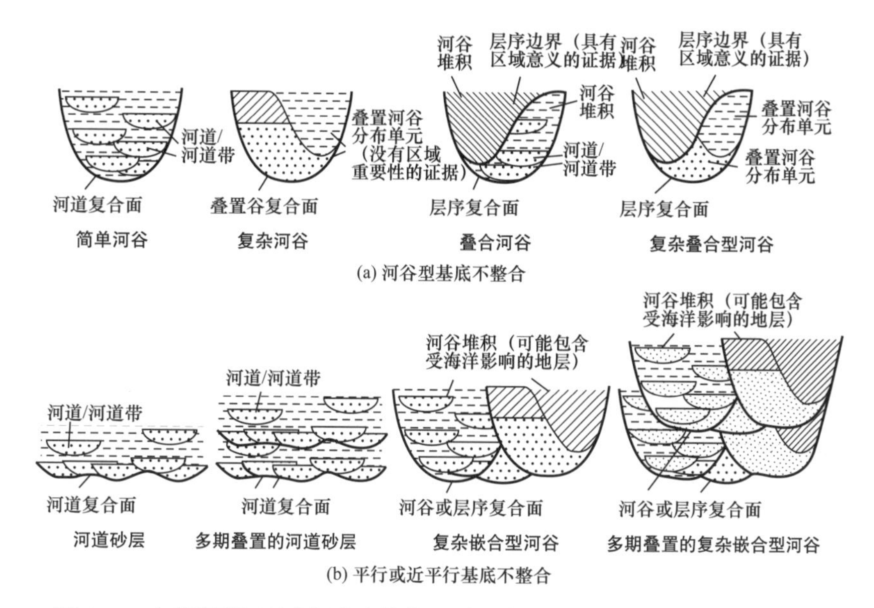

图 6.16　古代沉积记录中河谷充填物识别的建议指南（据 Gibling 等，2011）

注意，图的上部是可能影响识别河谷充填物的决定性特征；图的下部显示的是在特定情况下可能相关或可能不相关的特征

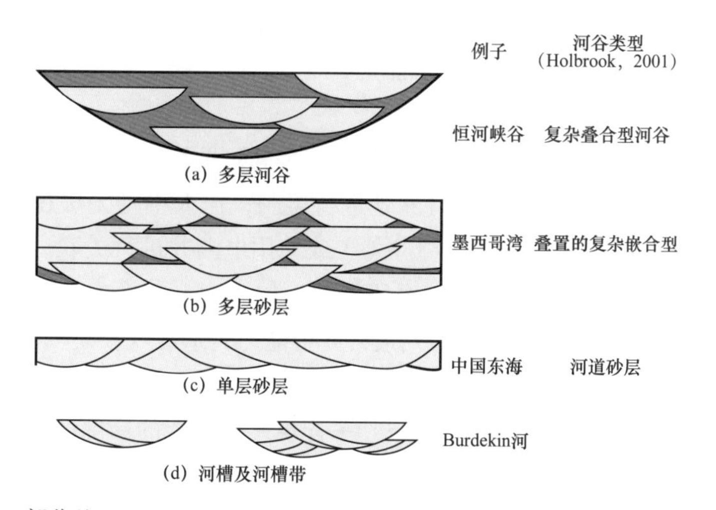

图 6.17　部分基于 Holbrook（2001）的第四系河谷充填物分类（据 Gibling 等，2011）

表 6.1　河流层序界面的沟谷层序

类型或范围 [Holbrook（2001）中的术语]	边界面等级（Miall，1996）	沉降速率级别（SRS）	时间尺度（a）	过程	驱动力
叠置河道下切	4	5	10^0—10^1	季节性十年一遇洪水	正常的气候事件
河道冲刷	5	6	10^2—10^3	河道改道	自发的谷底加积
河道带（次级河道带）	6	7	10^3—10^4	河道带改道，河流截流	自生河谷充填加积、由气候或构造事件引起的河流的变化
叠置河谷（次级叠置河谷）	7	7～8	10^3—10^5	河道带改道，河流截流	由气候或构造事件引起的河流的变化
河谷充填	8	9	10^5—10^6	河道带改道，河流截流	由气候或构造事件引起的河流的变化
层序界面	9	9～12	10^5—10^7	可容纳空间与沉积物比值的区域变化	重大构造或气候变化

Holbrook（2001）提供了一个很好的例子，说明了如何利用结构方法来恢复对特定岩石单元的复杂解释。然而，在总结这项研究时需要谨慎。正如 Holbrook 所说："然而，没有令人信服的理由设想七级河道叠合界面和 / 或八级河道叠合界面记录了先前连续层序边界不整合的保留片段。七级和八级界面同样可以记录河谷独特的切割，发生在当地气候、构造和 / 或其他排水因素压倒区域趋势的地方。"此外，"还必须考虑到，简单和复杂的河谷可能是局部切割的潜在结果，而不是整个盆地层序边界的一部分。Holbrook（2001）的研究很好地提醒我们，在利用新生代晚期的同类物来评估古代记录时，需要记住时间尺度。一个主要的层序边界通常构成一个 SRS 9 或 SRS 11 事件，可能代表过去几百万年的时间。在后冰期记录（Blum，1993）中观察到的河谷和阶地形成过程，通常代表了 SRS 8 或 SRS 9 尺度上气候驱动和自生事件的产物，即在时间尺度上，速度快一到两个数量级。因此，岩石记录中的一个主要层序界面可能是数十到几十个沉积和侵蚀旋回的产物，这些旋回充其量留下了高度碎片化的记录。

Holbrook（2001）的所有次级岩性段所代表的中间尺度在岩石记录中是一个特别难以评估的尺度，通常，太大无法在露头可靠地进行绘制，但太小则无法在地震记录上成像（用于绘制浅层地下的高分辨率地震类型除外）或使用电测井进行关联。河谷中的阶地是沉积旋回的残余，其部分已被随后的海退所侵蚀。如 Archer 等（2011）指出，此类沉积物可能构成河流组合的重要但被忽视的元素，并可能为构造或气候旋回提供有用的线索，而构造或气候旋回的证据已基本丢失。

Holbrook（2001）对岩石记录中特定下切—充填结构可能的局部性质提出警告，现在已经与 Strong 和 Paola（2008）进行的一系列探索下切谷发育的重要实验结果相匹配。他们证明了一个似乎违反直觉的重要过程：最终保存的下切谷的形状是由在基准面曲线上升段发生的侵蚀和沉积共同决定的（图 6.14）。河床沉积物的形成是在整个基准面旋回中由短暂深度冲刷形成的，其中一些可能由于主河道的横向迁移和废弃而得以保存。因此，应假定河谷的基底充填时间跨度较大。完全有可能在海侵阶段、地表改变阶段接近尾声时，以及在低水位期形成和掩埋谷底之后形成此类冲刷—充填坑。在这种情况下，这些沉积物（其基底定义了部分基底侵蚀面和层序边界）比低水位期形成的沿海三角洲或海相沉积物要年轻。换句话说，这些位于基底不整合面上的沉积物比海岸或海岸附近被基底冲刷、切割的河床要老。

图 6.18 很好地说明了基底层序界面的过程性和复合特征，该图来自 Holbrook（2010）对 Strong 和 Paola（2008）论文的讨论。Holbrook 用一个详细的结构剖面（图 6.18）说明了过程性的主题，图中显示了一组四条河谷充填，每条宽 200～300m，相互切割和叠置。基底层序界面的一部分由 1 号谷底确定，一部分由 2 号谷底确定，一部分由 3 号谷底确定。反过来，每一条河谷都由大规模侧向加积充填物组成，这表明每一条河谷的底部本身是穿时的，规模较小。这一结构剖面说明了区分下切谷和简单河道的困难，因为在大多数情况下，下切谷只是河道的合并，这些河道在一段时间内彼此略微偏移，比曲流河迁移形成简单冲刷所需的时间长。表 6.1 提供了与图 6.18 中所示的河道和河谷层次结构相关的时间尺度的解释。

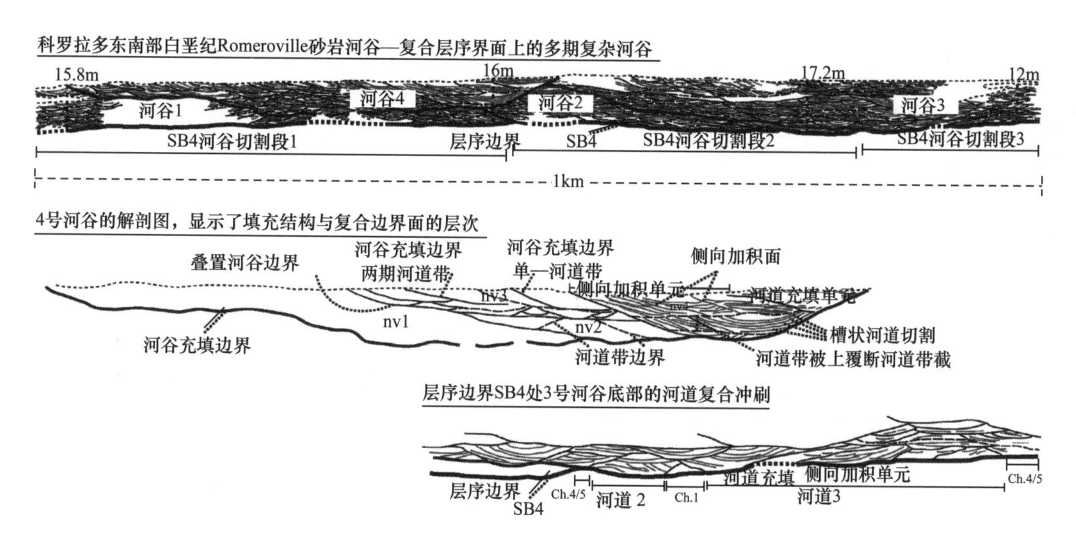

图 6.18　顶部是科罗拉多州 Huerfano 峡谷 Romeroville 砂岩（白垩纪中期）的结构解释，加上两个特写（中部和底部），说明剖面的放大部分（据 Holbrook，2010）

顶图中编号的河谷构成叠置河谷复合体

图 6.19 和图 6.20 进一步说明了与层序边界相关联的模糊性。第一个是犹他州 Ferron 砂岩三角洲的详细层序对比。乍一看，标志着层序 1 和层序 2 底部的下切谷充填复合体（图 6.19 中为红色）似乎定义了一个相对简单的几乎是层状或饼状地层。这基本上是图 6.20（a）所示的解释，其中所有的下切谷都被划分为层序 2。然而，没有确切的证据表明这是正确的解释。标志着层序 2（穿过剖面左端区域）的底面侵蚀面可能是在准层序 7 沉积后不同时间形成的侵蚀面的组合，这是图 6.20（b）所示解释的基础，这表明构成第一个河谷充填复合体的下切谷充填物是在准层序 9 沉积后的不同时间形成的。

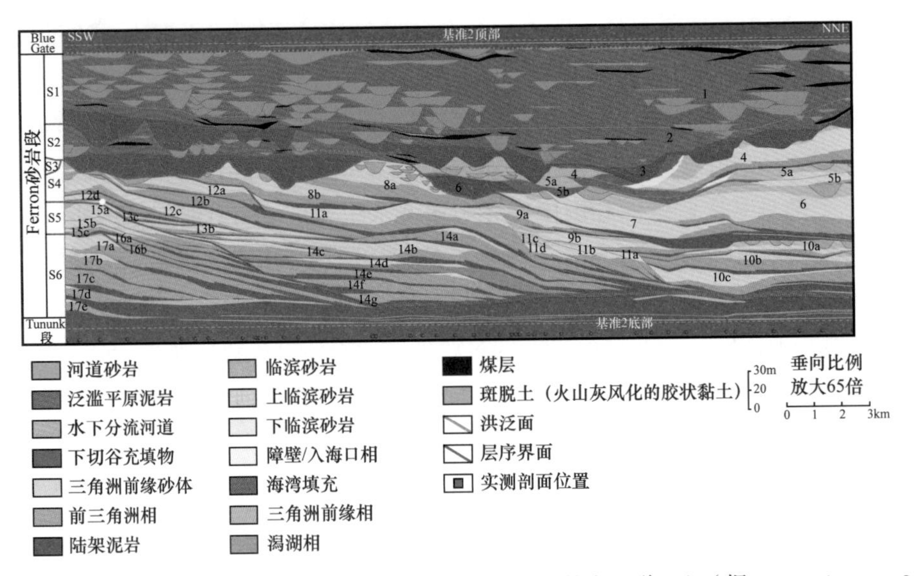

图 6.19 犹他州 Ferron–Notom 三角洲（土伦阶）剖面，悬挂在斑脱土上（据 Bhattacharya，2011）

准层序编号为 1 至 17，并分为 6 个层序；该剖面的两个备选 Wheeler 图如图 6.20 所示

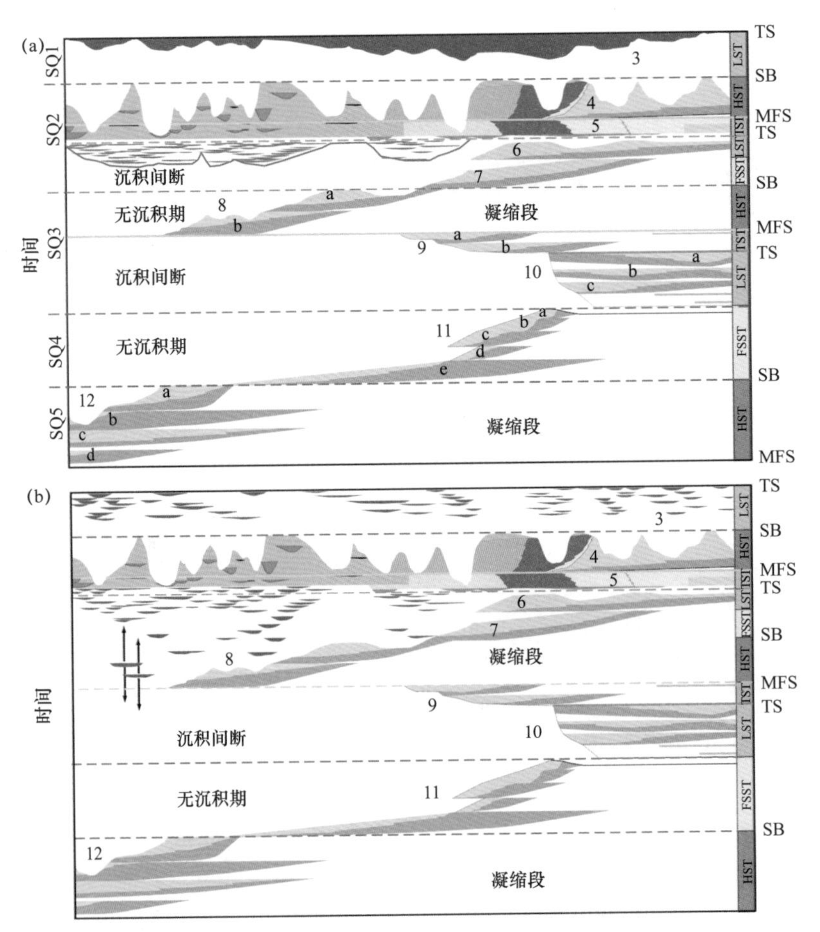

图 6.20 图 6.19 所示剖面的两个备选 Wheeler 图（据 Bhattacharya，2011）

它们之间的差异主要集中在对下切谷充填物的年代地层解释上

Gibling 等（2011）基于冲积河谷的最新研究提出了一套在岩石记录中识别河谷的标准（图 6.16），并根据 Holbrook（2001）的工作和建议的第四系实例（图 6.17）提供了分类。然而，如第 6.3.1 节所述，使用第四系实例作为解释古代记录的基础可能会受到质疑。下面我们将讨论该文章中引用的一些具体例子，并从这个角度将它们作为解释工具重新进行考虑。一般来说，分类的适用性和价值（图 6.15、图 6.17）需要通过以下要点进行评估：

（1）存在着各种各样的河道尺寸，反映了自然界中各种各样的河流。层次结构没有按照比例进行标准化（见图 2.4）。

（2）河谷的宽度可能不仅取决于河流的大小，还取决于它们保持在同一层面的时间，由于河道侧向分流或改道转换导致河道加宽，就像许多三角洲平原一样。

（3）在一小块区域内可形成大小不等的山谷，反映出存在不同大小的干流和支流，以及在河道交汇处存在深度冲刷等。

（4）由地貌阈值和响应时间因素所引起的滞后和阻尼效应影响的自生和异生过程，可能会产生类似的沉积响应，以不可预测的方式叠置和相互作用。

（5）主要层序界面代表了 10^5—10^6a 的时间，可能包含了大量的高频进积—退积事件和旋回，它们非常零碎甚至没有地层记录。

从这一讨论中得出的结论似乎是，虽然河谷和河谷充填物的分类可能组成一个有用的描述性术语，但是根据这些描述进行广义解释时需要相当谨慎。

6.3.4 近代和古代岩石记录中河谷充填的例子

阿尔伯达省下切谷充填物的研究历史悠久，它们在众多中小型石油地层圈闭的形成中具有重要意义。图 6.21 至图 6.23 是 Wood 和 Hopkins（1992）的成果图。在这一低可容纳空间地区，大型河流系统似乎在侧向迁移和改道之间反复转换，在基准面反复升降的期间，建立了一套相互切割和叠置的高频层序组合。Wood 和 Hopkins（1992）描述了利用岩石物理数据和沉积相来区分河谷的技术，以帮助进行电测曲线对比。化学地层技术最近也被用于同样的目的。地层单元的重要化学信息可通过岩心样品的全岩地球化学分析得出（Wright 等，2010）。

Arnott 等（2002）、Lukie 等（2002）和 Zaitlin 等（2002）描述了加拿大西部沉积盆地南部项目区 Mannville 组 Basal Quartz 段的复杂地层，这一地区的可容纳空间从低到极低。此时，阿尔伯达省南部是前陆盆地的一部分，但与主沉降区有一定距离。现今的深盆地集中在不列颠哥伦比亚省东北部（Zaitlin 等，2002）。沉降趋势和古水流模式表明基底控制的强烈影响。Zaitlin 等（2002）认为，这与前寒武系地壳在逆冲推覆作用下的非均质性有关。构造运动触发了基底结构的差异运动，产生了不同区域的响应（图 6.24）。地层研究表明，下切谷发育有多个阶段（图 6.25）。在 Holbrook（2001）分类（图 6.15）中，大多数似乎是“复杂的河谷”，或者在 Gibling 等（2011）的“稳定的河道带”（图 6.17）。

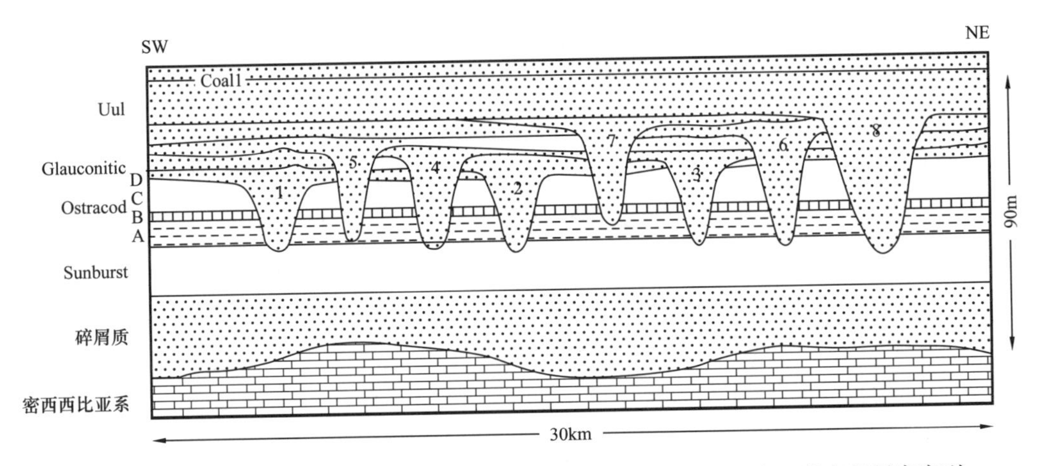

图 6.21　阿尔伯达省下白垩统 Manville 组 Glauconite 段显示了相互交叉的高频层序序列
（据 Wood 和 Hopkins，1992）

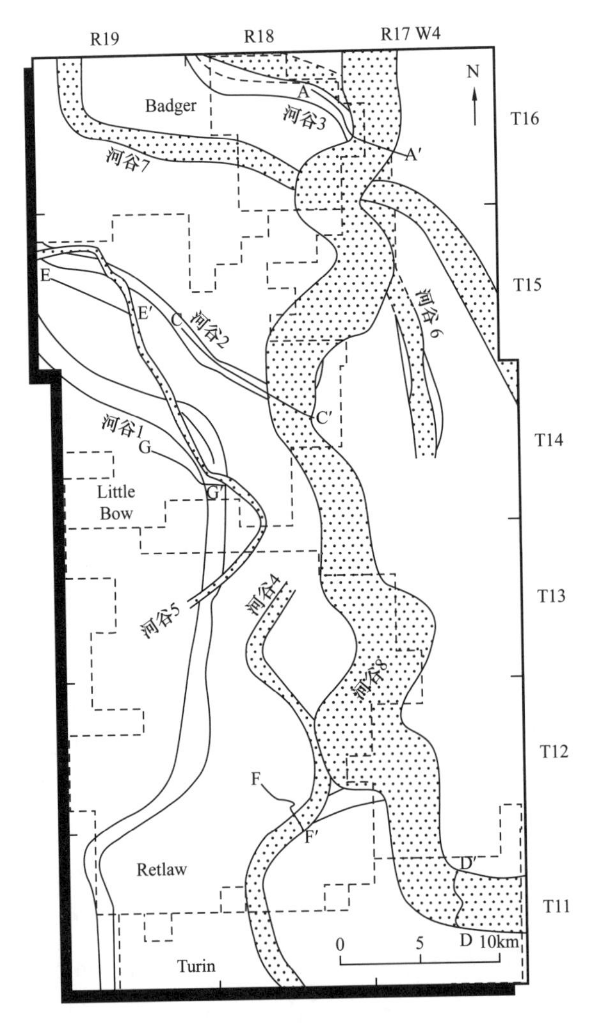

图 6.22　阿尔伯达省下白垩统上 Manville 组 Glauconite 段横断古河谷
（据 Wood 和 Hopkins，1992）

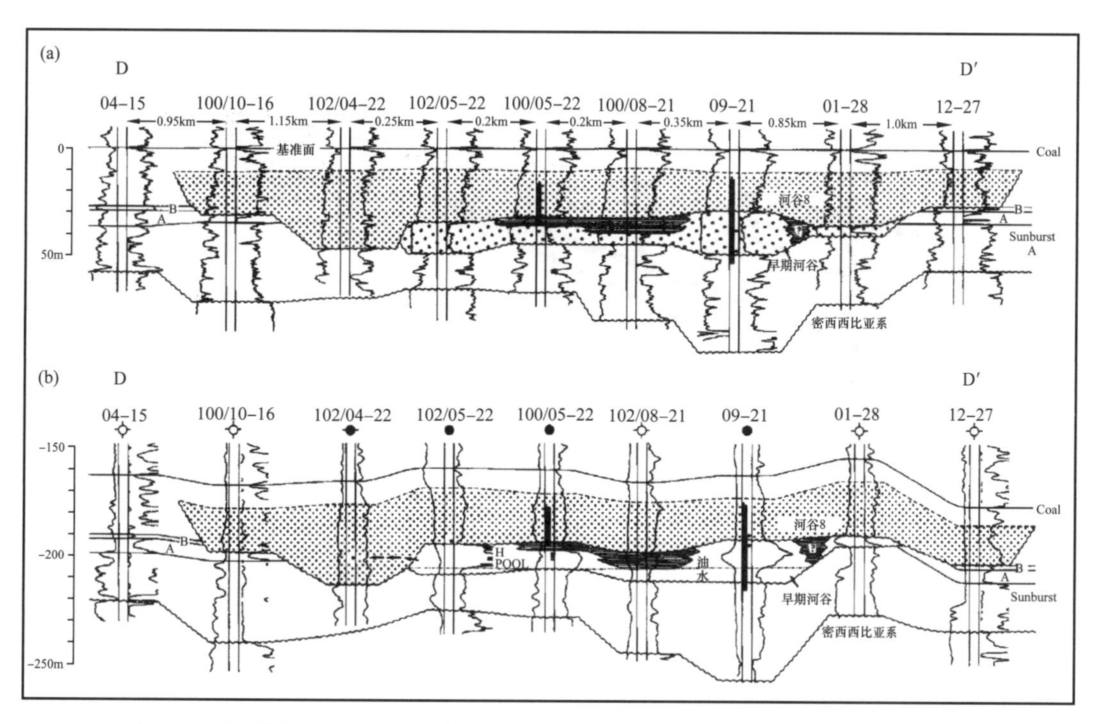

图 6.23　穿过图 6.21 和图 6.22 中所示河谷充填复合体的地层（a）和结构（b）剖面（据 Wood 和 Hopkins，1992）

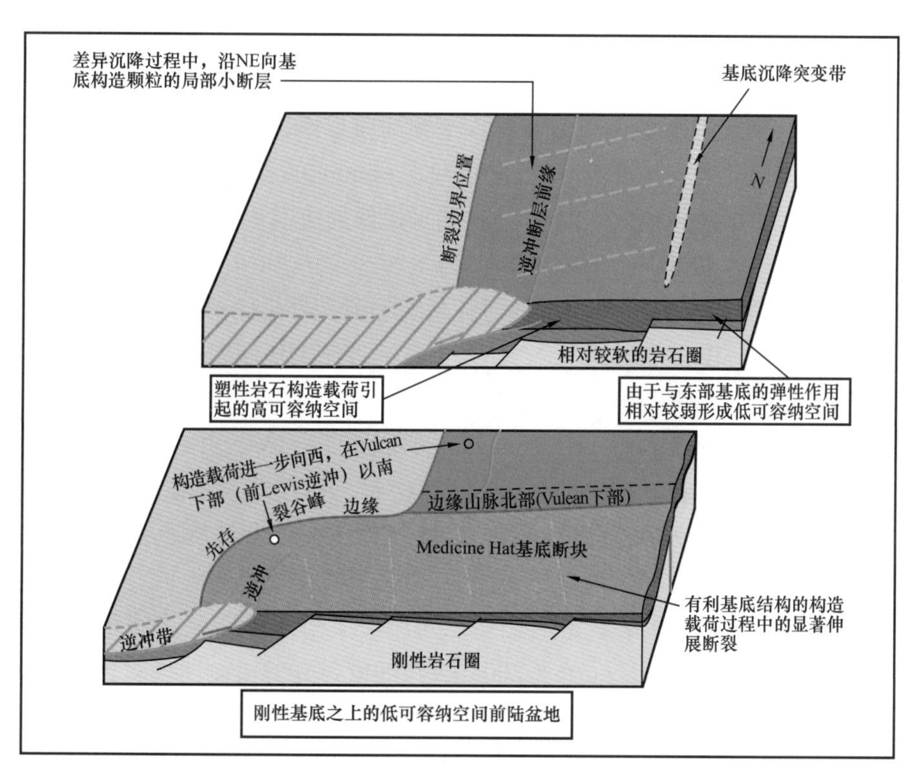

图 6.24　阿尔伯达西南部加拿大西部沉积盆地的概念构造模型：显示了前寒武系基底非均质性对前陆盆地结构和沉降历史的影响（据 Zaitlin 等，2002）

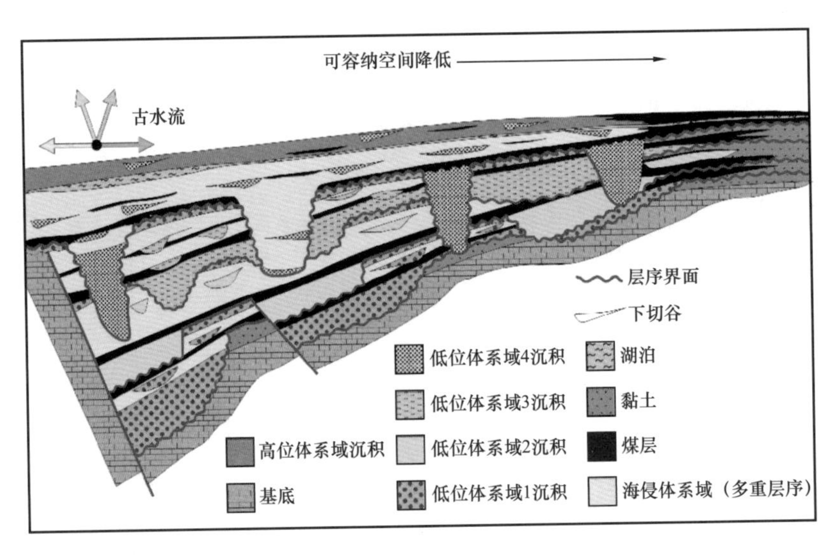

图 6.25　在低可容纳空间背景下发育的 Basal Quartz 段（下 Manville 组）的广义地层（据 Zaitlin 等，2002）

早白垩世期间，在萨斯喀彻温省—阿尔伯达省边界和阿尔伯达省东南部有一个极低可容纳空间背景下的地区，等厚线值在 0～40m 之间，净沉积速率小于 2.2m/Ma。该地区主要受长期侵蚀和暴露、古土壤发育和多旋回河谷系统切割的影响”（Zaitlin 等，2002）。航空低气压所定义的缝合线上（与对应于地下的断层带）的可容纳空间略有增加（图 6.24）。图 6.26 所示为东西向“缝合线”。缝合线以北是“一个低—中等可容纳空间区域，等厚值在 40～120m 之间，净沉积速率在 1.3～6.6m/Ma 之间。该区域的特征是可绘制的河谷系统，其底部为席状河流—粗粒曲流沉积、古土壤和薄煤层，向上变为细粒曲流河—河口湾体系”（Zaitlin 等，2002）。下 Mannville 组和上 Mannville 组的净沉积速率估计分别为 6.6m/Ma 和 20m/Ma（Zaitlin 等，2002）。这些是极低的速率（10^{-3}m/ka），比 SRS 11 小一个数量级，因而划分为 SRS 12。

图 6.26 显示了 Mannville 一期发育的河谷系统示例，图 6.27 显示了穿过该系统一部分的地层剖面（剖面 E—E′）。“BAT”砂岩和大多数河谷充填地层单元一样，是高产的油气藏，形成了众多的地层圈闭。

阿尔伯达省西北部上白垩统 Dunvegan 三角洲复合体已由 Bhattacharya（1993）、Plint（2002）、Plint 和 Wadsworth（2003）详细绘制。穿过复合体的剖面（图 6.28）显示了分为 A 至 G 七个区域性岩性段，每个岩性段代表一个海侵旋回，然后是河流控制三角洲的进积作用。每个岩性段中的三角洲由海退期叠瓦状超覆组成，在平面图中代表单个三角洲朵叶体。图 6.29 是 E 组的完整三角洲平原和三角洲朵叶体几何分布图。根据 Plint（2000）、Plint 和 Wadsworth（2003）对 4800 口井的电测曲线对比，详细绘制了该系统的支流和干流系统。图 6.30 显示了 E 岩性段的细节。一些河谷宽达 10km，在地下可追踪到 330km。与 Mannville 河谷一样，这些河谷似乎是 Holbrook（2001）分类中的“复杂河谷”（图 6.15）或 Gibling 等（2011）称为的“稳定的河道带”（图 6.17）。

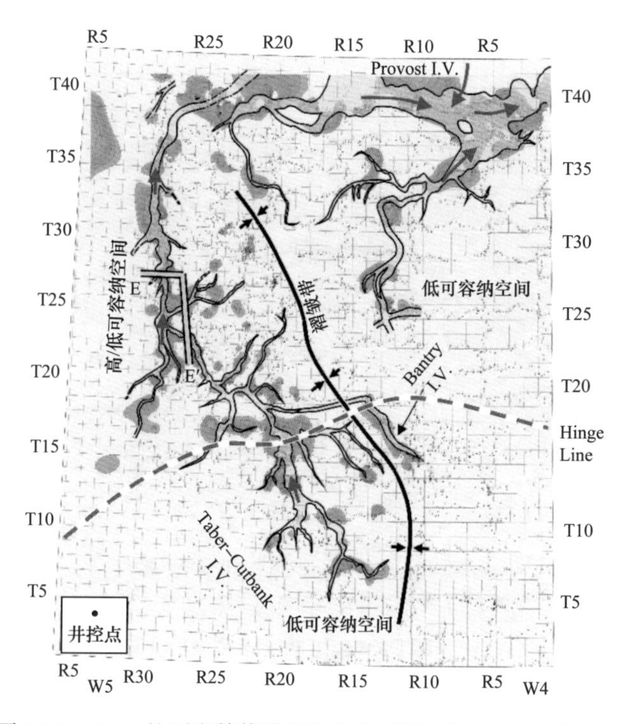

图 6.26　BAT 的厚度等值线图和古地理图（据 Zaitlin 等，2002）

BAT 是一个由局部砂岩组成的单元，包括 Bantry、Alderson 和 Taber；箭头表示推测的古排水方向；在没有轮廓的地方，没有 BAT 沉积或未被保存；横截面 E—E′（图 6.27）的位置如图所示

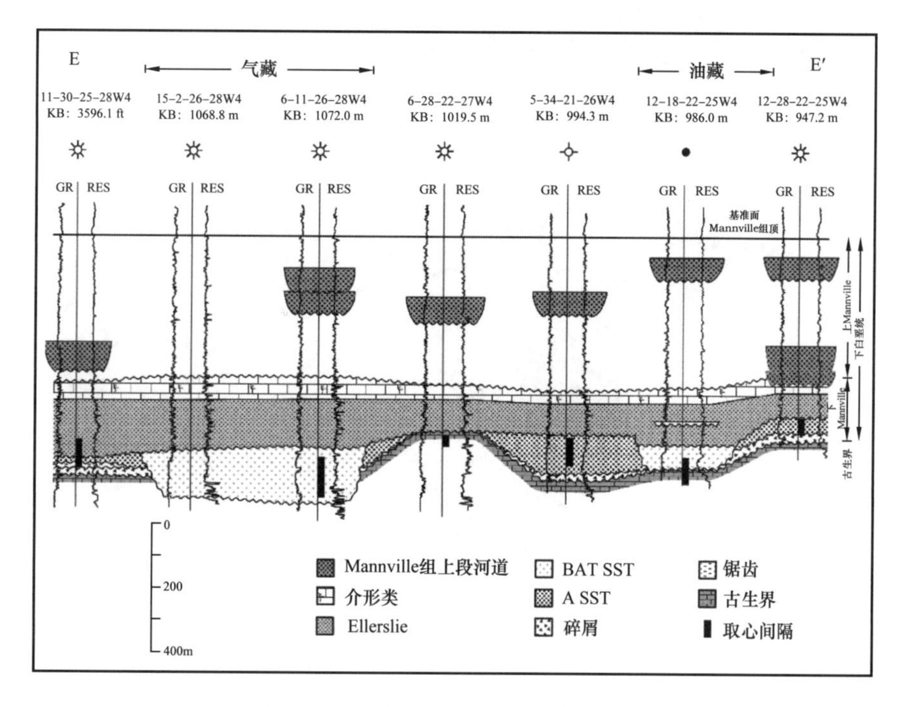

图 6.27　过 Mannville 地层的横剖面（据 Zaitlin 等，2002）

显示了低可容纳空间下 BAT 河谷充填的几何结构，以及 E—E′ 剖面 Mannville 上部更孤立的河道结构（位置如图 6.26 所示）

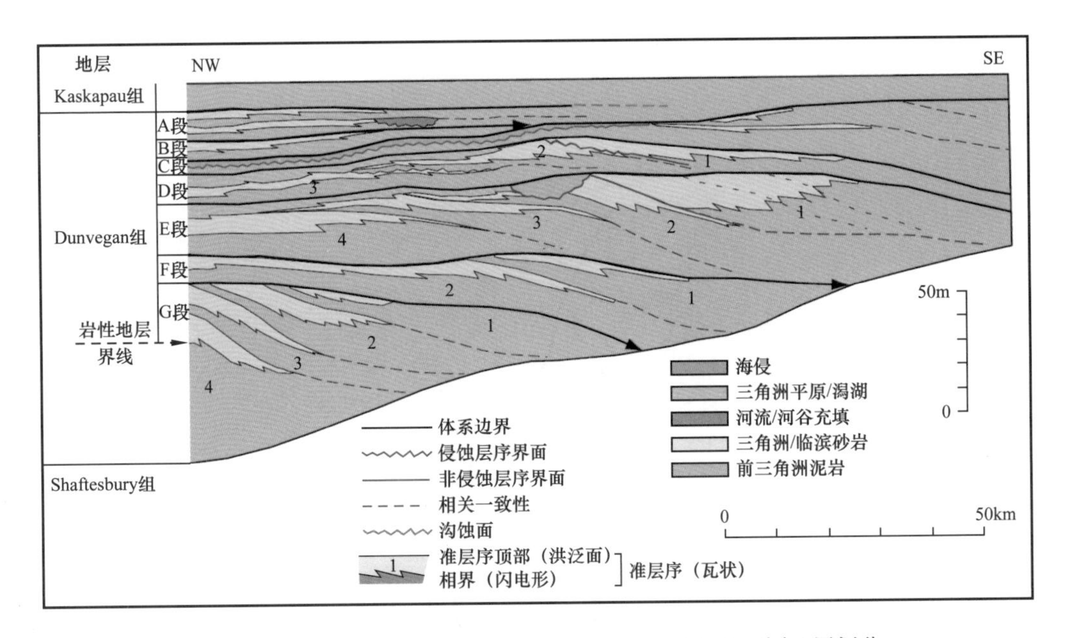

图 6.28　阿尔伯达西北部 Dunvegan 组（塞诺曼阶）的不同地层划分

（据 Bhattacharya，2011；Bhattacharya，1993）

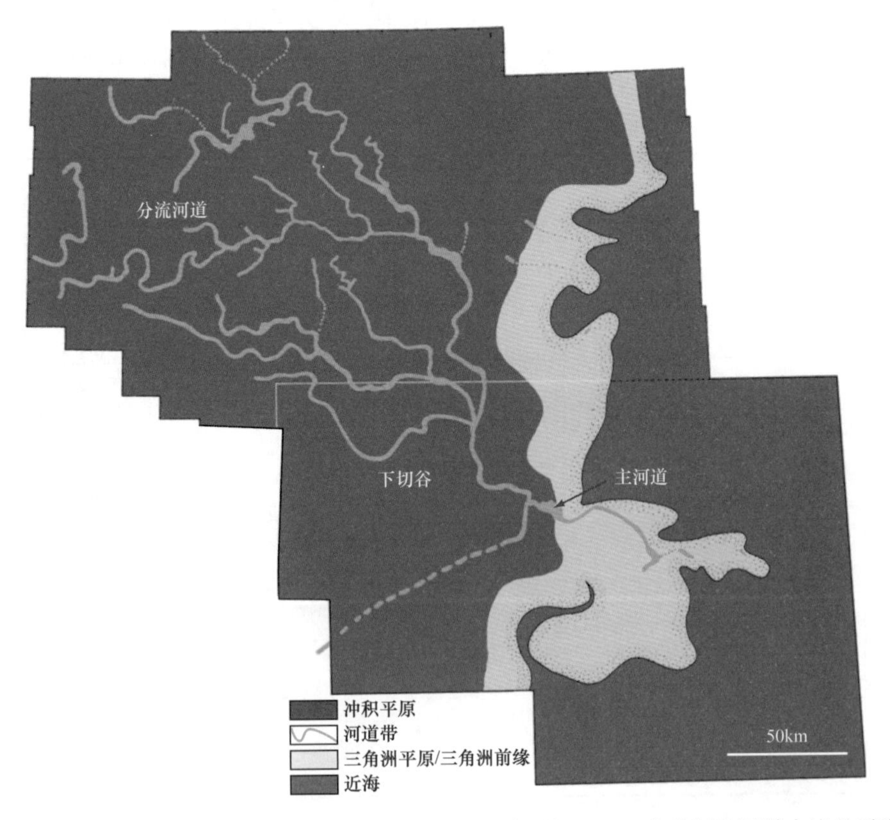

图 6.29　Plint（2002）、Plint 和 Wadsworth（2003）利用约 4800 口井编制的河道支流及干流图

（据 Bhattacharya，2011）

展示了为阿尔伯达省 Dunvegan 的 E 段河控三角洲（图 6.28）供水的支流和干流系统

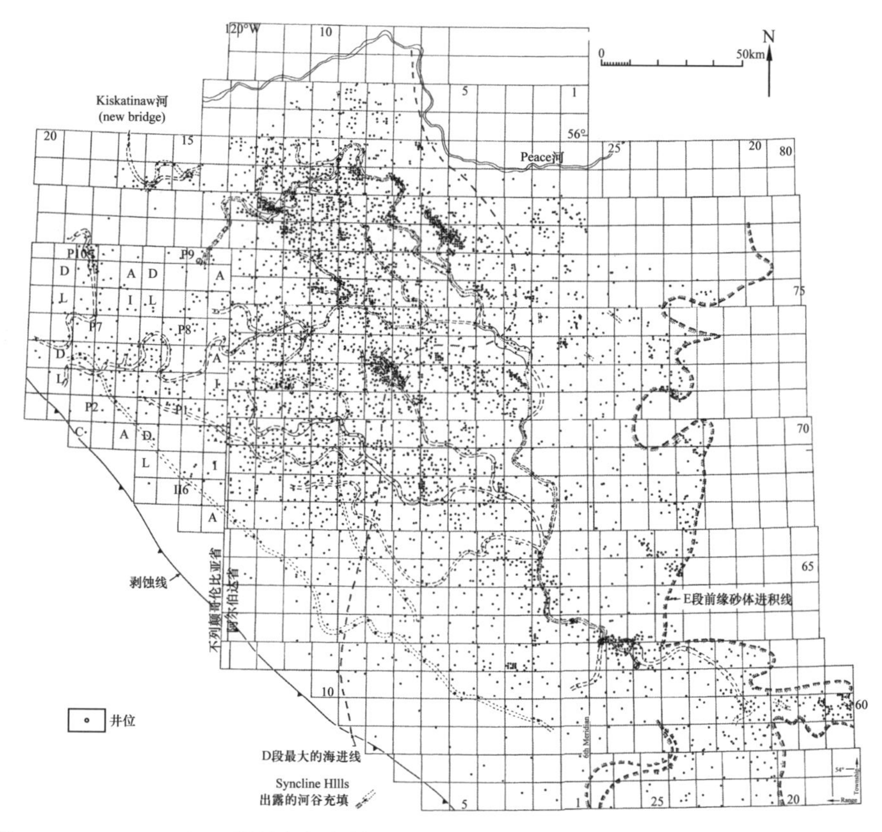

图 6.30　Dunvegan 组 E 段的古河谷体系（图 6.29 示意图中所示的体系，包含显示井的位置）（据 Plint，2002）

横穿其中一个古河谷的典型走向剖面如图 6.31 所示，典型河谷的纵向地层关系如图 6.32 所示。河谷上截断了三角洲的叠瓦状上倾（向北和向西）。图 6.32 中，三条伽马曲线图解说明了河谷充填沉积物和原地层的典型特征。“中部测井曲线显示了河谷之上的盖层粒度向上变细，可能代表潮汐点沙坝的泥质夹层或潮坪沉积序列。河谷充填顶部两翼测井曲线显示了一个向上砂质增多的序列，可能代表湾顶三角洲。河谷最下游泥质（河口湾充填部分）似乎消失，这被解释为逐渐过渡为分流状态”（Plint，2000）。

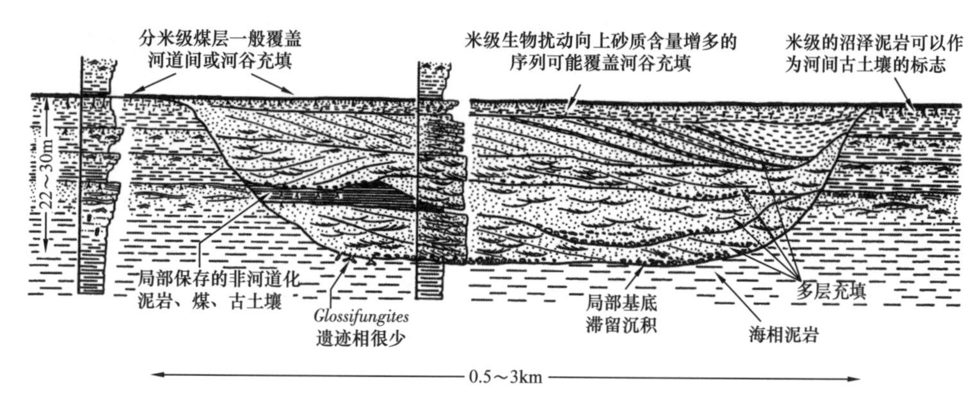

图 6.31　阿尔伯达省 Dunvegan 组古河谷纵向剖面示意图（据 Plint，2002）

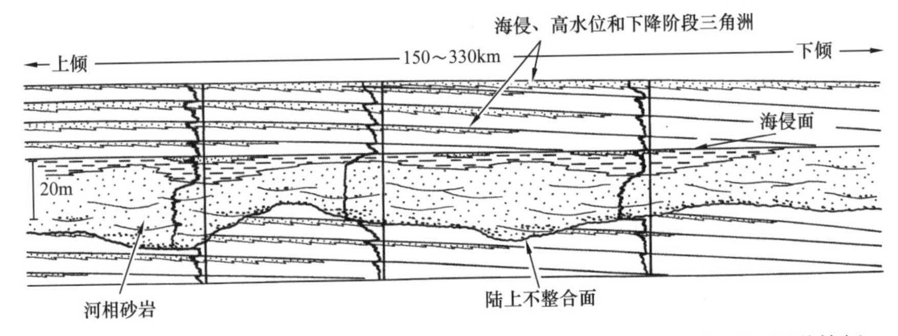

图 6.32　Dunvegan 组古河谷走向剖面示意图总结了河谷充填的主要沉积学特征（据 Plint 和 Wadsworth，2003）

Gibling 等（2011）引用了 Wellner 和 Bartek（2003）在东海陆架上绘制的晚新生代下切谷体系，作为“近水平基底不整合面河道砂席”的一个例子，它是其分类中的“多层砂席”（图 6.17）和 Holbrook（2001）分类中的“多期河谷复合体”（图 6.15）。图 6.33 显示了地震成像的复合体细节，该复合体是在海平面下降和上升约 100m 期间 MIS–2 同位素阶段（26—10ka）形成的。整体而言，该复合体的宽度超过 330km，下切深度高达 72m。作者将该体系的宽度归因于河道横向迁移。图 6.33 的细节揭示了存在几个独立的河道系统，每个系统由侧向加积大规模充填。该复合体下切的陆架沉积是在前一个高水位期形成的海相沉积，它们被 MIS–1 阶段的海侵—高水位沉积所覆盖。这些沉积物的沉积速率主要是 SRS 8。考虑到整个复合体低于当前海平面不到 80m，它在另一个完整的冰川旋回中的长期生存能力很低。因此，这一沉积体系与古代记录的解释有多大关系？可以推测，如果

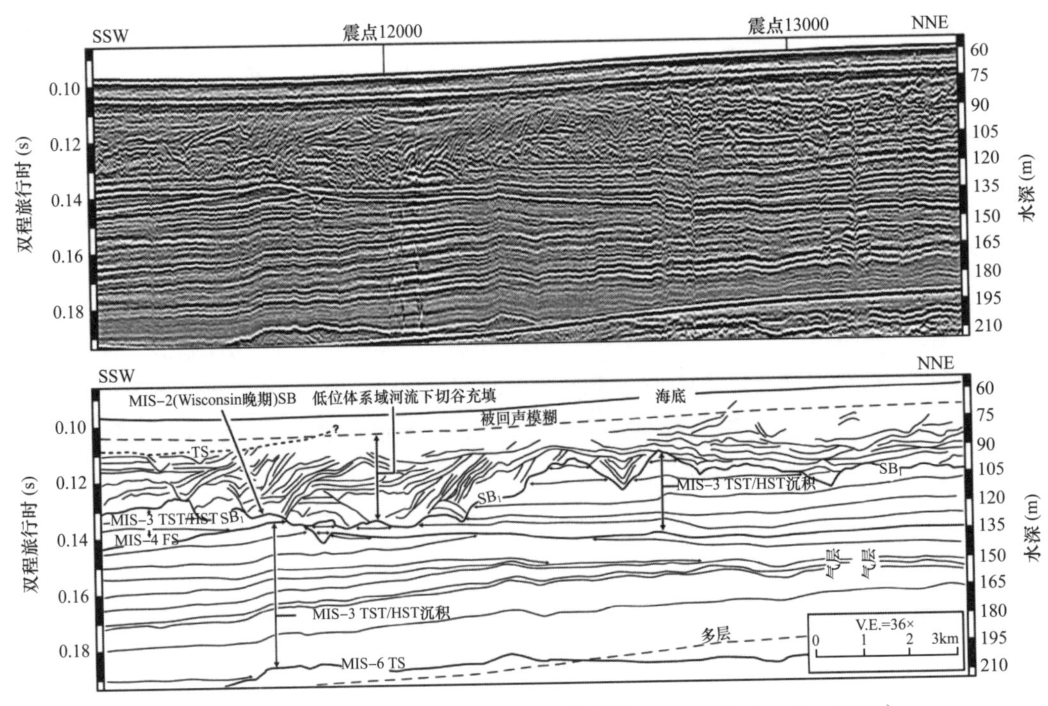

图 6.33　中国东海陆架下切谷系统的细节（据 Wellner 和 Bartek，2003）

应用这种古地理环境，白垩系部分地区预测的中等海平面升降旋回将导致同一沉积体系的多次重复切割，许多碎片的年龄范围可达数百万年，它们将横向合并并且缓慢、稳定地沉降，垂向上偏移了几米。最终结果在结构上可能看起来相似，但沉积的总体年龄范围可能完全不同。

Tandon 等（2006）和 Sinha 等（2007）对印度北部巨型河流的河道和河谷复合体进行了研究。Gibling 等（2011）提供了 Holbrook（2001）分类（图 6.16）中复杂叠合型河谷系统的一个例子。Tandon 等（2006）指出，鉴于自生河道冲刷的规模很大，而且季节性洪水造成的深度冲刷经常发生，因此很难区分该地区的河道和河谷。地层研究表明，深度下切的特殊例子可能与季风事件有关。从区域上看，盆地的活动构造作用使主要河道发生了横向迁移，主要表现为喜马拉雅逆冲带的挠曲沉降和向南迁移（图 6.34）。图 6.35 基于取心柱状图与河道平面分布图的相关性展示了这种河道迁移。一条半径约为 10km 的大型曲流河似乎已经被切断了颈部，而拉直的河道也向南迁移，这可能是由于构造作用。根据该地层特征（图 6.35 中圈定了山谷的灰色区域底部）的解释还不清楚复合河谷底面的性质。它很可能构成一个也许是向南略微穿过泛滥平原—河道间沉积的复合侵蚀面。

立足遥远的地质未来，用推测的视角观察恒河系统，在未来的几百万年里，恒河体系可能会发生什么？换言之，如果我们要用它作为解释古代记录的类比，我们需要以何种方式调整对这个系统的解释？在这种情况下，高频高振幅的冰川不是问题。在中等（10^4—10^5a）时间尺度上，季风变化、自生曲流河迁移和改道可能会持续侵蚀和取代特定的河道填充物和河道间沉积物，只有沉积碎片可以长期保存。这种系统的南移很可能会继续下去。在 1Ma 内，一个活跃的前陆可能沉降高达 100m（SRS 10：典型沉降率为 0.1m/ka）。在逆冲前缘几十米范围内的近端沉积物可能受到构造扰动、倾斜、抬升和部分侵蚀。

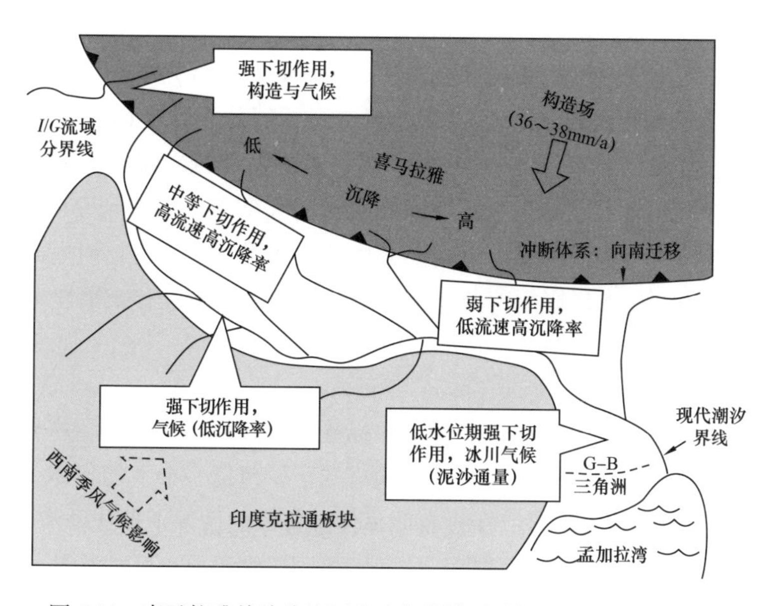

图 6.34　喜马拉雅前陆盆地河谷动力学模型（据 Tandon 等，2006）

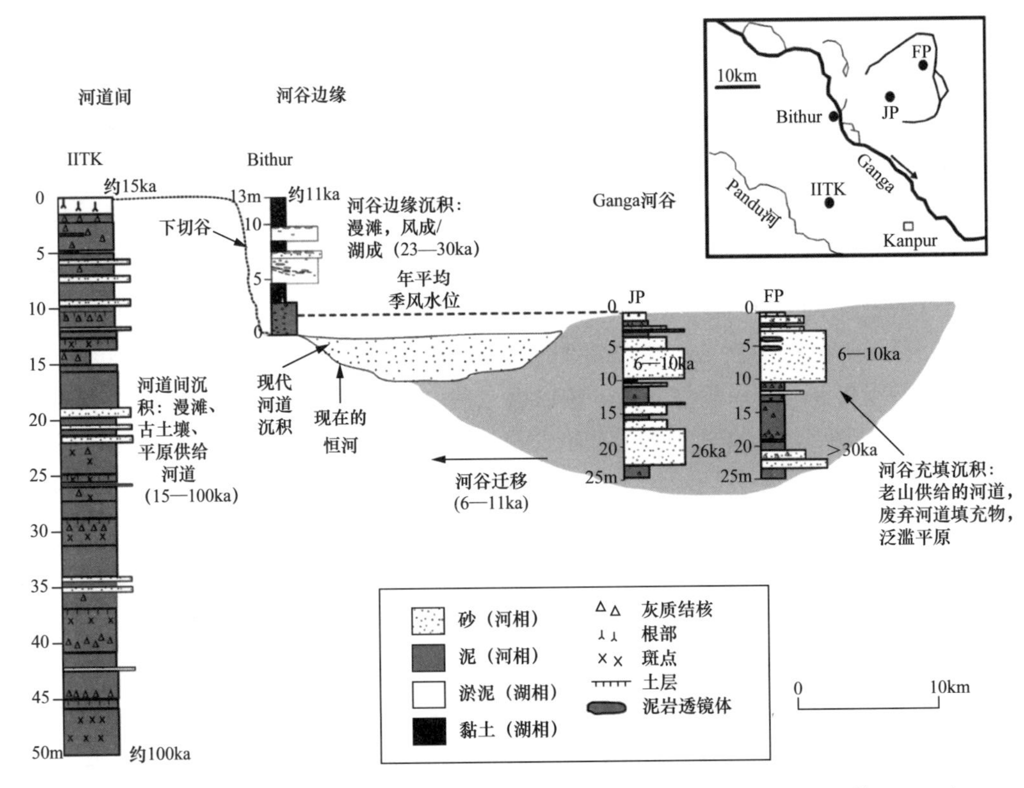

图 6.35　基于河谷边缘露头和钻井岩心的恒河河谷和河道间地层（据 Sinha 等，2007）

钻井岩心段的河道充填测年表明，恒河河谷向西南方向侧向迁移了大约 30km

迄今为止所描述的古河谷的例子都是基于良好的地下测井网络控制或可用的高质量地震反射数据，从中可以获得可靠的尺寸信息。在没有上述资料的情况下，如果数据由零散的露头或远间距的井组成，则可能很难区分河谷填充物和河道。Batson 和 Gibling（2002）描述了一个例子，其中详细的岩相和构型方法可用于区分河谷充填和简单河道，并采用如相关岩相和垂直剖面的附加标准，将不同的河道组合划分为基准面和气候旋回的不同阶段。这些例子来自加拿大大西洋 Cape Breton 岛的悉尼盆地石炭纪含煤沉积序列。识别出五个明显的河道样式组合或“群”，从 4.6～13m 深的大型下切系统到厚度小于 1m 的小型河道砂岩。A 组的大型河道被解释为海侵期充填的古河谷。这表明，河道砂岩向上变为细粒沉积（一些证据表明是海洋影响）并变成煤层。河道通常被含有亲水性土壤层覆盖。

6.3.5　非侵蚀层序界面

层序界面是沉积过程中区域变化的记录。标准的非海相到浅海相层序界面以陆上侵蚀面为基础，如上一节详细讨论的那样，通常构成或至少包括一个下切谷体（作为其区域结构一部分）。然而，有两种机制可以在没有明显侵蚀迹象的情况下形成非海相层序界面。

下切谷是负可容纳空间的明显证据，这通常等同于海平面下降或构造抬升。这里的关键思想是外因促使的沉积过程的变化，在这一点上，参考 Holbrook 等（2006）的支撑和缓冲概念可能是有用的（见图 5.1）。上游控制作用可能会迫使沉积过程发生重大变化，从而重新定义缓冲带的位置以及缓冲带内发生的沉积过程。沉积斜坡区的构造变化可能改变沉积负载量，改变古斜坡的倾斜方向；气候变化通过改变排水量或植被覆盖，可能影响排水量与沉积负载量的平衡，导致沉积与侵蚀平衡的变化（见图 5.16），以及河流特征的变化，其结果可能或多或少是同步的、区域性的、可绘制的。河流样式的变化很少或没有明显的侵蚀迹象，换句话说，在不需要负可容纳空间的情况下形成层序边界。层序不需要根据高和低可容纳空间样式的变化来定义（无论在沉积速率方面意味着什么，如第 6.2 节所述）。

缺乏大规模切割证据的非海相层序界面形成的第二个机制是，在缓慢倾斜的大陆架上发生强制海退。如果沉积物供应充足，河流系统将通过海岸平原的沉积来响应海平面下降而向海延伸。Miall（1991b）提出了这一机制，新西兰南岛 Canterbury 平原为河流层序地层学提供了一个很好的实例（Browne 和 Naish，2003）。Canterbury 平原是一个辫状平原，长约 50km（沿沉积倾斜方向），宽约 20km，形成以砾石为主的粗粒沉积物，后者剥蚀自活跃隆起的阿尔卑斯山脉向西北方向（其中一条砾质河流如图 2.13 所示）。在反复的海平面下降周期中，新近纪期间，辫状平原进一步向海延伸约 100km，到达陆架边缘，然后在随后的海平面上升期间经历快速海侵。这个过程至少重复了七次（图 6.36）。这样形成的河流沉积层构成了海退体系域，主要由砾石和少量砂泥组成，其组合类似于 Miall（1996）所述的河流系统“Scott 型”。存在相互切割的河道冲刷，标志着短期辫状河道的位置，但没有深度下切的迹象。由于海岸在海平面下降的每一阶段都经历了海退，辫状平原通过发育 10～30m 厚的极低角度向海倾斜的斜坡形成加积（图 6.37）。斜坡终止于上陆坡更陡的三角洲前积体，标志着低位体系域。随后的海侵沉积在高分辨率地震记录上表现为起伏或丘状特征，解释为快速海侵形成的链状滩、障壁和潟湖沉积。地下高水位沉积物主要由陆棚泥组成。现代海岸正在 Canterbury 平原海岸线的大部分地区遭受海侵，并且正在形成波浪蚀沟的侵蚀面（Leckie，1994）。

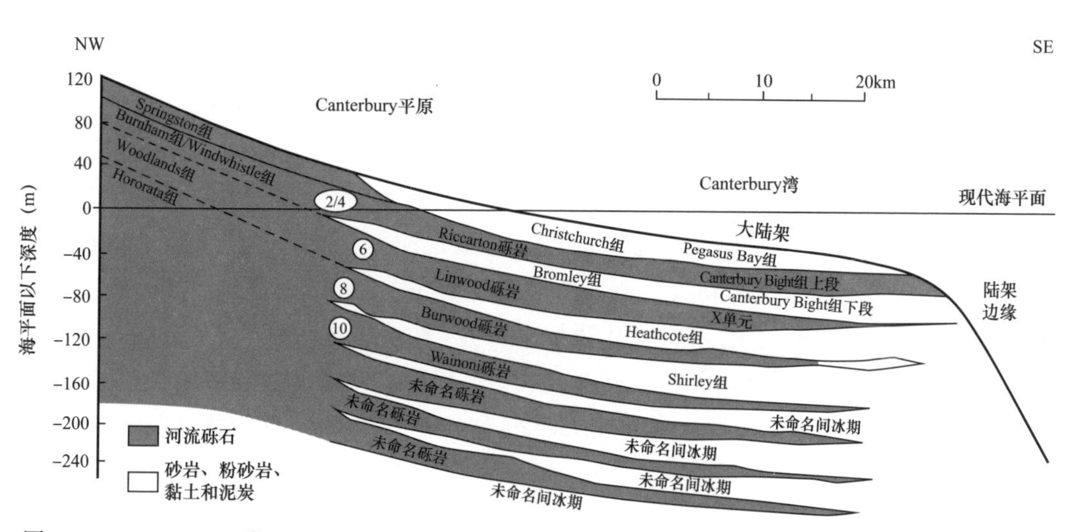

图 6.36　Christchurch 附近 Canterbury 平原北部至大陆架边缘的横剖面图（据 Browne 和 Naish，2003）

显示了低水位体系域河流砾石和砂岩以及高水位体系域砂岩、粉砂岩、黏土和泥炭交替的地层；

数字是指根据放射性碳年龄推断的氧同位素阶段

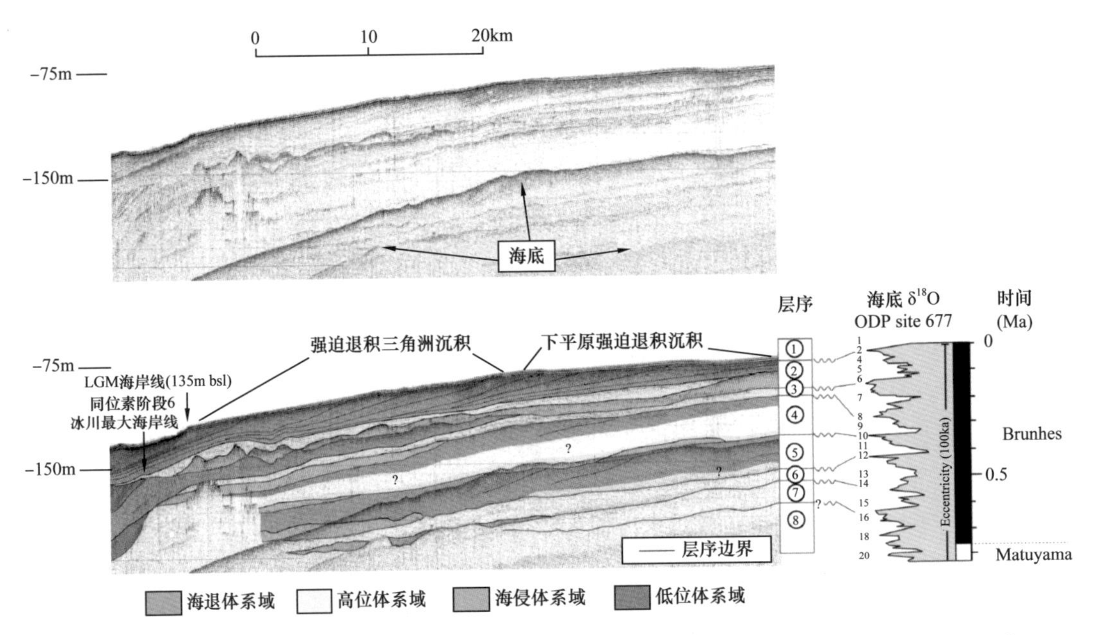

图 6.37　Canterbury 平原大陆架中部和外部的高分辨率地震剖面（据 Brown 和 Naish，2003）

与基于有限 ^{14}C 测年和基于沉积速率的年代估计的海洋同位素阶段相关

Canterbury 平原沉积物的特殊结构反映了非常高的沉积物供给量、陡峭的河流斜坡和下降阶段快速的可容纳空间变化旋回。缓冲带向海迁移导致沿海平原的横向和纵向扩张。正如本书中描述的其他几个例子一样，这种结构在很大程度上是晚新生代高频高振幅可容纳空间变化的产物。如果没有高频的冰川周期，这个海岸辫状平原的结构会有什么不同？假设同样的源区构造活动和高沉积物供给，似乎主要的区别在于，由于可容纳空间的生成率要低得多，会有大量的沉积物过路，其中大部分粗粒碎屑被运移到海岸，作为陡倾三角洲斜坡沉积下来。大部分沉积物经历斜坡破坏，并通过沉积物重力流进一步向海洋深处运移。没有理由假设海退辫状平原体系域的基底将被深切谷或河道包围。它不会显示斜齿状配置，但可能在地震上是不连贯的，反映出一种内部结构，即浅层河流的河道反复改道和相互侵蚀。

犹他州 Book Cliffs 的 Castlegate 砂岩（上白垩统）是一个很好的例子，Miall 和 Arush（2001a，b）称为隐蔽的层序界面。地层底部为一个大的相变面，但详细的填图（图 6.38）表明存在一个不整合面，该不整合面截断了 Buck Tongue（页岩单元），并将 Castlegate 地层单元分为上部和下部，构成两个独立的层序（Willis，2000；Yoshida，2000）。从一个层序到下一个层序古斜坡的区域性变化清楚地表明了构造控制作用（图 6.39）。在缓慢沉降期间，根据 Heller 等（1988）的反构造模式，沉积物向盆地方向的搬运得到加强，导致了广泛的席状沉积单元的发育。下 Castlegate 砂岩和 Bluecastle 砂岩就是例子。这些沉积物代表构造生成的非海相的低位域类似物，它们从物源区向下延伸超过 150km。如 Van Wagoner 等（1990）记录的区域制图所示，其底部的层序界面可能代表相当大的侵蚀间隔。截断海相页岩（构成 Buck Tongue）的层序边界沿上倾（向西）方向截断数十米地层，很难在源区的地层剖面（图 6.40）进行探测，因为它在接触面上叠加了相似的相，在露头尺度上与典型的河道冲刷面没什么不同。Miall 和 Arush（2001a）利用岩相技术探测层序边界，并根据界面上下砂岩碎屑成分的变化和地下岩层早期胶结的证据，确定其是否位于源区剖面重的界面 D（图 6.40），这表明，在 Castlegate 砂岩的堆积过程中，该界面经历了相当长的暴露期和非侵蚀期。

事实上，正如 Bhattacharya（2011）明确建议的那样，在 Castlegate 砂岩层内可能有多个区域侵蚀面。目前，绘图技术不足以建立这种更复杂的地层模型。

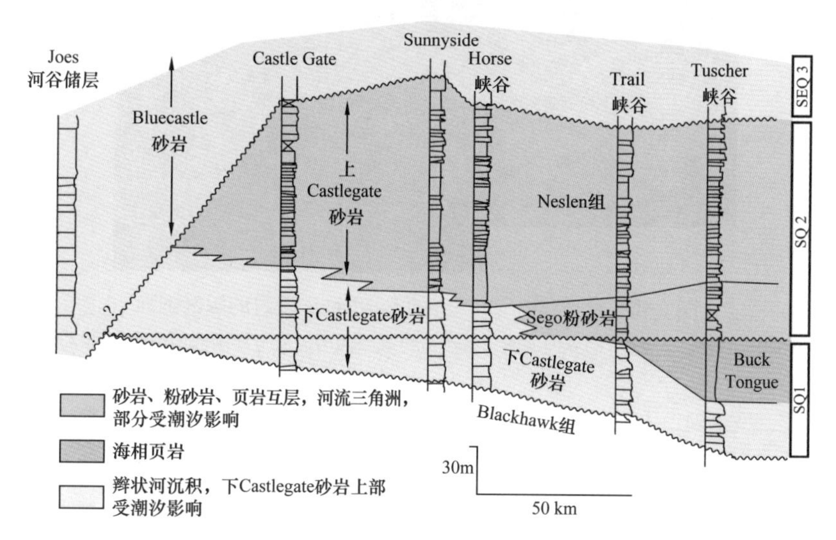

图 6.38　犹他州 Book Cliffs 的 Castlegate 砂岩及其相关地层（据 Miall 和 Arush，2001a）

注意存在一个不整合面，覆盖了 Buck Tongue，并将 Castlegate 砂岩划分为两个层序

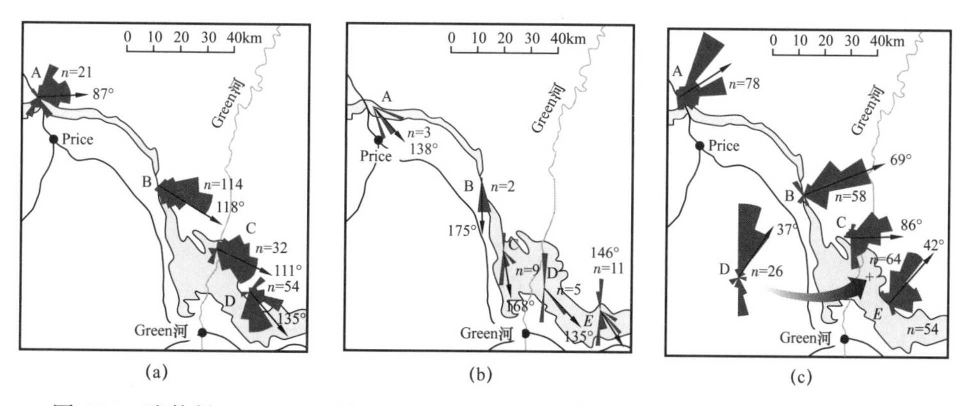

图 6.39　犹他州 Book Cliffs 的 Castlegate Bluecastle 序列的三个层序的区域古水流模式（层序地层如图 6.38 所示）（据 Willis，2000）

三个层序中不同的交叉方向所指示的古斜坡的区域倾斜：（a）层序 1；（b）层序 2；（c）层序 3

6.3.6　河道间

层序是根据广泛分布的侵蚀面定义的，在发育河流系统的情况下，这些侵蚀面通常包括下切谷；但河流系统内部、河谷之间可能有广阔的区域，很少甚至根本没有发生侵蚀，因此，可能无法根据下切—充填结构或主要碎屑粒度的变化（如河床沉积物位于细粒岩相之上）来识别。这些“相互作用”的区域可能是土壤发育的重要场所，对它们的识别和制图可能为层序制图和解释提供更多有价值的数据（图 6.41）。McCarthy 和 Plint（1998）

首次对古土壤在层序识别和填图中的应用进行了重要研究，并随后进行了一些详细分析（McCarthy，2002；McCarthy 和 Plint，2003），其中展示了详细的相组合、古土壤类型以及古土壤微相和地球化学组分，可作为层序解释的拓展。例如，相组合和土壤类型可能有助于区分漫滩与河道间的高地环境（图 6.42）。

图 6.40 犹他州 Price 峡谷的 Castlegate 砂岩的源区剖面

用 Miall（1996，2010a）的界面方案，五级或更高级的明显河道冲刷面用粗白线和字母表示

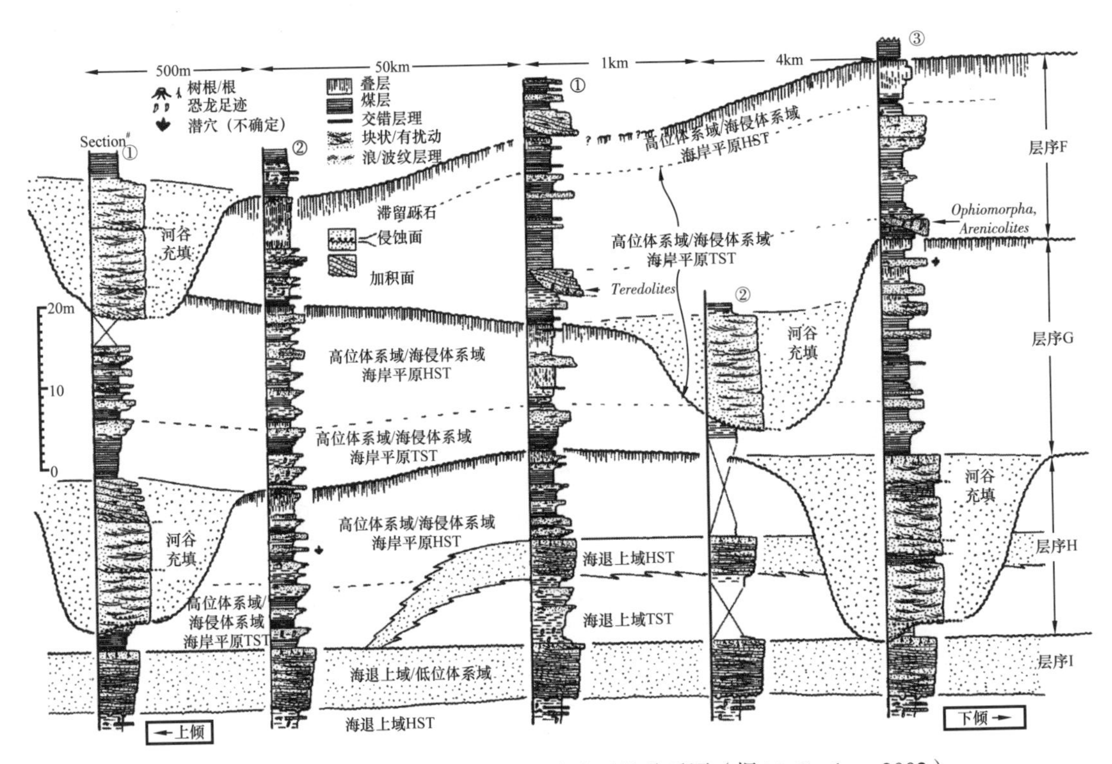

图 6.41 河道与漫滩岩相及上覆土壤类型的关系图（据 McCarthy，2002）

不应认为以古土壤为标志的河道间沉积是河流沉积旋回中缓慢到负调节的单一旋回。发育良好的土壤需要几万年的时间来形成，在层序分析的地质时间尺度上，这意味着有足够的时间来进行数个到很多个进积和退积周期，以及高频气候变化，每一个周期都可能导致河道间沉积不同的岩相和土壤类型。如本书参考的研究所示，一些具有累积古土壤或土壤复合体特征的界面，由多个土壤发育周期形成，那里发生了多次碎屑沉积或化学沉积以及轻微侵蚀，轻微侵蚀甚至还发生在适合土壤发育的时期。

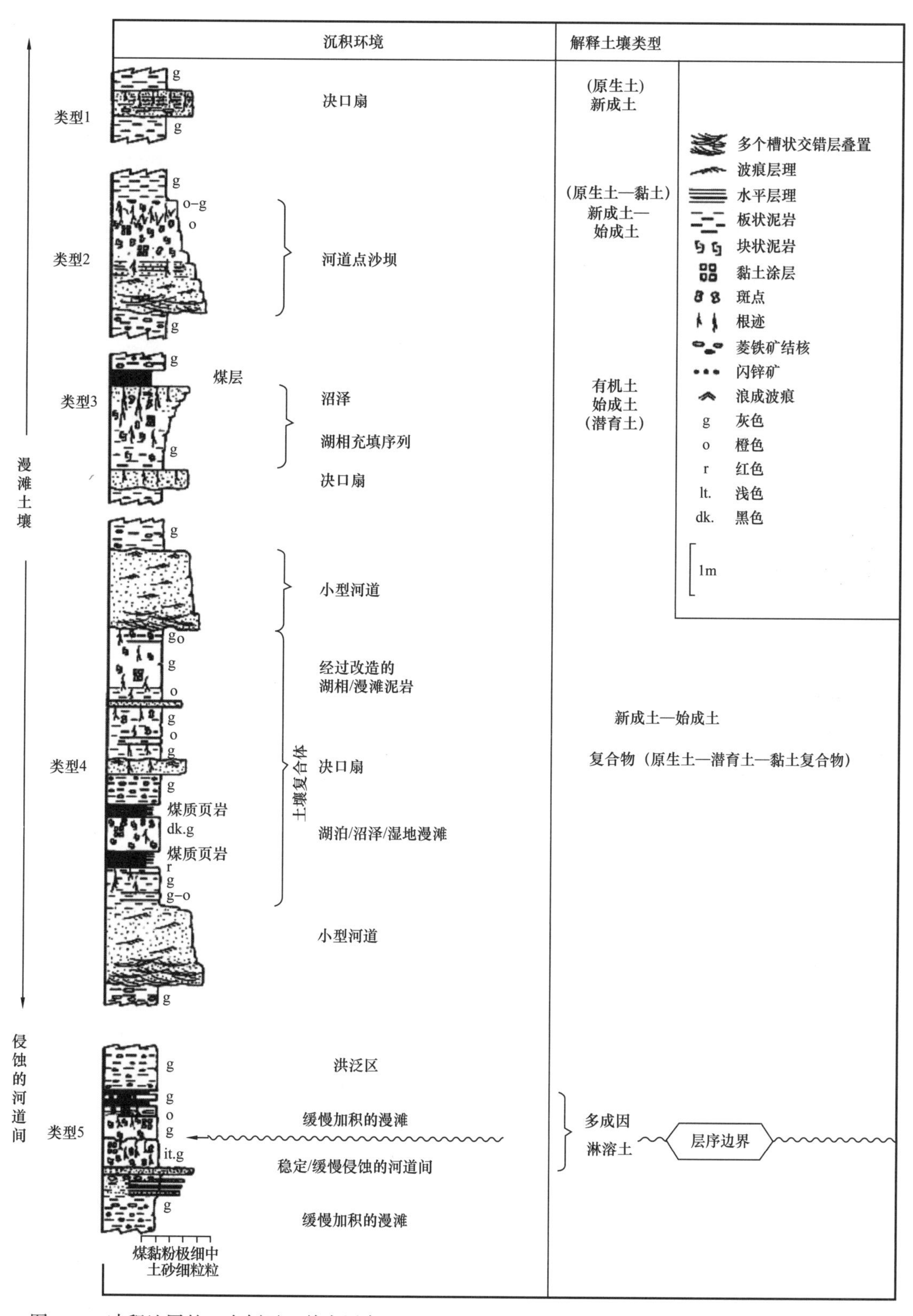

图 6.42 冲积地层的一个例子，其中层序边界既有下切谷又有古土壤（据 McCarthy 和 Plint，1998）

类型 1～4 古土壤形成于泛滥平原环境，代表相对较高的可容纳空间环境，而类型 5 古土壤形成于低可容纳空间到负可容纳空间的间隔期

6.4 前景展望

自 20 世纪 90 年代早期首次提出 WMSM 模型以来，河流体系的层序模型已经有了显著的发展，然而 Allen（1974b）的推测模型仍然具有启发性，由一系列理论实验组成，探索可能影响冲积系统的各种控制作用。最初的基准面变化的 5B 模型（图 6.1）仍然是非海相层序地层学研究的基础。

对河流层序的新的野外资料有很大的需求。正如本章试图指出的那样，LAB 和 WMSM 模型虽然有价值，但可能已经达到了其实用的极限，因为它们似乎都在指导研究人员在错误的时间尺度上进行解释。如前所述，这些模型最适合于 SRS 7 或 SRS 8 级尺度的研究，也就是自生过程非常重要的尺度。因此，这些模型在解释古代岩石记录方面的价值有限，所研究的古代记录中大多数都是以外因作用为主的 SRS 9、SRS 10 或 SRS 11 级尺度。

对古代记录的进一步研究需要更仔细地考虑后冰期沉积地层的独特性，尤其在将其用作来源进行比较和解释时。后冰期海平面变化率高，SRS 1—SRS 7 时间尺度上形成的事件保存更完整，这意味着现代的情况确实不同，在这种程度上统一主义不适用。在本章有些例子中，在缺乏晚新生代高频冰川期的长期条件下，被用作类比的特定现代沉积体系可能是如何演变的，作者提供了一些推测。

Holbrook（2001，2010）在河流系统结构规模方面的工作，特别是他强调的河流系统的大型结构单元，如河道带和河谷，以一种重要的方式扩展了我们的思维，通过将注意力集中在特别难以掌握的地层规模上（Holbrook 和 Bhattacharya，2012）。露头和钻井岩心中记录了岩相单元和岩相组合，可以通过地震反射数据以及精细的测井对比开展层序和体系域研究。然而，两者存在一些衔接尺度的差异。河谷尺度的许多地层单元，通常宽数百米到几千米，代表着 SRS 7 到 SRS 8 级时间尺度范围内的沉积，很难进行系统研究。在这种时间尺度上发生的沉积过程往往无法得到大规模的保存，而且我们可用的数据规模也不会使绘图变得简单。地质学家长期以来一直怀疑，像河流阶地等沉积碎片包含的信息比可以轻松提取的信息多得多（Archer 等，2011）。Holbrook 在科罗拉多白垩系的例子揭示了前一个基准面下降周期结束到下一个基准面下降周期开始期间的变化过程。Bhattacharya（2011）对 Ferron 三角洲平原（图 6.20）中下切谷填充单元的两种解释做了对比。图 6.19 中层序 2 底部的简单层序边界可能并不那么简单，层序边界可能被称为 Rip Van Winkle 事件。它们可能隐藏了一系列事件，这些事件几乎没有记录，或者在时间关系上非常模糊。

现代数据集，特别是高分辨率三维地震及其附属产物地震地貌学的出现，为更精细地解释提供了许多机会。第 4 章提供的一些例子（图 4.16 至图 4.44）说明了现在可以从地下收集的信息类型。图 6.43 显示了泰国湾冰川循环产生的 5～30m 厚的地层中层序的重复性。图 4.39 至图 4.41 展示的是这些层序中的一个下切谷及其支流谷向南几千米处的成像剖面。

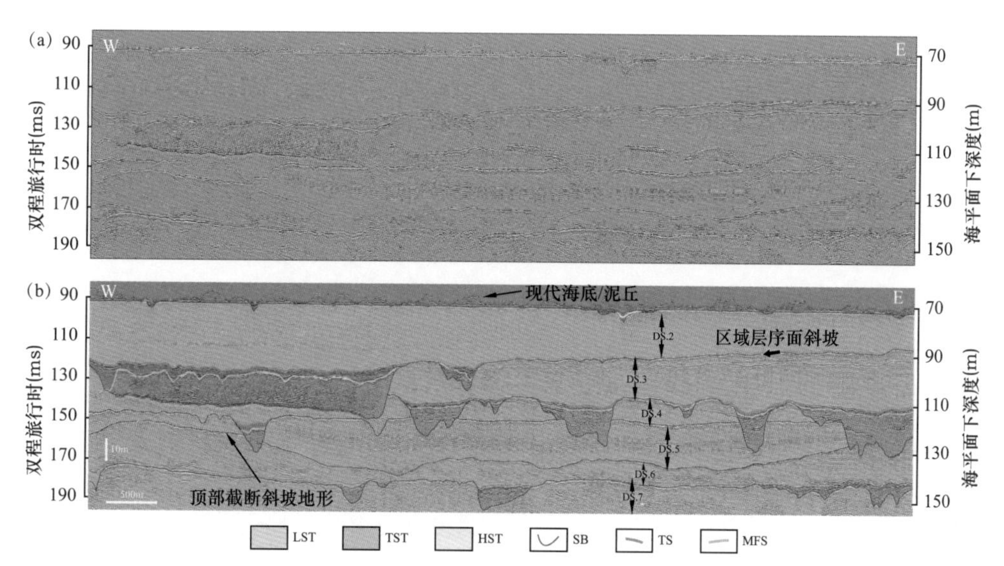

图 6.43　未解释（a）和解释（b）的高分辨率二维电火花震源剖面（峰值频率约为 2000Hz；调谐厚度约为 25cm）显示了泰国湾陆架下最上部 80m（262ft）沉积物中六个主要的地层间断（红色标记）及其划分的七个不连续界的地层单元（据 Reijenstein 等，2011）

以棕色显示的河谷充填构成了每个层序的低位体系域；如地震相所示，河谷充填的结构显示出复杂、重叠的侧向加积地层单元；使用一系列时间切片绘制的河谷充填如图 4.41 所示；河谷边缘以外的沉积只发生在海侵体系域至高位体系域阶段，当这些海侵体系域淹没之时；高水位沉积主要由海相泥岩构成；LST—低位体系域，TST—海侵体系域，HST—高位体系域，SB—层序边界，TS—海侵面，MFS—最大海泛面

7 大型河流沉积体系

7.1 大型河流的定义

大型河流这一概念已经引起了地质学家的关注。本章讨论了大型河流及其相关沉积体系的古代记录的两种主要方法：（1）从盆地背景进行的预测，包括板块构造环境；（2）分析沉积单元的规模和其他相标志以及物源。

首先，有必要就“大型河流”的概念达成共识。许多学者都强调主干河流的长度、流域的面积或将水量、携沙量的大小作为主要标准。地球上最大的河流比个别沉积盆地的规模都要大（Ashworth 和 Lewin，2012）。

Potter（1978）是最早系统研究大型河流的学者之一，其工作目的是研究世界上砂质碎屑的来源，并了解其岩石特征和地球化学组分的变化。他指出，当今五个最大的河流（亚马孙河、刚果河、密西西比河、尼罗河和叶尼塞河）的流域面积仅占世界陆地流域的10%，其中亚马孙河就占了约一半；最大的十一条河流运送到海洋的泥沙量占比为35%；五十条最大的现代河流除了一条，其他所有河流的流域长度均超过1000km，这些河流流域面积占陆地总面积的47%，不包括格陵兰岛和南极洲的冰雪覆盖地区。

在Winkley编制的数据表中，Schumm（1994）提供了这50条河流规模的基本数据，其中最短的河流长度为900km，1000km以上规模河流的平均流域面积为$10 \times 10^4 km^2$。Hovius（1998）记录了世界上最大的97条河流的水文地貌和气候数据，Gupta（2007）引用该文献并认为所有河流的流域面积均超过$25000km^2$。Ashworth 和 Lewin（2012）提出了一些“大型”河流的标准，非正式地提出了宽度超过1km的河道“可以合理地描述为大型河道”。他们指出，地球上一些最大的河流的宽度可达5km（亚马孙河）或10km（布拉马普特拉河，发育复合沙坝和岛屿）。Ashworth 和 Lewin（2012）认为，大型河流的样式随着长度的变化而变化（通常会变宽或变窄），以适应当地的地质条件。冲刷深度也是一种变化幅度的指示，布拉马普特拉河（贾木纳河）的局部冲刷深度为44m（Best 和 Ashworth，1997），亚马孙河中部冲刷深度可达100m（Ashworth 和 Lewin，2012）。

在古代沉积的“大型河流”实例中，有一些很典型。例如澳大利亚悉尼盆地三叠系的Hawkesbury砂岩，曾经被解释为一条大型河流的沉积物（Conaghan 和 Jones，1975；Rust 和 Jones，1987）。尽管也有学者曾提出了其他解释方案，包括海相和风成成因，正如Miall 和 Jones（2003）总结的那样。主要依据是发育大量的大型交错层系，这些发育交错层系地层单元在悉尼地区的众多道路两侧和悬崖中都可以看到。下面将详细地讨论该实例，用数据说明沉积相问题。

加拿大阿尔伯达省的Athabasca油砂是大型河流体系的另一个典型，最初被认为是三角洲前缘（Carrigy，1971）。Mossop 和 Flach（1983）明确表明，Athabasca 河岸边暴露的独特的倾斜地层是大型的、受潮汐影响的点沙坝加积体系，最厚可达 25m（见图 2.34）。近年来的许多工作都充分证实了这种认识（Fustic 等，2008；Hubbard 等，2011；见图 4.28、图 4.29）。

根据沉积单元的大小来解释的另一个例子是加拿大西北部新元古代的砂岩（Rainbird，1992）。复合交错层系厚度可达 8.5m，可延伸达 5km。这些表明在 150km 宽的辫状平原系统内河道的深度为 8.5m。物源数据表明，它可能来自大陆的另一端。

Archer 和 Greb（1995）推测，在宾夕法尼亚亚纪早期，平行阿巴拉契亚造山带，可能会发生"亚马孙规模级"的河流物质搬运。他们的主要证据为古河谷剖面图。该剖面穿密西西比地层，宽 5～10km，深达 62m。这些古河谷的填充物由石英砂岩和卵石砾岩组成，被解释为大型辫状河沉积。作者主要基于古地理学证据，提出了从 Ouchita 盆地边缘河口位置向东北延伸至加拿大海上甚至格陵兰岛的纵向河流体系。但是没有描述任何构型数据来反映实际河道规模，比如大型沙坝或者单一河道的数据。如下所述，在河流沉积学研究中长期存在的问题是，如何将单一大型河道形成的下切谷与非"大型"河流侵蚀形成的类似深谷区分开来。

Fielding（2007）和 Fielding 等（2012）描述了很多其他古代大型河流沉积的实例。

7.2 大型河流的构造背景

构造运动的结果是使水系和沉积物沿一些异常大的搬运通道富集，但是要明确什么样的构造运动会导致大型河流的发育不是一件容易的事。显然，需要大面积的出露，否则不可能进行简单的概括。Dickinson（1988）试图将大陆排水系统分为四大类，但只有其中的第一类似乎可以保证形成可能携带大量泥沙的长河。这是"美洲型"大陆，其特征是边缘造山带导致不对称的排水模式，大型河流经大陆内部流向遥远的大陆边缘。亚马孙河和密西西比—密苏里州河流体系符合此分类。Dickinson（1988）分类的第二大类——"欧洲型"大陆是指那些发育内部造山带，且河流从造山带沿断裂沟谷横向流动，或从克拉通边缘流出。亚洲展示了两种该类河流系统，底格里斯—幼发拉底河、印度河、恒河—布拉马普特拉河、伊洛瓦底江、湄公河和红河都沿着断裂沟谷流动，而西伯利亚的大型河流（Ob 河、Yenisei 河、Lena 河）与密西西比河和亚马孙河构造背景相同，但是却从造山高地流向广阔的内部克拉通平台。Dickinson（1988）分类的第三类——"非洲型"大陆预测性较差，其特征是发育来自裂谷高地或沿裂谷轴线的离心流。尼日尔—贝努埃河、奥兰治河、刚果河和赞比西河遵循第一种模式，而尼罗河则部分符合第二种类型。Dickinson（1988）分类的第四类是"低地型"大陆，是低洼的陆地，没有占主导地位的造山带高地，水和沉积物也有限。澳大利亚只有一条重要的河流，墨里河适合这种分类。

许多学者论述了大型河流的起源和构造环境（Miall，1981，2006b；Hovius，1998；Tandon 和 Sinha，2007；Fielding，2007）。Miall（2006b）指出大型河流很可能发育在五种构造环境中（图 7.1）：（1）沿前陆盆地（包括弧后盆地和周缘盆地）轴向流动（例如印度河、恒河—布拉马普特拉河、底格里斯河—幼发拉底河）；（2）走滑盆地（例如越南红河）;（3）裂谷盆地（例如尼罗河、莱茵河、里奥格兰德）;（4）弧前盆地（例如伊洛瓦底江）;（5）复杂造山带中大型地体加积也可以为大型河流的发育创造条件，通常沿着缝合线弯曲的路径（欧洲的多瑙河、哥伦比亚和北美的弗雷泽）。Fielding（2007）提出，大型河流主要在以下三种环境中发育:（1）沿造山带边缘地带，沿着或靠近平行于构造边界的最大沉降位置;（2）在主要裂谷带，它们沿着裂谷带的轴线从裂谷盆地流向裂谷盆地。一些盆地可能被湖泊所占据，河流从中流过;（3）由大且稳定的克拉通中心向外延伸。

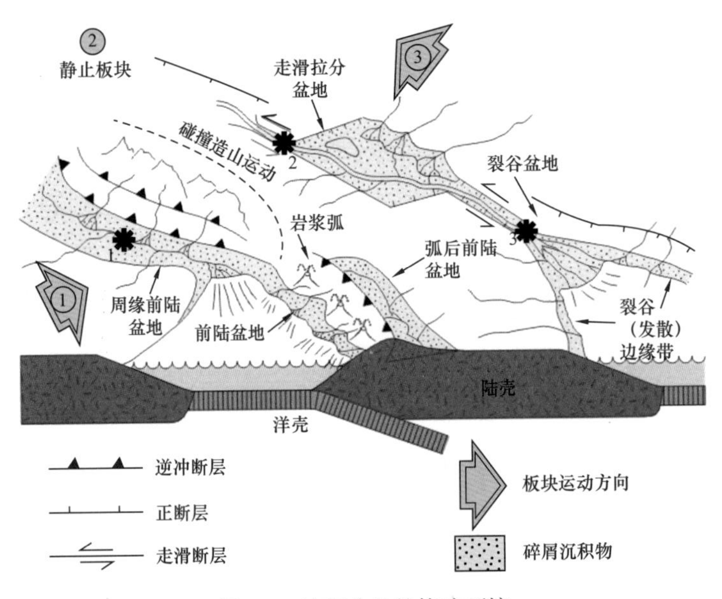

图 7.1　冲积盆地的构造环境

星号代表通常发育一些大型河流的构造环境:（1）前陆盆地（例如恒河、印度河、底格里斯河）中的纵向主干河流;（2）沿拉分盆地轴线发育的河流;（3）沿主要裂谷体系（如尼罗河上游）长轴发育的河流

Miall（1981）对河流和排水方式进行了构造分类，指出了与构造边界有关的两种主要的流动方式：纵向流（或轴向）和横向流。纵向流最有可能形成大型河流；当造山带两侧有较宽的克拉通时，大型河流相对于一级构造可被划分为横向流动（尽管上面提到的两个最典型的大型克拉通河，密西西比河和亚马孙河，在地势较低位置受到基底的构造结构影响）。上述分类都不可靠，即使是对现代河流的分析和分类也不可靠，只能作为解释古代沉积记录的参考。

许多大型河流似乎没有遵循明显或简单的规则。例如，哈萨克斯坦的顿河—伏尔加河（Don–Volga）流体系流向阿尔卑斯—喜马拉雅造山带，最后流入里海。有些河流与构造演化毫无关系（例如，美国科罗拉多高原的科罗拉多河）。在这种情况下，需要了解先前的排水原理才能理解河流的当前走向。在北美，如果不考虑构造因素，新生代晚期大陆冰川对河流体系产生了深远的影响。密西西比河之所以如此之大，主要是因为排水系统从现在的美国中北部平原向南转移（Knox，2007）。加拿大北部的 Mackenzie 可能是一条典型的纵向河流，沿着前陆盆地的轴线在科迪勒拉造山带两侧流动。但是，这又是冰坝和河流分流的产物，以前可能遍及整个新生界，向东流入 Hudson 湾（McMillan，1973；Duk-Rodkin 和 Hughes，1994），但随后又沿着溢流谷向北分流到科迪勒拉山脉和克拉通冰冠之间的无冰地带。Brookfield（1993，1998）揭示了大型河流的规模变化以及如何随着区域构造的变化而改变其流向。

7.3 大型河流沉积物的预测和分析

7.3.1 相标志

自20世纪50年代末期首次阐明了河流水动力与河床形态之间的关系（Middleton，1965）以来，河道系统中沉积单元的大小与沉积体系的规模有一定相关性已成为沉积学研究的基本组成部分。Allen（1965a，b，1966）的早期研究形成了两个主题：（1）砂体（例如沙丘）的大小与水流深度之间的关系；（2）河道中横向加积的重要性，并根据加积砂体的厚度和倾角来估算河道规模的方法。

Ashley（1990）收集了许多关于砂体规模及其与水道大小的有用信息，现在该主题有大量的文献，如果Miall（1996）和Bridge（2003）总结了这一点。按照Ashley（1990）的说法，现在大家普遍将中型沙丘通常等比例缩放为其形成时的河道的大小。交错层系发育厚度超过1.5m或2m，长期以来就一直认为这表明以前存在着较深的水道。这是最明显的判别标准之一，基于该标准沉积学家首次提出了澳大利亚悉尼盆地Hawkesbury砂岩为大型河流成因（Rust和Jones，1987；Miall和Jones，2003，对该著名而壮观景象的沉积学分析将在第7.4节中进一步讨论）。Leclair和Bridge（2001）基于现代河流观测到的各种参数的水动力关系的统计数据，认为可以根据交错层系的厚度来估算水深。但是，在岩石记录中以交错层系保存下来的砂体是不完整的，因为湍流冲刷单元在迁移前可能会使砂体顶部遭受严重侵蚀。因此，这种关系仅可作为定性参考。在应用于岩心或扫描数据分析时，该方法还存在一个问题，即很难通过单个沉积剖面的一级、二级或三级构型界面来准确推测交错层系的规模。Ashworth和Lewin（2012）指出，在较大的河流中，沙丘对关键变化阶段的响应可能是不可预测的，因此，沙丘高度与水深之间的关系可能具有较强的分散性。Leclair（2011）则证明大型河流的洪水期可能没有明显的沉积标志。

在Allen（1965a，b）提出初步构想之后，沉积学界就一直在讨论河道充填物大小与河道规模之间的关系。Leeder（1973）建立了曲流河点沙坝的统计关系，Schumm和Ethridge发表的论文中，特别是在Ethridge和Schumm（1978）中介绍了许多有关河道尺寸的地貌研究工作。到目前为止，大型河道最可靠的标志是存在非常大的倾斜地层，通过在整个水道深度上侧向加积而形成。因此，点沙坝的厚度是测量水道深度的一种方法。这些最早重建河流古水文学的尝试集中在“点沙坝”沉积物的规模上，现在它们普遍被称为侧向加积沉积物。最近，对露头砂体构型二维和三维研究的发展［Allen（1983），Miall（1985、1988）的构型单元分析］增加了确定水道规模的方法。与此同时，Bridge（2003）对现代河流的数值和理论模拟工作，也为古代沉积记录的分析增加了另一套方法。Gibling（2006）关于岩石记录的汇编数据现在是确定河道和砂体规模的权威性研究。

对于这项工作，使用二维和三维沉积相数据非常重要，因为沉积单元的垂向规模没有足够确定的证据。河道充填大小可以很好地指示河道深度，但是只有当地质学家确定观察到的现象与单一河道的自生填充有关时，才能采用这种关系（Leeder，1973；Ethridge 和 Schumm，1978）。如图 2.17 所示，在任何给定的河流沉积物中，可能存在叠加，要确定哪些（如果有的话）能准确指示河道深度，并不是一件容易的事。侧向加积和下游加积的存在可用于识别单一河道（实例在下面讨论），Fielding（2007）举了几个例子。Blum 等（2013）基于流域面积和流量参数，证明点沙坝的规模（厚度和宽度）与河流的大小成正比（图 7.2）。

在古代记录中，多期河道叠加比较常见，不同的沉积过程可能会形成不同的纵向序列，展示了加积河道典型的向上变细的粒度分布特征。如 Blair 和 Bilodeau（1988）的构造旋回（见图 5.2）。因此，有必要区分河道侧向受限的沉积充填物和反映不同沉积过程的局部岩石地层单元。同样重要的是要注意河流体系对外部控制因素的响应时间，以及可能由外部因素触发的自身周期性的样式（Kim 和 Paola，2007；第 5.2.1 节）。造成混淆的另一个可能原因是，大型河流深度冲刷的河道与充填小型河流体系沉积物的深切谷之间的潜在相似性，后者发育的小型河流体系形成于欠补偿期。Fielding（2007）和 Gibling 等（2011）讨论了下切谷的特征和识别标志，以便正确地识别它们。Fielding（2007）提出了识别下切谷的判别标志：（1）记录相对海平面低水位期的基底侵蚀面（“层序界面”）必须是区域性的（整个盆地）；（2）基底侵蚀面之上和之下的沉积响应明显不同；（3）侵蚀不整合不应包含下伏地层，因为在层序边界的汇合区域，也存在下伏地层；（4）下切谷充填物具有独特的内部结构，通常是多层的，并记录了整个山谷填充过程中基准面的逐渐上升。这些标准中的第一个至关重要，并且可能是唯一可以真正判别的标准。但是，完全满足该标准也非常困难，因为它要求露头或井下数据点之间的任何关联的界面都必须表现出绝对等时性。

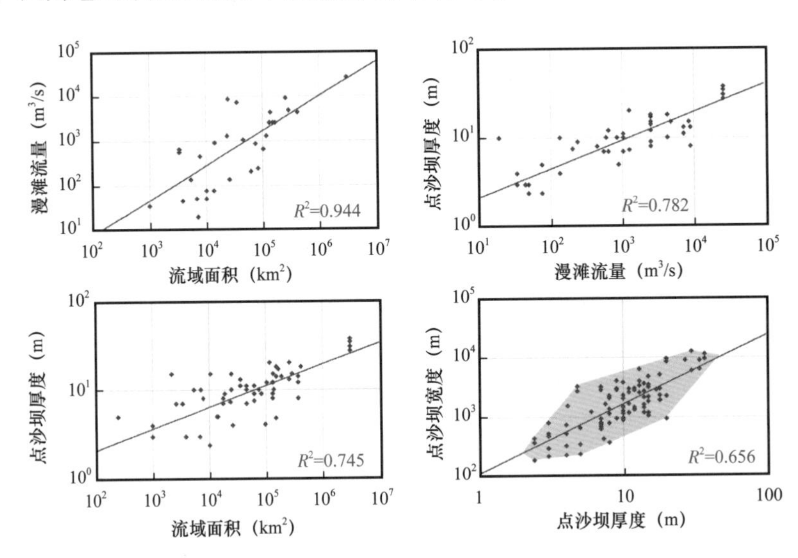

图 7.2　现代大型河流的流域面积、漫滩流量与点沙坝规模之间的关系（据 Blum 等，2013）

7.3.2　干流系统和支流系统

河流系统通常由一条主干河流和多条支流组成，从剥蚀区的外缘开始供应沉积物和水体。大多数河流系统在本质上是“聚—散性的”，也就是说，在从河口向上游追踪一条河流时，支流汇入主干河流，干流最终可能会分流成几条规模相当的小河。每条小河、每个支流在上游方向也显示出分支和发散模式。这种常见的模式在盆地边缘也有例外，那里分水岭地区的高地势与冲积平原的低缓地貌之间形成巨大的反差。在这种情况下，从陡峭的物源高地涌出的充满泥沙的水流可能会在陡峭的、地形狭窄的山谷向稍加平坦、少受甚至不受地形限制的平原过渡的斜坡分叉处形成扇形分布模式。这样的分布模式是保存下来的古代河流系统的共同特征。例如，粗粒冲积扇沉积堆积于盆地边缘断层沿岸，或者向活动的冲断带前缘推进。在河口区自然界中也有河流分布，那里主干河流以三角洲分流河道发散分布。

这篇河流地理学基础论文是对近年来关于保存在岩石记录中的河流支流模式与分流模式（或支流与分流）的相对重要性争论的必要介绍。在两篇具有争议性的文章中，Weissmann 等（2010，2011）称，通常称为巨型扇、河流扇和冲积扇的分流河流体系（DFS）主导了活动大陆边缘沉积盆地的河流沉积模式，在这些盆地中（通常被局限性河流所覆盖）河流面积所占比例要小得多（Weismann 等，2011）。他们认为，主干河流可能被限制在盆地中心的 DFS 之间（两侧的 DFS 均从盆地边缘向盆地推进），这可能解释了它们在岩石记录的体量上不那么重要。他们还声称，这种 DFS 在沉积学文献中的描述还不够。

这些作者进一步声称，大多数与沉积相特征、沉积相模式和砂体构型研究相关的现代概念用来解释古代沉积记录时，在很大程度上来源于研究现代退积背景下的支流河流，他们会问“当试图评价、预测岩石记录中的沉积相分布时，这些河流的研究是否适当？”（Weismann 等，2011）。

首先要讲的是，他们的最后问题针对的是一个沉积学方法的基本假设，这是一种基于统一主义原理的类比方法，即现在是开启过去的钥匙（将今论古）。实际上，沉积相分析方法的所有细节全部或部分基于对可类比的环境和过程的观察和解释，这些可类比的环境和过程可在现代环境中观察到。在其他情况下，Miall 基本上解决了这个问题，包括浅海和非海相环境中所有碎屑岩沉积的地层学和沉积学解释。有人认为，在人类时间尺度（沉积速率 SRS 1—SRS 6，见表 2.1）内完成并可观察到的沉积过程可能与在这些时间尺度内形成的古代记录中保存下来的沉积产物相比较是合理的，比如砂体和河流体系中的许多整体形貌。现代河流是否处于退积背景与砂体和整体形貌的形成无关，因为退积时间（大于万年）远远大于整体形貌和砂体形成的时间。而对于较长期的产物，如河道复合体和层序尺度的沉积物（SRS 7—SRS 12），需要考虑保存问题。在这里，河流体系的解释问题是现代沉积学和地层学研究中尚未完全解决的众多问题之一。Miall 描述了“地质保存机器”的作用，根据定义，该机器尚未完成其对现代沉积物的工作，因为时间尺度较长的主要地质过程（海平面变化、沉降、气候变化）始终处在至少需要万年以上才能完成的时间周期内。第 6.2 节讨论了层序模式在河流体系中的应用，这些模式主要是从现代沉积研究中发展起来的，用来解释古代沉积中的层序特征。

关于第一个问题，分流河流体系（DFS）的相对重要性，Weismann 等的研究引起 Fielding 等（2012）的反对。他对 Weismann 等关于 DFS 在岩石记录中占主导地位的说法提出了质疑。这是一场重要的辩论，因为它涉及地下河流体系的绘制和预测性。基于他们的数据，后者引用的一些实例似乎不支持其论点。例如，印度东北部的布拉马普特拉河上游（Weismann 等，2011）显然是分流系统。

DFS 的主要标志是：（1）辐射的分流河道；（2）河道规模在下游变小；（3）沉积物粒度在下游变细；（4）河道基本上是无限制的。Fielding 等（2012）认为 Weismann 等（2010，2011）在辨别他们引用的实例时始终采用这些标准中的第一个。许多实例被证明是干旱环境的产物，那种情况下 DFS 本质上是一个终端扇，向盆地方向肯定会向低能环境逐渐过渡。

反驳 DFS 重要性的最重要的依据是关于岩石记录中大型河流沉积物的大量文献资料，如上所述。Fielding（2007，2012）提供了许多大型河流的例子，包括一些由大型侧向加积沉积物的露头照片及其说明。本章后面介绍的两个实例也说明了在两个不同沉积环境（没有证据表明是 DFS）中"大型河流"的重要性。将来，随着高质量的地震反射数据和地震地貌学方法的广泛应用，解决该问题将会变得简单。

大型河流沉积物的沉积相分布和沉积结构在很大程度上取决于支流的形态和它们的沉积物供给（Ashworth 和 Lewin，2012）。图 7.3 说明了目前地球上存在的多种类型河流。一些河流主要由较远的山区提供物源［例如亚马孙河、印度河；图 7.3（a）、（c）］；而如恒河之类的纵向河流可能会从一侧为主的支流接收大部分沉积物［图 7.3（b）］。如果干流和支流的携沙量和沉积物卸载量有很大不同，则整个盆地的河流样式可能会发生显著变化（见图 2.11）。一些大型河流，如尼罗河上游和多瑙河，会流经分隔连续盆地的构造屏障。Tandon 和 Sinha（2007）提出了类似的分类，将其区分为山区供源、山麓供源、平原供源和混合供源的河流体系。山区供源的河流可能携带了大量的粗粒滞留沉积物，而平原供源的河流则可能以悬浮载荷为主，其结果是部分保存下来的地层记录中的沉积物在盆地的不同地区表现出截然不同的沉积相和构型特征。图 7.4 显示了在这样的环境中可能存在各种各样的沉积相和沉积结构。主扇体延伸到盆地边缘形成大型河道砂体，小河流形成较小的河道单元，并与废弃河道沉积物（包括泥炭 / 煤沉积物）交互。河流之间可能完全缺乏粗粒砂体（砾岩、砂岩）。

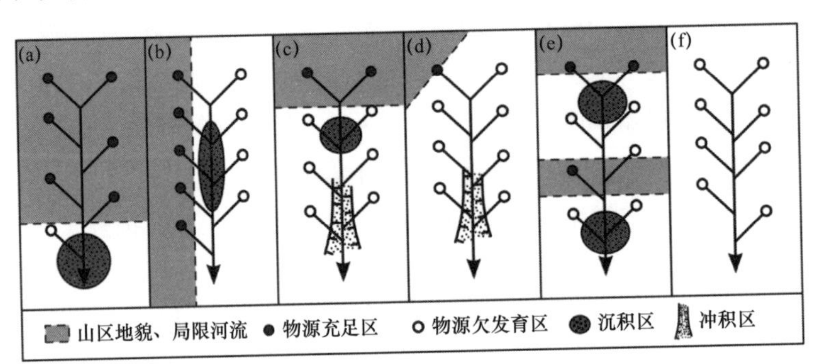

图 7.3　不同剥蚀区和沉积区干流—支流组合类型（据 Ashworth 和 Lewin，2012）

（a）以山区为主（例如阿穆尔河、湄公河）；（b）以侧翼支流主导（例如恒河、密西西比河、巴拉那河）；（c）以源头主导的前陆沉积盆地（如亚马孙河、奥里诺科河）；（d）以源头主导的冲积区（如鄂毕河、马更些河）；（e）沉积盆地与造山带交替（如多瑙河、长江）；（f）无山区物源（如刚果河、欣古河）

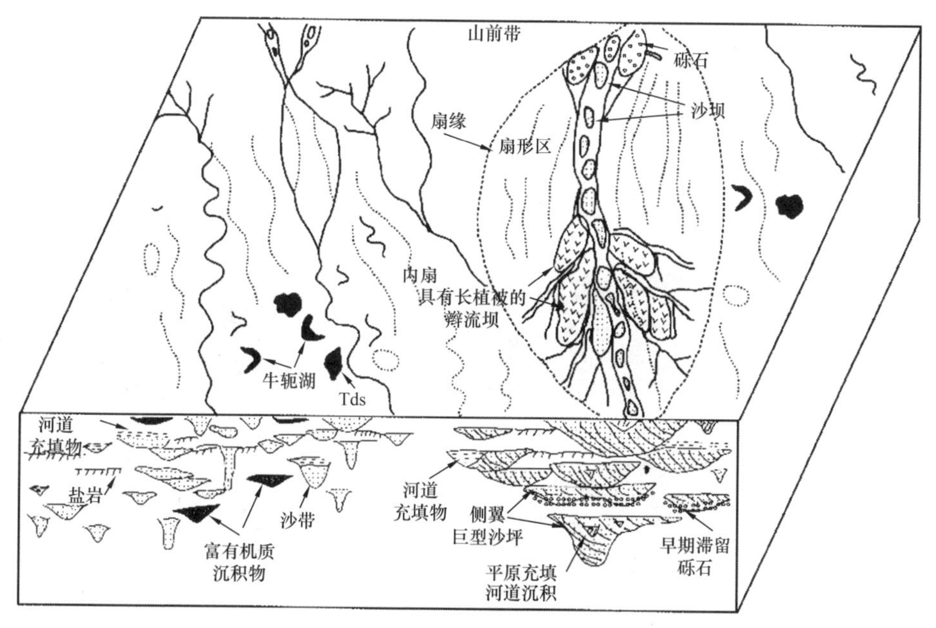

图 7.4　从造山高地进入盆地的典型横切河流的剖面示意图：展示了这种地质环境中可能发育的各种构型特征（据 Tandon 和 Sinha，2007）

Ashworth 和 Lewin（2012）定义了沉积盆地的四种主要类型，代表了大型河流沉积体系的特征（图 7.5）。第一种类型［图 7.5（a）］展示了湿地丰富的河流，例如马格达莱纳（Magdalena）；第二种［图 7.5（b）］为源自遥远剥蚀区的大型河流，支流很少，长度如密西西比河；第三种拥有众多支流［图 7.5（c）］的河流，例如恒河和印度河展示出具有众多支流的主干河道，这些支流可能具有相似或完全不同的河流样式。第四类，基岩河道［图 7.5（d）］在地质记录中以下切谷形式出现。

7.3.3　物源研究

物源研究可以证明沉积物来源，但不能说明河流的大小。尽管如此，这种方法已经为古地理分析提供了依据，而且在某些情况下，这对重建大尺度构造演化具有重要意义。这里简要介绍一下来自北美的三个例子。

Rainbird 等（1997）使用 U–Pb 和 Sm–Nd 年代学来探索新元古代砂岩的潜在沉积物来源，该沉积物最早被解释为大型辫状河体系的沉积物。从该砂岩中分离出的大多数锆石的年龄表明了来自 Grenville 物源。Rainbird 等（1997）认为，区域构造背景和古水流数据等古地理特征都暗示了砂岩来自东南部。他们得出结论是，距离约 3000km 的北美东部 Grenville 造山带是大量砂岩最有可能的来源。

在推测出大陆尺度的物源为主控因素之后（Dickinson，1988），Dickinson 随后采用了与 Rainbird 等（1997）相似的方法，详细研究了美国西南部巨厚层二叠系和侏罗系风成砂岩的来源（Dickinson 和 Gehrels，2003）。锆石年龄表明，物源来自前寒武系的各种地层，作者得出结论说，阿巴拉契亚造山带是这种砂岩的主要来源，表明了该砂岩穿越 Laurentian 克拉通的远距离搬运。这项研究无法确定河流体系的位置或规模，但是得出的搬运距离和沉积物的体量显示出这些现在位于西部大陆边缘的物源的特征，因此很有可能涉及大型河流。古生代晚期和中生代早期克拉通向西倾斜至少可以部分归因于大陆规模的热隆起形成 Pangea 裂谷，随后新形成的大西洋裂谷系统的裂谷肩的进一步加热和抬升［图 7.6（a）］。

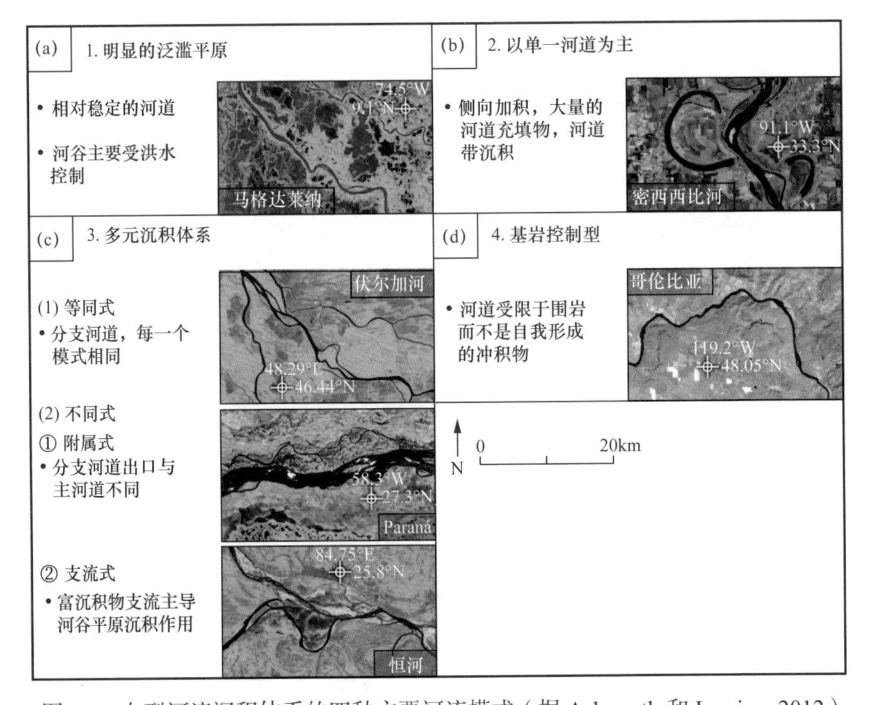

图 7.5　大型河流沉积体系的四种主要河流模式（据 Ashworth 和 Lewin，2012）

（a）以湖相为主；（b）以单一河道为主；（c）大型河流，支流众多，样式各异；（d）受限或基岩控制的河流

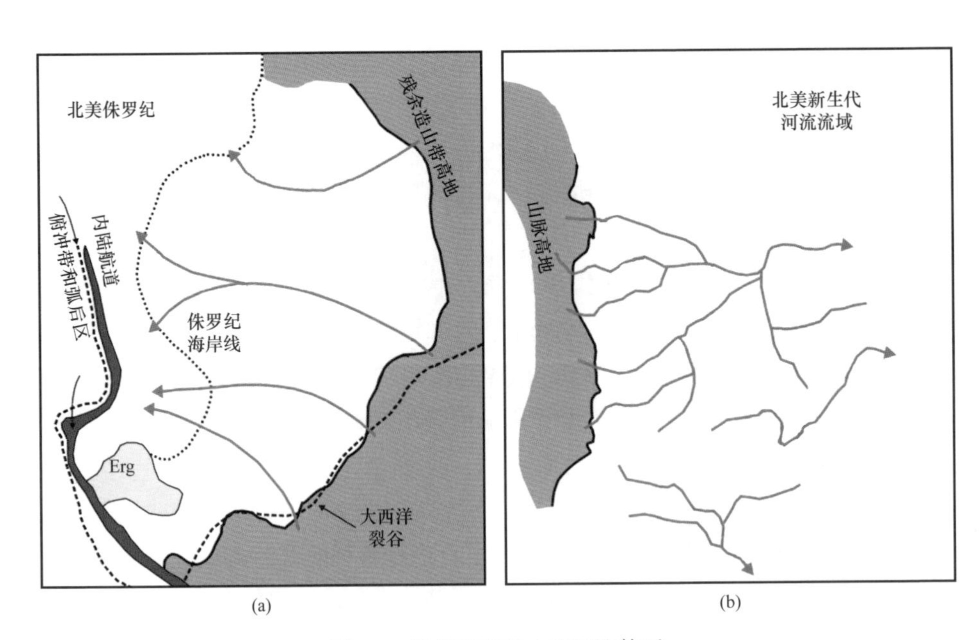

图 7.6　恢复重建的大型河流体系

（a）侏罗纪（据 Dickinson 和 Gehrels，2003）；（b）新生代（据 McMillan，1973；Duk-Rodkin 和 Hughes，1994）

在新生代，现有证据表明，北美大陆内部的大型河流正向相反的方向即向东流动（图 7.6b；McMillan，1973；Duk-Rodkin 和 Hughes，1994）。区域水系的反转归因于科迪勒拉造山带的形成和隆升，也可能是与地幔热力系统有关的动态地貌效应有关，随着 Pangea 破裂，北美大陆开始向西移动。

7.4 Hawkesbury 砂岩：通过沉积相分析预测大型河流

精细描述岩石记录的砂体构型是确定河流规模的关键指标。本节提供了 Miall（2006b）基于相标志解释“大型河流”沉积物的实例。所讨论的实例长期以来一直被认为是布拉马普特拉河砂质辫状河的古代类比实例，但是二者之间的相似性一直是个问题。霍克斯伯里河（Hawkesbury）解释的规模是否与布拉马普特拉河比较接近，还是更大或更小？

Hawkesbury 砂岩的形成年代是三叠纪，沉积在悉尼盆地。这是一个狭窄的前陆盆地，位于新英格兰褶皱带两侧。区域古水流模式表明河流向东北方向流动，Cowan（1993）的物源研究证实，砂岩是从克拉通和 Lachlan 褶皱带向南、向西供给而来的。因此，搬运方向既不是轴向也不是横向。前陆盆地充填的砂岩来自克拉通物源是不寻常的。

Miall 和 Jones（2003）描述并分析了沿悉尼南部 Kurnell 半岛东部海岸线约 6km 长、几乎 100% 出露的 Hawkesbury 砂岩剖面。图 7.7 显示了该剖面的构型图，垂直放大 16.7 倍。通过追踪该剖面主要界面，识别出 15 个以五级界面为界［按 Miall（1988，1996）的分类］的主要砂体，即辫状体系内的主体河道的规模（表 7.1）。

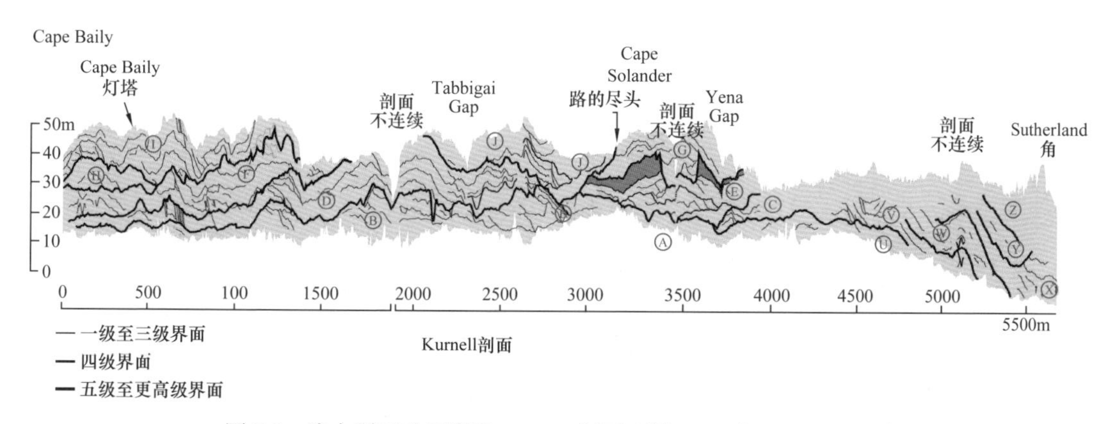

图 7.7　澳大利亚悉尼附近 Kurnell 剖面（据 Miall 和 Jones，2003）

纵向放大 16.5 倍；剖面的方向沿悬崖有所变化；悬崖的顶底部用虚线表示；五级构型要素用带圆圈字母表示

在这个较长的露头剖面中，叠置的构型单元的厚度［侧向加积单元和顺流加积单元，用 Miall（1988）的术语表示］表明，道砂的高度约为 10m（图 7.8）。该高度指示河道的最小发育深度，满岸深度毫无疑问要大一些。根据对弧形冲刷面的识别，下切深度为 4～20m。现代布拉马普特拉河的二级河道深度通常为 10～12m，但记录到的下切深度却高达 44m（Best 和 Ashworth，1997）。每次季风洪水期间，短期内都会达到最大（满岸）深度。沙坝的范围通常为满岸深度的一半到稍小于满岸深度，因此在 12m 深的河道中，沙坝的高度通常约为7m。类似沉积单元与现代布拉马普特拉河比较的结果如图7.9和图7.10所示。

表7.1　Kurnell半岛剖面中河道主体单元（五级）的大小和方向（据Miall和Jones，2003）

要素	宽度（m）	最大厚度（m）	古水流平均	个数	解释露头方位
A	>600？	>8	257	10	走向
B	>3200？	>20			?
C	>500	>8	297	5	走向
D	~2700	20	082	3	走向
E	>900	22	360	9	倾角
F	>1600	>20			?
G	>800	>18	097	12	倾角
H	~600	11			?
I	>1300	>20			?
J	>1100	>18	112	14	走向
U	?	>10			?
V	>1200	10	135	6	倾角
W	>600	13	342	15	倾角
X	>500	15	101	7	倾斜
Y	>300	11	095	5	倾斜

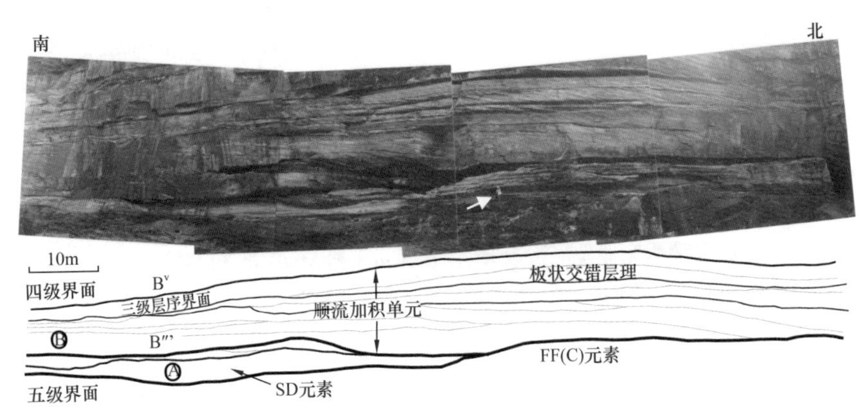

图7.8　澳大利亚悉尼南部皇家国家公园Curracurrong附近顺流加积单元全景（据Miall和Jones，2003）

该单元位于五级界面之上，该界面之下是细粒砂岩，这说明了顺流加积单元底部的侵蚀界面；

该单元被四级界面覆盖；该露头以人为比例尺，在箭头所示的中心位置，

但是拼接的照片由同一点拍摄的四张照片构成，因此两端的比例是减小的

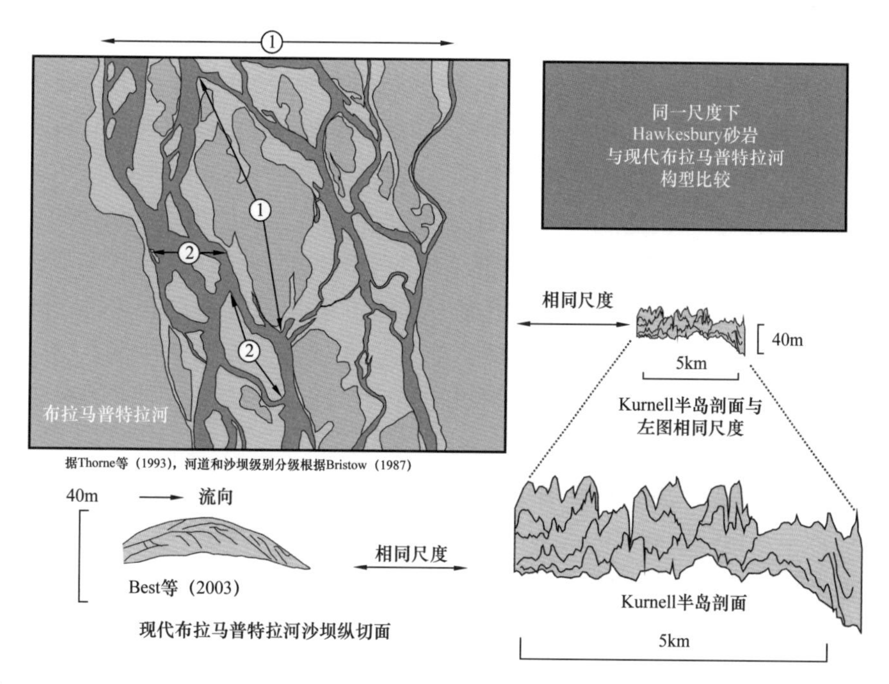

图 7.9　Kurnell 半岛 Hawkesbury 砂岩的构型与现代布拉马普特拉河道和沙坝构型规模比较（据 Miall 和 Jones，2003）

顶部展示了孟加拉国北部布拉马普特拉河（贾木纳河）的典型河段，旁边是缩小到相同水平比例的 Kurnell 半岛露头剖面示意图；①和②表示该河的一级河道、二级河道及河道内沙坝复合体［见 Bristow（1987）分类］。注意 Kurnell 半岛剖面中解释的决口河道的规模；底部是 Kurnell 半岛的剖面图，与现代布拉马普特拉河现代沙坝的纵剖面的比例相同，这是根据 GPR 数据重建而成的

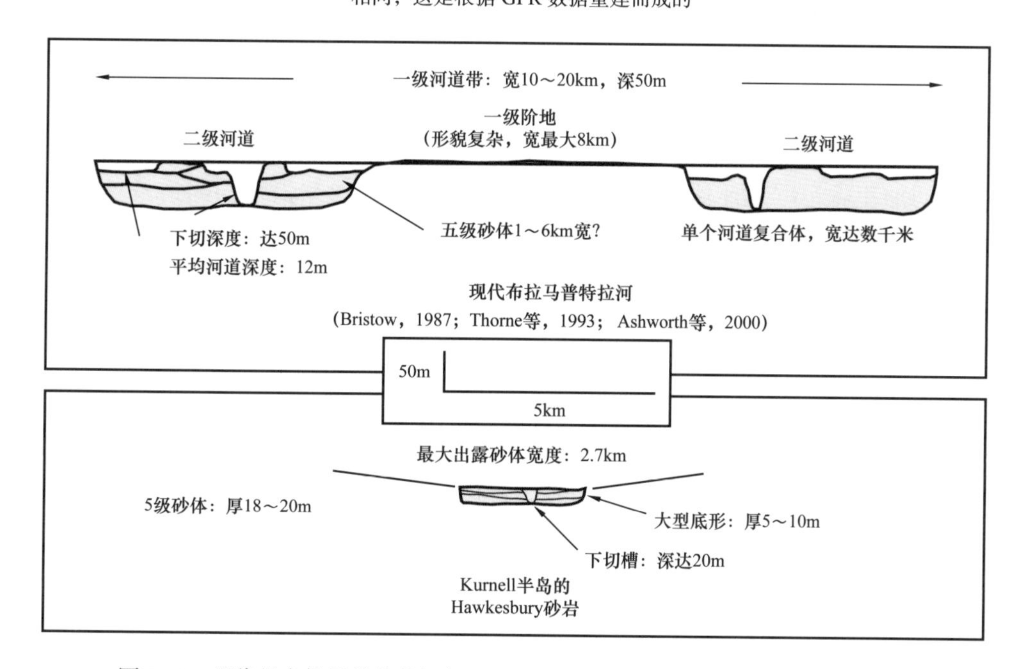

图 7.10　现代的布拉马普特拉河与 Kurnell 半岛 Hawkesbury 砂岩砂体规模比较（据 Miall 和 Jones，2003）

布拉马普特拉河构型恢复是基于 Bristow（1987）、Thorne（1993）、Ashworth 等（2000）和 Best 等（2003）提供的数据推测性的

现在正在获取有关布拉马普特拉河（贾木纳河）中现代河道和沙坝沉积内部结构的详细数据。Best 等（2003）记录了河道间一条辫状沙坝的结构和演化历史，该沙坝最初长 1.5km，朝向下游方向展布。在短短两年内，沙坝向下游迁移的距离等于其自身长度，且长度扩大了一倍。图 7.9 显示了从 GPR 分析得出的该沙坝顺长轴剖面图。

从古代沉积物推测其河流规模的主要问题是我们与之类比的现代沉积物的短暂性。尽管我们现在对布拉马普特拉河沙坝的内部结构的了解比以往任何时候都多，但我们无法知道有多少沉积物能够在漫长的地质历史中保存下来并成为地质记录的一部分，也无法知道如此一系列的沉积和保存过程是如何发生在这种类型河流中的。Miall 和 Jones（2003）通过论证表明，布拉马普特拉河级河道和沙坝复合体保存下来的沉积物宽度可能为 1～6km。

在 Kurnell 剖面中，能够基本确定 Hawkesbury 砂岩砂体最大宽度约为 2.7km。从该砂体交错层理中获得的极有限的古水流数据表明，Kurnell 剖面的方向大致垂直于该河道的流向，因此图中 2.7km 近似等于砂体宽度值。这介于布拉马普特拉河典型的二级砂体可能的宽度范围之间（图 7.9）。其他 Hawkesbury 砂体似乎要小一些，尽管大多数都不完整。

从这项研究可以得出两个结论：（1）现代河流河道以及沙坝的长、宽，与古代沉积物中具有类似特征的河道和沙坝比较，可靠程度有限。首先是因为根据露头或井数据很难或难以测量古代岩石中河道和沙坝的规模。其次，因为现代河流中这些特征的可保存性在很大程度上是不可知的。而地震时间切片分析增加了这种类比的可能性，因为能够将整个古代河流系统刻画出来（见图 4.23、图 4.24、图 4.28、图 4.29，请参见下面的示例）。（2）在垂向上比较现代和古代沉积物的河道、沙坝、冲刷充填和层系可能更可靠，因为这些特征更容易测量（在垂直剖面中），并且对于给定的现代或古代河流体系，很容易评估它们的代表性。河道的垂向规模（深度）可以根据下切深度进行评估。沙坝的垂向尺寸可以从倾斜的加积体幅度来评估。如上所述，必须注意确保测量对象与河道及沙坝特征有关，而不是类似沉积过程形成的区域地层单元。

仅从钻井数据（测井和岩心）评估垂向规模时，需要格外谨慎，因为难以确定砂体内部主要界面（构型等级）。图 2.17 以及第 2 章的讨论强调了这个问题。

7.5 Malay 盆地上新世—更新世沉积：构造背景下的大型河流预测

Malay 盆地是新生代早期印度板块与亚洲大陆碰撞后整个东南亚发生“挤压构造”过程中形成的众多盆地之一。这些盆地主要以断层为边界，且以伸展和走滑为主（Tapponnier 等，1986；Hutchison，1989），沉降和沉积速度非常快。喜马拉雅山等上升的造山带剥蚀了大量碎屑物质，并由布拉马普特拉河、伊洛瓦底江、红河和湄公河等巨型河流向盆地搬运。据报道，在泰国湾地下至少有厚 8km 的非海相沉积（Pattani 海槽：

Blanche，1990）。Hutchison（1989）和 Brookfield（1998）认为，湄公河流经泰国，流入邻近的海湾，直到新生代末期的断层使之分流。在渐新世—上新世期间，大部分碎屑物质堆积在泰国的河流末端和湖盆中（O'Leary 和 Hill，1989；Bidston 和 Daniels，1992）。泰国湾目前的海洋环境反映了全新世期间的相对海平面上升，归因于海平面升降过程或构造运动（或两者兼而有之），也可能反映了最近由于河流改道而造成的沉积物供应减少。湄公河现在通过越南进入大海，是泰国的主要河流。湄南河，仅流经泰国的内陆，没有被列为世界主要大型河流。然而，根据 Malay 盆地的构造背景和构造演化历史合理预测，即新生代末期可能存在大型河流沉积物。Miall（2002）和 Reijenstein 等（2011）分析了 Malay 盆地上新世部分剖面的地震数据，这里介绍一下这些研究工作的亮点，以说明构造活动区的古地理预测问题。

本次分析中确定的河流都不是特别大。它们的特征是河流形态的变化，这是在 10^3—10^4a 的时间范围内由于持续的构造扰动、高频（米兰科维奇）气候变化或冰川引起的海平面变化（或这些过程的组合）改变坡度、卸载条件的结果。

地震数据表明，上新统剖面由一系列厚 5～30m 的层序组成，其底部的下切规模为宽 3km、深 20m。图 6.38 是这些沉积物的横截面，图 4.41 展示了其中一个下切谷的一系列时间切片，说明其充填结构。约 10km 宽的曲流带占据了河谷底部，并被地震属性不明显的部分所覆盖，后者可能是洪泛沉积，表明这条河已被改道、截弯取直或废弃。可以看到"V"形支流从侧面进入。图 7.11 展示了 Reijenstein 等（2011）刻画的几种曲流河。图 7.12 展示出了河道带宽度约为 4km 的辫状河的时间切片和横切面。这在规模上相当于布拉马普特拉河的一个主河道和其内部沙坝，但不到整个布拉马普特拉河河道带宽度的一半。就规模而言，与俄克拉何马州的红河比较更为接近，后者位于"大型河流"规

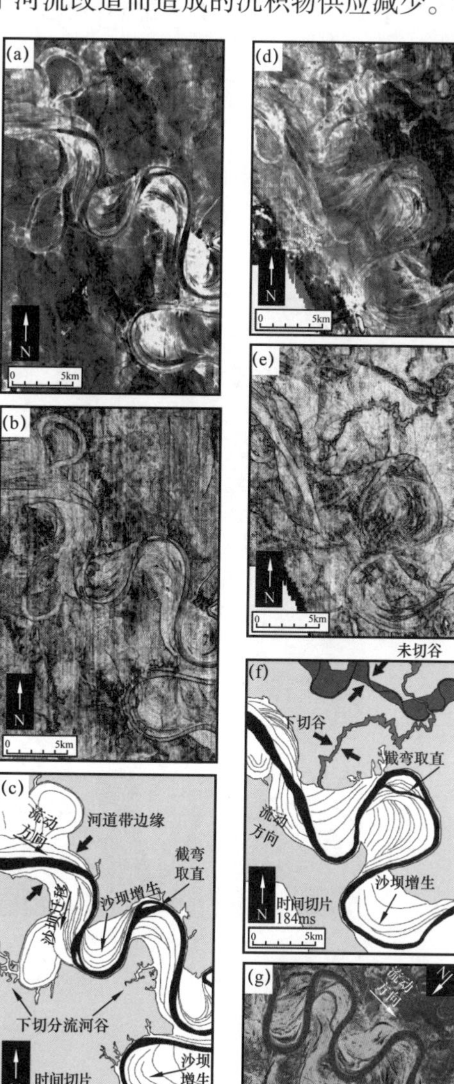

图 7.11　160ms（a、b、c）和 184ms（d、e、f）处大陆尺度河道和河道带的平面成像图（据 Reijenstein 等，2011）

（a）～（c）代表 160ms 的时间切片，其中（a）为常规振幅显示，（b）为相干地震属性，（c）勾绘了主要地貌和沉积单元；（d）～（f）为 184ms 时间切片，其中（d）为常规振幅显示，（e）为相干地震属性，（f）勾绘了主要地貌和沉积单元；（g）是秘鲁乌卡亚利河（Ucayali River）的类似规模和相似沉积要素的现代类比

模（使用本章前面建议的以 1000km 为长度界线）排序的底部。

这些是在工区范围内识别的最大河流体系，表明中等规模河流的发育，如伊洛瓦底江（缅甸）、湄公河或红河（越南），无法与当今东南亚的干流体系相提并论。

Miall（2002）和 Reijenstein 等（2011）的地震勘察漏掉了该地区最大的河流体系吗？这似乎不太可能。地震调查的目的是确定 Malay 盆地中心最厚的位置，而 Malay 盆地本身就是喜马拉雅造山运动在泰国湾形成的新生代最大的盆地之一。Hutchison（1989）的建议似乎是正确的，在这里指的是河流体系沉积之前，主要河流进入泰国和近海海湾被分流进入湄公河。Brookfield（1993，1998）证明，这类分流导致整个沉积物扩散路径发生了重大变化，这在整个喜马拉雅造山运动中都是很普遍的现象。因此，构造背景不是河流规模的可靠预测因子。

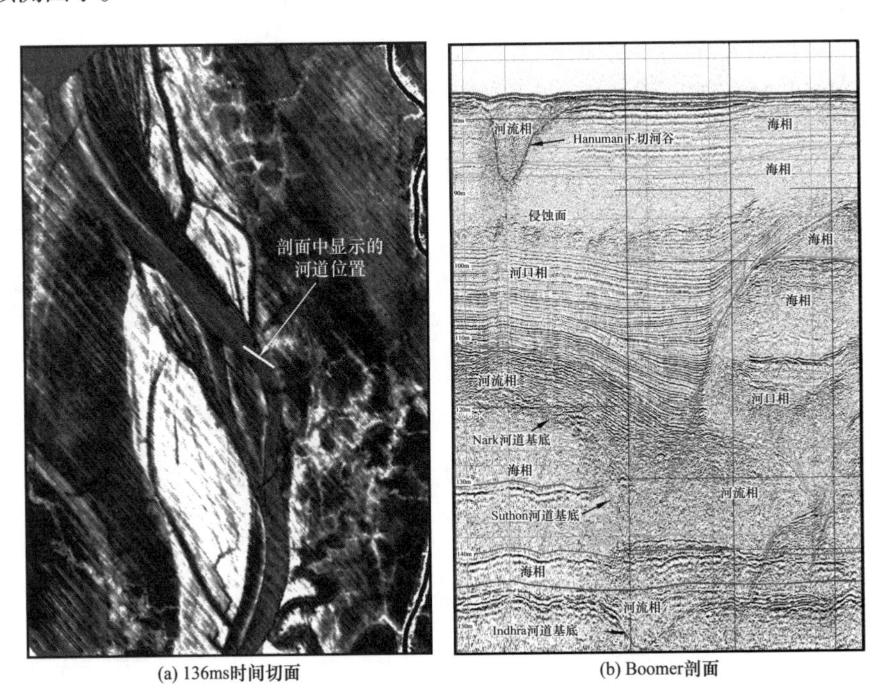

图 7.12　Malay 盆地上新世—更新世沉积的辫状河流体系，左侧的图像对应于横剖面中的“Nauk”通道（据 Miall，2002）

7.6　讨论

确定河流沉积体系规模的最好办法是观测沉积单元的大小，尤其是在可能记录这些沉积单元的大面积出露区。正是阿尔伯达省 Athabasca 油砂中大型点坝，以及澳大利亚 Hawkesbury 砂岩和加拿大西北部新元古代沉积物中交错层系的规模，首先使沉积学家们意识到可能存在非常大的河流体系。仅从垂直剖面数据评估河流规模是不够的，因为垂向上不能确定是河流本身沉积产物还是后期改造形成的。因此，可能无法基于有限的地下钻井数据来解释大型河流。但是地震数据，尤其是地震时间切片剖面可以做到这一点。

构造背景也不能预测河流的规模。一些特定的构造背景（前陆盆地、走滑拉分盆地和裂谷盆地）比其他地方更可能具有轴向水系的特征，这是由于盆地结构的漏斗效应，但这不是一个有效的河流规模预测指标。正如 Potter（1978）首次指出的那样，最大的河流是流经大陆主要构造边界的河流，虽然无法确定它们的存在，但是区域地质资料可以提供有益的线索。因此，Dickinson（1988）对美国西南部大型二叠系和侏罗系 Erg 体系的来源提出了质疑，这激发了人们对大型、同沉积期的高地和区域性斜坡的搜寻，这些高地和斜坡可能搬运了适量的沉积物（Dickinson 和 Gehrels，2003）。同样，类似的问题也激发了 Rainbird 等（1997）对前寒武系沉积物来源分析的兴趣。Duk-Rodkin 和 Hughes（1994）使用了更为复杂的证据，以地貌和地层学的线索为基础，重建了加拿大克拉通内部的前冰川期新生代河流搬运体系，其中一些是在 19 世纪首次被观察到的。从加拿大中部的科迪勒拉造山带和克拉通剥蚀的许多碎屑最终被认为是来自 Baffin 岛和 Labrador 大陆边缘，但是，除了地震证据表明这些海底沉积物的规模，还没有其他确凿的证据。钻探数据尚不可用。

上述研究都没有找到真正的大型河流。在每个实例中，尽管主河道曾经可能很大，但是很可能因侵蚀而完全消失。对地下克拉通不整合面的详细编图可能是富有成果的，可能会保留穿越北美克拉通内部的二叠系—侏罗系山谷体系。这个时间间隔对应于 Sloss（1963）提出的 Absaroka 层序，该层序界面以穿过加拿大高原大部分地区和美国北部邻近地区的区域不整合面为代表。

参考文献

Adams M M, Bhattacharya J P（2005）No change in fluvial style across a sequence boundary, Cretaceous Blackhawk and Castlegate formations of central Utah, USA. J Sediment Res, 75: 1038–1051.

Ager D V（1973）The nature of the stratigraphical record. John Wiley, New York, 114 p.

Aigner T, Asprion U, Hornung J, Junghans W–D, Kostrewa R（1996）Integrated outcrop analogue studies for Triassic alluvial reservoirs：examples from southern Germany. J Petrol Geol, 19: 393–406.

Akinpelu O C（2010）The use of ground–penetrating radar（GPR）to explore the architecture of nonmarine clastic deposits：unpublished Ph. D. thesis, University of Toronto.

Alexander J（1992）A discussion of alluvial sandstone body characteristics related to variations in marine influence, Middle Jurassic of the Cleveland Basin, UK, and the implications for analogous Brent Group strata in the North Sea Basin. Geol Soc London（Special Publication）, 61: 149–167.

Allen J P, Fielding C R（2007）Sedimentology and stratigraphic architecture of the Late Permian Betts Creek Beds, Queensland, Australia. Sediment Geol, 202: 5–34.

Allen J P, Fielding C R, Gibling M R, Rygel M C（2011）Fluvial response to paleo–equatorial climate fluctuations during the late Paleozoic ice age. Geol Soc Am Bull, 123: 1524–1538.

Allen J R L（1963a）Henry Clifton Sorby and the sedimentary structures of sands and sandstones in relation to flow conditions. Geologie en Mijnbouw, 42: 223–228.

Allen J R L（1963b）Depositional features of Dittonian rocks：Pembrokeshire compared with the Welsh Borderlands. Geol Mag, 100: 385–400.

Allen J R L（1964）Studies in fluviatile sedimentation：six cyclothems from the Lower Old Red Sandstone, Anglo–Welsh basin. Sedimentology, 3: 163–198.

Allen J R L（1965a）A review of the origin and characteristics of recent alluvial sediments. Sedimentology, 5: 89–191.

Allen J R L（1965b）The sedimentation and palaeogeography of the Old Red Sandstone of Anglesey, North Wales. Yorkshire Geol Soc Proc, 35: 139–185.

Allen J R L（1966）On bed forms and paleocurrents. Sedimentology 6: 153–190.

Allen J R L（1974）Studies in fluviatile sedimentation：implications of pedogenic carbonate units, Lower Old Red Sandstone, Anglo–Welsh outcrop. Geol, 9: 181–208.

Allen J R L（1978）Studies in fluviatile sedimentation：an exploratory quantitative model for the architecture of avulsion–controlled suites. Sediment Geol, 21: 129–147.

Allen J R L（1979）Studies in fluviatile sedimentation：an elementary geometrical model for the connectedness of avulsion–related channel sand bodies. Sediment Geol, 24: 253–267.

Allen J R L（1983）Studies in fluviatile sedimentation：bars, bar complexes and sandstone sheets（low–sinuosity braided streams）in the Brownstones（L. Devonian）, Welsh Borders. Sediment Geol, 33: 237–293.

Allen P A（2008）Time scales of tectonic landscapes and their sediment routing systems. In：Gallagher K, Jones S J, Wainwright J（eds）Landscape evolution：denudation, climate and tectonics over different time and space scales, vol. 296. Geological Society, London, Special Publication, pp7–28.

Allen P A, Collinson J D (1986) Lakes. In : Reading H G (ed) Sedimentary environments and facies. Blackwell Scientific Publications, Oxford, pp63–94.

Amarosi A, Pavesi M, Ricci Lucchi M, Sarti G, Piccin A (2008) Climatic signature of cyclic fluvial architecture from the Quaternary of the central Po Plain, Italy. Sediment Geol, 209: 58–68.

Anadón P, Cabrera L, Colombo F, Marzo M, Riba O (1986) Syntectonic intraformational unconformities in alluvial fan deposits, eastern Ebro basin margins (NE Spain). In : Allen P A, Homewood P (eds) Foreland basins : international association of sedimentologists, vol. 8. Special Publication, pp259–271.

Andersen T, Zachariassen E, Høye T, Meisingset H C, Otterlei C, van Wijngaarden A J, Hatland K, Mangerøy G, Liestol F M (2006) Method for conditioning the reservoir model on 3D and 4D elastic inversion data applied to a fluvial reservoir in the North Sea. Society of Petroleum Engineers, paper SPE 100190.

Antia J, Fielding C R (2011) Sequence stratigraphy of a condensed low–accommodation succession : lower upper Cretaceous Dakota Sandstone, henry Mountains, Southeastern Utah. Am Assoc Petr Geol B, 95: 413–447.

Archer A W, Greb S F (1995) An Amazon–scale drainage system in the Early Pennsylvanian of central North America. J Geol, 103: 611–628.

Archer S G, Reynisson R F, Schwab A M (2011) River terraces in thew rock record : an overlooked landform in geological interpretation. In : Davidson S K, Leleu S, North C P (eds) From river to rock record : society for sedimentary geology (SEPM), vol. 97. Special Publication, pp63–85.

Ardies G W, Dalrymple R W, Zaitlin B A (2002) Controls on the geometry of incised valleys in the Basal Quartz unit (Lower Cretaceous), Western Canada Sedimentary Basin. J Sediment Res, 72: 602–618.

Arnott R W C, Zaitlin B A, Potocki D J (2002) Stratigraphic response to sedimentation in a newt–accommodation–limited setting, Lower Cretaceous basal Quartz, south–central Alberta. B Can Petrol Geol, 50: 92–104.

Aschoff J L, Steel R J (2011) Anomalous clastic wedge development during the Sevier–Laramide transition, North American Cordilleran foreland basin, USA. Geol Soc Am Bull, 123: 1822–1835.

Ashley G M (1990) Classification of large–scale subaqueous bedforms : a new look at an old problem. J Sediment Petrol, 60: 160–172.

Ashworth P J, Best J L, Peakall J, Lorsong J A (1999) The influence of aggradation rate on braided alluvial architecture : field study and physical scale–modelling of the Ashburton River gravels, Canterbury Plains, New Zealand. In : Smith N D, Rogers J (eds) Fluvial sedimentology Ⅵ, vol. 28. Special Publication. International Association of Sedimentologists, pp333–346.

Ashworth P J, Best J L, Jones M (2004) Relationship between sediment supply and avulsion frequency in braided rivers. Geology, 32: 21–24.

Ashworth P J, Best J L, Jones M (2007) The relationship between channel avulsion, flow occupancy and aggradation in braided rivers : insights from an experimental model. Sedimentology, 54: 497–513.

Ashworth P J, Best J L, Roden J E, Bristow C S, Klaassen G J (2000) Morphological evolution and dynamics of a large, sand braid-bar, Jamuna river, Bangladesh. Sedimentology, 47: 533–555.

Ashworth P J, Lewin J (2012) How do big rivers come to be different? Earth Sci Rev, 114: 84–107.

Aslan A, Autin W J (1999) Evolution of the Holocene Mississippi River floodplain, Ferriday, Louisiana: insights of the origin of fine-grained floodplains. J Sediment Res, 69: 800–815.

Aslan A, Autin W J, Blum M D (2005) Causes of river avulsion: insights from the Late Holocene avulsion history of the Mississippi River. J Sediment Res, 75: 650–664.

Aslan A, White W A, Warne A G, Guevara E H (2003) Holocene evolution of the western Orinoco Delta, Venezuela. Geol Soc Am Bull, 115: 479–498.

Asprion U, Aigner T (1999) Towards realistic aquifer models: three-dimensional georadar surveys of Quaternary gravel deltas (Singen Basin, SW Germany). Sediment Geol, 129: 281–297.

Atchley S C, Nordt L C, Dworkin S L (2004) Eustatic control on alluvial sequence stratigraphy: a possible example from the Cretaceous–Tertiary transition of the Tornillo Basin, Big Bend National Park, West Texas, USA. J Sediment Res, 74: 391–404.

Autin W J, Burns S F, Miller B J, Saucier R T, Snead J (1991) Quaternary geology of the lower Mississippi valley. In: Morrison R B (ed) Quaternary nonglacial geology: conterminous US, vol. K-2. Geological Society of America, Geology of North America, Boulder, CO, pp547–582.

Bailey R J, Smith D G (2010) Scaling in stratigraphic data series: implications for practical stratigraphy. First Break, 28: 57–66.

Barrier L, Proust J N, Nalpas T, Robin C, Guillocheau F (2010) Control of alluvial sedimentation at foreland-basin active margins: a case study from the northeastern Ebro Basin (southeastern Pyrenees, Spain). J Sediment Res, 80: 728–749.

Batson P A, Gibling M R (2002) Architecture of channel bodies and paleovalley fills in high-frequency Carboniferous sequences, Sydney Basin, Atlantic Canada. Bull Can Petrol Geol, 50: 138–157.

Bellman L W (2010) Integrated 3D reservoir characterization for oil sands evaluation, development and monitoring. Search and Discovery Article #40541, American Association of Petroleum Geologists.

Beres M, Huggenberger P, Green A G, Horstmeyer H (1999) Using two-and three-dimensional georadar methods to characterize glaciofluvial architecture. Sediment Geol, 129: 1–24.

Best J L, Ashworth P J (1997) Scour in large braided rivers and the recognition of sequence stratigraphic boundaries. Nature, 387: 275–277.

Best J L, Ashworth P J, Bristow C S, Roden J (2003) Three-dimensional sedimentary architecture of a large mid-channel sand braid bar, Jamuna River, Bangladesh. J Sediment Res, 73: 516–530.

Berendsen H J A, Stouthamer E (2001) Palaeogeographic development of the Rhine–Meuse delta. Koninklijke Van Gorcum, Assen, The Netherlands, p 268.

Beutner E C, Flueckinger L A, Gard T M (1967) Bedding geometry in a Pennsylvanian channel sandstone. Geol Soc Am Bull, 78: 911–916.

Bhattacharya J P (1993) The expression and interpretation of marine flooding surfaces and erosional surfaces in core: examples from the Upper Cretaceous Dunvegan Formation in the Alberta foreland basin. In:

Summerhayes C P, Posamentier H W (eds) Sequence stratigraphy and facies associations, International Association of Sedimentologists, vol. 18. Special Publication, pp125–160.

Bhattacharya J P (2011) Practical problems in the application of the sequence stratigraphic method and key surfaces : integrating observations from ancient fluvial–deltaic wedges with Quaternary and modeling studies. Sedimentology, 58: 120–169.

Bidston B J, Daniels J S (1992) Oil from the ancient lakes of Thailand. In : National conference on geologic resources of Thailand : potential for future development. Department of Mineral Resources, Bangkok, Thailand, pp584–599.

Blair T C, Bilodeau W L (1988) Development of tectonic cyclothems in rift, pull–apart, and foreland basins : sedimentary response to episodic tectonism. Geology, 16: 517–520.

Blanche J B (1990) An overview of the exploration history and hydrocarbon potential of Cambodia and Laos. SEAPEX Proc, 9: 89–99.

Blum M D (1993) Genesis and architecture of incised valley fill sequences : a late Quaternary example from the Colorado River, Gulf Coastal Plain of Texas. In : Weimer P, Posamentier H W (eds) Siliciclastic sequence stratigraphy : recent developments and applications, vol. 58. American Association of Petroleum Geologists Memoir, pp259–283.

Blum M, Martin J, Milliken K, Garvin M (2013) Paleovalley systems : insights from Quaternary analogs and experiments. Earth Sci Rev, 116: 128–169.

Blum M D, Törnqvist T E (2000) Fluvial responses to climate and sea–level change : a review and look forward. Sedimentology, 47: 2–48.

Bridge J S (1993) The interaction between channel geometry, water flow, sediment transport and deposition in braided rivers. In : Best J L, Bristow C S (eds) Braided rivers, vol. 75. Geological Society, London, Special Publication, pp13–71.

Bridge J S (1985) Paleochannel patterns inferred from alluvial deposits : a critical evaluation. J Sediment Petrol, 55: 579–589.

Bridge J S (1993) Description and interpretation of fluvial deposits : a critical perspective. Sedimentology, 40: 801–810.

Bridge J S (2003) Rivers and floodplains : forms, processes and sedimentary record. Blackwell, Oxford, 491p.

Bridge J S, Collier R, Alexander J (1998) Large–scale structure of Calamus River deposits (Nebraska, USA) revealed using ground penetrating radar. Sedimentology, 45: 977–986.

Bridge J S, Leeder M R (1979) A simulation model of alluvial stratigraphy. Sedimentology, 26: 617–644.

Bridge J S, Mackey S D (1993a) A revised alluvial stratigraphy model. In : Marzo M, Puigdefábregas C (eds) Alluvial sedimentation, vol. 17. International Association of Sedimentologists, Special Publication, pp319–336.

Bridge J S, Mackey S D (1993b) A theoretical study of fluvial sandstone body dimensions. In : Flint S S, Bryant I D (eds) The geological modelling of hydrocarbon reservoirs and outcrop analogues, vol. 15.

International Association of Sedimentologists, Special Publication, pp213–236.

Bridge J S, Mackey S D (1993c) A theoretical study of fluvial sandstone body dimensions. In : Flint S S, Bryant I D (eds) The geological modelling of hydrocarbon reservoirs and outcrop analogues, vol. 15. International Association of Sedimentologists, Special Publication, pp213–236.

Bridge J S, Tye R S (2000) interpreting the dimensions of ancient fluvial channel bars, channels, and channel belts from wire–line logs and cores. Am Assoc Petr Geol B, 84: 1205–1228.

Brierley G J (1989) River planform facies models : the sedimentology of braided, wandering and meandering reaches of the Squamish River. Sediment Geol, 61: 17–36.

Brierley G J (1991a) Bar sedimentology of the Squamish River, British Columbia : definition and application of morphostratigraphic units. J Sediment Petrol, 61: 211–225.

Brierley G J (1991b) Floodplain sedimentology of the Squamish River, British Columbia : relevance of element analysis. Sedimentology, 38: 735–750.

Brierley G J (1996) . Channel morphology and element assemblages : a constructivist approach to facies modeling. In : Carling P A, Dawson M R (eds) Advances in fluvial dynamics and stratigraphy. John Wiley and Sons, Chichester, pp263–298.

Brierley G J, Hickin E J (1991) Channel planform as a non–controlling factor in fluvial sedimentology : the case of the Squamish River floodplain, British Columbia. Sediment Geol, 75: 67–83.

Bristow C S (1999) Gradual avulsion, river metamorphosis and reworking by underfit streams : a modern example from the Brahmaputra River in Bangladesh and a possible ancient example in the Spanish Pyrenees. In Smith N D, Rogers J (eds) Fluvial sedimentology Ⅵ, vol. 28. International Association of Sedimentologists, Special Publication, pp221–230.

Bristow C S (ed) (2003) Ground penetrating radar in sediments, vol. 211. Geological Society, London, Special Publication, 330p.

Bristow C S, Jol H M (2003) An introduction to ground penetrating radar in sediments. In : Bristow C S (ed) Ground penetrating radar in sediments, vol. 211. Geological Society, London, Special Publication, pp1–7.

Brizga S O, Finlayson B L (1990) Channel avulsion and river metamorphosis : The case of the Thomson River, Victoria, Australia. Earth Surf Proc Land, 15: 391–404.

Brown A R (2011) Interpretation of three–dimensional seismic data, 7th edn., vol. 42. American Association of Petroleum Geologists Memoir, 646p.

Browne G H, Naish T R (2003) Facies development and sequence architecture of a late Quaternary fluvial–marine transition, Canterbury Plains and shelf, New Zealand : implications for forced regressive deposits. Sediment Geol, 158: 57–86.

Bryant I D, Flint S S (1993) Quantitative clastic reservoir geological modelling : problems and perspectives. In : Flint S S, Bryant I D (eds) The geological modelling of hydrocarbon reser–voirs and outcrop analogues, vol. 15. International Association of Sedimentologists, Special Publication, pp3–20.

Bryant M, Falk P, Paola C (1995) Experimental study of avulsion frequency and rate of deposition. Geology, 23: 365–369.

Burbank D W, Meigs A, Brozovic N (1996) Interactions of growing folds and coeval depositional systems. Basin Res, 8: 199–223.

Butcher S W (1990) The nickpoint concept and its implications regarding on lap to the stratigraphic record. In: Cross T A (ed) Quantitative dynamic stratigraphy. Prentice–Hall, Englewood Cliffs, pp375–385.

Carling P A, Dawson M R (eds) (1996) Advances in fluvial dynamics and stratigraphy. John Wiley and Sons, Chichester, 530p.

Carrigy M A (1971) Deltaic sedimentation in Athabasca Tar Sands. Am Assoc Petr Geol Bull, 55: 1155–1169.

Carson M A (1984) The meandering–braided river threshold: a reappraisal. J Hydrol, 73: 315–334.

Catuneanu O (2006) Principles of sequence stratigraphy. Elsevier, Amsterdam, 375p.

Cecil C B (1990) Paleoclimate controls on stratigraphic repetition of chemical and siliciclastic rocks. Geology, 18: 533–536.

Chatanantavet P, Lamb M P, Nittrouer J A (2012) Backwater controls of avulsion location on deltas. Geophys Res Lett, 39(L01402): 6.

Chawner W D (1935) Alluvial fan flooding, the Montrose, California, flood of 1934. Geogr Rev, 25: 225–263.

Cleveland D M, Atchley S C, Nordt L C (2007) Continental sequence stratigraphy of the upper Triassic (Norian–Rhaetian) Chinle strata, Northern New Mexico, USA: allocyclic and autocyclic origins of paleosol–bearing alluvial successions. J Sediment Res, 77: 909–924.

Cloetingh S (1988) Intraplate stress: a new element in basin analysis. In: Kleinspehn K, Paola C (eds) New perspectives in basin analysis. Springer–Verlag, New York, pp205–230.

Coleman J M (1969) Brahmaputra river: channel processes and sedimentation. Sediment Geol, 3: 129–239.

Coleman J M, Wright L D (1975) Modern river deltas: variability of processes and sand bodies. In: Broussard ML (ed) Deltas, models for exploration. Houston Geological Society, Houston, TX, pp99–150.

Collinson J D (1978) Vertical sequence and sand body shape in alluvial sequences. In: Miall A D (ed) Fluvial sedimentology, vol. 5. Canadian Society of Petroleum Geologists Memoir, pp577–586.

Collinson J D (1986) Alluvial sediments. In: Reading H G (ed) Sedimentary environments and facies. Blackwell Scientific Publications Ltd, Oxford, pp20–62.

Colombera L, Felletti F, Mountney N P, McCaffrey W D (2012) A database approach for constraining stochastic simulations of the sedimentary heterogeneity of fluvial reservoirs. Am Assoc Petr Geol Bull, 96: 2143–2166.

Conaghan P J, Jones J G (1975) The Hawkesbury Sandstone and the Brahmaputra: a depositional model for continental sheet sandstones. J Geol Soc Australia, 22: 275–283.

Corbeanu R M, McMechan G A, Szerbiak R B, Soegaard K (2002) Prediction of 3–D fluid permeability and mudstone distributions from ground–penetrating radar (GPR) attributes: examples from the Cretaceous Ferron Sandstone Member, east–central Utah. Geophysics, 67: 1495–1504.

Cowan E J (1991) The large–scale architecture of the fluvial Westwater Canyon Member, Morrison Formation (Jurassic), San Juan Basin, New Mexico. In: Miall A D, Tyler N (eds) The three–dimensional facies architecture of terrigenous clastic sediments, and its implications for hydrocarbon discovery and recovery, vol. 3. Society of Economic Paleontologists and Mineralogists, Concepts in Sedimentology and Paleontology, pp80–93.

Cowan E J (1993) Longitudinal fluvial drainage patterns within a foreland basin–fill : Permo–Triassic Sydney Basin, Australia. Sediment Geol, 85: 557–577.

Cullingford R A, Davidson D A, Lewin J (1980) Timescales in geomorphology. Wiley, Chichester, 360p.

Currie B S (1997) Sequence stratigraphy of nonmarine Jurassic–Cretaceous rocks, central Cordilleran foreland–basin system. Geol Soc Am Bull, 109: 1206–1222.

Dalrymple R W, Boyd R, Zaitlin B A (eds) (1994) Incised–valley systems : origin and sedimentary sequences, vol. 51. Society of Economic Paleontologists and Mineralogists, Special Publication, 391p.

Dalrymple R W, Leckie D A, Tillman R W (eds) (2006) Incised valleys in time and space, vol. 85. Society for Sedimentary Geology (SEPM), Special Publication, 343p.

Davies N S, Gibling M R (2010a) Cambrian to Devonian evolution of alluvial systems : the sedimentological impact of the earliest land plants. Earth–Sci Rev, 98: 171–200.

Davies N S, Gibling M R (2010b) Paleozoic vegetation and the Siluro–Devonian rise of fluvial lateral accretion sets. Geology, 38: 51–54.

Davies N S, Gibling M R (2011) Evolution of fixed–channel alluvial plains in response to Carboniferous vegetation. Nat Geosci, 4: 629–633.

Davies R J, Posamentier H W, Wood L J, Cartwright J A (eds) (2007) Seismic geomorphology : applications to hydrocarbon exploration and production, vol. 277. Geological Society, London, Special Publication, 274p.

Díaz–Molina M, Muñoz–García M B (2010) Sedimentary facies and three–dimensional reconstructions of upper Oligocene meander belts from the Loranca Basin, Spain. Am Assoc Petr Geol B, 94: 241–257.

Dickinson W R (1988) Provenance and sediment dispersal in relation to paleotectonics and paleo–geography of sedimentary basins. In : Kleinspehn K L, Paola C (eds) New perspectives in basin analysis. Springer Verlag, New York, pp1–25.

Dickinson W R, Gehrels G E (2003) U–Pb ages of detrital zircons from Permian and Jurassic eolian sandstones from the Colorado Plateau, USA : paleogeographic implications. Sediment Geol, 163: 29–66.

Dickinson W R, Soreghan G S, Giles K A (1994) Glacio–eustatic origin of Permo–Carboniferous stratigraphic cycles : evidence from the southern Cordilleran foreland region. In : Dennison J M, Ettensohn F R (eds) Tectonic and eustatic controls on sedimentary cycles, vol. 4. Society for Sedimentary Geology, Concepts in Sedimentology and Paleontology, pp25–34.

Donselaar M, Overeem I (2008) Connectivity of fluvial point–bar deposits : An example from the Miocene Huesca fluvial fan, Ebro Basin, Spain. Am Assoc Petr Geol B, 92: 1109–1129.

Dubiel R F, Hasiotis S T (2011) Deposystems, paleosols, and climatic variability in a continental system : the Upper Triassic Chinle Formation, Colorado Plateau, USA. In : Davidson S K, Leleu S, North C P (eds) From river to rock record, vol. 97. Society for Sedimentary Geology (SEPM), Special Publication, pp393–

421.

Dubriel-Boisclair C, Gloaguen E, Marcotte D, Giroux B (2011) Heterogeneous aquifer characterization form ground-penetrating radar tomography and borehole hydrogeophysical data using nonlinear Bayesian simulations. Geophysics, 76: J13-J25.

Duk-Rodkin A, Hughes O L (1994) Tertiary-Quaternary drainage of the pre-glacial Mackenzie Basin. Quatern Int, 22 (23): 221-241.

Eberth D A, Miall A D (1991) Stratigraphy, sedimentology and evolution of a vertebrate-bearing, braided to anastomosed fluvial system, Cutler Formation (Permian-Pennsylvanian), northcentral New Mexico. Sediment Geol, 72: 225-252.

Elder W P, Gustason E R, Sageman B B (1994) Correlation of basinal carbonate cycles to near shore para sequences in the Late Cretaceous Greenhorn seaway, Western Interior, USA. Geol Soc Am Bull, 106: 892-902.

Embry A F (1990) A tectonic origin for third-order depositional sequences in extensional basins—implications for basin modeling. In: Cross T A (ed) Quantitative dynamic stratigra-phy. Prentice-Hall, Englewood Cliffs, pp491-501.

Ethridge F G (2011) Interpretation of ancient fluvial channel deposits: review and recommendations. In: Davidson S K, Leleu S, North C P (eds) From river to rock record, vol. 97. Society for Sedimentary Geology (SEPM) Special Publication, pp9-35.

Ethridge F G, Schumm S A (1978) Reconstructing paleochannel morphologic and flow characteristics: methodology, limitations and assessment. In: Miall A D (ed) Fluvial sedimentology, vol. 5. Canadian Society of Petroleum Geologists Memoir, pp703-721.

Ethridge F G, Schumm S A (2007) Fluvial seismic geomorphology: a view from the surface. In: Davies R J, Posamentier H W, Wood L J, Cartwright J A (eds) Seismic geomorphology: applications to hydrocarbon exploration and production, vol. 277. Geological Society, London, Special Publication, pp205-222.

Ettensohn F R (2008) The Appalachian foreland basin in eastern United States. In: Miall A D (ed) The Sedimentary Basins of the United States and Canada: Sedimentary basins of the World, vol 5. Hsü, K J Series Editor Elsevier Science, Amsterdam, pp105-179.

Eugster H P, Hardie L A (1975) Sedimentation in an ancient playa-lake complex: The Wilkins peak member of the Green river formation of Wyoming. Geol Soc Am Bull, 86: 319-334.

Fagan S D, Nanson G C (2004) The morphology and formation of floodplain surface channels, Cooper Creek, Australia. Geomorphology, 60: 107-126.

Fahnestock R K (1963) Morphology and hydrology of a glacial stream—White River, Mt. Rainer, U. S. Geological Survey Professional Paper 422-A, Washington, pp1-70.

Farrell K M (1987) Sedimentology and facies architecture of overbank deposits of the Mississippi River, False River region, Louisiana. In: Ethridge F G, Flores R M, Harvey M D (eds) Recent developments in fluvial sedimentology, vol. 39. Society of Economic Paleontologists and Mineralogists, Special Publication, pp111-120.

Fielding C R（2007）Sedimentology and stratigraphy of large river deposits：recognition in the ancient record, and distinction from incised valley fills. In：Gupta A（ed）Large rivers：geomorphology and management. John Wiley and Sons, Chichester, pp97–113.

Fielding C R, Alexander J, McDonald R（1999）Sedimentary facies from ground–penetrating radar surveys of the modern, upper Burdekin River of north Queensland, Australia：consequences of extreme discharge fluctuations. In：Smith N D, Rogers J（eds）Fluvial sedimentology Ⅵ, vol. 28. International Association of Sedimentologists, Special Publication, pp347–362.

Fielding C R, Allen J P, Alexander J, Gibling M R, Rygel M C, Calder J H（2011）Fluvial systems and their deposits in hot, seasonal semiarid and subhumid settings：modern and ancient examples. In：Davidson S K, Leleu S, North C P（eds）From river to rock record, vol. 97. Society for Sedimentary Geology（SEPM）, Special Publication, pp89–111.

Fielding C R, Allen J P, Alexander J, Gibling M R（2009）A facies model for fluvial systems in the seasonal tropics and subtropics. Geology, 37: 623–626.

Fielding C R, Ashworth P J, Best J L, Prokocki E W, Sambrook–Smith GH（2012）Tributive, distributive and other fluvial systems：what really represents the norm in the continental rock record？ Sediment Geol, 261–262: 15–32.

Fielding C R, Crane R C（1987）An application of statistical modelling to the prediction of hydrocarbon recovery factors in fluvial reservoir sequences. In：Ethridge F G, Flores R M, Harvey M D（eds）Recent developments in fluvial sedimentology, vol. 39. Society of Economic Paleontologists and Mineralogists, Special Publication, pp321–327.

Fisk H N（1944）Geological investigation of the alluvial valley of the lower Mississippi River. Mississippi River Commission, Vicksburg, Mississippi, 78p.

Fisk H N（1952）Geological investigation of the Atchafalaya Basin and the problem of the Mississippi River diversion. US Army Corps of Engineers, Waterways Experiment Station, Vicksburg, Mississippi, 145 p.

Foreman B Z, Heller P L, Clementz M T（2012）Fluvial response to abrupt global warming at the Palaeocene/Eocene boundary. Nature, 491: 92–95.

Friedkin J F（1945）A laboratory study of the meandering of alluvial rivers. Mississippi River Commission, Vicksburg.

Friend P F（1983）Towards the field classification of alluvial architecture or sequence. In：Collinson J D, Lewin J（eds）Modern and ancient fluvial systems, vol. 6. International Association of Sedimentologists, Special Publication, pp345–354.

Friend P F, Sinha R（1993）Braiding and meandering parameters. In：Best J L, Bristow C S（eds）Braided rivers, vol. 75. Geological Society, London, Special Publication, pp105–111.

Friend P F, Slater M J, Williams R C（1979）Vertical and lateral building of river sandstone bodies, Ebro Basin, Spain. J Geol Soc, London, 136: 39–46.

Fustic M, Skulski L, Hanson W, Vanhooren D, Bessette P, Hiunks D, Bellman L, Leckie D（2008）Geological mapping and reservoir characterization of oil sands reservoir by integrating 3D seismic, dipmeter, core descriptions, and analogs in the McMurray Formation, NE Alberta : Search and Discovery Article #40281, American Association of Petroleum Geologists.

Galloway W E (1981) Depositional architecture of Cenozoic Gulf Coastal plain fluvial systems. In : Ethridge F G, Flores R M (eds) Recent and ancient nonmarine depositional environments : models for exploration, vol. 31. Society of Economic Paleontologists and Mineralogists Special Publication, pp127–155.

Galloway W E (1989) Genetic stratigraphic sequences in basin analysis Ⅱ : application to northwest Gulf of Mexico Cenozoic basin. Am Assoc Petr Geol B, 73: 143–154.

Galloway W E (2005) Gulf of Mexico Basin depositional record of Cenozoic North American drainage basin evolution. In : Blum M D, Marriott S B, Leclair S F (eds) Fluvial sedimentology Ⅶ, vol. 35, International Association of Sedimentologists, Special Publication, pp409–423.

Gawthorpe R L, Collier R E L, Alexander J, Bridge J S, Leeder M R (1993) Ground penetrating radar : application to sand body geometry and heterogeneity studies. In : North C E, Prosser D J (eds) Characterization of fluvial and aeolian reservoirs, vol. 73. Geological Society, London, Special Publication, pp421–432.

Geehan G(1993)The use of outcrop data and heterogeneity modelling in development planning. In : Eschard R, Doligez B (eds) Subsurface reservoir characterization from outcrop observations. Institut Français du Petrole. ÉditionsTechnip, Paris, pp53–64.

Gibling M R (2006) Width and thickness of fluvial channel bodies and valley fills in the geological record : a literature compilation and classification. J Sediment Res, 76: 731–770.

Gibling M R, Fielding C R, Sinha R (2011) Alluvial valleys and alluvial sequences : towards a geomorphic assessment. In : Davidson S K, Leleu S, North C P (eds) From river to rock record : the preservation of fluvial sediments and their subsequent interpretation, vol. 97. Society for Sedimentary Geology (SEPM), Special Publication, pp423–447.

Godin P D (1991) Fining–upward cycles in the sandy braided–river deposits of the West water Canyon Member (Upper Jurassic), Morrison Formation, New Mexico. Sediment Geol, 70: 61–82.

Gole C V, Chitale S V (1966) Inland delta building activity of Kosi River. J Hydr Div, Proc Am Soc Civil Eng, 92 (HY2): 111–126.

Gradzinski R, Baryla J, Doktor M, Gmur D, Gradzinski M, Kedzior A, Paszkowski M, Soja R, Zielinkski T, Zurek S (2003) Vegetation–controlled modern anastamosing system of the upper Narew River (NE Poland) and its sediments. Sediment Geol, 157: 253–276.

Guccione M J, Burford M F, Kendall J D (1999) Pemiscot Bayou, a large distributary of the Mississippi River and a possible failed avulsion. In : Smith N D, Rogers J (eds) Fluvial sedimentology Ⅵ, vol. 28. International Association of Sedimentologists, Special Publication, pp211–220.

Gupta A (2007) Introduction. In : Gupta A (ed) Large rivers : geomorphology and management. John Wiley and Sons, Chichester, pp1–5.

Hajek E A, Heller P L, Sheets B A (2010) Significance of channel–belt clustering in alluvial basins. Geology, 38: 535–538.

Hammon W S Ⅲ, Zeng X, Corbeanu R M, McMechan G A（2002）Estimation of the spatial distribution of fluid permeability from surface and tomographic GPR data and core, with a 2–D example from the Ferron Sandstone, Utah. Geophysics, 67: 1505–1515.

Hampson G J, Jewell T O, Irfan N, Gani M R, Bracken B（2013）Modest changes in fluvial style with varying accommodation in regressive alluvial–to–coastal–plain wedge：upper Cretaceous Blackhawk Formation, Wasatch Plateau, central Utah, USA. J Sediment Res, 83: 145–169.

Hardage R（2010）Compartments can challenge logic. American Association of Petroleum Geologists, AAPG–Explorer, August 2010, pp34–35.

Hardage B A, Levey R A, Pendleton V, Simmons J, Edson R（1996）3–D Seismic imaging and interpretation of fluvially deposited thin–bed reservoirs. In：Weimer P, Davis T L（eds）Applications of 3–D seismic data to exploration and production, vol. 42. AAPG Studies in Geology, pp27–34.

He W, Anderson R N, Xu L, Boulanger A, Meadow B, Neal R（1996）4D seismic monitoring grows as production tool. Oil Gas J, 20: 41–46.

Heinz J, Aigner T（2003）Three–dimensional GPR analysis of various Quaternary gravel–bed braided river deposits（southwestern Germany）. In：Bristow C S, Jol H M（eds）Ground penetrating radar in sediments, vol. 211. Geological Society of London, Special Publication, pp99–110.

Heinz J, Kleineidam S, Teutsch G, Aigner T（2003）Heterogeneity patterns of Quaternary glaciofluvial gravel bodies（SW–Germany）: application to hydrogeology. Sediment Geol, 158: 1–24.

Heller P L, Angevine C L, Winslow N S, Paola C（1988）Two–phase stratigraphic model of foreland–basin sequences. Geology, 16: 501–504.

Hentz T F, Zeng H（2003）High–frequency Miocene sequence stratigraphy, offshore Louisiana：cycle framework and influence on production distribution in a mature shelf province. Am Assoc Petr Geol B, 87: 197–230.

Heritier F E, Lossel P, Wathne E（1980）Frigg field–large submarine fan trap in lower Eocene rocks of the Viking Graben, North Sea. In：Halbouty M T（ed）Giant oil and gas fields of the decade 1968–1978, vol. 30. American Association of Petroleum Geologists Memoir, pp59–80.

Herrero A, Alonso–Gavilán G, Colenero J R（2010）Depositional sequences in a foreland basin（north–western domain of the continental Duero basin, Spain）. Sediment Geol, 223: 235–264.

Hesselink A W, Weerts H J T, Berendsen H J A（2003）Alluvial architecture of the human–influenced River Rhine, The Netherlands. Sediment Geol, 161: 229–248.

Hickin E J（1983）River channel changes：retrospect and prospect. In：Collinson J D, Lewin J（eds）Modern and ancient fluvial systems, vol. 6. International Association of Sedimentologists, Special Publication, pp61–83.

Hillel D（1991）Lash of the dragon. Natural History, August 1991, pp29–37.

Hillier R D, Marriott S B, Williams B P J, Wright V P（2007）Possible climate variability in the Lower Old Red Sandstone Conigar Pit Sandstone member（early Devonian）, South Wales, UK. Sediment Geol, 202: 35–57.

Hirst J P P (1991) Variations in alluvial architecture across the Oligo–Miocene Huesca fluvial system, Ebro basin, Spain. In : Miall A D, Tyler N (eds) The three–dimensional facies architecture of terrigenous clastic sediments, and its implications for hydrocarbon discovery and recovery, vol. 3. Society of Economic Paleontologists and Mineralogists Concepts in Sedimentology and Paleontology, pp111–121.

Hofmann M H, Wroblewski A, Boyd R (2011) Mechanisms controlling the clustering of fluvial channels and the compensational stacking of cluster belts. J Sediment Res, 81: 670–685.

Holbrook J M (2001) Origin, genetic interrelationships, and stratigraphy over the continuum of fluvial channel–form bounding surfaces : an illustration from middle Cretaceous strata, south–eastern Colorado. Sediment Geol, 144: 179–222.

Holbrook J (2010) Valleys that never were : time surfaces versus stratigraphic surfaces—Discussion. J Sediment Res, 80: 2–3.

Holbrook J M, Bhattacharya J P (2012) Reappraisal of the sequence boundary in time and space : case and considerations for an SU (subaerial unconformity) that is not a sediment bypass surface, a time barrier, or an unconformity. Earth Sci Rev, 113: 271–302.

Holbrook J, Scott R W, Oboh–Ikuenobe F E (2006) Base–level buffers and buttresses : a model for upstream versus downstream control on fluvial geometry and architecture within sequences. J Sediment Res, 76: 162–174.

Hornung J, Aigner T (1999) Reservoir and aquifer characterization of fluvial architectural elements : Stubens and stein, Upper Triassic, southwest Germany. Sediment Geol, 129: 215–280.

Horton B K, Constenius K N, DeCelles P G (2004) Tectonic control on coarse–grained forelandbasin sequences : an example from the Cordilleran foreland basin, Utah. Geology, 32: 637–640.

Hovius N (1998) Controls on sediment supply by larger rivers. In : Shanley K W, McCabe P J (eds) Relative role of eustasy, climate, and tectonism in continental rocks, vol. 59. Society for Sedimentary Geology (SEPM), Special Publication, pp3–16.

Hubbard S M, Smith D G, Nielsen H, Leckie D A, Fustic M, Spencer R J, Bloom L (2011) Seismic geomorphology and sedimentology of a tidally influenced river deposit, Lower Cretaceous Athabasca oil sands, Alberta, Canada. Am Assoc Petr Geol B, 95: 1123–1145.

Huggenberger P (1993) Radar facies : recognition of facies patterns and heterogeneities within Pleistocene Rhine gravels, NE Switzerland. In : Best J L, Bristow C S (eds) Braided rivers, vol. 75. Geological Society, London, Special Publication, pp163–176.

Hutchison C S (1989) Geological evolution of south–east Asia, vol. 13. Clarendon Press, Oxford, Oxford Monographs on geology and geophysics, 368p.

Jackson RG Ⅱ (1975) Hierarchical attributes and a unifying model of bed forms composed of cohesionless material and produced by shearing flow. Geol Soc Am Bull, 86: 1523–1533.

Jerolmack D J, Mohrig D (2007) Conditions for branching in depositional rivers. Geology, 35: 463–466.

Jerolmack D J, Paola C (2010) Shredding of environmental signals by sediment transport. Geophys Res Lett, 37 (L10401): 5p.

Jiao Y Q, Yan J X, Li S T, Yang R Q, Lang F G, Yang S K (2005) Architectural units and heterogeneity of channel reservoirs in Karamay Formation, outcrop area of Karamay oil field, Junggar basin, northwest China. Am Assoc Petr Geol B, 89: 529–545.

Jol H M, Bristow C S (2003) GPR in sediments: advice on data collection, basic processing and interpretation, a good practice guide. In: Bristow C S (ed) Ground penetrating radar in sediments, vol. 211. Geological Society, London, Special Publication, pp9–27.

Jones H L, Hajek E A (2007) Characterizing avulsion stratigraphy in ancient alluvial deposits. Sediment Geol, 202: 124–137.

Jones L S, Schumm S A (1999) Causes of avulsion: an overview. In: Smith N D, Rogers J (eds) Fluvial sedimentology Ⅵ, vol. 28. International Association of Sedimentologists, Special Publication, pp171–178.

Kallmeier E, Breitkreuz C, Kiernowski H, Geißler M (2010) Issues associated with the distinction between climatic and tectonic controls on Permian alluvial fan deposits from the Kotzen and Barnim basins (North German Basin). Sediment Geol, 223: 15–34.

Kamola D, Huntoon J E (1995) Repetitive stratal patterns in a foreland basin sandstone and their possible tectonic significance. Geology, 23: 177–180.

Karssenberg D, Törnqvist T E, Bridge J S (2001) Conditioning a process-based model of sedimentary architecture to well data. J Sediment Res, 71: 868–879.

Kaufman R L, Kabir C S, Abdul-Rahman B, Quttainah R, Dashti H, Pederson J M, Moon M S (2000) Characterizing the Greater Burgan field with geochemical and other field data, vol. 3. SPE Reservoir Evaluation and Engineering, pp118–126 (SPE paper 62516).

Kesel R H, Dunne K C, McDonald R C, Allison K R, Spicer B E (1974) Lateral erosion and overbank deposition on the Mississippi River in Louisiana caused by 1973 flooding. Geology, 2: 461–464.

Kim W, Paola C (2007) Long-period cyclic sedimentation with constant tectonic forcing in an experimental relay ramp. Geology, 35: 331–334.

King P B (1959) The evolution of North America. Princeton University Press, Princeton, 190 p.

Klingbeil R, Kleineidam S, Asprion U, Aigner T, Teutsch G (1999) Relating lithofacies to hydrofacies: outcrop-based hydrogeological characterisation of Quaternary gravel deposits. Sediment Geol, 129: 299–310.

Knighton D (1998) Fluvial forms and processes: a new perspective. Arnold, London, 383 p.

Knighton A D, Nanson G C (2000) Waterhole form and process in the anastomosing channel system of Cooper Creek, Australia. Geomorphology, 35: 101–117.

Knox J C (2007) The Mississippi river system. In: Gupta A (ed) Large rivers: geomorphology and management. John Wiley and Sons, Chichester, pp145–182.

Komatsubara J (2004) Fluvial architecture and sequence stratigraphy of the Eocene to Oligocene Iwaki Formation, northeast Japan: channel-fills related to the sea-level change. Sediment Geol, 168: 109–123.

Kraus M J (1987) Integration of channel and floodplain suites, Ⅱ. Vertical relations of alluvial paleosols. J Sediment Petrol, 57: 602–612.

Kraus M J, Aslan A (1999) Palaeosol sequences in floodplain environments: a hierarchical approach. In:

Thiry M, Simon-Coincon R (eds) Palaeoweathering, palaeosurfaces and related continental deposits, vol. 27. International Association of Sedimentologists, Special Publication, pp303–321.

Kraus M J, Wells T M (1999). Recognizing avulsion deposits in the ancient stratigraphical record. In: Smith N D, Rogers J (eds) Fluvial sedimentology Ⅵ, vol. 28, Special Publication of the International Association of Sedimentologists, pp251–268.

Krystinik L F, DeJarnett B B (1995) Lateral variability of sequence stratigraphic framework in the Campanian and Lower Maastrichtian of the Western Interior Seaway. In: Van Wagoner J C, Bertram G T (eds) Sequence stratigraphy of foreland basins, vol. 64. American Association of Petroleum Geologists Memoir, pp11–25.

Labourdette R (2011) Stratigraphy and static connectivity of braided fluvial deposits of the lower Escanilla Formation, south central Pyrenees, Spain. Am Assoc Petr Geol, 95: 585–617.

Lane E W (1955) The importance of fluvial morphology in hydraulic engineering. Am Soc Civil Eng Proc, 81 (745): 1–17.

Larue D K, Friedmann F (2005) The controversy concerning stratigraphic architecture of channelized reservoirs and recovery by waterflooding. Petrol Geosci, 11: 131–146.

Larue D K, Hovadik J (2006) Connectivity of channelized reservoirs: a modelling approach. Petrol Geosci, 12: 291–308.

Larue D K, Hovadik J (2008) Why is reservoir architecture an insignificant uncertainty in many appraisal and development studies of clastic channelized reservoirs? J Petrol Geol, 31: 337–366.

Laurin J, Sageman B B (2007) Cenomanian–Turonian coastal record in SW Utah, USA: orbital-scale transgressive–regressive events during oceanic anoxic event Ⅱ. J Sediment Res, 77: 731–756.

Leckie D A (1994) Canterbury Plains, New Zealand—implications for sequence stratigraphic models. Am Assoc Petr Geol B, 78: 1240–1256.

Leclair S F (2011) Interpreting fluvial hydromorphology from the rock record: large-river peak flow leaves no clear signature. In: Davidson S K, Leleu S, North C P (eds) From river to rock record, vol. 97. Society for Sedimentary Geology (SEPM), Special Publication, pp. 113–124.

Leclair S F, Bridge J S (2001) Quantitative interpretation of sedimentary structures formed by river dunes. J Sediment Res, 71: 713–716.

Leeder M R (1973) Fluviatile fining-upward cycles and the magnitude of palaeochannels. Geol Mag, 110: 265–276.

Leeder M R (1978) A quantitative stratigraphic model for alluvium, with special reference to channel deposit density and interconnectedness. In: Miall A D (ed) Fluvial sedimentology, vol. 5. Canadian Society of Petroleum Geologists Memoir, pp587–596.

Leeder M R (1993) Tectonic controls upon drainage basin development, river channel migration and alluvial architecture: implications for hydrocarbon reservoir development and characterization. In: North C P, Prosser D J (eds) Characterization of fluvial and aeolian reservoirs, vol. 73. Geological Society, London, Special Publication, pp7–22.

Leeder M R, Alexander J (1987) The origin and tectonic significance of asymmetric meander belts. Sedimentology, 34: 217–226.

Leeder M R, Gawthorpe R L (1987) Sedimentary models for extensional tilt–block/half–graben basins. In : Coward M P, Dewey J F, Hancock P L (eds) Continental extension tectonics, vol. 28. Geological Society, London, Special Publication, pp139–152.

Leeder M R, Stewart M D (1996) Fluvial incision and sequence stratigraphy : alluvial responses to relative sea–level fall and their detection in the geological record. In : Hesselbo S P, Parkinson D N (eds) Sequence stratigraphy in British Geology, vol. 103. Geological Society, London, Special Publication, pp25–39.

Leier A L, DeCelles P G, Pelletier J D (2005) Mountains, monsoons and megafans. Geology, 33: 289–292.

Leopold L B, Langbein W B (1966) . River meanders. Scientific American, New York, p 214.

Leopold L B, Wolman M G (1957) River channel patterns ; braided, meandering, and straight. US Geological Survey Professional Paper, 282–B.

Leopold L B, Wolman M G, Miller J P (1964) Fluvial processes in geomorphology. W. H. Freeman and Co., San Francisco, 522p.

Lesmes D P, Decker S M, Roy D C (2002) Amultiscale radar–stratigraphic analysis of fluvial aquifer heterogeneity. Geophysics, 67: 1452–1464.

Li S, Finlayson B (1993) Flood management on the lower Yellow River : hydrological and geomorphological perspectives. Sediment Geol, 85: 285–296.

Liu S F, Nummedal D, Yin P G, Luo H J (2005) Linkage of Sevier thrusting episodes and Late Cretaceous foreland basin megasequences across southern Wyoming (USA) . Basin Res, 17: 487–506.

Long D G F (2006) Architecture of pre–vegetation sandy–braided perennial and ephemeral river deposits in the Paleoproterozoic Athabasca Group, northern Saskatchewan, Canada as indicators of Precambrian fluvial style. Sediment Geol, 190: 71–95.

Long D G F (2011) Architecture and depositional style of fluvial systems before land plants : a comparison of Precambrian, early paleozoic and modern river deposits. In : Davidson S K, Leleu S, North C P (eds) From river to rock record, vol. 97. Society for Sedimentary Geology (SEPM), Special Publication, pp37–61.

López–Gómez J, Arche A, Vargas H, Marzo M (2010) Fluvial architecture as a response to two layer lithospheric subsidence during the Permian and Triassic in the Iberian basin, eastern Spain. Sediment Geol, 223: 320–333.

Lucas S G (1997) The upper Triassic Chinle Group : western United States : a nonmarine standard for Late Triassic time. In : Morales M (ed) Aspects of mesozoic geology and paleontology of the Colorado Plateau, vol. 59. Museum of Northern Arizona Bulletin, pp27–50.

Lucas S G, Heckert A B, Estep J W, Anderson O (1997) Stratigraphy of the upper triassic Chinle group, four corners region. In : Anderson O J, Kues B, Lucas S G (eds) Mesozoic geology and paleontology of the four corners region. New Mexico Geological Society, Guidebook, pp81–108.

Lukie T D, Ardies G W, Dalrymple R W, Zaitlin B A (2002) Alluvial architecture of the Horsefly unit (Basal Quartz) in southern Alberta and northern Montana : influence of accommodation changes and contemporaneous faulting. B Can Petrol Geol, 50: 73–91.

Lunt I A, Bridge J S (2004) Evolution and deposits of a gravelly braid bar, Sagavanirktok River, Alaska. Sedimentology, 51: 415–432.

Lunt I A, Bridge J S, Tye R S (2004) A quantitative, three–dimensional depositional model of gravelly braided rivers. Sedimentology, 51: 377–414.

Mack G H, Leeder M, Perez–Arlucea M, Durr M (2011) Tectonic and climatic conrols on Holocene channel migration, incision and terrace formation by the Rio Grande in the Palomas half graben, southern Rio Grande rift, USA. Sedimentology, 58: 1065–1086.

Mack G H, Madoff R D (2005) A test of models of fluvial architecture and palaeosol development: Camp Rice Formation (Upper Pliocene–Lower Pleistocene), southern Rio Grande Rift, New Mexico, USA. Sedimentology, 52: 191–211.

Mack G H, Seager W R, Leeder M R, Perez–Arlucea M, Salyards S L (2006) Pliocene and Quaternary history of the Rio Grande, the axial river of the southern Rio Grande rift, New Mexico, USA. Earth Sci Rev, 79: 141–162.

Mackey S D, Bridge J S (1995) Three–dimensional model of alluvial stratigraphy: theory and application. J Sediment Res B, 65: 7–31.

Makaske B (2001) Anastomosing rivers: a review of their classification, origin and sedimentary products. Earth Sci Rev, 53: 149–196.

Marriott SB (1999) The use of models in the interpretation of the effects of base–level change on alluvial architecture. In: Smith N D, Rogers J (eds) Fluvial sedimentology Ⅵ, vol. 28. International Association of Sedimentologists, Special Publication, pp271–281.

Marriott S B, Wright V P, Williams B P J (2005) A new evaluation of fining–upward sequences in a mud–rock dominated succession of the Lower Old Red Sandstone of South Wales, UK. In: Blum M D, Marriott S B, Leclair S F (eds) Fluvial sedimentology Ⅶ, vol. 35. International Association of Sedimentologists, Special Publication, pp517–529.

Martin J H (1993) A review of braided fluvial hydrocarbon reservoirs: the petroleum engineer's perspective. In: Best J L, Bristow C S (eds) Braided rivers, vol. 75. Geological Society, London, Special Publication, pp333–367.

Martinius A W (1996) The sedimentological characterization of labyrinthine fluvial reservoir analogues. Doctoral thesis, Delft University of Technology, 300p.

Martinius A W (2000) Labyrinthine facies architecture of the Tórtola fluvial system and controls on deposition (late Oligocene–early Miocene, Loranca Basin, Spain). J Sediment Res, 70: 850–867.

Martinsen O J, Ryseth A, Helland–Hansen W, Flesche H, Torkildsen G, Idel S (1999) Stratigraphic base level and fluvial architecture: Ericson Sandstone (Campanian), Rock springs uplift, SW Wyoming, USA. Sedimentology, 46: 235–259.

Matthews M D, Perlmutter M A (1994) Global cyclostratigraphy: an application to the Eocene Green River Basin. In: de Boer P L, Smith D G (eds) Orbital forcing and cyclic sequences, vol. 19. International

Association of Sedimentologists, Special Publication, pp459–481.

Maynard J R, Feldman H R, Always R（2010）From bars to valleys：the sedimentology and seismic geomorphology of fluvial to estuarine incised–valley fills of the Grand Rapids Formation（Lower Cretaceous）, Iron River field, Alberta, Canada. J Sediment Res, 80: 611–638.

McCarthy P J（2002）Micromorphology and development of interfluve paleosols：a case study from the Cenomanian Dunvegan formation, NE British Columbia, Canada. B Can Petrol Geol, 50: 158–177.

McCarthy P J, Plint A G（1998）Recognition of interfluve sequence boundaries：integrating paleopedology and sequence stratigraphy. Geology, 26: 387–390.

McCarthy P J, Plint A G（2003）Spatial variability of palaeosols across Cretaceous interfluves in the Dunvegan Formation, NE British Columbia, Canada：palaeohydrological, palaeogeomor phological and stratigraphic implications. Sedimentology, 50: 1187–1220.

McCarthy T S, Ellery W N, Stanistreet I G（1992）Avulsion mechanism on the Okavango fan, Botswana：the control of a fluvial system by vegetation. Sedimentology, 39: 779–795.

McLaurin B T, Steel R J（2007）Architecture and origin of an amalgamated fluvialsheetsand, lower Castlegate formation, BookCliffs, Utah. Sediment Geol, 197: 291–311.

McMechan G A, Gaynor G C, Szerbiak R B（1997）Use of ground–penetrating radar for 3–D sedimentological characterization of clastic reservoir analogs. Geophysics, 62: 786–796.

McMillan N J（1973）Shelves of Labrador Sea and Baffin Bay, Canada. In：The future petroleum provinces of Canada, their geology and potential. Can Soc Petrol Memoir, 1: 473–517.

Medwedeff D A（1989）Growth fault–bend folding at Southeast Lost Hills, San Joaquin valley, California. Am Assoc Petr Geol B, 73: 54–67.

Mezghani M, Fornel A, Langlais V, Lucet N（2004）History matching and quantitative use of 4D seismic data for an improved reservoir characterization. Society of Petroleum Engineers, paper SPE 90420.

Miall A D（1980）Cyclicity and the facies model concept in geology. B Can Petrol Geol, 28: 59–80.

Miall A D（1981）Alluvial sedimentary basins：tectonic setting and basin architecture. In：Miall A D（ed）Sedimentation and tectonics in alluvial basins, vol. 23. Geological Association of Canada Special Paper, pp1–33.

Miall A D（1985）Architectural–element analysis：a new method of facies analysis applied to fluvial deposits. Earth Sci Rev, 22: 261–308.

Miall A D（1988）Reservoir heterogeneities in fluvial sandstones：lessons from outcrop studies. Am Assoc Petr Geol B, 72: 682–697.

Miall A D（1991a）Hierarchies of architectural units in clastic rocks, and their relationship to sedimentation rate. In：Miall A D, Tyler N（eds）The three–dimensional facies architecture of terrigenous clastic sediments, and its implications for hydrocarbon discovery and recovery, vol. 3 Society of Economic Paleontologists and Mineralogists, Concepts in Sedimentology and Paleontology, pp 6–12.

Miall A D（1991b）Stratigraphic sequences and their chronostratigraphic correlation. J Sediment Petrol, 61: 497–505.

Miall A D (1994) Reconstructing fluvial macroform architecture from two–dimensional outcrops : examples from the Castlegate Sandstone, Book Cliffs, Utah. J Sediment Res B, 64: 146–158.

Miall A D (1996) The geology of fluvial deposits : sedimentary facies, basin analysis and petroleum geology. Springer–Verlag, Inc., Heidelberg, 582p.

Miall A D (2002) Architecture and sequence stratigraphy of Pleistocene fluvial systems in the Malay Basin, based on seismic time–slice analysis. Am Assoc Petr Geol B, 86: 1201–1216.

Miall A D (2006a) Reconstructing the architecture and sequence stratigraphy of the preserved fluvial record as a tool for reservoir development : a reality check. Am Assoc Petr Geol B, 90: 989–1002.

Miall A D (2006b) How do we identify big rivers, and how big is big ? Sediment Geol, 186: 39–50.

Miall A D (2010a) Alluvial deposits. In : James N P, Dalrymple R W (eds) Facies models 4, Geological Association of Canada, St. John's, Newfoundland, GEO text 6, pp105–137 (50) .

Miall A D (2010b) The geology of stratigraphic sequences. 2nd edn. Springer–Verlag, Berlin, 522p.

Miall A D, in press. A new uniformitarianism : stratigraphy as just a set of "frozen accidents" . In : Smith D G, Bailey R J, Burgess P, Fraser A (eds) Strata and time. Geological Society, London, Special Publication.

Miall A D, Arush M (2001a) The Castlegate Sandstone of the Book Cliffs, Utah : sequence stratigraphy, paleogeography, and tectonic controls. J Sediment Res, 71: 536–547.

Miall A D, Arush M (2001b) Cryptic sequence boundaries in braided fluvial successions. Sedimentology, 48 (5): 971–985.

Miall A D, Jones B (2003) Fluvial architecture of the Hawkesbury Sandstone (Triassic), near Sydney, Australia. J Sediment Res, 73: 531–545.

Middleton G V (ed) (1965) Primary sedimentary structures and their hydrodynamic interpretation. Society of Economic Paleontologists and Mineralogists Special Publication, vol. 12, 265p.

Miller K G, Kominz M A, Browning J V, Wright J D, Mountain G S, Katz M E, Sugarman P J, Cramer B S, Christie–Blick N, Pekar S F (2005a) The Phanerozoic record of global sea–level change. Science, 310: 1293–1298.

Miller K G, Wright J D, Browning J V (2005) Visions of ice sheets in a greenhouse world. Marine Geol, 217: 215–231.

Mohrig D, Heller P L, Paola C, Lyons W J (2000) Interpreting avulsion process from ancient alluvial sequences : Guadalope–Matarranya system (northern Spain) and Wasatch Formation, (western Colorado) . Geol Soc Am Bull, 112 (12): 1787–1803.

Molenaar C M, Rice D D (1988) Cretaceous rocks of the Western Interior Basin. In : Sloss L L (ed) Sedimentary cover—North American Craton : US, The Geology of North America, vol. D–2. Geological Society of America, Boulder, CO, pp77–82.

Morend D, Pugin A, Gorin G E (2002) High–resolution imaging of outcrop–scale channels and an incised valley system within the fluvial–dominated Lower Freshwater Molasse (Aquitanian, western Swiss Molasse Basin) . Sediment Geol, 149: 245–264.

Morgan J P, McKintire W G (1959) Quaternary geology of the Bengal Basin, East Pakistan and India. Geol

Soc Am Bull, 70: 319–342.

Morozova G S, Smith N D (1999) Holocene avulsion history of the lower Saskatchewan fluvial system, Cumberland Marshes, Saskatchewan–Manitoba, Canada. In : Smith N D, Rogers J (eds) Fluvial sedimentology Ⅵ, vol. 28. International Association of Sedimentologists, Special Publication, pp 231–249.

Morozova G S, Smith N D (2000) Holocene avulsion styles and sedimentation patterns of the Saskatchewan river, Cumberland Marshes, Canada. Sediment Geol, 130: 81–105.

Mossop G D, Flach P D (1983) Deep channel sedimentation in the lower Cretaceous McMurray formation, Athabasca oil sands, Alberta. Sedimentology, 30: 493–509.

Nanson G C (1980) Point bar and floodplain formation of the meandering Beatton River, north–eastern British Columbia, Canada. Sedimentology, 27: 3–30.

Nanson G C, Croke J C (1992) A genetic classification of floodplains. Geomorphology, 4: 459–486.

Nanson G C, Knighton A D (1996) Anabranching rivers : their cause, character and classification. Earth Surf Proc Land, 21: 217–239.

Nanz R H Jr (1954) Genesis of Oligocene sandstone reservoir, Seeligson field, Jim Wells and Kleberg Counties, Texas. Am Assoc Petr Geol B, 38: 96–117.

Neal A (2004) Ground–penetrating radar and its uses in sedimentology : principles, problems and progress. Earth Sci Rev, 66: 261–330.

Nelson B W (1970) Hydrography, sediment dispersal and recent historical development of the Po River delta, Italy. In : Morgan J P, Shaver R H (eds) Deltaic sedimentation, modern and ancient, vol. 15. Society of Economic Paleontologists and Mineralogists Special Publication, pp152–184.

Nijman W (1998) Cyclicity and basin axis shift in a piggyback basin : toward modeling of the Eocene Tremp–Ager basin, south Pyrenees, Spain. In : Mascle A, Puigdefàbregas C, Luterbacher H P, Fernàndez M (eds) Cenozoic foreland basins of western Europe, vol. 134. Geological Society, London, Special Publication, pp135–162.

North C P (1996) The prediction and modelling of subsurface fluvial stratigraphy. In : Carling P A, Dawson M R (eds) Advances in fluvial dynamics and stratigraphy. John Wiley and Sons, Chichester, pp395–508.

North C P, Davidson S K (2012) Unconfined alluvial flow processes : recognition and interpretation of their deposits and the significance for palaeogeographic reconstruction. Earth Sci Rev, 111: 199–223.

North C P, Nanson G C, Fagan SD (2007) Recognition of the sedimentary architecture of dry–landanabranching (anastomosed) rivers. J Sediment Res, 77: 925–938.

North C P, Taylor KS (1996) Ephemeral–fluvial deposits : integrated outcrop and simulation studies reveal complexity. Am Assoc Petr Geol B, 80: 811–830.

O'Leary J, Hill G S (1989) Tertiary basin development in the southern Central Plains, Thailand. In : International Symposium on Intermontane Basins, Geology and Resources, Chiang Mai, Thailand, pp254–264.

Olsen P E (1990) Tectonic, climatic, and biotic modulation of lacustrine ecosystems—examples from Newark Supergroup of eastern North America. In : Katz B J (ed) Lacustrine basin exploration : case studies and modern analogs, vol. 50. American Association of Petroleum Geologists Memoir, pp209–224.

Olsen T, Steel R J, Høgseth K, Skar T, Røe S–L (1995) Sequential architecture in a fluvial succession: sequence stratigraphy in the upper Cretaceous Mesaverde Group, Price Canyon, Utah. J Sediment Res B, 65: 265–280.

Oreskes N, Shrader–Frechette K, Belitz K (1994) Verification, validation, and confirmation of numerical models in the earth sciences. Science, 263: 641–646.

Ori G G (1979) Barre di meandrenellealluvionighiaiose del fiume Reno (Bologna). Bull Soc Geol Ital, 98: 35–54.

Paola C (2000) Quantitative models of sedimentary basin filling. Sedimentology, 47: 121–178.

Paola C, Straub K, Mohrig D, Reinhardt L (2009) The "unreasonable effectiveness" of stratigraphic and geomorphic experiments. Earth Sci Rev, 97: 1–43.

Parker G (1976) On the cause and characteristic scales of meandering and braiding in rivers. J Fluid Mech, 76: 457–480.

Peper T, Beekman F, Cloetingh S (1992) Consequences of thrusting and intraplate stress fluctuations for vertical motions in foreland basins and peripheral areas. Geophys J Int, 111: 104–126.

Perlmutter M A, Matthews M D (1990) Global cyclostratigraphy—a model. In: Cross T A (ed) Quantitative dynamic stratigraphy. Prentice Hall, Englewood Cliffs, pp233–260.

Petter A L (2011) Reconstructing backwater reaches of paleorivers and their influence on fluvial facies distribution, Campanian Lower Castlegate Sandstone, Utah. Geological Society of America Annual Meeting, Minneapolis, Paper 149–12.

Pettijohn F J (1957) Sedimentary rocks. Harper & Bros., New York, 718p.

Pietras J T, Carroll A R (2006) High–resolution stratigraphy of an underfilled lake basin: Wilkins Peak Member, Eocene Green River Formation, Wyoming, USA. J Sediment Res, 76: 1197–1214.

Platt NH, Keller B (1992) Distal alluvial deposits in a foreland basin setting—the Lower Freshwater Molasse (Lower Miocene), Switzerland: sedimentology, architecture and palaeosols. Sedimentology, 39: 545–565.

Plint A G (1991) High–frequency relative sea–level oscillations in Upper Cretaceous shelf clastics of the Alberta foreland basin: possible evidence for a glacio–eustatic control? In: Macdonald D I M (ed) Sedimentation, tectonics and eustasy: sea–level changes at active margins, vol. 12. International Association of Sedimentologists, Special Publication, pp409–428.

Plint A G (2002) Paleovalley systems in the upper Cretaceous Dunvegan Formation, Alberta and British Columbia. B Can Petrol Geol, 50: 277–298.

Plint A G, Kreitner M A (2007) Extensive thin sequences spanning Cretaceous foredeep suggest high–frequency eustatic control: late Cenomanian Western Canada foreland basin. Geology, 35: 735–738.

Plint A G, McCarthy P J, Faccini U F (2001) Nonmarine sequence stratigraphy: updip expression of sequence boundaries and systems tracts in a high–resolution framework: Cenomanian Dunvegan formation, Alberta foreland basin, Canada. Am Assoc Petr Geol B, 85: 1967–2001.

Plint A G, Wadsworth J A (2003) Sedimentology and palaeogeomorphology of four large valley systems incising delta plains, western Canada Foreland Basin : implications for mid–Cretaceous sea–level changes. Sedimentology, 50: 1147–1186.

Posamentier H W (2001) Lowstand alluvial bypass systems : incised vs. unincised. Am Assoc Petr Geol B, 85: 1771–1793.

Posamentier H W, Allan G P, James D P (1992) High–resolution sequence stratigraphy—the East Coulee Delta, Alberta. J Sediment Petrol, 62: 310–317.

Posamentier H W, Davies R J, Cartwright J A, Wood L (2007) Seismic geomorphology—an overview. In : Davies R J, Posamentier H W, Wood L J, Cartwright J A (eds) Seismic geomorphology : applications to hydrocarbon exploration and production, vol. 277. Geological Society, London, Special Publication, pp1–14.

Posamentier H W, Jervey M T, Vail P R (1988) Eustatic controls on clastic deposition I–conceptual framework. In : Wilgus C K, Hastings B S, Kendall C G St C, Posamentier H W, Ross C A, Van Wagoner J C (eds) Sea–level research : an integrated approach, vol. 42. Society of Economic Paleontologists and Mineralogists, Special Publication, pp109–124.

Posamentier H W, Vail P R (1988) Eustatic controls on clastic deposition Ⅱ–sequence and systems tracts models. In : Wilgus C K, Hastings B S, Kendall C G St C, Posamentier H W, Ross C A, Van Wagoner J C (eds) Sea–level research : an integrated approach, vol. 42. Society of Economic Paleontologists and Mineralogists Special Publication, pp125–154.

Potter P E (1967) Sand bodies and sedimentary environments : a review. Am Assoc Petr Geol B, 51: 337–365.

Potter P E (1978) Significance and origin of big rivers. J Geol, 86: 13–33.

Pranter M J, Cole R D, Panjaitan H, Sommer N K (2009) Sandstone–body dimension in a lower coastal–plain setting : lower Williams Fork formation, Coal Canyon, Piceance Basin, Colorado. Am Assoc Petr Geol, 93: 1379–1401.

Prochnow S J, Atchley S C, Boucher T E, Nordt L C, Hudec M R (2006) The influence of salt withdrawal subsidence on palaeosol maturity and cyclic fluvial deposition in the Upper Cretaceous Chinle formation, Castel Valley, Utah. Sedimentology, 53: 1319–1345.

Puigdefábregas C (1973) Miocene point–bar deposits in the Ebro Basin, northern Spain. Sedimentology, 20: 133–144.

Püspöki Z, Demeter G, Tóth–Makk Á, Kozák M, Dávid Á, Virág M, Kovács–Pálffy P, Kónya P, Gyuricza Gy, Kiss J, McIntosh R W, Forgács Z, Buday T, Kovács Z, Gombos T, Kiummer I (2013) Tectonically-controlled Quaternary intracontinental fluvial sequence development in the Nyírség–Pannonian Basin, Hungary. Sediment Geol, 283: 34–56.

Rainbird R H (1992) Anatomy of a large–scale braid–plain quartzarenite from the Neoproterozoic Shaler Group, Victoria Island, Northwest Territories, Canada. Canad J Earth Sci, 29: 2537–2550.

Rainbird R H, McNicoll V J, Heaman L M, Abbott J G, Long D G F, Thorkelson D J (1997) Pancontinental river system draining Grenville Orogen recorded by U–Pb and Sm–Nd geochronology of Neoproterozoic quartzarenites and mudrocks, northwestern Canada. J Geol, 105: 1–17.

Rannie W F（1990）The Portage La Prairie Floodplain Fan. In：Rachocki A H，Church M（eds）Alluvial fans：a field approach. John Wiley and Sons Ltd，Chichester，pp179–193.

Ramos A，Sopeña A（1983）Gravel bars in low-sinuosity streams（Permian and Triassic，central Spain）. In：Collinson J D，Lewin J（eds）Modern and ancient fluvial systems，vol. 6. International Association of Sedimentologists，Special Publication，pp301–312.

Ramos A，Sopeña A，Perez-Arlucea M（1986）Evolution of Buntsandstein fluvial sedimentation in the northwest Iberian Ranges（Central Spain）. J Sediment Petrol，56：862–875.

Refunjol B T，Lake L W（1999）Reservoir characterization based on tracer response and rank analysis of production and injection rates. In：Schatzinger R，Jordan J（eds）Reservoir characterization：recent advances，vol. 71. American Association of Petroleum Geologists，Memoir，pp209–218.

Reijenstein H M，Posamentier H W，Bhattacharya J P（2011）Seismic geomorphology and high resolution seismic stratigraphy of inner-shelf fluvial，estuarine，deltaic，and marine sequences，Gulf of Thailand. Am Assoc Petr Geol B，95：1959–1990.

Retallack G J（2001）Soils of the past：an introduction to paleopedology. 2nd edn. Blackwell Science，Oxford，404p.

Riba O（1976）Syntectonic unconformities of the Alto Cardener，Spanish Pyrenees，a genetic interpretation. Sediment Geol，15：213–233.

Richards K，Chandra S，Friend P F（1993）Avulsive channel systems：characteristics and exam-ples. In：Best J L，Bristow C S（eds）Braided rivers，vol. 75. Geological Society，London，Special Publication，pp195–203.

Ricketts B D（2008）Cordilleran sedimentary basins of western Canada record 180 million years of terrane accretion. In：Miall A D（ed）The sedimentary basins of the United States and Canada，vol. 5. Sedimentary basins of the World，K. J. Hsü，Series Editor，Elsevier Science，Amsterdam，pp363–394.

Robinson J W，McCabe P J（1997）Sandstone-body and shale-body dimensions in a braided fluvial system：salt wash sandstone member（Morrison Formation），Garfield County，Utah. Am Assoc Petr Geol B，81：11267–1291.

Robinson R A J，Slingerland R L（1998）Grain-size trends，basin subsidence and sediment supply in the Campanian Castlegate Sandstone and equivalent conglomerates of central Utah. Basin Res，10：109–127.

Rust B R，Jones B G（1987）The Hawkesbury Sandstone south of Sydney，Australia：Triassic analogue for the deposit of a large braided river. J Sediment Petrol，57：222–233.

Rust B R，Legun A S（1983）Modern anastomosing-fluvial deposits in arid central Australia，and a Carboniferous analogue in New Brunswick，Canada. In：Collinson J D，Lewin J（eds）Modern and ancient fluvial systems，vol. 6. International Association of Sedimentologists，Special Publication，pp385–392.

Ryer T A（1984）Transgressive-regressive cycles and the occurrence of coal in some Upper Cretaceous strata of Utah，USA. In：Rahmani R A，Flores R M（eds）Sedimentology of coal and coal-bearing sequences，vol. 7. International Association of Sedimentologists，Special Publication，pp217–227.

Ryseth A，Fjellbirkeland H，Osmundsen I K，Skålnes Å，Zachariassen E（1998）High-resolution stratigraphy and seismic attribute mapping of a fluvial reservoir : middle Jurassic Ness formation, Oseberg field. Am Assoc Petr Geol B, 82: 1627–1651.

Sadler P M (1981) Sedimentation rates and the completeness of stratigraphic sections. J Geol, 89: 569–584.

Sageman B B, Rich J, Arthur M A, Birchfield G E, Dean W E (1997) Evidence for Milankovitch periodicities in Cenomanian–Turonian lithologic and geochemical cycles, western interior, USA. J Sediment Res, 67: 286–302.

Sageman B, Rich J, Savrada C E, Bralower T, Arthur M A, Dean W E (1998) . Multiple Milankovitch cycles in the Bridge Creek Limestone (Cenomanian–Turonian), Western Interior Basin. In : Arthur M A, Dean W E (eds) Stratigraphy and paleo environments of the Cretaceous Western Interior Seaway, vol. 6. SEPM Concepts in Sedimentology and Paleontology, pp153–171.

Sambrook–Smith G H, Ashworth P J, Best J L, Woodward J, Simpson C J (2005) The morphology and facies of sandy braided rivers : some considerations of scale invariance. In : Blum M D, Marriott S B, Leclair S F (eds) Fluvial sedimentology Ⅶ, vol. 35. International Association of Sedimentologists, Special Publication, pp145–158.

Sambrook–Smith G H, Ashworth P J, Best J L, Woodward J, Simpson C J (2006) The sedimentology and alluvial architecture of the sandy braided South Saskatchewan River, Canada. Sedimentology, 53: 413–434.

Sambrook Smith G H, Best J L, Ashworth P J, Lane S N, Parker N O, Lunt I A, Thomas R E, Simpson C J (2010) Can we distinguish flood frequency and magnitude in the sedimentological record of rivers. Geology, 38: 579–582.

Sarzalejo S, Hart B S (2006) Stratigraphy and lithologic heterogeneity in the Mannville Group (southeast Saskatchewan) defined by integrating 3–D seismic and log data. B Can Petrol Geol, 54: 138–151.

Saucier R T (1974) Quaternary geology of the lower Mississippi Valley. Arkansas Archaeological Survey Research Series, vol. 6. 26p.

Saucier R T (1994) Geomorphology and Quaternary geologic history of the lower Mississippi Valley. Waterways Experiment Station, US Army Corps of Engineers, Vicksburg, Mississippi, 364p.

Saucier R T (1996) A contemporary appraisal of some key Fiskian concepts with emphasis on Holocene meander belt formation and morphology. Eng Geol, 45: 67–86.

Schumm S A (1963) A tentative classification of alluvial river channels. US Geological Survey Circular, 477.

Schumm S A (1968a) Speculations concerning paleohydrologic controls of terrestrial sedimentation. Geol Soc Am Bull, 79: 1573–1588.

Schumm S A (1968b) River adjustment to altered hydrologic regimen—Murrumbidgee River and paleochannels, Australia. US Geological Survey Professional Paper 598, 65p.

Schumm S A (1977) The fluvial system. John Wiley and Sons, New York, 338p.

Schumm S A (1979) Geomorphic thresholds : the concept and its applications. T I Brit Geogr, 4: 485–515.

Schumm S A (1981) Evolution and response of the fluvial system, sedimentological implications. In : Ethridge F G, Flores R M (eds) Recent and ancient nonmarine depositional environments : models for exploration, vol. 31. Society of Economic Paleontologists and Mineralogists, Special Publication, pp19–29.

Schumm S A（1985）Patterns of alluvial rivers. Annu Rev Earth Pl Sc，13：5–27.

Schumm S A（1993）River response to base level change：implications for sequence stratigraphy. J Geol，101：279–294.

Schumm S A（1994）The variability of large alluvial rivers. American Society of Civil Engineers，New York，467p.

Schumm S A，Dumont J F，Holbrook J M（2000）Active tectonics and alluvial rivers. Cambridge University Press，Cambridge，276p.

Seward A C（1959）Plant life through the ages. Hafner，New York，603p.

Shanley K W（2004）Fluvial reservoir description for a giant，low–permeability gas field：Jonah field，Green river Basin，Wyoming，USA. In：Robinson J W，Shanley K W（eds）Jonah field：case study of a tight–gas fluvial reservoir. AAPG Studies in Geology，vol. 52，pp159–182.

Shanley K，McCabe P J（1989）Sequence–stratigraphic relationships and facies architecture of Turonian–Campanian strata，Kaiparowits Plateau，south–central Utah. AAPG Bull，73：410–411.

Shanley KW，McCabe P J（1994）Perspectives on the sequence stratigraphy of continental strata. Am Assoc Petr Geol B，78：544–568.

Shanley K W，McCabe P J，Hettinger R D（1992）Significance of tidal influence in fluvial deposits for interpreting sequence stratigraphy. Sedimentology，39：905–930.

Sheets B A，Hickson T A，Paola C（2002）Assembling the stratigraphic record：depositional patterns and time–scales in an experimental alluvial basin. Basin Res，14：287–301.

Sheets B A，Paola C，Kelberer J M（2007）Creation and preservation of channel–form sand bodies in an experimental alluvial system. In：Nichols G，Williams E，Paola C（eds）Sedimentary processes，environments and basins：a tribute to Peter Friend，vol. 38. International Association of Sedimentologists，Special Publication，vol. 38，pp555–567.

Shepard F P，Wanless H R（1935）Permo–Carboniferous coal series related to southern hemisphere glaciation. Science，81：521–522.

Singh H，Parkash B，Gohain K（1993）Facies analysis of the Kosimegafan deposits. Sediment Geol，85：87–113.

Sinha R，Bhattacharjee P S，Sangode S J，Gibling M R，Tandon S K，Jain M，Godfrey–Smith D（2007）Valley and interfluve sediments in the Southern Ganga plains，India：exploring facies and magnetic signatures. Sediment Geol，201：386–411.

Sinha R，Gibling M R，Jain V，Tandon S K（2005）Sedimentology and avulsion patterns of the anabranching Baghmati River in the Himalayan foreland basin，India. In：Blum M D，Marriott S B，Leclair S F（eds）Fluvial sedimentology Ⅶ，vol. 35. International Association of Sedimentologists，Special Publication，pp181–196.

Slingerland R，Smith N D（1998）Necessary conditions for meandering–river avulsion. Geology，26：435–438.

Sloss L L（1962）Stratigraphic models in exploration. Am Assoc Petr Geol B，46：1050–1057.

Sloss L L (1963) Sequences in the cratonic interior of North America. Geol Soc Am Bull, 74: 93–113.

Smalley P C, Hale N A (1996) Early identification of reservoir compartmentalization by com-bining a range of conventional and novel data types. SPE Formation Evaluation, September 1996, pp163–169 (SPE paper 30533) .

Smith D G (1983) Anastomosed fluvial deposits : modern examples from western Canada. In : Collinson J D, Lewin J (eds) Modern and ancient fluvial systems, vol. 6. International Association of Sedimentologists, Special Publication, pp155–168.

Smith D G, Smith N D (1980) Sedimentation in anastomosed river systems : examples from alluvial valleys near Banff, Alberta. J Sediment Petrol, 50: 157–164.

Smith N D, Cross T A, Dufficy J P, Clough S R (1989) Anatomy of an avulsion. Sedimentology, 36: 1–23.

Smith N D, Slingerland R L, Pérez-Arlucea M, Morozova G S (1998) The 1870s avulsion of the Saskatchewan River. Canad J Earth Sci, 35: 453–466.

Soreghan G S, Montanez I P (eds) (2008) Special issue of the late Paleozoic earth system : palaeo-geography, palaeoclimatology. Palaeoecology, 268 (3–4) : 310.

Stephen K D, Dalrymple M (2002) Reservoir simulations developed from an outcrop of incise valley fill strata. Am Assoc Petr Geol B, 86: 797–822.

Stephens M (1994) Architectural element analysis within the Kayenta Formation (Lower Jurassic) using ground-probing radar and sedimentological profiling, southwestern Colorado. Sediment Geol, 90: 179–211.

Stevaux J C, Souza I A (2004) Floodplain construction in an anastomosed river. Quat Int, 114: 55–65.

Stockmal G S, Cant D J, Bell J S (1992) Relationship of the stratigraphy of the Western Canada foreland basin to Cordilleran tectonics : insights from geodynamic models. In : Macqueen R W, Leckie D A (eds) Foreland basin and fold belts, vol. 55. American Association of Petroleum Geologists Memoir, pp107–124.

Stølum H-H (1996) River meandering as a self-organizing process. Science, 271: 1710–1713.

Stouthamer E (2001a) Holocene avulsions in the Rhine-Meuse delta, vol. 283. Netherlands Geographical Studies, The Netherlands, 224p.

Stouthamer E (2001b) Sedimentary products of avulsions in the Holocene Rhine-Meuse delta, The Netherlands. Sediment Geol, 145: 73–92.

Stouthamer E, Berendsen H J A (2007) Avulsion : the relative roles of autogenic and allogenic processes. Sediment Geol, 198: 309–325.

Stouthamer E, Cohen K M, Gouw M J P (2011) Avulsion and its implication for fluvial-deltaic architecture : insights from the Holocene Rhine-Meuse delta. In : Davidson S K, Leleu S, North C P (eds) From river to rock record, vol. 97. Society for Sedimentary Geology (SEPM), Special Publication, pp215–231.

Straub KM, Paola C, Mohrig D, Wolinsky M A, George T (2009) Compensational stacking of channelized sedimentary deposits. J Sediment Res, 79: 673–688.

Strong N, Paola C (2008) Valleys that never were : time surfaces versus stratigraphic surfaces. J Sediment Res, 78: 579–593.

Strong N, Sheets B, Hickson T, Paola C (2005) A mass-balance framework for quantifying downstream changes in fluvial architecture. In : Blum M D, Marriott S B, Leclair S F (eds) Fluvial sedimentology VII, vol. 35. International Association of Sedimentologists, Special Publication, pp243–253.

Sun J, Li Y, Zhang Z, Fu B (2010) Magnetostratigraphic data on Neogene growth folding in the foreland basin of the southern Tianshan Mountains. Geology, 37: 1051–1054.

Svanes T, Martinius A W, Hegre J, Maret J–P, Mjos R, Molina J C U (2004) Integration of subsurface applications to develop a dynamic stochastic modeling workflow. Am Assoc Petr Geol B, 88: 1369–1390.

Szerbiak R B, McMechan G A, Corbeanu R, Forster C, Snelgrove S H (2001) 3–D characterization of a clastic reservoir analogue : from 3–D GPR data to a 3–D fluid permeability model. Geophysics, 66: 1026–1037.

Tabor N J, Poulsen C J (2008) Paleoclimates across the Late Pennyslvanian–Early Permian tropical palaeolatitudes : A review of climate indicators, their distribution, and relation to palaeophysiographic climate factors. Palaeogeography, Palaeoclimatology, Palaeoecology, 268: 293–310.

Takano O, Waseda A (2003) Sequence stratigraphic architecture of a differentially subsiding bay to fluvial basin : the Eocene Ishikari Group, Ishikari Coal Field, Hokkaido, Japan. Sediment Geol, 160: 131–158.

Tandon S K, Gibling M R, Sinha R, Singh V, Ghazanfari P, Dasgupta AS, Jain M, Jain V (2006) Alluvial valleys of the Gangetic Plains, India : timing and causes of incision. In : Dalrymple R W, Leckie D A, Tillman R W (eds) Incised valleys in time and space, vol. 85. Society for Sedimentary Geology (SEPM), Special Publication, pp15–35.

Tandon S K, Sinha R (2007) Geology of large river systems. In : Gupta A (ed) Large rivers : geo-morphology and management. John Wiley and Sons, Chichester, pp7–28.

Tapponnier P, Peltzer G, Armijo R (1986) On the mechanics of the collision between India and Asia. In : Coward M P, Ries A C (eds) Collision tectonics, vol. 19. Geological Society of London, Special Publication, pp115–157.

Taylor C F H (1999) The role of overbank flow in governing the form of an anabranching river : the Fitzroy River, northwestern Australia. In : Smith N D, Rogers J (eds) Fluvial Sedimentology VI, vol. 28. Special Publication of the International Association of Sedimentologists, pp77–92.

Thakur G C (1991) Waterflood surveillance techniques—a reservoir management approach. J Petrol Technol, 43: 1180–1192.

Thakur G C, Satter A (1998) Integrated waterflood asset management. Pennwell, Tulsa, Oklahoma.

Thomas R G, Smith D G, Wood J M, Visser J, Calverley–Range E A, Koster E H (1987) Inclined heterolithic stratification—terminology, description, interpretation and significance. Sediment Geol, 53: 123–179.

Thorne C R, Russell A P G, Alam M K (1993) Planform pattern and channel evolution of the Brahmaputra River, Bangladesh. In : Best J L, Bristow C S (eds) Braided rivers, vol. 75. Geological Society, London, Special Publication, pp257–276.

Törnqvist T E (1993) Holocene alternation of meandering and anastomosing fluvial systems in the Rhine–Meuse delta (central Netherlands) controlled by sea–level rise and subsoil erodibility. J Sediment Petrol, 63: 683–693.

Törnqvist TE (1994) Middle and late Holocene avulsion history of the River Rhine (Rhine–Meuse delta, Netherlands). Geology, 22: 711–714.

Tye R S (1991) Fluvial–sandstone reservoirs of the Travis Peak Formation, East Texas Basin. In: Miall A D, Tyler N (eds) The three–dimensional facies architecture of terrigenous clastic sediments, and its implications for hydrocarbon discovery and recovery, vol. 3. Society of Economic Paleontologists and Mineralogists Concepts and Models Series, pp172–188.

Tye R S (2004) Geomorphology: an approach to determining subsurface reservoir dimensions. Am Assoc Petr Geol B, 88: 1123–1147.

Tye R S, Bhattacharya J P, Lorsong J A, Sinfdelar S T, Knowck D G, Puls D D, Levinson R A (1999) Geology and stratigraphy of fluvio–deltaic deposits in the Ivishak formation: applications for development of Prudhoe Bay field, Alaska. Am Assoc Petr Geol B, 83: 1588–1623.

Tyler N, Finley R J (1991) Architectural controls on the recovery of hydrocarbons from sandstone reservoirs. In: Miall A D, Tyler N (eds) The three–dimensional facies architecture of terrigenous clastic sediments, and its implications for hydrocarbon discovery and recovery, vol. 3. Society of Economic Paleontologists and Mineralogists, Concepts in Sedimentology and Paleontology, pp1–5.

Tyler N, Galloway W E, Garrett C M Jr, Ewing T E (1984) Oil accumulation, production characteristics, and targets for additional recovery in major oil reservoirs of Texas. The University of Texas, Bureau of Economic Geology, Geological Circular 84–2, 31p.

Vail P R, Mitchum R M Jr., Todd R G, Widmier J M, Thompson Ⅲ S, Sangree J B, Bubb J N, Hatlelid W G (1977) Seismic stratigraphy and global changes of sea–level. In: Payton C E (ed) Seismic stratigraphy—applications to hydrocarbon exploration, vol. 26. American Association of Petroleum Geologists Memoir, pp49–212.

Vakarelov B K, Bhattacharya J P, Nebrigic D D (2006) Importance of high–frequency tectonic sequences during greenhouse times of earth history. Geology, 34: 797–800.

Vandenberghe J (1993) Changing fluvial processes under changing periglacial conditions. Z Geomorph N. F., 88: 17–28.

Vandenberghe J, Kasse C, Bohnke S, Kozarski S (1994) Climate–related river activity at the Weichselian–Holocene transition: a comparative study of the Warta and Maas rivers. Terra Nova, 6: 476–485.

Van der Zwan C J (2002) The impact of Milankovitch–scale climatic forcing on sediment supply. Sediment Geol, 147: 271–294.

Van Wagoner J C, Mitchum R M, Campion K M, Rahmanian V D (1990) Siliciclastic sequence stratigraphy in well logs, cores, and outcrops. American Association of Petroleum Geologists Methods in Exploration Series, vol. 7, 55p.

Varban B L, Plint A G (2008) Sequence stacking patterns in the Western Canada foredeep: influence of tectonics, sediment loading and eustasy on deposition of the Upper Cretaceous Kaskapau and Cardium formations. Sedimentology, 55: 395–421.

Villalba M, Mendez O, Marcano C (2001) Opportunities for redevelopment of mature fields by determinations of hydraulic units for commingled production. Society of Petroleum Engineers, paper SPE 69599.

Walker R G (1976) Facies models 1. General introduction. Geosci Canada, 3: 21–24.

Walker R G (1990) Perspective—facies modeling and sequence stratigraphy. J Sediment Petrol, 60: 777–786.

Wang Y, Straub K M, Hajek E A (2011) Scale-dependent compensational stacking : an estimate of autogenic time scales in channelized sedimentary deposits. Geology, 39: 811–814.

Wanless H R (1964) Local and regional factors in Pennsylvanian cyclic sedimentation. In : Merriam D F (ed) Symposium on cyclic sedimentation, vol. 169. Kansas Geological Survey Bulletin, pp593–605.

Weber K J, Van Geuns L C (1990) Framework for constructing clastic reservoir simulation models. J Petrol Technol, 42: 1248–1253, 1296–1297.

Weissman G S, Hartley A J, Nichols G J, Scuderi L A, Olson M E, Buehler H A, Banteah R (2010) Fluvial form in modern continental sedimentary basins : distributive fluvial systems (DFS). Geology, 38: 39–42.

Weissman G S, Hartley A J, Nichols G J, Scuderi L A, Olson M E, Buehler H A, Massengill L C (2011) Alluvial facies distributions in continental sedimentary basins—distributive fluvial systems. In : Davidson S K, Leleu S, North C P (eds) From river to rock record, vol. 97. Society for Sedimentary Geology (SEPM), Special Publication, pp327–355.

Wellner R W, Bartek L R (2003) The effect of sea level, climate, and shelf physiography on the development of incised-valley complexes : a modern example from the East China Sea. J Sediment Res, 73: 926–940.

Wells N A, Dorr J A (1987) Shifting of the Kosi River, northern India. Geology, 15: 204–207.

Wescott W A (1993) Geomorphic thresholds and complex response of fluvial systems—some implications for sequence stratigraphy. Am Assoc Petr Geol B, 77: 1208–1218.

Westrich J T, Fuex A, O'Neal P M, Halpern H I (1999) Evaluating reservoir architecture in the northern Gulf of Mexico with oil and gas chemistry, vol. 2. SPE Reservoir Evaluation and Engineering, pp514–519 (SPE paper 59518).

Willis A J (2000) Tectonic control of nested sequence architecture in the Sego Sandstone, Neslen formation, and Upper Castlegate Sandstone (Upper Cretaceous), Sevier Foreland Basin, Utah, USA. Sediment Geol, 136: 277–317.

Willis B J, White C D (2000) Quantitative outcrop data for flow simulation. J Sediment Res, 70: 788–802.

Wood J M, Hopkins J C (1992) Traps associated with paleovalleys and interfluves in an unconformity bounded sequence : lower Cretaceous Glauconitic Member, southern Alberta, Canada. Am Assoc Petr Geol B, 76: 904–926.

Wood L (2007) Quantitative seismic geomorphology of Pliocene and Miocene fluvial systems in the northern Gulf of Mexico, USA. J Sediment Res., 77: 713–730.

Wright A M, Ratcliffe K T, Zaitlin B A, Wray D S (2010) The application of chemostratigraphic techniques to distinguish compound incised valleys in low-accommodation incised-valley systems in a foreland-basin setting : an example from the Lower Cretaceous Manville Group and Basal Colorado Sandstone (Colorado Group), Western Canada Sedimentary Basin. In : Ratcliffe K T, Zaitlin B A (eds) Application of modern stratigraphic techniques : theory and case histories, vol. 94. Society for Sedimentary Geology (SEPM),

Special Publication, pp93–107.

Wright V P, Marriott S B (1993) The sequence stratigraphy of fluvial depositional systems: the role of floodplain sediment storage. Sediment Geol, 86: 203–210.

Yalin M S (1992) River mechanics. Pergamon Press, Oxford, 219p.

Yu X, Ma X, Qing H (2002) Sedimentology and reservoir characteristics of a Middle Jurassic fluvial system, Datong basin, northern China. B Can Petrol Geol, 50: 105–117.

Yangquan J, Jiaxin Y, Sitian L, Ruiqi Y, Fengjiang L, Shengke Y (2005) Architectural units and heterogeneity of channel reservoirs in the Karamay Formation, outcrop area of Karamay oil field, Junggar basin, northwest China. Am Assoc Petr Geol B, 89: 529–545.

Yoshida S (2000) Sequence stratigraphy and facies architecture of the upper Blackhawk Formation and the Lower Castlegate Sandstone (Upper Cretaceous), Book Cliffs, Utah, USA. Sediment Geol, 136: 239–276.

Yoshida Shuji, Willis A, Miall A D (1996) Tectonic control of nested sequence architecture in the Castlegate Sandstone (Upper Cretaceous), Book Cliffs, Utah. J Sediment Res, 66: 737–748.

Zaitlin B A, Warren M J, Potocki D, Rosenthal L, Boyd R (2002) Depositional styles in a low accommodation foreland basin setting: an example from the Basal Quartz (Lower Cretaceous), southern Alberta. B Can Petrol Geol, 50: 31–72.

Zeng H (2007) Seismic imaging for seismic geomorphology beyond the seabed: potential and challenges. In: Davies R J, Posamentier H W, Wood L J, Cartwright J A (eds) Seismic geomorphology: applications to hydrocarbon exploration and production, vol. 277. Geological Society, London, Special Publication, pp15–28.

Zeng H L, Hentz T F (2004) High-frequency sequence stratigraphy from seismic sedimentology: applied to Miocene, Vermilion Block 50, Tiger Shoal area, offshore Louisiana. Am Assoc Petr Geol B, 88: 153–174.

Zeng X, McMechan G A, Bhattacharya J P, Aiken C L V, Xu X, Hammon W S Ⅲ, Corbeanu R M (2004) 3-D imaging of a reservoir analogue in point bar deposits in the Ferron Sandstone, Utah, using ground-penetrating radar. Geophys Prospect, 52: 151–163.